高等学校应用型本科系列教材

# 自动控制基础

主　编　薛弘晔

副主编　李　欢　刘　妮　屈文斌　余景景

参　编　薛　薇　薛文康

西安电子科技大学出版社

# 内 容 简 介

本书是为应用型本科学校自动控制类课程编写的教材,重点讲述了经典控制理论、离散控制系统及其应用,主要内容包括自动控制基础概论、控制系统的动态数学模型、控制系统的时域瞬态响应分析、线性系统的根轨迹法、控制系统的频率特性、控制系统的综合与校正、离散系统与计算机控制系统,还对非线性控制系统分析和线性系统的状态空间分析作了介绍。

本书从应用型本科人才培养目标出发,将线性连续控制系统和线性离散控制系统分析设计同时放在基础理论教学的位置,突出基础性、共性问题,不苛求严格的数学推导,注重分析、解决实际问题的思路,特别重视工程实用性。书中除附有电、液、气、机、热、能等方面的例题、习题外,还配有分析设计工具 MATLAB 的应用,便于读者理论联系实际,巩固所学知识。

本书适合高等学校自动化、电气自动化、机械制造及其自动化、机械电子工程、控制工程、机电一体化、新型能源开发与利用、能源动力工程、建筑与环境设备等专业学生使用,亦可供相近领域的工程技术人员学习参考。

**图书在版编目(CIP)数据**

自动控制基础/薛弘晔等主编. —西安:西安电子科技大学出版社,2020.9(2024.7 重印)
ISBN 978 - 7 - 5606 - 5653 - 3

Ⅰ. ①自⋯  Ⅱ. ①薛⋯  Ⅲ. ①自动控制—高等学校—教材
Ⅳ. ①TP13

中国版本图书馆 CIP 数据核字(2020)第 075878 号

责任编辑  许青青  成  毅
出版发行  西安电子科技大学出版社(西安市太白南路 2 号)
电  话  (029)88202421  88201467     邮  编  710071
网  址  www.xduph.com          电子邮箱  xdupfxb001@163.com
经  销  新华书店
印刷单位  咸阳华盛印务有限责任公司
版  次  2020 年 9 月第 1 版  2024 年 7 月第 3 次印刷
开  本  787 毫米×1092 毫米  1/16  印张 26.5
字  数  633 千字
定  价  62.00 元
ISBN 978 - 7 - 5606 - 5653 - 3
XDUP 5955001 - 3

＊＊＊如有印装问题可调换＊＊＊

# 前　言

当前，科技已进入了一个新的信息化、人工智能时代，而自动控制技术为其进一步发展提供了无人自主工作的理论基础，因此社会迫切需要掌握自动控制技术的跨专业应用型人才。本书正是基于这样的考虑，以自动控制基础理论为核心知识点，以不同应用领域的控制对象为问题驱动，组织教材体系，深入浅出地讲解了跨领域的自动控制技术的基础理论知识，目的是使应用型人才培养有针对性、系统性。

本书力求基础理论简洁化，分析方法实用化，复杂问题简单化，不过多纠缠定理证明之类的理论推导，在选取例题、习题时考虑了开设自动控制课程的专业的实际问题，在每章后专门应用控制系统分析工具 MATLAB 对一些实际问题进行了分析、设计和仿真，对理论知识进行了验证，以方便读者深刻理解所学的相关内容。

本书共分为 9 章。第 1 章概括介绍了自动控制系统的基本原理和基本构成；第 2 章主要介绍了控制系统的数学模型的建立和传递函数的描述；第 3 章较详细地介绍了控制系统的时域分析；第 4 章介绍了控制系统的根轨迹分析法；第 5 章介绍了控制系统的频域分析法；第 6 章介绍了控制系统的综合与校正，同时对常规 PID 控制器的设计方法进行了简介；第 7 章介绍了离散系统和计算机控制系统；第 8 章介绍了非线性控制系统分析；第 9 章介绍了线性系统的状态空间分析。其中，第 3～7 章是本书的重点内容。

本书主编为薛弘晔，副主编为李欢、刘妮、屈文斌、余景景，参编为薛薇、薛文康。具体分工为：第 1、2 章由西安科技大学高新学院李欢编写；第 3、5 章由西安科技大学高新学院刘妮编写；第 4、8 章由陕西工业职业技术学院屈文斌编写；第 6 章由陕西师范大学余景景编写；第 7 章由中国西电集团西安高压开关有限责任公司薛薇编写；第 9 章由西安电子科技大学硕士研究生薛文康编写。全书由西安科技大学薛弘晔统稿。

在本书编写过程中，编者参阅了国内出版的一些同类教材、教辅资料，并得到了西安电子科技大学出版社的支持与帮助，在此表示衷心感谢。

由于编者水平有限，书中难免有不妥之处，恳请读者批评指正。

编　者
2020 年 6 月

# 目　录

# 第 1 章　自动控制基础概论

## 1.1　引　言

### 1.1.1　自动控制技术及应用

在科学技术飞速发展的今天，自动控制技术越来越重要，它已经成为现代社会生活中不可缺少的重要组成部分。当前，自动控制技术已在工农业生产、交通运输、国防建设和航空航天等领域获得了广泛应用。比如，人造地球卫星成功发射与安全返回，运载火箭准确发射，导弹准确击中目标，数控车床按照预定程序自动加工工件，化学反应炉的温度或压力自动地维持恒定等。随着生产和科学技术的发展，自动控制技术已渗透到许多学科领域，成为促进当代生产发展和科学技术进步的重要因素。

自动控制原理是研究自动控制的基本理论和共同规律的技术科学，是一门理论性较强的工程学科。自动控制原理可分为古典控制理论和现代控制理论两大部分。古典控制理论以传递函数为基础，主要研究单输入-单输出线性定常系统的分析和设计问题，其理论成熟，在工程上也解决了恒值系统和随动系统等的自动控制实践问题。20 世纪 60 年代在蓬勃兴起的航空航天技术的推动和飞速发展的计算机技术的支持下，现代控制理论在经典控制理论的基础上迅速发展起来。它以状态空间法为基础，主要研究多输入-多输出、非线性、时变控制系统的分析和设计问题，并形成了如最优控制、最佳滤波、系统辨识和自适应控制等学科分支。

本课程主要研究工程领域中的自动控制，以经典控制理论为主展开讲述。本章从自动控制的基本概念、任务、控制方式和自动控制系统的基本组成出发，介绍自动控制原理及应用，自动控制理论的发展史，自动控制系统的组成、分类、任务及基本要求。

### 1.1.2　自动控制理论的发展

自动控制理论的诞生和发展源于自动控制技术的应用。最早的自动控制技术的应用可以追溯到两千多年前古埃及的水钟控制和中国汉代的指南车控制，但是当时并未建立起自动控制的理论体系。1776 年，瓦特（Watt）发明的蒸汽机引发了现代工业革命，但由于需要不断地调节蒸汽阀门才能保持速度稳定，因此蒸汽机的应用受到了调速精度的限制。1788年瓦特发明了飞球调速器，成为最早的反馈控制原理的工程应用。针对调速器的振荡现象，1868 年，英国的麦克斯韦（Maxwell）发表了题为《论调速器》的论文，对以微分方程描述的控制系统的稳定性问题进行了研究，指出可依据描述系统的微分方程的解中有无增长指数函数来判断稳定性。麦克斯韦的这篇著名论文被公认为是自动控制理论的开端。1877年和 1895 年，劳斯（Routh）和赫尔维茨（Hurwitz）分别提出了间接稳定判据，使高阶系统的稳定性判定成为可能。20 世纪 20 年代，PID 控制器出现，并获得了广泛应用。1942 年，齐格勒与尼柯尔斯提出了调节 PID 控制器参数的经验公式和方法，此方法对当今的 PID 控制器仍有影响。20 世纪 40 年代是控制思想空前活跃的年代。1948 年，美国数学家维纳（Wiener）的《控制论》（Cybernetics）第一次科学地提出了信息、反馈和控制的概念。至此诞生了第一代控制理论——古典控制理论。这一时期的代表性研究成果还有：奈奎斯特（Nyquist）于 1932 年提出了稳定判据及稳定裕度的概念；伯德（Bode）于 1945 年提出了用图解法来分析和设计线性反馈控制系统，即频率特性法；伊凡思（Evans）于 1948 年创立的根轨迹法对用微分方程模型来研究问题提供了又一种直观而形象的图解方法。

20 世纪 60 年代开始，计算机的飞速发展推动了空间技术的发展。为适应制导技术、宇航技术发展的需要，第二代控制论——现代控制理论迅速发展了起来。这一时期的代表性研究成果有：贝尔曼（Bellman）于 1951 年提出了动态规划原则；庞特里亚金于 1958 年提出了极大值原理；卡尔曼（Kalman）在 1960 年发表的论文《控制系统的一般理论》中，结合前期研究成果，将状态空间法正式引入到控制系统的研究中。后期，控制理论研究中出现了线性二次型最优调节器、最优状态观测器及线性二次型高斯问题的研究，这推动了研究具有高性能、高精度、多耦合回路、多变量系统分析和设计的现代控制理论的发展。

20 世纪 70 年代开始，随着以计算机控制为代表的自动控制技术的发展，自动控制理论迅猛发展。目前，自动控制理论还在继续发展，正向以控制论、信息论、仿生学为基础的智能控制理论深入。

需要特别指出的是，尽管古典控制理论有一定的局限性，但它简洁明了，概念清晰，工程技术中的大量问题仍然用它来解决。同时，古典控制理论也是学习和掌握现代控制理论的必要基础。

# 1.2　自动控制系统的工作原理

## 1.2.1　自动控制的基本概念

在许多工业生产过程或生产设备运行中，为了维持正常的工作条件，往往需要对某些物理量（如温度、流量、压力、液位、位移、电压、转速等）进行控制，使其尽量维持在某个数值附近，或使其按一定规律变化。要满足这种需要，就应该对生产机械或设备进行及时的操作和控制，以抵消外界的扰动和影响。这种操作和控制既可以用人工控制来完成，又可以用自动控制来完成。

### 1. 人工控制

图 1-1 所示为人工控制水位保持恒定的供水系统。水池中的水源源不断地经出水管道流出，供用户使用。随着用水量的增多，水池中的水位必然下降。这时，若要保持水位高度不变，就得开大进水阀门，增加进水量以作补充。因此，进水阀门的开度是根据实际水位的多少来操作的。上述过程由人工操作实现的正确步骤是：操作人员首先将要求水位牢记在大脑中，然后用眼睛和测量工具测量水池的实际水位，并将实际水位与要求水位在大脑中进行比较、计算，从而得出误差值；再按照误差的大小和正负性质，由大脑指挥手去调节进水阀门的开度，使实际水位尽量与要求水位相等。

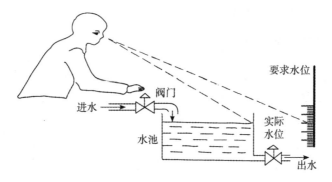

图 1-1　人工控制水位系统

由于图 1-1 所示系统中有人直接参与控制，因此称为人工控制。人工控制的过程是测量、求误差、控制、再测量、再求误差、再控制这样一个不断循环的过程。其控制目的是要尽量减小误差，使实际水位尽可能地保持在要求水位附近。

**2. 自动控制**

如果能找到某种装置来代替图 1-1 中人所完成的操作，那么人就可以不直接参与控制，从而构成一个自动控制系统。

图 1-2 所示为自动控制水位系统。该系统中，由浮子代替人的眼睛测出实际水位，由连杆代替人的大脑，将实际水位与要求水位进行比较，得出误差，并以位移形式推动电位器的滑臂上下移动。电位器输出电压的高低和极性充分反映误差的性质，即误差的大小和方向。电位器输出的微弱电压经放大器放大后用以控制伺服电动机，其转轴经减速器降速后驱动进水阀门，从而控制进水量的大小，使水位保持在要求水位。

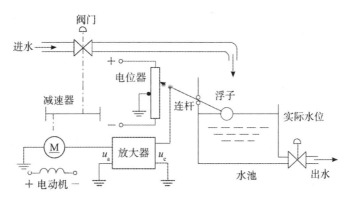

图 1-2　自动控制水位系统

当实际水位等于要求水位时，电位器的滑臂居中，$u_e = 0$。当出水量增大时，浮子下降，它带动电位器滑臂向上移动，使 $u_e > 0$，经放大器放大成 $u_a$ 后控制电动机作正向旋转，以增大进水阀门的开度，促使水位回升。只有当实际水位回到要求水位时，才能使 $u_e = 0$，控制作用才告终止。

上述的自动控制与人工控制极为相似，只不过把某些装置有机地结合在了一起，以代替人的职能而已。这些装置通常称为控制器。

从以上的例子可以看出，自动控制就是指在没有人直接参与的情况下，利用控制装置使整个生产过程或者设备自动地按照预定规律运行，或使其某个参数按要求变化。

## 1.2.2　自动控制系统的基本组成

自动控制系统根据被控对象和具体用途的不同，可以有各种不同的结构形式。但是，从工作原理来看，自动控制系统通常由一些具有不同职能的基本元件所组成。图 1-3 所示为典型的反馈控制系统的基本组成。

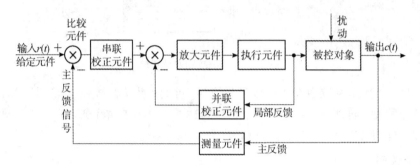

图 1-3　反馈控制系统的基本组成

图 1-3 中各元件的职能如下：

（1）给定元件：其职能是给出与期望的被控量相对应的系统输入量。给定元件一般为电位器。

（2）比较元件：其职能是把测量到的被控量实际值与给定元件给出的输入量进行比较，求出它们之间的偏差。常用的比较元件有差动放大器、机械差动装置、电桥电路等。

（3）测量元件：其职能是检测被控的物理量。测速发电机、热电偶、自整角机、电位器、旋转变压器、光电编码器等都可作为测量元件。

（4）放大元件：其职能是将比较元件给出的偏差信号进行放大，用来推动执行元件去控制被控对象。晶体管、集成电路、晶闸管等组成的电压放大器和功率放大器等都可作为放大元件。

（5）执行元件：其职能是直接推动被控对象，使其被控量发生变化。用作执行元件的有阀门、电动机、液压电动机等。

（6）校正元件：也叫补偿元件，它是结构或参数便于调整的元件，用串联或并联（反馈）的方式连接于系统中，以改善系统的性能。最简单的校正元件是电阻、电容组成的无源或有源网络，复杂的则可用计算机构成数字控制器。

## 1.2.3　自动控制系统的基本工作方式

从信号传送的特点或系统的结构形式方面来看，自动控制系统有两种基本的控制方式，即开环控制和闭环控制。另外，将开环控制和闭环控制结合起来构成复合控制，也是工程中应用较多的一种控制方式。

### 1. 开环控制

开环控制是指控制装置与被控对象之间只有顺向作用而没有反向联系的控制过程。开环控制系统的特点是被控量对系统的控制作用不产生影响。图 1-4 所示的开环直流调速系统就是开环控制系统的一例。图 1-5 为该系统的原理方框图。

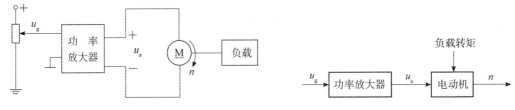

图 1-4  开环直流调速系统方框图          1-5  开环直流调速系统的原理方框图

图 1-4 中，开环系统的输入量是给定电压 $u_g$，输出量是转速 $n$。电动机励磁电压为常数，采用电枢控制方式。调整给定电位器滑臂的位置，可得到不同的给定电压 $u_g$，放大后得到不同的电枢电压 $u_a$，从而控制电机转速 $n$。当负载转矩不变时，给定电压 $u_g$ 与电机转速 $n$ 有一一对应关系。因此，可由给定电压直接控制电动机转速。如果出现扰动，如负载转矩增加，则电动机转速随之降低而偏离要求值。

开环控制系统虽然线路简单，成本低，工作稳定，但其最大的缺点是不具备自动修正被控量偏差的能力，因此系统的控制精度较低。

**2. 闭环控制**

闭环控制是指被控量经反馈后与给定值比较，用其偏差对系统进行控制，亦称反馈控制。

闭环控制系统的特点是当被控量偏离期望值而出现偏差时，必定会产生一个相应的控制作用去减小或消除这个偏差，使被控量与期望值趋于一致。

对于图 1-4 所示的开环直流调速系统，加入一台测速发电机，并对电路稍作改动，便构成了如图 1-6 所示的闭环直流调速系统。

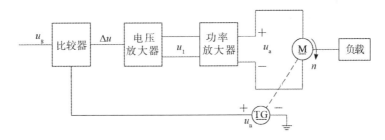

图 1-6  闭环直流调速系统

图 1-6 中，测速发电机由电动机同轴带动，它将电动机的实际转速 $n$（即系统的输出量）测量出来，并转换成电压 $u_n$，反馈到系统的输入端，与给定电压 $u_g$ 进行比较，从而得出偏差电压 $\Delta u = u_g - u_n$。偏差电压 $\Delta u$ 经电压放大器放大为 $u_1$，再经功率放大器放大成 $u_a$ 后，作为电枢电压用来控制电动机转速 $n$。

图 1-7 为闭环直流调速系统的原理方框图。通常，从系统输入量到输出量之间的通道称为前向通道，从输出量到反馈信号之间的通道称为反馈通道。方框图中用符号 $\otimes$ 表示比较环节，其输出量等于该环节各个输入量的代数和。因此，各个输入量均需用正负号标明其极性，通常正号可以省略。

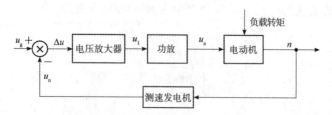

图 1-7　闭环直流调速系统的原理方框图

图 1-6 所示的直流调速系统，在某个给定电压下电动机稳定运行。一旦受到某些扰动，如负载转矩突然增大，就会引起转速下降，此时系统就会自动产生如下调整过程：

负载转矩 $T_L$ ↑ →电磁转矩 $T_e < T_L$ → $n$ ↓ → $u_n$ ↓ → $\Delta u$ ↑ → $u_1$ ↑ → $u_a$ ↑ → $n$ ↑

那么，电动机的转速降低得到自动补偿，使输出量 $n$ 基本保持不变。

闭环控制系统由于引入了反馈作用，具有很强的自动修正被控量偏离给定值的能力，因此可以抑制内部和外部扰动所引起的偏差，具有较强的抗干扰能力。同时，在组成系统的元器件精度不高的情况下，采用反馈控制也可以达到较高的控制精度，所以应用很广。但正是由于引入了反馈作用，因此如果系统参数配合不当，则系统容易产生振荡甚至不稳定，使系统无法工作。这是闭环系统中非常突出的现象，也是本课程要解决的主要问题之一。

**3. 复合控制**

在反馈控制的基础上，附加给定补偿或干扰补偿就组成了复合控制。图 1-8 中，调速系统在速度闭环控制的基础上增加了负载扰动补偿。图 1-9 为复合控制调速系统的原理方框图。该系统是按扰动补偿与闭环控制相结合的方式复合控制系统的。

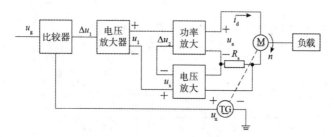

图 1-8　复合控制调速系统

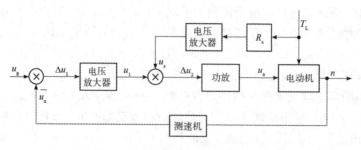

图 1-9　复合控制调速系统的原理方框图

# 1.3  自动控制理论在工程中的应用

## 1.3.1  自动控制理论在机械自动化系统中的应用

函数记录仪是一种通用的自动记录仪,它可以在直角坐标上自动描绘两个电量的函数关系。同时,记录仪还带有走纸机构,用以描绘一个电量对时间的函数关系。

函数记录仪通常由测量元件、放大元件、伺服电机-测速机组、齿轮系及绳轮等组成,采用负反馈控制原理,其原理图如图1-10所示。系统的输入是待记录电压,被控对象是记录笔,其位移即为被控量。系统的任务是控制记录笔位移,在记录纸上描绘出待记录的电压曲线。

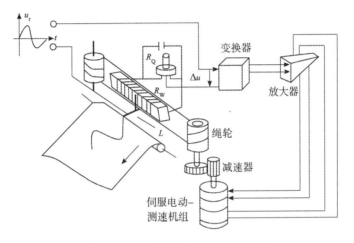

图1-10  函数记录仪原理图示意图

在图1-10中,测量元件是由电位器$R_Q$和$R_P$组成的桥式测量电路,记录笔就固定在电位器$R_P$的滑臂上,因此,测量电路的输出电压$u_p$只与记录笔的位移成正比。当有缓变输入电压$u_r$时,在放大元件输入口得到偏差电压$\Delta u = u_r - u_p$,经放大后驱动伺服电动机,并通过齿轮系及绳轮带动记录笔移动,同时使偏差电压减小。当偏差电压$\Delta u = 0$时,电动机停止转动,记录笔也静止不动。此时,$u_p = u_r$,表明记录笔位移与输入电压相对应。如果输入电压随时间连续变化,则记录笔便描绘出随时间连续变化的响应曲线。函数记录仪方框图如图1-11所示。图中,测速发电机反馈与电动机速度成正比的电压,用以增加阻尼,改善系统性能。

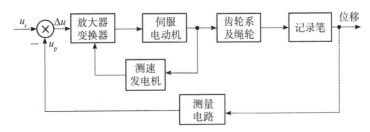

图1-11  函数记录仪方框图

### 1.3.2　自动控制理论在热工系统中的应用

　　锅炉是电厂和化工厂里常见的生产蒸汽的设备。为了保证锅炉正常运行，需要维持锅炉液位为正常标准值。锅炉液位过低，易烧干锅炉而发生严重事故；锅炉液位过高，则易使蒸汽带水并有溢出危险。因此，必须通过调节器严格控制锅炉液位的高低，以保证锅炉正常安全运行。常见的锅炉液位控制系统示意图如图 1-12 所示。

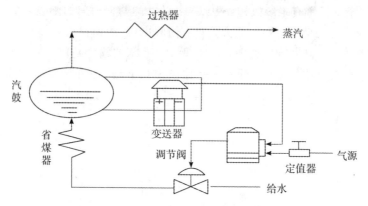

图 1-12　锅炉液位控制系统示意图

　　当蒸汽的耗汽量与锅炉进水量相等时，液位保持为正常标准值。当锅炉的给水量不变，而蒸汽负荷突然增加或减少时，液位就会下降或上升；或者，当蒸汽负荷不变，而给水管道水压发生变化时，会引起锅炉液位发生变化。不论出现哪种情况，只要实际液位高度与正常给定液位之间出现了偏差，调节器均应立即进行控制，去开大或关小给水阀门，使液位恢复到给定值。

　　图 1-13 是锅炉液位控制系统方框图。图中，锅炉为被控对象，其输出为被控参数液位，作用于锅炉上的扰动是给水压力变化或蒸汽负荷变化等产生的内外扰动；测量变送器为差压变送器，用来测量锅炉液位，并将其转变为一定的信号输至调节器；调节器是锅炉液位控制系统中的控制器，有电动、气动等形式，在调节器内将测量液位与给定液位进行比较，得出偏差值，然后根据偏差情况按一定的规律(如比例(P)、比例-积分(PI)、比例-积分-微分(PID)等)发出相应的输出信号去推动调节阀动作；调节阀在控制系统中起执行元件的作用，根据控制信号对锅炉的进水量进行调节，阀门的运动取决于阀门的特性，有的阀门与输入信号成正比变化，有的阀门与输入信号成某种曲线关系变化，大多数调节阀门为气动薄膜调节阀。若采用电动调节器，则调节器与气动调节阀之间应有电-气转换器。

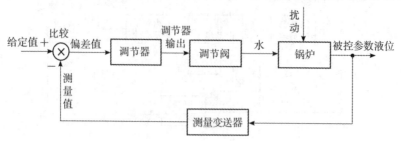

图 1-13　锅炉液位控制系统方框图

气动调节阀的气动阀门分为气开与气关两种。气开阀指当调节器输出增加时，阀门开大；气关阀指当调节器输出增加时，阀门反而关小。为了保证安全生产，蒸汽锅炉的给水调节阀一般采用气关阀，一旦发生断气现象，阀门保持打开位置，以保证汽鼓不至于烧干损坏。

### 1.3.3　自动控制理论在工业自动化系统中的应用

电阻炉微型计算机温度控制系统是用于工业生产中炉温控制的微型计算机控制系统，具有精度高、功能强、经济性好、无噪声、显示醒目、读数直观、打印存档方便、操作简单、灵活性和适应性好等一系列优点。用微型计算机控制系统代替模拟式控制系统是今后工业控制的发展方向。图 1 - 14 为某工厂电阻炉微型计算机温度控制系统的原理示意图。图中，电阻丝通过晶闸管主电路加热，炉温期望值用计算机键盘预先设置，炉温实际值由热电偶检测，并转换成电压，经放大、滤波后，由 A/D 转换器将模拟量变为数字量送入计算机，在计算机中与所设置的温度期望值比较后产生偏差信号，计算机便根据预定的控制算法（即控制规律）计算出相应的控制量，再经 D/A 转换器转换成电流，通过触发器控制晶闸管导通角，从而改变电阻丝中电流的大小，达到控制炉温的目的。该系统既有精确的温度控制功能，又有实时屏幕显示和打印功能，以及超温、极值和电阻丝、热电偶损坏报警等功能。

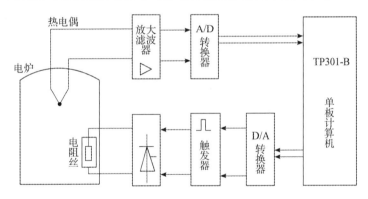

图 1 - 14　电阻炉微型计算机温度控制系统的原理示意图

### 1.3.4　自动控制理论在其他系统中的应用

自动控制系统在生活及工业领域有着极其重要的作用和广泛的应用。飞机自动驾驶系统就是比较典型的应用。飞机自动驾驶仪是一种能保持或改变飞机飞行状态的自动装置。它可以稳定飞行的姿态、高度和航迹，可以操纵飞机爬高、下滑和转弯。飞机与自动驾驶仪组成的自动控制系统称为飞机-自动驾驶仪系统。

如同飞行员操纵飞机一样，自动驾驶仪控制飞机飞行时，通过控制飞机的三个操纵面（升降舵、方向舵、副翼）的偏转，改变舵面的空气动力特性，以形成围绕飞机的旋转转矩，从而改变飞机的飞行姿态和轨迹。如图 1 - 15 所示，垂直陀螺仪作为测量元件用以测量飞机的俯仰角，当飞机以给定俯仰角水平飞行时，陀螺仪电位器没有电压输出；如果飞机受到扰动，使俯仰角向下偏离期望值，则陀螺仪电位器输出与俯仰角偏差成正比的信号，经放大器放大后驱动舵机，一方面推动升降舵舵面向上偏转，产生使飞机抬头的转矩，以减小俯仰角偏差，另一方面带动反馈电位器滑臂，输出与舵偏角成正比的电压并反馈到输入端。随着俯仰角偏差的减小，陀螺仪电位器输出信号越来越小，舵偏角也随之减小，直到俯仰角回到期望值，这时舵面也回到原来的状态。

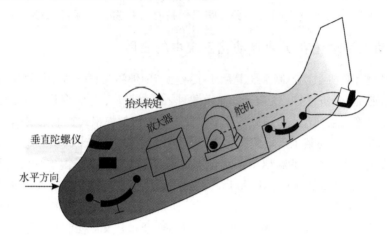

图 1-15　飞机自动驾驶仪系统原理图

　　图 1-16 是飞机自动驾驶仪系统俯仰角控制系统方框图。图中，飞机是被控对象；俯仰角 $\theta$ 是被控量；放大器、舵机、垂直陀螺仪、反馈电位器等是控制装置，即自动驾驶仪；输入量是给定的常值俯仰角。控制系统的任务就是在任何扰动作用下，始终保持飞机以给定俯仰角飞行。

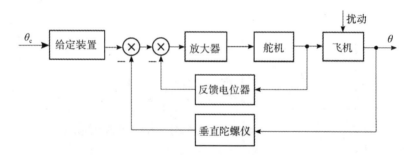

图 1-16　俯仰角控制系统方框图

# 1.4　自动控制系统的工作方式

## 1.4.1　对自动控制系统的基本要求

　　为了使被控对象按预定的规律变化，自动控制系统必须具备一定的性能。对这些性能的基本要求主要包括稳定性、快速性和准确性。

### 1. 稳定性

　　稳定性是指控制系统偏离平衡状态后，自动恢复到平衡状态的能力。在扰动信号干扰、系统内部参数发生变化和环境条件改变的情况下，系统状态会偏离平衡状态。如果在随后所有时间内，系统的输出响应能够最终回到原先的平衡状态，则系统是稳定的；反之，如果系统的输出响应逐渐增加趋于无穷，或者进入振荡状态，则系统是不稳定的。不稳定的系统是不能工作的。图 1-17 中，图(a)表示的系统是稳定的，图(b)表示的系统是不稳定的。

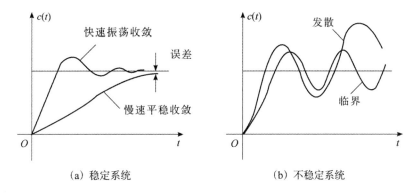

(a) 稳定系统　　　　　　　　　(b) 不稳定系统

图 1-17　控制系统响应

**2. 快速性**

快速性表示在系统稳定的前提下，输出量与给定量之间产生偏差时消除这种偏差过程的快慢程度。这个要求往往也称为动态性能。通常情况下，系统由一种状态过渡到另一种状态的过渡过程既快速又平稳。因此，在设计控制系统时，对控制系统的过渡过程时间(即快速性)和最大振荡幅度(即超调量)都有一定的要求。

**3. 准确性**

准确性表示系统过渡过程结束到新的平衡工作状态或系统受干扰后重新恢复平衡，系统输出量与给定量之间的偏差。

要求系统没有误差是不可能的，因为反馈控制系统本身就建立在偏差控制的基础之上。如果主反馈信号与输入信号之间不存在偏差，则系统就不会产生控制作用。

## 1.4.2　常用控制系统的典型输入信号

对于一个实际系统，其输入信号往往是比较复杂的，而系统的输出响应又与输入信号的类型有关，因此，在研究控制系统的响应时，往往选择一些典型输入信号，并且以最不利的信号作为系统的输入信号，分析系统在此输入信号下所得到的输出响应是否满足要求，据此评估系统在比较复杂的信号作用下的性能。

常采用的典型输入信号有以下几种。

**1. 阶跃函数(位置函数)**

阶跃函数的数学表达式为

$$r(t) = \begin{cases} A, & t \geqslant 0 \\ 0, & t < 0 \end{cases} \qquad (1-1)$$

它表示一个在 $t=0$ 时出现的幅值为 $A$ 的阶跃变化函数，如图 1-18 所示。在实际系统中，如负荷突然增大或减小，流量阀突然开大或关小，均可近似看成阶跃函数的形式。

当 $A=1$ 时，称为单位阶跃函数，记作 $r(t)=1(t)$。因此，幅值为 $A$ 的阶跃函数也可以表示为

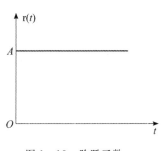

图 1-18　阶跃函数

$$r(t) = A \cdot 1(t) \tag{1-2}$$

单位阶跃函数的拉氏变换为

$$R(s) = \mathscr{L}\big[1(t)\big] = \frac{1}{s} \tag{1-3}$$

**2. 斜坡函数(等速度函数)**

斜坡函数的数学表达式为

$$r(t) = \begin{cases} At, & t \geqslant 0 \\ 0, & t < 0 \end{cases} \tag{1-4}$$

它表示一个从 $t=0$ 时刻开始、随时间以恒定速度 $A$ 增加的函数，如图 1-19 所示。当 $A=1$ 时，称为单位斜坡函数，记作 $r(t)=t \cdot 1(t)$。斜坡函数的拉氏变换为

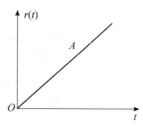

图 1-19　斜坡函数

$$R(s) = \mathscr{L}\big[t \cdot 1(t)\big] = \frac{1}{s^2} \tag{1-5}$$

斜坡函数也称为等速度函数，它等于阶跃函数对时间的积分，而它对时间的导数就是阶跃函数。

**3. 抛物线函数(等加速度函数)**

抛物线函数的数学表达式为

$$r(t) = \begin{cases} \dfrac{1}{2}At^2, & t \geqslant 0 \\ 0, & t < 0 \end{cases} \tag{1-6}$$

如图 1-20 所示。当 $A=1$ 时，称为单位抛物线函数，记作 $r(t) = \dfrac{1}{2}t^2 \cdot 1(t)$。

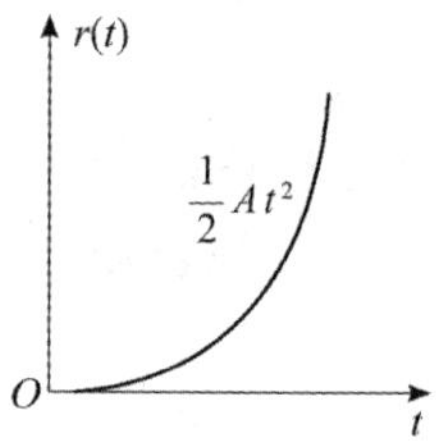

图 1-20　抛物线函数

单位抛物线函数的拉氏变换为

$$R(s) = \mathscr{L}\left[\frac{1}{2}t^2 \cdot 1(t)\right] = \frac{1}{s^3} \tag{1-7}$$

抛物线函数也称为加速度函数，它等于斜坡函数对时间的积分，而它对时间的导数就是斜坡函数。

**4. 脉冲函数**

脉冲函数的数学表达式为

$$\delta_{\Delta} = \begin{cases} \dfrac{A}{\Delta}, & 0 \leqslant t \leqslant \Delta \\ 0, & t < 0 \text{ 及 } t > \Delta \end{cases} \tag{1-8}$$

如图 1-21(a)所示，脉冲函数的面积为 $A$。

当 $A=1$，$\Delta \to 0$ 时称为单位脉冲函数，记作 $\delta(t)$，如图 1-21(b)所示，即

$$\delta(t) = \begin{cases} 0, & t \neq 0 \\ \infty, & t = 0 \end{cases} \quad \text{及} \quad \int_{-\infty}^{\infty} \delta(t)\mathrm{d}t = 1 \tag{1-9}$$

单位脉冲函数的拉氏变换为

$$R(s) = \mathscr{L}\big[\delta(t)\big] = 1 \tag{1-10}$$

单位脉冲函数是单位阶跃函数的导数。

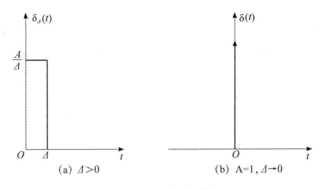

图 1 - 21　脉冲函数

**5. 正弦函数**

正弦函数的数学表达式为

$$R(t) = \begin{cases} A\sin\omega t, & t \geqslant 0 \\ 0, & t < 0 \end{cases} \tag{1-11}$$

式中：$A$ 为振幅；$\omega$ 为角频率。

正弦函数如图 1 - 22 所示，它是周期函数，其拉氏变换为

$$R(s) = \mathscr{L}\left[A\sin\omega t\right] = \frac{A\omega}{s^2 + \omega^2} \tag{1-12}$$

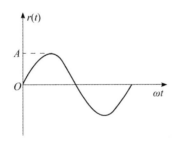

图 1 - 22　正弦函数

应该指出，对实际系统进行分析时，应根据系统的工作情况选择合适的典型输入信号。例如，具有突变的性质，可选择阶跃函数作为典型输入信号；当系统的输入作用随时间增长而变化时，可选择斜坡函数作为典型输入信号；当系统输入按周期性变化时，可选择正弦函数作为典型输入信号。

## 1.4.3　自动控制系统的设计步骤

由于对系统的要求不同，因此实际中系统的设计是复杂多样的，但大体上可以归纳为以下几个步骤：

（1）数学建模。为了对控制系统从理论上进行定性分析和定量计算，首先要建立系统的数学模型，即建立描述系统输入、输出变量以及内部各变量之间关系的数学表达式。

（2）系统分析。在建立了系统数学模型的基础上，利用各种系统分析方法可以得到系统的运动规律及运动性能，包括定性的分析和定量的计算。

（3）系统设计。系统设计的任务就是寻找一个能够实现所要求性能的控制系统。设计系统时，首先要找出影响系统性能的主要因素；然后根据要求确定改进系统性能所采取的控制规律；最后确定和选用合理的控制装置。设计过程要经过反复的选择和试验，才能达到满意的效果。

（4）实验仿真。系统设计完成后，可以利用计算机对数学模型在各种输入信号及扰动作用下的响应进行测试分析，确定所设计的系统性能是否符合要求，并加以修正使其进一步完善，以达到最佳的控制效果。

（5）控制实现。系统仿真完成后可进入样机制作阶段，并且还要进行反复的试验调试，直至满足设计要求为止。

# 1.5  自动控制系统的类型

自动控制系统根据分类目的不同，可以有多种分类方法。现仅介绍几种常见的分类方法。

## 1.5.1  按信号传递特点或系统结构特点分类

按信号传递特点或系统结构特点的不同，可以将控制系统分为开环控制系统、闭环控制系统和复合控制系统三大类，前已述及，故不赘述。

## 1.5.2  按给定信号特点分类

按给定信号特点的不同，可以将控制系统分为恒值系统、随动系统和程控系统三大类。

### 1. 恒值系统

给定信号为常值的系统称为恒值系统，其任务是使输出量保持与输入量对应的恒定值，并能克服扰动量对系统的影响。工程上常见的恒压、恒速、恒温、恒定液位等控制系统都属于此类系统。

图 1-23 所示为电阻炉微机温度控制系统，图 1-24 为该系统的原理方框图。该系统中，电阻丝通过晶闸管主电路加热，炉温期望值用计算机预先设置，实际炉温由热电偶检测，并转换成电压信号，经放大滤波器后，由模/数（A/D）转换器将模拟信号转换成数字信号后送入计算机，并在计算机中与所设置的期望值比较后产生偏差信号，计算机便根据预定的控制算法（即控制规律）计算相应的控制量，经 D/A 转换器转换为 4～20 mA 的电流信号，通过触发器控制晶闸管的控制角 $\alpha$，从而改变晶闸管的整流电压，也就改变了电阻丝中电流的大小，达到了控制炉温的目的。

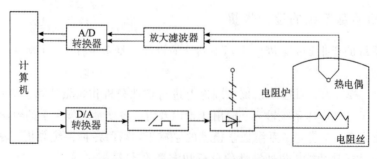

图 1-23  电阻炉微机温度控制系统

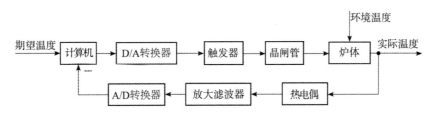

图 1-24　电阻炉微机温度控制系统的原理方框图

**2. 随动系统**

给定值随时间变化而事先无法预知的系统称为随动系统,其任务是使输出量按一定精度跟踪输入量的变化。例如,跟踪目标的雷达系统、火炮控制系统、导弹制导系统、参数的自动检验系统、$X$-$Y$ 记录仪、船舶驾驶舵角位置跟踪系统和飞机自动驾驶仪等都属于此类系统。

图 1-25 所示为船舶驾驶舵角位置跟踪系统,其任务是使舵角位置按给定指令变化。图 1-26 为该系统的原理方框图。驾驶盘(又称舵轮)所转过的角度用 $\theta_i$ 表示,驾驶盘与电位器 $R_{P1}$ 作机械连接,作为系统的给定装置。直流电动机的转轴经减速箱减速后带动舵叶旋转(舵叶的偏转角用 $\theta_o$ 表示),同时通过机械连接带动电位器 $R_{P2}$ 的滑臂作相应的转动。$R_{P2}$ 的电压 $u_o$ 反馈到输入端,与 $R_{P1}$ 的电压 $u_i$ 进行比较后得出偏差电压 $u_e$($u_e = u_i - u_o$)。若 $\theta_o = \theta_i$,则预先整定 $u_i = u_o$,那么 $u_e = 0$,电动机不转,系统处于平衡状态。

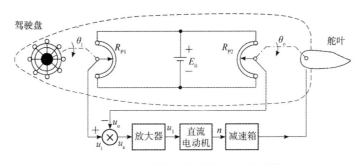

图 1-25　船舶驾驶舵角位置跟踪系统

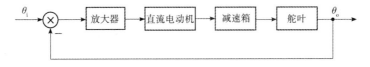

图 1-26　船舶驾驶舵角位置跟踪系统的原理方框图

若 $\theta_i$ 变了,而 $\theta_o$ 未变,则有 $\theta_o \neq \theta_i$,$u_i \neq u_o$,所以 $u_e \neq 0$,从而使电动机转动,带动舵叶的偏转角 $\theta_o$ 向 $\theta_i$ 要求的位置变化,直至 $\theta_o = \theta_i$,才有 $u_e = 0$,电动机停止,系统重新平衡。

**3. 程控系统**

给定值或指令输入信号按已知时间函数变化的系统称为程控系统,其任务是使输出量按预定的程序去运行。例如,热处理炉温度控制系统中的升温、保温、降温等过程都是按照预先设定的程序进行控制的。又如,机械加工中的数控机床、仿形机床等均是典型的例子。

图 1-27 所示为数控机床控制系统的原理方框图。该系统的输入处理、插补计算和控

制功能可由逻辑电路实现,也可由计算机来完成。一般都将加工轨迹编好程序,并转换成进给脉冲,再将工作台移动轨迹转换成反馈脉冲,与进给脉冲比较后,换算成模拟信号,用以控制伺服电动机。

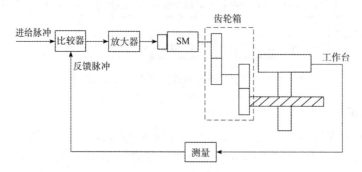

图 1-27　数控机床控制系统的原理方框图

### 1.5.3　按数学描述分类

按数学描述可以将控制系统分为线性系统和非线性系统。

**1. 线性系统**

组成系统的所有元件均为线性元件时,它们的输入-输出特性是线性的,这样的系统称为线性系统。这类系统的运动过程可用线性微分方程(差分方程)来描述,其主要特点是具有齐次性和叠加性,最大的优点是数学处理简便,理论体系完整。

**2. 非线性系统**

严格地讲,实际的物理系统中很少存在理想的线性系统,总是或多或少地存在着不同程度的非线性特性。为研究问题方便,当非线性特性不显著或系统在非线性特性区域的工作范围不大时,可将它们线性化,然后按线性系统处理。能线性化的元件称为非本质性非线性元件,而不能线性化的元件称为本质性非线性元件。系统中只要包含一个本质性非线性元件,就得用非线性微分方程来描述其运动过程。这种用非线性微分方程来描述的系统就称为非线性系统。在这类系统中,不能应用叠加原理。

### 1.5.4　按时间信号的性质分类

按时间信号的性质可将控制系统分为连续系统和离散系统。

**1. 连续系统**

若系统各环节间的信号均为时间 $t$ 的连续函数,则称这类系统为连续系统。连续系统的运动规律可用微分方程描述。水位控制系统和电动机调速系统均属这类系统。

**2. 离散系统**

若系统中一处或几处的信号为脉冲序列或数字编码,则称这类系统为离散系统。离散系统的运动规律可用差分方程描述。电阻炉微机温度控制系统和数控机床控制系统均属这类系统。

### 1.5.5　按系统参数是否变化分类

按系统参数是否随时间变化可将控制系统分为定常系统与时变系统。

**1. 定常系统**

系统参数不随时间变化的系统称为定常系统。描述其动态特性的微分方程或差分方程的系数为常数。

**2. 时变系统**

系统参数随时间而变化的系统称为时变系统。描述其动态特性的微分方程或差分方程的系数不为常数。

# 1.6　本 章 小 结

（1）自动控制是指在没有人直接参与的情况下，利用控制装置使被控对象自动地按要求的运动规律变化。自动控制系统是由被控对象和控制器按一定方式连接起来的完成一定自动控制任务的有机整体。

（2）自动控制系统可以是开环控制、闭环控制或复合控制。最基本的控制方式是闭环控制，亦称反馈控制。

（3）自动控制系统的分类方法很多，其中最常见的是按给定信号的特点进行分类，可分为恒值系统、随动系统和程控系统。

（4）在分析系统的工作原理时，应注意系统各组成部分具有的职能，并能用原理方框图进行分析。原理方框图是分析控制系统的基础。

（5）对自动控制系统性能的基本要求可归结为"稳、快、准"三个字。

（6）常用的典型输入信号有阶跃函数、斜坡函数、抛物线函数、脉冲函数和正弦函数。

（7）自动控制理论是研究自动控制技术的基础理论，其研究内容主要分为系统分析和系统设计两个方面。

# 习　　题

1-1　试描述自动控制系统的基本组成，并比较开环控制系统和闭环控制系统的特点。

1-2　请说明自动控制系统的基本性能要求。

1-3　请给出题 1-3 图所示炉温控制系统的方框图。

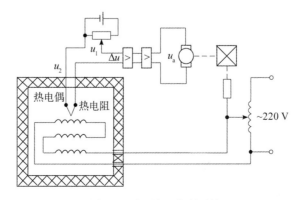

题 1-3 图　炉温控制系统

1-4　请给出题1-4图所示的热工水温控制系统的方框图，说明系统是如何工作以保持热水温度为期望值的，并指出被控对象、控制装置、测量装置及输入量和输出量。

1-5　题1-5图所示为家用电冰箱温度控制系统示意图，请画出该电冰箱温度控制系统的原理方框图，并说明其工作原理。

1-6　题1-6图为谷物湿度控制系统示意图。在谷物磨粉生产过程中，磨粉前需控制谷物湿度，以达到最多的出粉量。谷物按一定流量通过加水点，加水量由自动阀门控制。加水过程中，谷物流量、加水前谷物湿度及水压都是对谷物湿度的扰动。为提高控制精度，系统中采用了谷物湿度顺馈控制，试画出系统方框图。

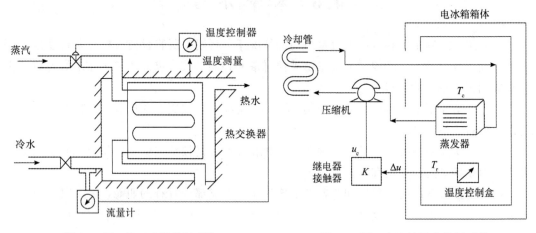

题1-4图　热工水温控制系统　　　　　题1-5图　电冰箱温度控制系统

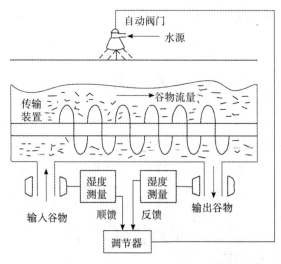

题1-6图　谷物湿度控制系统

# 第 2 章　控制系统的动态数学模型

## 2.1　基本环节数学模型

### 2.1.1　引言

在控制系统的分析和设计中,首先要建立系统的数学模型。控制系统的数学模型是描述系统内部物理量(或变量)之间关系的数学表达式。在静态条件(即变量各阶导数为零)下,描述变量之间关系的代数方程叫静态数学模型;而描述变量各阶导数之间关系的微分方程叫动态数学模型。如果已知输入量及变量的初始条件,则对微分方程求解就可以得到系统输出量的表达式,并由此可对系统进行性能分析。因此,建立控制系统的数学模型是分析和设计控制系统的首要工作。

建立控制系统数学模型的方法有分析法和实验法两种。分析法是对系统各部分的运动机制进行分析,根据它们所依据的物理规律和化学规律分别列写相应的运动方程。例如,电学中有基尔霍夫定律,力学中有牛顿定律,热力学中有热力学定律等。实验法是人为地给系统施加某种测试信号,记录其输出响应,并用适当的数学模型去逼近,这种方法称为系统辨识。近年来,系统辨识已发展成一门独立学科分支。本章重点研究用分析法建立系统数学模型的方法。

在自动控制理论中,数学模型有多种形式。时域中常用的数学模型有微分方程、差分方程和状态方程;复数域中有传递函数、结构图;频域中有频率特性;等等。本章只研究微分方程、传递函数和结构图等数学模型的建立和应用,其数学基础为傅里叶变换与拉普拉斯变换。

### 2.1.2　模型的数学基础

傅里叶变换(简称傅氏变换)和拉普拉斯变换(简称拉氏变换)是工程实践中用来解决线性常微分方程的简便工具,同时也是建立系统在复数域和频率域的数学模型——传递函数和频率特性的数学基础。

傅氏变换和拉氏变换有其内在的联系。但一般来说,对一个函数进行傅氏变换,要求它满足的条件较高,因此有些函数就不能进行傅氏变换,而拉氏变换就比傅氏变换易于实现,所以拉氏变换的应用更为广泛。

#### 1. 傅里叶级数

周期函数的傅里叶级数(简称傅氏级数)是由正弦和余弦函数组成的三角函数。

周期为 $T$ 的任一周期函数 $f(t)$,若满足下列狄利克雷条件:

(1) 在一个周期内只有有限个不连续点,

(2) 在一个周期内只有有限个极大值和极小值,

（3）积分 $\int_{-\frac{T}{2}}^{\frac{T}{2}} (f(t)) \mathrm{d}t$ 存在，

则 $f(t)$ 可展开为如下的傅氏级数：

$$f(t) = \frac{1}{2} a_0 + \sum_{n=1}^{\infty} (a_n \cos n\omega t + b_n \sin n\omega t) \tag{2-1}$$

式中，系数 $a_n$ 和 $b_n$ 分别为

$$a_n = \frac{2}{T} \int_{-T/2}^{T/2} f(t) \cos n\omega t \, \mathrm{d}t, \ n = 0,1,2,\cdots,\infty \tag{2-2}$$

$$b_n = \frac{2}{T} \int_{-T/2}^{T/2} f(t) \sin n\omega t \, \mathrm{d}t, \ n = 0,1,2,\cdots,\infty \tag{2-3}$$

式中，$\omega = 2\pi/T$ 称为角频率。

周期函数 $f(t)$ 的傅氏级数还可以写为复数形式（或指数形式）：

$$f(t) = \sum_{-\infty}^{\infty} a_n \mathrm{e}^{-\mathrm{j}n\omega t} \tag{2-4}$$

式中：

$$a_n = \frac{1}{T} \int_{-T/2}^{T/2} f(t) \mathrm{e}^{-\mathrm{j}n\omega t} \, \mathrm{d}t \tag{2-5}$$

如果周期函数 $f(t)$ 具有某种对称性质，如为偶函数、奇函数，或只有奇次或偶次谐波，则傅氏级数中的某些项为零，系数公式可以简化。表 2-1 列出了具有集中对称性质的周期函数 $f(t)$ 的化简结果。

**表 2-1　周期函数 $f(t)$ 的对称性质**

| 周期函数 | 对称性 | 傅氏级数的特点 | $a_n$ | $b_n$ |
|---|---|---|---|---|
| $f_1(t)$ | 偶函数 $f_1(t) = f_1(-t)$ | 只有余弦项 | $\frac{T}{4} \int_0^{T/2} f_1(t) \cos n\omega t \, \mathrm{d}t$ | 0 |
| $f_2(t)$ | 奇函数 $f_2(t) = -f_2(-t)$ | 只有正弦项 | 0 | $\frac{T}{4} \int_0^{T/2} f_2(t) \sin n\omega t \, \mathrm{d}t$ |
| $f_3(t)$ | 只有偶次谐波 $f_3\left(t \pm \frac{T}{2}\right) = f_3(t)$ | 只有偶数 $n$ | $\frac{T}{4} \int_0^{T/2} f_3(t) \cos n\omega t \, \mathrm{d}t$ | $\frac{T}{4} \int_0^{T/2} f_3(t) \sin n\omega t \, \mathrm{d}t$ |
| $f_4(t)$ | 只有奇次谐波 $f_4\left(t \pm \frac{T}{2}\right) = -f_4(t)$ | 只有奇数 $n$ | $\frac{T}{4} \int_0^{T/2} f_4(t) \cos n\omega t \, \mathrm{d}t$ | $\frac{T}{4} \int_0^{T/2} f_4(t) \sin n\omega t \, \mathrm{d}t$ |

【例 2-1】　试求图 2-1 所示周期方波的傅氏级数展开式。

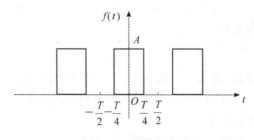

图 2-1　周期方波

**解**　首先写出方波在一个周期内的数学表达式：

$$f(t) = \begin{cases} 0, & -\dfrac{T}{2} < t < -\dfrac{T}{4} \\[2mm] A, & -\dfrac{T}{4} \leqslant t \leqslant \dfrac{T}{4} \\[2mm] 0, & \dfrac{T}{4} < t < \dfrac{T}{2} \end{cases}$$

因为 $f(t) = f(-t)$，为偶数，所以只需计算系数 $a_n$。由表 2-1 有：

$$a_n = \frac{T}{4} \int_0^{T/4} f(t) \cos n\omega t \, dt = \frac{T}{4} \int_0^{T/4} A \cos n\omega t \, dt = \frac{2A}{n\pi} \sin\left(\frac{n\pi}{2}\right)$$

依次取 $n = 0, 1, 2, 3, \cdots$ 计算，得 $a_0 = A$，$a_1 = 2A/\pi$，$a_2 = 0$，$a_3 = -2A/(3\pi)$，$a_4 = 0$，$a_5 = 2A/(5\pi)$，$\cdots$。其中，$a_0$ 是应用洛必达法则求得的。由式(2-1)可求出方波的傅氏级数展开式为

$$f(t) = \frac{A}{2} + \frac{2A}{\pi}\left(\cos\omega t - \frac{1}{3}\cos 3\omega t + \frac{1}{5}\cos 5\omega t - \cdots\right)$$

上式表明，方波可以分解为各种频率的谐波分量。换句话说，用不同频率的谐波合成可以得到方波。

**2. 傅里叶积分和傅里叶变换**

任一周期函数只要满足狄利克雷条件，便可以展开为傅氏级数。对于非周期函数，因为其周期 $T$ 趋于无穷大，不能直接用傅氏级数展开式，而要做某些修改，这样就引出了傅里叶积分式。

若 $f(t)$ 为非周期函数，则可视它为周期 $T$ 趋于无穷大、角频率($\omega_0 = 2\pi/T$)趋于零的周期函数。这时，在傅氏级数展开式(2-1)～式(2-5)中，各个相邻的谐波频率之差 $\Delta\omega = (n+1)\omega_0 - n\omega_0 = \omega_0$ 很小，谐波频率 $n\omega_0$ 需用一个变量 $\omega$ 代替(注意，此处 $\omega$ 不同于式(2-1)中的角频率)。这样，式(2-4)和式(2-5)可改写为

$$f(t) = \sum_{\omega=-\infty}^{\infty} a_\omega \, e^{j\omega t} \tag{2-6}$$

$$a_\omega = \frac{\Delta\omega}{2\pi} \int_{-T/2}^{T/2} f(t) \, e^{-j\omega t} \, dt \tag{2-7}$$

将式(2-7)带入式(2-6)，得

$$f(t) = \sum_{\omega=-\infty}^{\infty} \left[\frac{\Delta\omega}{2\pi} \int_{-T/2}^{T/2} f(t) \, e^{-j\omega t} \, dt\right] e^{j\omega t} = \frac{1}{2\pi} \sum_{\omega=-\infty}^{\infty} \left[\int_{-T/2}^{T/2} f(t) \, e^{-j\omega t} \, dt\right] e^{j\omega t} \, \Delta\omega$$

当 $T \to \infty$ 时，$\Delta\omega \to d\omega$，求和式变为积分式，上式可写为

$$f(t) = \frac{1}{2\pi} \int_{-\infty}^{\infty} \left[\int_{-\infty}^{\infty} f(t) \, e^{-j\omega t}\right] e^{j\omega t} \, d\omega \tag{2-8}$$

式(2-8)是非周期函数 $f(t)$ 的傅里叶积分形式之一。

在式(2-8)中，若令

$$F(\omega) = \int_{-\infty}^{\infty} f(t) \, e^{-j\omega t} \, dt \tag{2-9}$$

则(2-8)可以写为

$$f(t) = \frac{1}{2\pi} \int_{-\infty}^{\infty} F(\omega) \, e^{-j\omega t} \, d\omega \tag{2-10}$$

式(2-9)和式(2-10)给出的两个积分式称为傅里叶(可简称傅氏)变换对，$F(\omega)$ 称为 $f(t)$ 的傅氏变换，记为 $F(\omega)=\mathscr{L}[f(t)]$，而 $f(t)$ 称为 $F(\omega)$ 的傅氏反变换，记为 $f(t)=\mathscr{L}^{-1}[F(\omega)]$。

　　非周期函数 $f(t)$ 必须满足狄利克雷条件才可以进行傅氏变换，而且狄利克雷的第三条件这时应修改为积分 $\int_{-\infty}^{\infty}|f(t)|\,\mathrm{d}t$ 存在。

　　**【例 2-2】** 试求图 2-2 所示方波的傅氏变换。

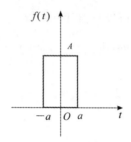

图 2-2　方波

　　**解**　图 2-2 所示方波可表示为

$$f(t)=\begin{cases}A, & -a\leqslant t\leqslant a\\ 0, & t>a,\ t<-a\end{cases}$$

显然，$f(t)$ 不是周期函数。由式(2-9)可得

$$F(\omega)=\int_{-\infty}^{\infty}f(t)\,\mathrm{e}^{-\mathrm{j}\omega t}\,\mathrm{d}t=\int_{-a}^{a}A\,\mathrm{e}^{-\mathrm{j}\omega t}\,\mathrm{d}t=\frac{2A}{\omega}\sin a\omega$$

　　频谱函数 $F(\omega)$ 的模 $|F(\omega)|$ 称为频谱，方波的频谱 $|F(\omega)|=2A|\sin a\omega/\omega|$，它与频率 $\omega$ 的关系曲线如图 2-3 所示。

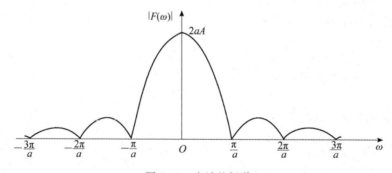

图 2-3　方波的频谱

　　工程技术上常用傅里叶方法分析线性系统，因为任何周期函数都可展开为含有许多正弦分量或者余弦分量的傅氏级数，而任何非周期函数都可表示为傅氏积分，从而可将一个时间域的函数变换为频率域的函数。在研究输入为非正弦函数的线性系统时，应用傅氏级数和傅氏变换的这个性质，可以通过系统对各种频率正弦波的响应特性来了解系统对非正弦输入的响应特性。研究自动控制系统的频率域方法就是建立在这个基础上的。

　　**3. 拉普拉斯变换**

　　工程实践中常用的一些函数，如阶跃函数，它们往往不能满足傅氏变换的条件。如果对这种函数稍加处理，一般都能进行傅氏变换，于是就引入了拉普拉斯变换，简称拉氏变换。例如，对于单位阶跃函数 $f(t)=1(t)$ 的傅氏变换，由式（2-9）可求得

$$F(\omega) = \mathscr{L}\left[f(t)\right] = \int_{-\infty}^{\infty} f(t)\mathrm{e}^{-\mathrm{j}\omega t}\,\mathrm{d}t = \int_{0}^{\infty} \mathrm{e}^{-\mathrm{j}\omega t}\,\mathrm{d}t = \frac{1}{\omega}(\sin\omega t + \cos\omega t)\Big|_{0}^{\infty}$$

显然，$F(\omega)$ 无法计算出来，这是因为单位阶跃函数不满足狄利克雷第三条件，亦即 $\int_{-\infty}^{\infty}|f(t)|\,\mathrm{d}t$ 不存在。

为了解决这个问题，用指数衰减函数 $\mathrm{e}^{-\sigma t}1(t)$ 代替，因为当 $\sigma\to0$ 时，$\mathrm{e}^{-\sigma t}1(t)$ 趋于 $1(t)$。$\mathrm{e}^{-\sigma t}1(t)$ 可表示为

$$\mathrm{e}^{-\sigma t}1(t) = \begin{cases} \mathrm{e}^{-\sigma t}, & t>0, \quad \sigma>0 \\ 0, & t<0 \end{cases}$$

将这个函数代入式（2-9），求得它的傅氏变换为

$$F_\sigma(\omega) = \mathscr{L}\left[\mathrm{e}^{-\sigma t}1(t)\right] = \int_{-\infty}^{\infty} \mathrm{e}^{-\sigma t}1(t)\mathrm{e}^{-\mathrm{j}\omega t}\,\mathrm{d}t = \int_{0}^{\infty} \mathrm{e}^{-\sigma t}\mathrm{e}^{-\mathrm{j}\omega t}\,\mathrm{d}t = \frac{1}{\sigma+\mathrm{j}\omega}$$

上式说明，单位阶跃函数乘以因子 $\mathrm{e}^{-\sigma t}$ 后，便可以进行傅氏变换。这是由于进行变换的函数已经过处理，而且只考虑 $t>0$ 的时间区间，因此称之为单边广义傅里叶变换。

对于任意函数 $f(t)$，如果不满足狄利克雷第三条件，一般是因为当 $t\to\infty$ 时，$f(t)$ 衰减太慢。仿照单位阶跃函数的处理方法，也用因子 $\mathrm{e}^{-\sigma t}$（$\sigma>0$）乘以 $f(t)$，则当 $t\to\infty$ 时，衰减就快得多。通常把 $\mathrm{e}^{-\sigma t}$ 称为收敛因子。但由于它在 $t\to-\infty$ 时，起相反作用，因此，假设 $t<0$ 时 $f(t)=0$。这个假设在实际上是可以做到的，因为总可以把外作用加到系统上的开始瞬间选为 $t=0$，而把 $t<0$ 时的行为（即外作用）加到系统之前的行为，这些可以在初始条件内考虑。这样，对函数 $f(t)$ 的研究，就变为在时间 $t=0\to\infty$ 的区间对函数 $f(t)\mathrm{e}^{-\sigma t}$ 的研究，通常称之为 $f(t)$ 的广义函数，它的傅里叶变换为单边傅氏变换，即

$$F_\sigma(\omega) = \int_{0}^{\infty} f(t)\mathrm{e}^{-\sigma t}\mathrm{e}^{-\mathrm{j}\omega t}\,\mathrm{d}t = \int_{0}^{\infty} f(t)\mathrm{e}^{-(\sigma+\mathrm{j}\omega)t}\,\mathrm{d}t$$

若令 $s=\sigma+\mathrm{j}\omega$，则上式可写为

$$F_\sigma\left(\frac{s-\sigma}{\mathrm{j}}\right) = F(s) = \int_{0}^{\infty} f(t)\mathrm{e}^{-st}\,\mathrm{d}t \tag{2-11}$$

而 $F_\sigma(\omega)$ 的傅氏反变换则由式（2-10）有

$$f(t)\mathrm{e}^{-\sigma t} = \mathscr{L}^{-1}\left[F_\sigma(\omega)\right] = \frac{1}{2\pi}\int_{-\infty}^{\infty} F_\sigma(\omega)\mathrm{e}^{\mathrm{j}\omega t}\,\mathrm{d}\omega$$

等式两边同乘以 $\mathrm{e}^{\sigma t}$，得

$$f(t) = \frac{1}{2\pi}\int_{-\infty}^{\infty} F_\sigma(\omega)\mathrm{e}^{(\sigma+\mathrm{j}\omega)t}\,\mathrm{d}\omega$$

以 $s=\sigma+\mathrm{j}\omega$ 代之，可得

$$f(t) = \frac{1}{2\pi\mathrm{j}}\int_{\sigma-\mathrm{j}\omega}^{\sigma+\mathrm{j}\omega} F(s)\mathrm{e}^{st}\,\mathrm{d}s \tag{2-12}$$

在式（2-11）和式（2-12）中，$s=\sigma+\mathrm{j}\omega$ 是复数，只要其实部 $\sigma>0$ 足够大，式（2-12）的积分就存在。式（2-11）和式（2-12）的两个积分式称为拉氏变换对。$F(s)$ 称为 $f(t)$ 的拉氏变换，也称象函数，记为 $F(s)=\mathscr{L}\left[f(t)\right]$；$f(t)$ 称为 $F(s)$ 的拉氏反变换，也称为原函数，记为 $f(t)=\mathscr{L}^{-1}\left[F(s)\right]$。

**【例 2 - 3】** 求正弦函数 $f(t)=\sin\omega t$ 的拉氏变换。

**解** 由欧拉公式：

$$\sin\omega t=\frac{1}{2j}(e^{j\omega t}-e^{-j\omega t})$$

及式(2-11)，可得

$$F(s)=\mathscr{L}(\sin\omega t)=\int_0^\infty \sin\omega t\, e^{-st}dt=\int_0^\infty \frac{1}{2j}(e^{j\omega t}-e^{-j\omega t})e^{-st}dt$$

$$=\frac{1}{2j}\left(\frac{1}{s-j\omega}-\frac{1}{s+j\omega}\right)=\frac{\omega}{s^2+\omega^2}$$

**【例 2 - 4】** 求单位脉冲函数 $\delta(t)$ 的拉氏变换。

**解** 将 $f(t)=\delta(t)=\lim\limits_{t_0\to 0}[1(t)-1(t-t_0)]/t_0$ 代入式(2-9)，可得

$$\mathscr{L}[\delta(t)]=\int_0^\infty \lim_{t_0\to 0}\frac{1}{t_0}[1(t)-1(t-t_0)]e^{-st}dt$$

$$=\lim_{t_0\to 0}\frac{1}{t_0}\int_0^\infty [1(t)-1(t-t_0)]e^{-st}dt$$

$$=\lim_{t_0\to 0}\frac{1}{t_0 s}[1-e^{-t_0 s}]=\lim_{t_0\to 0}\frac{d[1-e^{-t_0 s}]/dt_0}{dt_0\, s/dt_0}=1$$

因此，单位脉冲函数 $\delta(t)$ 的拉氏变换为 1。显然，强度为 $A$ 的脉冲函数 $A\delta(t)$ 的拉氏变换就等于它的强度 $A$，即 $\mathscr{L}[A\delta(t)]=A$。

### 4. 拉氏变换的积分下限

拉氏变换的定义式中，积分下限为零，但有 0 的右下限 $0_+$ 和 0 的左极限 $0_-$ 之分。对于在 $t=0$ 处连续或只有第一类间断点的函数，$0_+$ 型和 $0_-$ 型的拉氏变换是相同的；对于在 $t=0$ 处有无穷跳跃的函数，如单位脉冲函数（$\delta$ 函数），两种变换的结果并不一致。

$\delta$ 函数是脉冲面积为 1、在 $t=0$ 瞬间出现无穷跳跃的特殊函数，其数学表达式为

$$\delta(t)=\begin{cases}0, & t\neq 0\\ \infty, & t=0\end{cases}$$

且有 $\int_{-\infty}^\infty \delta(t)dt=1$。

$\delta(t)$ 的 $0_+$ 型拉氏变换：

$$\int_{0_+}^\infty \delta(t)e^{-st}dt=0$$

而 $\delta(t)$ 的 $0_-$ 型拉氏变换：

$$\int_{0_-}^\infty \delta(t)e^{-st}dt=\int_{0_-}^{0_+}\delta(t)e^{-st}dt+\int_{0_+}^\infty \delta(t)e^{-st}dt=1$$

实际上，$0_+$ 型拉氏变换并没有反映出 $\delta$ 函数在 $[0_-,0_+]$ 区间内的跳跃特性，而 $0_-$ 型拉氏变换则包含了这一区间。因此，$0_-$ 型拉氏变换反映了客观实际规律。在拉氏变换过程中，若不特别指出是 $0_+$ 或是 $0_-$，均认为是 $0_-$ 型变换。

### 5. 拉普拉斯变换定理

下面给出常用的拉氏变换定理。

1) 线性性质

设 $F_1(s)=\mathscr{L}[f_1(t)]$，$F_2(s)=\mathscr{L}[f_2(t)]$，$a$、$b$ 为常数，则有

$$\mathscr{L}\left[af_1(t)+bf_2(t)\right]=a\mathscr{L}\left[f_1(t)\right]+b\mathscr{L}\left[f_2(t)\right]=aF_1(s)+bF_2(s)$$

2）微分定理

设 $F(s)=\mathscr{L}\left[f(t)\right]$，则有

$$\mathscr{L}\left[\frac{\mathrm{d}f(t)}{\mathrm{d}t}\right]=sF(s)-f(0)$$

式中，$f(0)$ 是 $f(t)$ 在 $t=0$ 时的值。

**证明**　由式（2-11）有

$$\mathscr{L}\left[\frac{\mathrm{d}f(t)}{\mathrm{d}t}\right]=\int_0^\infty \frac{\mathrm{d}f(t)}{\mathrm{d}t}\,\mathrm{e}^{-st}\,\mathrm{d}t$$

用分部积分法，令 $u=\mathrm{e}^{-st}$，$\mathrm{d}v=\dfrac{\mathrm{d}f(t)}{\mathrm{d}t}\mathrm{d}t$，则

$$\mathscr{L}\left[\frac{\mathrm{d}f(t)}{\mathrm{d}t}\right]=\left[\mathrm{e}^{-st}f(t)\right]\Big|_0^\infty+s\int_0^\infty f(t)\mathrm{e}^{-st}\,\mathrm{d}t=sF(s)-f(0)$$

同理，函数 $f(t)$ 的高阶导数的拉氏变换为

$$\mathscr{L}\left[\frac{\mathrm{d}^n f(t)}{\mathrm{d}t^n}\right]=s^n F(s)-\left[s^{n-1}f(0)+s^{n-2}f(0)+\cdots+f^{(n-1)}(0)\right]$$

式中，$f(0)$，$f^{(1)}(0)$，$f^{(2)}(0)$，$\cdots$，$f^{(n-1)}(0)$ 为 $f(t)$ 及其各阶导数在 $t=0$ 时的值。

显然，如果原函数 $f(t)$ 及其各阶导数的初始值都等于零，则原函数 $f(t)$ 的 $n$ 阶导数的拉氏变换就等于其象函数 $F(s)$ 乘以 $s^n$，即

$$\mathscr{L}\left[\frac{\mathrm{d}^n f(t)}{\mathrm{d}t^n}\right]=s^n F(s)$$

3）积分定理

设 $F(s)=\mathscr{L}\left[f(t)\right]$，则有

$$\mathscr{L}\left[\int f(t)\mathrm{d}t\right]=\frac{1}{s}F(s)+\frac{1}{s}f^{(-1)}(0)$$

式中，$f^{(-1)}(0)$ 是 $\displaystyle\int f(t)\mathrm{d}t$ 在 $t=0$ 时的值。

**证明**　由式（2-11）有

$$\mathscr{L}\left[\int f(t)\mathrm{d}t\right]=\int_0^\infty\left[\int f(t)\mathrm{d}t\right]\mathrm{e}^{-st}\,\mathrm{d}t$$

用分部积分法，令 $u=\displaystyle\int f(t)\mathrm{d}t$，$\mathrm{d}v=\mathrm{e}^{-st}\mathrm{d}t$，则有

$$\mathscr{L}\left[\int f(t)\mathrm{d}t\right]=\left[-\frac{1}{s}\mathrm{e}^{-st}\int f(t)\mathrm{d}t\right]\Big|_0^\infty+\frac{1}{s}\int_0^\infty f(t)\mathrm{e}^{-st}\,\mathrm{d}t$$

$$=\frac{1}{s}f^{(-1)}(0)+\frac{1}{s}F(s)$$

同理，对于 $f(t)$ 的多重积分的拉氏变换，有

$$\mathscr{L}\underbrace{\left[\int\cdots\int f(t)(\mathrm{d}t)^n\right]}_{n}=\frac{1}{s^n}F(s)+\frac{1}{s^n}f^{(-1)}(0)+\cdots+\frac{1}{s}f^{(-n)}(0)$$

式中，$f^{(-1)}(0)$，$f^{(-2)}(0)$，$\cdots$，$f^{(-n)}(0)$ 为 $f(t)$ 的各重积分在 $t=0$ 时的值。如果 $f^{(-1)}(0)=f^{(-2)}(0)=\cdots=f^{(-n)}(0)=0$，则有

$$\mathscr{L}\underbrace{\left[\int\cdots\int f(t)(\mathrm{d}t)^n\right]}_{n}=\frac{1}{s^n}F(s)$$

即原函数 $f(t)$ 的 $n$ 重积分的拉氏变换等于其象函数 $F(s)$ 除以 $s^n$。

4）初值定理

若函数 $f(t)$ 及其一阶导数都是可进行拉氏变换的，则函数 $f(t)$ 的初值为

$$f(0_+)=\lim_{t\to 0_+}f(t)=\lim_{s\to\infty}F(s)$$

即原函数 $f(t)$ 在自变量趋于零（从正方向趋于零）时的极限值取决于其象函数 $F(s)$ 在自变量趋于无穷大时的极限值。

**证明**　由微分定理，有

$$\int_0^\infty \frac{\mathrm{d}f(t)}{\mathrm{d}t}e^{-st}\mathrm{d}t=sF(s)-f(0)$$

令 $s\to\infty$，对等式两边取极限，得

$$\lim_{s\to\infty}\int_0^\infty \frac{\mathrm{d}f(t)}{\mathrm{d}t}e^{-st}\mathrm{d}t=\lim_{s\to\infty}[sF(s)-f(0)]$$

在 $0_+<t<\infty$ 的时间区间，当 $s\to\infty$ 时，$e^{-st}$ 趋于零，因此等式左边为

$$\lim_{s\to\infty}\int_{0_+}^\infty \frac{\mathrm{d}f(t)}{\mathrm{d}t}e^{-st}\mathrm{d}t=\int_{0_+}^\infty \frac{\mathrm{d}f(t)}{\mathrm{d}t}\lim_{s\to\infty}e^{-st}\mathrm{d}t=0$$

于是

$$\lim_{s\to\infty}[sF(s)-f(0_+)]=0$$

即

$$f(0_+)=\lim_{t\to 0_+}f(t)=\lim_{s\to\infty}sF(s)$$

式中，$f(0_+)$ 表示 $f(t)$ 在 $t=0$ 右极限时的值。

5）终值定理

若函数 $f(t)$ 及其一阶导数都是可进行拉氏变换的，则函数 $f(t)$ 的终值为

$$\lim_{t\to\infty}f(t)=\lim_{s\to 0}sF(s)$$

即原函数 $f(t)$ 在自变量趋于无穷大时的极限值取决于象函数 $F(s)$ 在自变量趋于零时的极限值。

**证明**　由微分定理，有

$$\int_0^\infty \frac{\mathrm{d}f(t)}{\mathrm{d}t}e^{-st}\mathrm{d}t=sF(s)-f(0)$$

令 $s\to 0$，对等式两边取极限，得

$$\lim_{s\to 0}\int_0^\infty \frac{\mathrm{d}f(t)}{\mathrm{d}t}e^{-st}\mathrm{d}t=\lim_{s\to 0}[sF(s)-f(0)]$$

等式左边为

$$\lim_{s\to 0}\int_0^\infty \frac{\mathrm{d}f(t)}{\mathrm{d}t}e^{-st}\mathrm{d}t=\int_0^\infty \frac{\mathrm{d}f(t)}{\mathrm{d}t}\lim_{s\to 0}e^{-st}\mathrm{d}t=\int_0^\infty \mathrm{d}f(t)=\lim_{t\to\infty}\int_0^t \mathrm{d}f(t)=\lim_{t\to\infty}[f(t)-f(0)]$$

于是

$$\lim_{t\to\infty}f(t)=\lim_{s\to 0}sF(s)$$

注意，当 $f(t)$ 是周期函数，如正弦函数 $\sin\omega t$ 时，由于它没有终值，因此终值定理不

适用。

6) 位移定理

设 $F(s) = \mathscr{L}[f(t)]$，则有

$$\mathscr{L}[f(t-\tau_0)] = e^{-\tau_0 s}F(s)$$

$$\mathscr{L}[e^{at}f(t)] = F(s-a)$$

它们分别表示实域中的位移定理和复域中的位移定理。

**证明**　由式(2-11)得

$$\mathscr{L}[f(t-\tau_0)] = \int_{-\tau_0}^{\infty} f(\tau)e^{-s(\tau+\tau_0)}\,\mathrm{d}\tau = e^{-\tau_0 s}\int_{\tau_0}^{\infty} f(\tau)e^{-\tau s}\,\mathrm{d}\tau = e^{-\tau_0 s}F(s)$$

上式表明了实域中的位移定理，即当原函数 $f(t)$ 沿时间轴平移 $\tau_0$ 时，相应于其象函数 $F(s)$ 乘以 $e^{-\tau_0 s}$。

同样地，由式(2-11)，有

$$\mathscr{L}[e^{at}f(t)] = \int_0^{\infty} e^{at}f(t)e^{-st}\,\mathrm{d}t = \int_0^{\infty} f(t)e^{-(s-a)t}\,\mathrm{d}t = F(s-a)$$

上式表明了复域中的位移定理，即当象函数 $F(s)$ 的自变量 $s$ 位移 $a$ 时，相应于其原函数 $f(t)$ 乘以 $e^{at}$。

位移定理在工程上有很多应用，可用于方便地求一些复杂函数的拉氏变换。例如，由

$$\mathscr{L}[\sin\omega t] = \frac{\omega}{s^2+\omega^2}$$

可直接求得

$$\mathscr{L}[e^{-at}\sin\omega t] = \frac{\omega}{(s+a)^2+\omega^2}$$

7) 相似定理

设 $F(s) = \mathscr{L}[f(t)]$，则有

$$\mathscr{L}\left[f\left(\frac{t}{a}\right)\right] = aF(as)$$

式中，$a$ 为实常数。

上式表明，原函数 $f(t)$ 的自变量 $t$ 的比例尺改变(见图 2-4)时，其象函数 $F(s)$ 具有类似的形式。

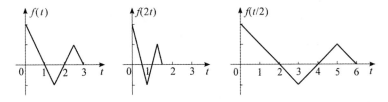

图 2-4　函数 $f(t)$、$f(2t)$、$f\left(\dfrac{t}{2}\right)$

**证明**　由式(2-11)，有

$$\mathscr{L}\left[f\left(\frac{t}{a}\right)\right] = \int_0^{\infty} f\left(\frac{t}{a}\right)e^{-st}\,\mathrm{d}t$$

令 $t/a = \tau$，则有

$$\mathscr{L}\left[f\left(\frac{t}{a}\right)\right] = a\int_0^\infty f(\tau)\mathrm{e}^{-\omega\tau}\mathrm{d}\tau = aF(as)$$

8) 卷积定理

设 $F_1(s) = \mathscr{L}[f_1(t)]$，$F_2(s) = \mathscr{L}[f_2(t)]$，则有

$$F_1(s)F_2(s) = \mathscr{L}\left[\int_0^t f_1(t-\tau)f_2(\tau)\mathrm{d}\tau\right]$$

式中，$\int_0^t f_1(t-\tau)f_2(\tau)\mathrm{d}\tau$ 为 $f_1(t)$ 和 $f_2(t)$ 的卷积，可写为 $f_1(t) * f_2(t)$。因此，上式表示，两个原函数的卷积相应于其象函数的乘积。

**证明** 由式(2-11)，有

$$\mathscr{L}\left[\int_0^t f_1(t-\tau)f_2(\tau)\mathrm{d}\tau\right] = \int_0^\infty\left[\int_0^t f_1(t-\tau)f_2(\tau)\mathrm{d}\tau\right]\mathrm{e}^{-st}\mathrm{d}t$$

为了变积分限为 0 到∞，引入单位阶跃函数 $1(t-\tau)$，即有

$$f_1(t-\tau)1(t-\tau) = \begin{cases} 0, & t<\tau \\ f_1(t-\tau), & t>\tau \end{cases}$$

因此

$$\int_0^t f_1(t-\tau)f_2(\tau)\mathrm{d}\tau = \int_0^\infty f_1(t-\tau)1(t-\tau)f_2(\tau)\mathrm{d}\tau$$

所以

$$\begin{aligned}
\mathscr{L}\left[\int_0^t f_1(t-\tau)f_2(\tau)\mathrm{d}\tau\right] &= \int_0^\infty\int_0^\infty f_1(t-\tau)1(t-\tau)f_2(\tau)\mathrm{d}\tau\mathrm{e}^{-st}\mathrm{d}t \\
&= \int_0^\infty f_2(\tau)\mathrm{d}\tau\int_0^\infty f_1(t-\tau)1(t-\tau)\mathrm{e}^{-st}\mathrm{d}t \\
&= \int_0^\infty f_2(\tau)\mathrm{d}\tau\int_\tau^\infty f_1(t-\tau)\mathrm{e}^{-st}\mathrm{d}t
\end{aligned}$$

令 $t-\tau=\lambda$，可得

$$\begin{aligned}
\mathscr{L}\left[\int_0^t f_1(t-\tau)f_2(\tau)\mathrm{d}\tau\right] &= \int_0^\infty f_2(\tau)\mathrm{d}\tau\int_0^\infty f_1(\lambda)\mathrm{e}^{-s\lambda}\mathrm{e}^{-s\tau}\mathrm{d}\lambda \\
&= \int_0^\infty f_2(\tau)\mathrm{e}^{-s\tau}\mathrm{d}\tau\int_0^\infty f_1(\lambda)\mathrm{e}^{-s\lambda}\mathrm{d}\lambda \\
&= F_2(s)F_1(s)
\end{aligned}$$

**6. 拉普拉斯反变换**

由象函数 $F(s)$ 求原函数 $f(t)$，可根据式(2-12)拉氏反变换公式计算。对于简单的象函数，可直接应用拉氏变换对照表，查出相应的原函数。工程实践中，求复杂象函数的原函数时，通常先用部分分式展开法(也称海维赛德展开定理)将复杂函数展开成简单函数的和，再应用拉氏变换对照表。

一般地，象函数 $F(s)$ 是复变数 $s$ 的有理代数分式，即 $F(s)$ 可表示为如下两个 $s$ 多项式的比的形式：

$$F(s) = \frac{B(s)}{A(s)} = \frac{b_0 s^m + b_1 s^{m-1} + \cdots + b_{m-1}s + b_m}{s^n + a_1 s^{n-1} + \cdots + a_{n-1}s + a_n}$$

式中，系数 $a_1$，$a_2$，$\cdots$，$a_n$，$b_0$，$b_1$，$\cdots$，$b_m$ 都是实常数；$m$、$n$ 是正整数，通常 $m<n$。为了将 $F(s)$ 写成部分分式的形式，首先把 $F(s)$ 的分母因式分解，则有

$$F(s) = \frac{B(s)}{A(s)} = \frac{b_0 s^m + b_1 s^{m-1} + \cdots + b_{m-1} s + b_m}{(s - s_1)(s - s_2) \cdots (s - s_n)}$$

式中，$s_1$，$s_2$，$\cdots$，$s_n$ 是 $A(s) = 0$ 的根，称为 $F(s)$ 的极点。按照这些根的性质，分以下两种情况研究。

1）$A(s) = 0$ 无重根

当 $A(s) = 0$ 无重根时，$F(s)$ 可展开为 $n$ 个简单的部分分式之和，每个部分分式都以 $A(s)$ 的一个因式作为其分母，即

$$F(s) = \frac{c_1}{s - s_1} + \frac{c_2}{s - s_2} + \cdots + \frac{c_i}{s - s_i} + \cdots + \frac{c_n}{s - s_n} = \sum_{i=1}^{n} \frac{c_i}{s - s_i} \qquad (2-13)$$

式中，$c_i$ 为待定常数，称为 $F(s)$ 在极点 $s_i$ 处的留数，可按下式计算：

$$c_i = \lim_{s \to s_i} (s - s_i) F(s) \qquad (2-14)$$

或

$$c_i = \frac{B(s)}{\dot{A}(s)} \bigg|_{s = s_i} \qquad (2-15)$$

式中，$\dot{A}(s)$ 为 $A(s)$ 对 $s$ 求一阶导数。

根据拉氏变换的线性性质，由式（2-13）可求得原函数：

$$f(t) = \mathscr{L}^{-1} [F(s)] = \mathscr{L}^{-1} \left[ \sum_{i=1}^{n} \frac{c_i}{s - s_i} \right] = \sum_{i=1}^{n} c_i \mathrm{e}^{s_i t} \qquad (2-16)$$

式（2-16）表明，有理代数分式函数的拉氏反变换可表示为若干指数项之和。

**【例 2-5】**　求 $F(s) = \dfrac{s+2}{s^2 + 4s + 3}$ 的原函数 $f(t)$。

**解**　将 $F(s)$ 的分母因式分解为

$$s^2 + 4s + 3 = (s+1)(s+3)$$

则

$$F(s) = \frac{s+2}{s^2 + 4s + 3} = \frac{s+2}{(s+1)(s+3)} = \frac{c_1}{s+1} + \frac{c_2}{s+3}$$

按式（2-14）计算，得

$$c_1 = \lim_{s \to -1} (s+1) F(s) = \lim_{s \to -1} \frac{s+2}{s+3} = \frac{1}{2}$$

$$c_2 = \lim_{s \to -3} (s+3) F(s) = \lim_{s \to -3} \frac{s+2}{s+1} = \frac{1}{2}$$

因此，由式（2-16）可求得原函数

$$f(t) = \frac{1}{2} (\mathrm{e}^{-t} + \mathrm{e}^{-3t})$$

2）$A(s) = 0$ 有重根

设 $A(s) = 0$ 有 $r$ 个重根 $s_1$，则 $F(s)$ 可写为

$$F(s) = \frac{B(s)}{(s - s_1)^r (s - s_{r+1}) \cdots (s - s_n)}$$

$$= \frac{c_r}{(s - s_1)^r} + \frac{c_{r-1}}{(s - s_1)^{r-1}} + \cdots + \frac{c_1}{s - s_1} + \frac{c_{r+1}}{s - s_{r+1}} + \cdots + \frac{c_n}{s - s_n}$$

式中，$s_1$ 为 $F(s)$ 的重极点，$s_{r+1}$，$\cdots$，$s_n$ 为 $F(s)$ 的 $n-r$ 个非重极点；$c_r$，$c_{r-1}$，$\cdots$，$c_1$，$c_{r+1}$，$\cdots$，$c_n$ 为待定常数，其中 $c_{r+1}$，$\cdots$，$c_n$ 按式（2-14）或式（2-15）计算，但 $c_r$，$c_{r-1}$，$\cdots$，$c_1$ 应

该按下式计算：

$$\begin{cases} c_r = \lim_{s \to s_1} (s - s_1)^r F(s) \\ c_{r-1} = \lim_{s \to s_1} \frac{\mathrm{d}}{\mathrm{d}s} \big[ (s - s_1)^r F(s) \big] \\ \qquad\vdots \\ c_{r-j} = \frac{1}{j!} \lim_{s \to s_1} \frac{\mathrm{d}^{(j)}}{\mathrm{d}s^j} \big[ (s - s_1)^r F(s) \big] \\ \qquad\vdots \\ c_1 = \frac{1}{(r-1)!} \lim_{s \to s_1} \frac{\mathrm{d}^{(r-1)}}{\mathrm{d}s^{r-1}} \big[ (s - s_1)^r F(s) \big] \end{cases} \tag{2-17}$$

因此，原函数 $f(t)$ 为

$$\begin{aligned} f(t) &= \mathscr{L}^{-1}\big[ F(s) \big] \\ &= \mathscr{L}^{-1}\left[ \frac{c_r}{(s-s_1)^r} + \frac{c_{r-1}}{(s-s_1)^{r-1}} + \cdots + \frac{c_1}{s-s_1} + \cdots + \frac{c_n}{s-s_n} \right] \\ &= \left[ \frac{c_r}{(r-1)!} t^{r-1} + \frac{c_{r-1}}{(r-2)!} t^{r-2} + \cdots + c_2 t + c_1 \right] \mathrm{e}^{s_1 t} + \sum_{i=r+1}^{n} c_i \mathrm{e}^{s_i t} \end{aligned} \tag{2-18}$$

**【例 2 - 6】**　求 $F(s) = \dfrac{s+2}{s(s+1)^2(s+3)}$ 的原函数 $f(t)$。

**解**　分母 $A(s) = 0$ 有四个根，即二重根 $s_1 = s_2 = -1$，$s_3 = 0$，$s_4 = -3$。将 $F(s)$ 展开为部分分式，则有

$$F(s) = \frac{s+2}{s(s+1)^2(s+3)} = \frac{c_2}{(s+1)^2} + \frac{c_1}{s+1} + \frac{c_3}{s} + \frac{c_4}{s+3}$$

按式(2 - 17)计算得

$$c_2 = \lim_{s \to -1} (s+1)^2 \cdot \frac{s+2}{s(s+1)^2(s+3)} = -\frac{1}{2}$$

$$c_1 = \lim_{s \to -1} \frac{\mathrm{d}}{\mathrm{d}s} \left[ (s+1)^2 \cdot \frac{s+2}{s(s+1)^2(s+3)} \right] = -\frac{3}{4}$$

按照式(2 - 14)计算得

$$c_3 = \lim_{s \to 0} s \cdot \frac{s+2}{s(s+1)^2(s+3)} = \frac{2}{3}$$

$$c_4 = \lim_{s \to -3} (s+3) \cdot \frac{s+2}{s(s+1)^2(s+3)} = \frac{1}{12}$$

最后由式(2 - 18)写出原函数为

$$f(t) = \mathscr{L}^{-1}\left[ \frac{s+2}{s(s+1)^2(s+3)} \right] = \frac{2}{3} - \frac{1}{2}\mathrm{e}^{-t}\left( t + \frac{3}{2} \right) + \frac{1}{12}\mathrm{e}^{-3t}$$

## 2.2　控制系统的时域数学模型

　　微分方程是描述各种控制系统动态特性的最基本的数学工具，也是后面讨论的各种数学模型的基础。因此，本节将着重介绍描述线性定常控制系统的微分方程的建立和求解方法，以及非线性微分方程的线性化问题。

## 2.2.1　微分方程的建立

用解析法列写系统或元件微分方程的一般步骤如下：

（1）根据元件的工作原理和在系统中的作用，确定系统和各元件的输入、输出变量，并根据需要引入一些中间变量。

（2）从输入端开始，按照信号的传递顺序，依据各变量所遵循的物理或化学定律，依次列出系统中各元件的动态方程，一般为微分方程组。

（3）消去中间变量，得到只含有系统或元件的输入变量和输出变量的微分方程。

（4）标准化，即将与输入有关的各项放在方程的右侧，将与输出有关的各项放在方程的左侧，方程两边各阶导数按降幂排列，最后将系数整理规范为具有一定物理意义的形式。

【例 2-7】　试写出如图 2-5 所示的 $RLC$ 无源网络的微分方程。$u_r(t)$ 为输入变量，$u_c(t)$ 为输出变量。

**解**　设回路电流为 $i(t)$，由基尔霍夫定律可写出回路的方程为

$$L\frac{\mathrm{d}i(t)}{\mathrm{d}t} + Ri(t) + u_c(t) = u_r(t)$$

$$u_c(t) = \frac{1}{C}\int i(t)\mathrm{d}t$$

消去中间变量 $i(t)$，便得到描述网络输入与输出之间关系的微分方程为

$$LC\frac{\mathrm{d}^2 u_c(t)}{\mathrm{d}t^2} + RC\frac{\mathrm{d}u_c(t)}{\mathrm{d}t} + u_c(t) = u_r(t) \tag{2-19}$$

令 $T_1 = L/R$，$T_2 = RC$ 均为时间常数，则有

$$T_1 T_2 \frac{\mathrm{d}^2 u_c(t)}{\mathrm{d}t^2} + T_2 \frac{\mathrm{d}u_c(t)}{\mathrm{d}t} + u_c(t) = u_r(t) \tag{2-20}$$

【例 2-8】　图 2-6 是弹簧-质量-阻尼器机械位移系统。其中，$k$ 为弹簧的弹性系数，$f$ 为阻尼器的阻尼系数。试列写以外力 $F(t)$ 为输入，以位移 $x(t)$ 为输出的系统微分方程。

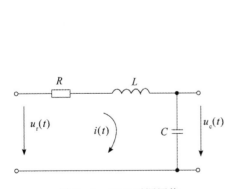

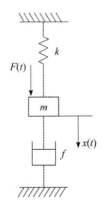

图 2-5　$RLC$ 无源网络　　　　　图 2-6　弹簧-质量-阻尼器机械位移系统

**解**　在外力 $F(t)$ 的作用下，若弹簧的弹力和阻尼器阻力之和与之不平衡，则质量 $m$ 将有加速度，并使速度和位移改变。根据牛顿第二定律有

$$F(t) - F_1(t) - F_2(t) = m\frac{\mathrm{d}^2 x(t)}{\mathrm{d}t^2} \tag{2-21}$$

其中：$F_1(t)=kx(t)$ 为弹簧的恢复力，其方向与运动方向相反，大小与位移成比例；$F_2(t)=f\dfrac{\mathrm{d}x(t)}{\mathrm{d}t}$ 为阻尼器阻力，其方向与运动方向相反，大小与速度成正比。将 $F_1(t)$ 和 $F_2(t)$ 代入式(2-21)中，经整理后即得该系统的微分方程为

$$m\frac{\mathrm{d}^2 x(t)}{\mathrm{d}t^2} + f\frac{\mathrm{d}x(t)}{\mathrm{d}t} + x(t) = \frac{F(t)}{k} \qquad (2-22)$$

将方程两边同除以 $k$，式(2-22)又可以写成

$$\frac{m}{k}\frac{\mathrm{d}^2 x(t)}{\mathrm{d}t^2} + \frac{f}{k}\frac{\mathrm{d}x(t)}{\mathrm{d}t} + x(t) = \frac{F(t)}{k} \qquad (2-23)$$

令 $T=\sqrt{\dfrac{m}{k}}$ 为时间常数，$\xi=\dfrac{f}{2\sqrt{mk}}$ 为阻尼比，$K=\dfrac{1}{k}$ 为放大系数，则式(2-23)为

$$T^2\frac{\mathrm{d}^2 x(t)}{\mathrm{d}t^2} + 2\xi T\frac{\mathrm{d}x(t)}{\mathrm{d}t} + x(t) = KF(t) \qquad (2-24)$$

比较式(2-20)和式(2-24)可以发现，当两个方程的系数相同时，从动态性能的角度看，两个系统是相同的。因此，这就有可能利用电气系统来模拟机械系统进行实验研究。这也说明，利用数学模型可以抛开具体系统的物理属性，对系统进行普遍意义的分析研究。

**【例 2-9】** 试写出如图 2-7 所示的他励直流电机调速系统等效电路的微分方程。

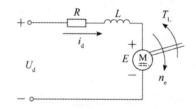

图 2-7　他励直流电机调速系统等效电路

**解**　假定主电路电流连续，则动态电压方程为

$$U_d = RI_d + L\frac{\mathrm{d}I_d}{\mathrm{d}t} + E \qquad (2-25)$$

如果忽略黏性摩擦及弹性转矩，则电机轴上的动力学方程为

$$T_e - T_L = \frac{GD^2}{375}\frac{\mathrm{d}n}{\mathrm{d}t} \qquad (2-26)$$

式中：$T_L$ 为包括电机空载转矩在内的负载转矩(N·m)；$GD^2$ 为电力拖动系统折算到电机轴上的飞轮惯量(N·m²)。

额定励磁下的感应电动势和电磁转矩分别为

$$E = C_e n \qquad (2-27)$$

$$T_e = C_m I_d \qquad (2-28)$$

式中：$C_m$ 为电机额定励磁下的转矩系数((N·m)/A)，$C_m=\dfrac{30}{\pi}C_e$。

定义 $T_l$ 为电枢回路电磁时间常数，$T_l=\dfrac{L}{R}$，$T_m$ 为电力拖动系统的机电时间常数，$T_m=$

$\dfrac{\mathrm{GD}^2 R}{375\, C_e C_m}$，将 $T_1$ 和 $T_m$ 的表达式代入式（2-25）和式（2-26），并考虑式（2-27）和式（2-28），整理后得

$$U_d - E = R\left(I_d + T_1\dfrac{\mathrm{d}I_d}{\mathrm{d}t}\right) \qquad\qquad (2-29)$$

$$I_d - I_{dl} = \dfrac{T_m}{R}\dfrac{\mathrm{d}E}{\mathrm{d}t} \qquad\qquad (2-30)$$

式中，$I_{dl} = \dfrac{T_1}{C_m}$ 为负载电流。

## 2.2.2　非线性特性的线性化

前面讨论的元件和系统，假设都是线性的，即描述它们的数学模型都是线性微分方程。然而，若对系统的元件特性尤其是静态特性进行严格的考察，不难发现，几乎都存在着非线性关系。因此，描述输入、输出关系的微分方程一般是非线性微分方程。应当指出的是，非线性微分方程的求解是相当困难的，且没有通用解法。因此，工程中常采用线性化的方法对非线性特性进行简化，即如果所研究的问题是系统在某一静态工作点附近的性能，则可以在该静态工作点附近将非线性特性用静态工作点处的切线来代替，使相应的非线性微分方程用线性微分方程代替，这就是非线性特性的线性化，所采用的方法通常称为小偏差法或小信号法。

设具有连续变化的非线性函数可表示为 $y=f(x)$，如图 2-8 所示。若取某平衡状态 $A$ 为静态工作点，对应有 $y_0=f(x_0)$。当 $x=x_0+\Delta x$ 时，有 $y=y_0+\Delta y$，如 $B$ 点。设函数 $y=f(x)$ 在 $(x_0,y_0)$ 附近连续可微，则可将函数在 $(x_0,y_0)$ 附近用泰勒级数展开为

$$y=f(x)=f(x_0)+\dfrac{\mathrm{d}f(x)}{\mathrm{d}x}\bigg|_{x=x_0}(x-x_0)+\dfrac{1}{2!}\dfrac{\mathrm{d}^2 f(x)}{\mathrm{d}x^2}\bigg|_{x=x_0}(x-x_0)^2+\cdots$$

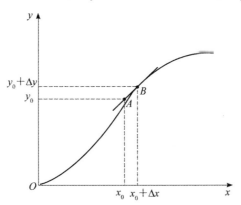

图 2-8　小偏差线性化示意图

当变化量 $\Delta x=x-x_0$ 很小时，可忽略上式中二次以上各项，则有

$$y-y_0=f(x)-f(x_0)\approx\dfrac{\mathrm{d}f(x)}{\mathrm{d}x}\big|_{x=x_0}(x-x_0) \qquad\qquad (2-31)$$

再用增量 $\Delta y$ 和 $\Delta x$ 表示，则式（2-31）变为

$$\Delta y=K\cdot\Delta x \qquad\qquad (2-32)$$

式中，$K=\dfrac{\mathrm{d}y}{\mathrm{d}x}\bigg|_{x=x_0}$，是比例系数，它是函数 $f(x)$ 在 $A$ 点的切线斜率。式(2-32)是非线性函数 $y=f(x)$ 的线性化表示。

对于具有两个自变量的非线性函数 $y=f(x_1,x_2)$，可在某静态工作点 $(x_{10},x_{20})$ 附近用泰勒级数展开为

$$y=f(x_1,x_2)$$
$$=f(x_{10},x_{20})+\left[\frac{\partial f}{\partial x_1}\bigg|_{x_1=x_{10}}(x_1-x_{10})+\frac{\partial f}{\partial x_2}\bigg|_{x_2=x_{20}}(x_2-x_{20})\right]+$$
$$\frac{1}{2!}\left[\frac{\partial^2 f}{\partial x^2}\bigg|_{x_1=x_{10}}(x_1-x_{10})^2+2\frac{\partial^2 f}{\partial x_1\partial x_2}\bigg|_{\substack{x_1=x_{10}\\x_2=x_{20}}}(x_1-x_{10})(x_2-x_{20})+\right.$$
$$\left.\frac{\partial^2 f}{\partial x_2^2}\bigg|_{x_2=x_{20}}(x_2-x_{20})^2\right]+\cdots$$

令 $\Delta y=y-f(x_{10},x_{20})$，$\Delta x_1=x_1-x_{10}$，$\Delta x_2=x_2-x_{20}$。当 $\Delta x_1$ 和 $\Delta x_2$ 很小时，忽略二阶以上各项，可得增量化方程为

$$\Delta y=K_1\Delta x_1+K_2\Delta x_2 \tag{2-33}$$

式中：$K_1=\dfrac{\partial f}{\partial x_1}\bigg|_{\substack{x_1=x_{10}\\x_2=x_{20}}}$，$K_2=\dfrac{\partial f}{\partial x_2}\bigg|_{\substack{x_1=x_{10}\\x_2=x_{20}}}$，它们是在静态工作点处求导得到的常数。

应当指出，利用小偏差法处理线性化问题时，应注意以下几点：

(1) 线性化方程中的参数，如上述的 $K$、$K_1$、$K_2$ 均与选择的静态工作点有关，静态工作点不同，相应的参数也不相同。因此，在进行线性化时，应首先确定系统的静态工作点。

(2) 当输入量变化范围较大时，用上述方法建立数学模型引起的误差也较大。因此，只有当输入量变化较小时才能使用。

(3) 若非线性特性不满足连续可微的条件，则不能使用本节介绍的线性化处理方法。这类非线性称为本质非线性，其分析方法将在后续章节中讨论。

(4) 线性化以后得到的微分方程是增量微分方程。为了简化方程，增量的表示符号 $\Delta$ 一般可略去，形式与线性方程一样。

### 2.2.3　微分方程的求解

建立微分方程是为了用数学方法定量地研究系统的动态特性。给出输入信号 $r(t)$，分析输出响应 $c(t)$ 的方程，就是解微分方程。线性定常系统的微分方程可用经典法、拉氏变换法或计算机求解。其中，拉氏变换法可将微积分运算转化为代数运算，且可查表，简单实用。本小节只研究用拉氏变换法求解微分方程。

用拉氏变换法求解微分方程一般应遵循以下步骤：

(1) 考虑初始条件，将系统微分方程进行拉氏变换，得到以 $s$ 为变量的代数方程。

(2) 解代数方程，求出 $C(s)$ 表达式，并将 $C(s)$ 展开成部分分式形式。

(3) 进行拉氏反变换，得到输出量的时域表达式，即为所求微分方程的全解 $c(t)$。

【例 2-10】　如图 2-9 所示的 $RC$ 网络中，S 闭合前电容上已有电压 $U_0$ $(U_0<U)$，$U_c(0)=U_0$，求 S 闭合后的 $U_c(t)$。

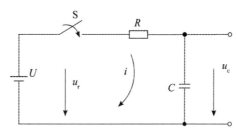

图 2-9 *RC* 网络

**解** 设回路电流为 $i(t)$，S 闭合瞬间，$u_r(t) = U \cdot 1(t)$。由基尔霍夫定律可得系统微分方程为

$$RC \frac{\mathrm{d}u_c(t)}{\mathrm{d}t} + u_c(t) = U \cdot 1(t)$$

对上式进行拉氏变换得

$$RCs\, U_c(s) - RCU_0 + U_c(s) = \frac{U}{s}$$

则

$$U_c(s) = \frac{U}{s(RCs+1)} + \frac{RC}{RCs+1} U_0 = \frac{U}{s} - \frac{U}{s + \dfrac{1}{RC}} + \frac{U_0}{s + \dfrac{1}{RC}}$$

将上式进行拉氏反变换，得到微分方程的解为

$$u_c(t) = U - U\mathrm{e}^{-\frac{t}{RC}} + U_0 \mathrm{e}^{-\frac{t}{RC}} \tag{2-34}$$

在式(2-34)中，方程右边前两项是在零初始条件(或状态)下，网络输入电压产生的输出分量，称为零状态响应；最后一项是由于系统受到初始状态的影响，表现为非零的初始条件(或状态)所确定的解，与输入电压无关，称为零输入响应。当初始条件全为零时，零输入响应为零。研究系统的动态特性一般可只研究零状态响应。同时，方程右边第一项是电路的稳态解，也称为稳态响应，它是在假定系统是稳定的并在阶跃输入下令 $s \to 0$ 所得的部分解；其余随时间衰减为零的另一部分解，称为暂态解，也称为暂态响应，稳态响应将趋近于某常数(有差)或零(无差)。对稳态响应的分析可以确定系统的稳态精度，对暂态响应的分析则可以确定系统的暂态过程。

## 2.3 控制系统的复数域数学模型

### 2.3.1 传递函数

传递函数是经典控制理论中最基本和最重要的概念，也是经典控制理论中两大分支——根轨迹法和频率法的基础。利用传递函数不必求解微分方程，就可以研究初始条件为零的系统在输入信号作用下的动态过程。传递函数不仅可以表征系统的动态性能，而且可以用来研究系统的结构或参数变化对系统性能的影响。

**1. 定义**

对于线性定常系统来说，当初始条件为零时，输出量的拉氏变换与输入量的拉氏变换之比定义为系统的传递函数，通常用 $G(s)$ 或 $\Phi(s)$ 表示。

设线性定常系统由下述 $n$ 阶线性微分方程描述：

$$a_0 \frac{d^n c(t)}{dt^n} + a_1 \frac{d^{n-1} c(t)}{dt^{n-1}} + \cdots + a_{n-1} \frac{dc(t)}{dt} + a_n c(t)$$

$$= b_0 \frac{d^m r(t)}{dt^m} + b_1 \frac{d^{m-1} r(t)}{dt^{m-1}} + \cdots + b_{m-1} \frac{dr(t)}{dt} + b_m r(t) \tag{2-35}$$

式中，$r(t)$ 和 $c(t)$ 分别为系统的输入量和输出量。当初始条件为零时，对式（2-35）进行拉氏变换得

$$[a_0 s^n + a_1 s^{n-1} + \cdots + a_{n-1} s + a_n] C(s) = [b_0 s^m + b_1 s^{m-1} + \cdots + b_{m-1} s + b_m] R(s)$$

于是，由定义得系统的传递函数为

$$G(s) = \frac{C(s)}{R(s)} = \frac{b_0 s^m + b_1 s^{m-1} + \cdots + b_{m-1} s + b_m}{a_0 s^n + a_1 s^{n-1} + \cdots + a_{n-1} s + a_n} \tag{2-36}$$

利用传递函数可将系统输出量的拉氏变换式写成

$$C(s) = G(s) R(s) \tag{2-37}$$

**【例 2-11】** 求图 2-5 所示的 RLC 网络的传递函数。

**解**　由式（2-19）可知，RLC 网络的微分方程为

$$LC \frac{d^2 u_c(t)}{dt^2} + RC \frac{du_c(t)}{dt} + u_c(t) = u_r(t)$$

当初始条件为零时，对上述方程中各项求拉氏变换得

$$(LCs^2 + RCs + 1) U_c(s) = U_r(s)$$

由传递函数的定义，可求得网络传递函数为

$$G(s) = \frac{U_c(s)}{U_r(s)} = \frac{1}{LCs^2 + RCs + 1} \tag{2-38}$$

**2. 性质**

（1）传递函数是复变量 $s$ 的有理真分式，具有复变函数的所有性质。对于实际的物理系统，通常 $m \leqslant n$，且所有系数均为实数。

（2）传递函数是一种用系统参数表示输出量与输入量之间关系的表达式，它只取决于系统或元件的结构和参数，而与输入量 $r(t)$ 的形式无关，也不反映系统内部的任何信息。

（3）传递函数是描述线性系统动态特性的一种数学模型，而形式上和系统的动态微分方程一一对应，但只适用于线性定常系统且初始条件为零的情况。

（4）传递函数是系统的数学描述，物理性质完全不同的系统可以具有相同的传递函数。在同一系统中，当取不同的物理量作为输入量或输出量时，其传递函数一般也不相同，但具有相同的分母。该分母多项式称为特征多项式。令特征多项式等于 0，即得到系统的特征方程。

（5）传递函数是在零初始条件下定义的，控制系统的零初始条件有两方面的含义：

① $r(t)$ 在 $t \geqslant 0$ 时才作用于系统，所以在 $t = 0_-$ 时，$r(t)$ 及其各阶导数均为零。

② $r(t)$ 加于系统之前，系统处于稳定的工作状态，即 $c(t)$ 及各阶导数在 $t = 0_-$ 时的值也为零。

**3. 电网络用复阻抗法求传递函数**

如前所述，求取传递函数一般要经过列写微分方程、取拉氏变换、考虑初始条件等几

个步骤。然而，对于由电阻、电感和电容组成的电网络，在求传递函数时，若引入复数阻抗的概念，则不必列写微分方程，也可以方便地求出相应的传递函数。

由电路原理知，一个正弦量既可用三角函数表示，也可用相量表示。电气元件两端的电压相量 $\dot{U}$ 与流过元件的电流相量 $\dot{I}$ 之比，称为该元件的复数阻抗，并用 $Z$ 表示，即

$$Z = \frac{\dot{U}}{\dot{I}} \tag{2-39}$$

$R$、$L$、$C$ 负载的复数阻抗如表 2-2 所示。表中同时列出了三种典型电路的有关方程及传递函数。

表 2-2　$R$、$L$、$C$ 负载的复数阻抗对照表

| 负载 | 典型电路 | 时域方程 | 拉氏变换式 | 传递函数 | 复数阻抗 |
|---|---|---|---|---|---|
| 电阻负载 | $u(t)$ $i(t)\downarrow \;R$ | $u(t)=i(t)R$ | $U(s)=I(s)R$ | $G_R(s)=\dfrac{U(s)}{I(s)}=R$ | $Z_R=R$ |
| 电容负载 | $u(t)$ $i(t)\downarrow \;C$ | $u(t)=\dfrac{1}{C}\displaystyle\int i(t)\,\mathrm{d}t$ | $U(s)=I(s)\dfrac{1}{Cs}$ | $G_C(s)=\dfrac{U(s)}{I(s)}=\dfrac{1}{Cs}$ | $Z_C=\dfrac{1}{\mathrm{j}\omega C}$ |
| 电感负载 | $u(t)$ $i(t)\downarrow \;L$ | $u(t)=L\dfrac{\mathrm{d}i(t)}{\mathrm{d}t}$ | $U(s)=I(s)Ls$ | $C_L(s)=\dfrac{U(s)}{I(s)}=Ls$ | $Z_L=\mathrm{j}\omega L$ |

可见，传递函数在形式上与复数阻抗十分相似，只是用拉氏变换的复变量 $s$ 置换了复数阻抗中的 $\mathrm{j}\omega$ 罢了。其于此，在求电网络的传递函数时，首先可把电路中的电阻 $R$、电感 $L$ 和电容 $C$ 的复数阻抗分别改写成 $R$、$Ls$ 和 $\dfrac{1}{Cs}$，再把电流 $i(t)$ 和电压 $u(t)$ 换成相应的拉氏变换形式 $I(s)$ 和 $U(s)$。考虑到在零初始条件下电路中的复数阻抗和电流、电压相量及其拉氏变换 $I(s)$、$U(s)$ 之间的关系应满足各种电路定律，于是就可以采用普通电路中阻抗串、并联的规律，经过简单的代数运算求解出 $I(s)$、$U(s)$ 及相应的传递函数。

用复数阻抗法求取电网络的传递函数是简便、有效的，它既适用于无源网络，又适用于有源网络。

【例 2-12】　试求图 2-10 所示的 $RLC$ 无源网络的传递函数。

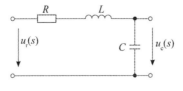

图 2-10　$RLC$ 无源网络

**解**　令 $Z_1 = R + Ls$ 为电阻和电感的复数阻抗之和，为电容的复数阻抗。由此可得传递函数为

$$G(s) = \frac{U_c(s)}{U_r(s)} = \frac{Z_2}{Z_1 + Z_2} = \frac{\dfrac{1}{Cs}}{R + Ls + \dfrac{1}{Cs}} = \frac{1}{LCs^2 + RCs + 1} \qquad (2-40)$$

**【例 2 - 13】**　试求如图 2 - 11 所示的 $RC$ 有源网络的传递函数。

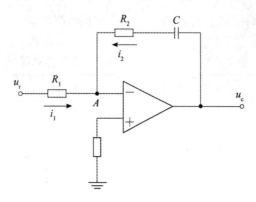

图 2 - 11　$RC$ 有源网络

**解**　因为 $A$ 点为虚地点，所以 $i_1 = i_2$。令 $Z_1 = R_1$，$Z_2 = R_2 + \dfrac{1}{Cs}$，则

$$\frac{U_r(s)}{Z_1} = -\frac{U_c(s)}{Z_2}$$

系统的传递函数为

$$G(s) = \frac{U_c(s)}{U_r(s)} = -\frac{Z_2}{Z_1} = -\frac{R_2 + \dfrac{1}{Cs}}{R_1} = -\frac{R_2 Cs + 1}{R_1 Cs} \qquad (2-41)$$

应当指出，在实际的控制工程中，当计算运放电路的传递函数时，一般可不考虑负号问题。负号关系在构成闭环控制系统负反馈的时候再综合考虑。所以，式（2 - 41）又可以写为

$$G(s) = \frac{U_c(s)}{U_r(s)} = \frac{Z_2}{Z_1} = \frac{R_2 + \dfrac{1}{Cs}}{R_1} = \frac{R_2 Cs + 1}{R_1 Cs} \qquad (2-42)$$

**【例 2 - 14】**　试写出例 2 - 9 他励直流电机调速系统中式（2 - 29）所表示的微分方程的传递函数。

**解**　他励调速系统的微分方程为

$$U_d - E = R\left(I_d + T_1 \frac{dI_d}{dt}\right)$$

在零初始条件下，取等式两侧的拉氏变换，得到电压与电流之间的传递函数为

$$\frac{I_d(s)}{U_d(s) - E(s)} = \frac{\dfrac{1}{R}}{T_1 s + 1} \qquad (2-43)$$

电流与电动势间的传递函数为

$$\frac{E(s)}{I_{d}(s)-I_{dl}(s)}=\frac{R}{T_{m}s} \qquad (2-44)$$

**4. 传递函数的其他表示方法**

1) 零、极点表示法

将式(2-36)改写为

$$\begin{aligned} G(s) &= \frac{b_0}{a_0} \cdot \frac{s^m+b_1's^{m-1}+\cdots+b_{m-1}'s+b_m'}{s^n+a_1's^{n-1}+\cdots+a_{n-1}'s+a_n'} \\ &= K_g \cdot \frac{(s-z_1)(s-z_2)\cdots(s-z_m)}{(s-p_1)(s-p_2)\cdots(s-p_n)} \\ &= K_g \frac{\prod\limits_{j=1}^{m}(s-z_j)}{\prod\limits_{i=1}^{n}(s-p_i)} \end{aligned} \qquad (2-45)$$

式中：$z_j$ 为分子多项式的根，称为传递函数的零点；$p_i$ 为分母多项式的根，称为传递函数的极点；$K_g=\dfrac{b_0}{a_0}$ 称为传递函数增益。

2) 时间常数表示法

将式(2-36)改写为

$$\begin{aligned} G(s) &= \frac{b_m}{a_n} \cdot \frac{d_m s^m+d_{m-1}s^{m-1}+\cdots+d_1 s+1}{c_n s^n+c_{n-1}s^{n-1}+\cdots+c_1 s+1} \\ &= K \cdot \frac{(\tau_1 s+1)(\tau_2 s+1)\cdots(\tau_m s+1)}{(T_1 s+1)(T_2 s+1)\cdots(T_n s+1)} \\ &= K \frac{\prod\limits_{j=1}^{m}(\tau_j s+1)}{\prod\limits_{i=1}^{n}(T_i s+1)} \end{aligned} \qquad (2-46)$$

式中，$\tau_j$、$T_i$ 分别为分子、分母多项式各因子的时间常数；$K=\dfrac{b_m}{a_n}$ 为放大倍数或增益。各因子的时间常数和零、极点的关系，以及 $K$ 和 $K_g$ 间的关系分别为

$$\tau_j=-\frac{1}{z_j} \qquad (2-47)$$

$$T_i=-\frac{1}{p_i} \qquad (2-48)$$

$$K=K_g \frac{\prod\limits_{j=1}^{m}(-z_j)}{\prod\limits_{i=1}^{n}(-p_i)} \qquad (2-49)$$

因为式(2-36)中分子、分母多项式的各项系数均为实数，所以传递函数 $G(s)$ 如果出现复数零点、极点的话，那么复数零点、极点必然是共轭的。

系统的传递函数可能还会有零值极点，设为 $v$ 个，并考虑到零点、极点都有实数和共轭复数的情况，则式(2-45)和式(2-46)可改写成一般表示形式为

$$G(s) = \frac{K_g}{s^v} = \frac{\prod\limits_{j=1}^{m_1}(s-z_j)\prod\limits_{k=1}^{m_2}(s^2+2\zeta_k\omega_k s+\omega_k^2)}{\prod\limits_{i=1}^{n_1}(s-p_i)\prod\limits_{l=1}^{n_2}(s^2+2\zeta_l\omega_l s+\omega_l^2)} \qquad (2-50)$$

$$G(s) = \frac{K}{s^v} = \frac{\prod\limits_{j=1}^{m_1}(\tau_j s+1)\prod\limits_{k=1}^{m_2}(\tau_k^2 s^2+2\zeta_k\tau_k s+1)}{\prod\limits_{i=1}^{n_1}(T_i s+1)\prod\limits_{l=1}^{n_2}(T_l^2 s^2+2\zeta_l T_l s+1)} \qquad (2-51)$$

以上两式中，$m=m_1+2m_2$，$n=v+n_1+2n_2$。

### 2.3.2 典型环节的传递函数

线性定常系统的典型环节可归纳为比例环节、积分环节、惯性环节、微分环节、振荡环节和延迟环节等几种形式。应该指出，典型环节只代表一种特定的数学模型，而不一定是一种具体的元件。

**1. 比例环节**

比例环节又称为放大环节，其输出量与输入量之间的关系为一种固定的比例关系。比例环节的微分方程为

$$c(t)=Kr(t)$$

式中，$K$ 为放大倍数，其传递函数为

$$G(s)=\frac{C(s)}{R(s)}=K \qquad (2-52)$$

可见，比例环节既无零点也无极点。当 $r(t)=1(t)$ 时，$c(t)=K1(t)$。所以说，比例环节的输出量与输入量成比例，既不失真也不延迟。

比例环节的电路原理图和单位阶跃响应曲线如图 2-12 所示。实际系统中无弹性变形的杠杆、放大器、分压器、齿轮、减速器等都可认为是比例环节。应当指出的是，完全理想的比例环节是不存在的，在一定条件和范围内一些近似的比例环节可认为是理想的比例环节。

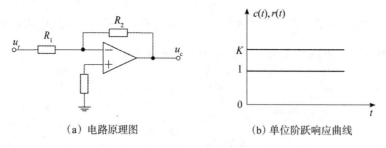

(a) 电路原理图　　　　　　(b) 单位阶跃响应曲线

图 2-12　比例环节

**2. 积分环节**

积分环节又称无差环节，其输出量与输入量之间是积分关系。积分的微分方程为

$$c(t)=K\int r(t)\mathrm{d}t$$

其传递函数为

$$G(s)=\frac{C(s)}{R(s)}=\frac{K}{s}=\frac{1}{Ts} \qquad (2-53)$$

式中，$T$ 称为积分时间常数；$K$ 称为积分环节的放大倍数。

可见，积分环节只有一个零值极点。当输入信号为单位阶跃信号时，在零初始条件下，积分环节输出量的拉氏变换为

$$C(s) = G(s)R(s) = \frac{1}{s} \cdot \frac{1}{Ts} = \frac{1}{Ts^2}$$

将上式进行拉氏反变换后，得到积分环节的单位阶跃响应为

$$c(t) = \frac{1}{T}t$$

上式表明，只要有一个恒定的输入量作用于积分环节，其输出量就随时间成正比地无限增加。图 2-13(a)是运算放大器所构成的积分环节。积分环节的单位阶跃响应曲线如图 2-13(b)所示。

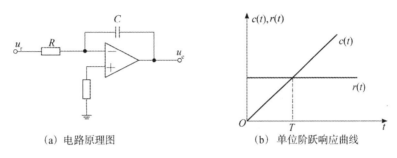

(a) 电路原理图　　　　　　(b) 单位阶跃响应曲线

图 2-13　积分环节

### 3. 惯性环节

惯性环节又称为非周期环节，该环节由于含有储能元件，因此对突变的输入信号，输出不能立即跟随输入，而是有一定的惯性。惯性环节的微分方程为

$$T\frac{dc(t)}{dt} + c(t) = r(t)$$

其传递函数为

$$G(s) = \frac{1}{Ts} \tag{2-54}$$

式中：$T$ 为惯性环节的时间常数。可以看出，惯性环节在 $s$ 平面上有一个负值极点 $-\frac{1}{T}$。

当输入信号为单位阶跃信号时，在零初始条件下，惯性环节输出量的拉氏变换为

$$C(s) = \frac{1}{s(Ts+1)} = \frac{1}{s} - \frac{1}{s + \frac{1}{T}}$$

将上式进行拉氏反变换之后，得到惯性环节的单位阶跃响应为

$$c(t) = 1 - e^{-\frac{t}{T}}$$

图 2-14(a)和(b)给出的 $RC$ 网络和 $LR$ 回路(电流 $i$ 作为输出时)都可以视为惯性环节。惯性环节的单位阶跃响应曲线如图 2-14(c)所示，当时间 $t=(3\sim4)T$ 时，输出量才接近其稳态值。时间常数 $T$ 越大，环节的惯性越大，则响应时间也越长。

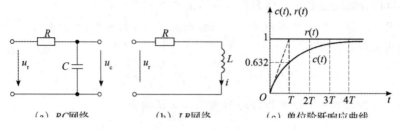

图 2 - 14　惯性环节

#### 4. 微分环节

微分环节又称超前环节。微分环节的输出量反映了输入信号的变化趋势。常见的微分环节有纯微分环节、一阶微分环节和二阶微分环节三种。相应的微分方程为

$$c(t) = \tau \frac{\mathrm{d}r(t)}{\mathrm{d}t}, \ t \geqslant 0$$

$$c(t) = \tau \frac{\mathrm{d}r(t)}{\mathrm{d}t} + r(t), \ t \geqslant 0$$

$$c''(t) = \tau^2 \frac{\mathrm{d}^2 r(t)}{\mathrm{d}t^2} + 2\xi\tau \frac{\mathrm{d}r(t)}{\mathrm{d}t} + r(t), \ 0 \leqslant \xi \leqslant 1, \ t \geqslant 0$$

式中，$\tau$ 为时间常数，$\xi$ 为阻尼比。其传递函数分别为

$$G(s) = \tau s \tag{2-55}$$

$$G'(s) = \tau s + 1 \tag{2-56}$$

$$G'(s) = \tau^2 s^2 + 2\xi\tau s + 1 \tag{2-57}$$

由上述各式可见，这些微分环节的传递函数都没有极点，只有零点。理想的纯微分环节只有一个零值零点，一阶微分环节有一个负实数零点，二阶微分环节有一对共轭复数零点。

在实际物理系统中，由于惯性的普遍存在，以至于很难实现理想的微分环节，大多数情况下都需要近似。

#### 5. 振荡环节

振荡环节的微分方程为

$$T^2 \frac{\mathrm{d}^2 c(t)}{\mathrm{d}t^2} + 2\xi T \frac{\mathrm{d}c(t)}{\mathrm{d}t} + c(t) = r(t)$$

其传递函数为

$$G(s) = \frac{1}{T^2 s^2 + 2\xi T s + 1} = \frac{1}{s^2 + 2\xi \omega_n s + \omega_n^2} \tag{2-58}$$

式中，$T$ 为时间常数；$\xi$ 为阻尼比；$\omega_n = 1/T$ 为无阻尼自然振荡频率。

振荡环节的传递函数具有一对共轭复数极点，即

$$s_{1,2} = -\xi\omega_n \pm \omega_n\sqrt{1-\xi^2}, \ 0 < \xi < 1$$

振荡环节在单位阶跃输入作用下的输出响应为

$$c(t) = 1 - \frac{\mathrm{e}^{-\xi\omega_n t}}{\sqrt{1-\xi^2}} \sin\left(\omega_n\sqrt{1-\xi^2}\, t\right) + \arctan \frac{\sqrt{1-\xi^2}}{\xi} \tag{2-59}$$

#### 6. 延迟环节

延迟环节又称为滞后环节，其输出延迟时间 $\tau$ 后复现输入信号，如图 2 - 15 所示。延

迟环节的微分方程为

$$c(t) = r(t-\tau)$$

式中：$\tau$ 为延迟时间。根据拉氏变换的延迟定理，可得延迟时间的传递函数为

$$G(s) = e^{-\tau s} \tag{2-60}$$

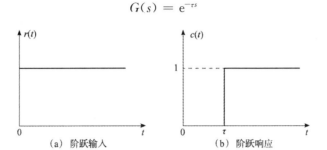

(a)　阶跃输入　　　　　　　　　(b)　阶跃响应

图 2-15　延迟环节的单位阶跃响应

在生产实践中，特别是一些液压、气动或机械传动系统中都有不同程度的延迟现象。由于延迟环节的传递函数 $G(S) = e^{-\tau s}$ 为超越函数，因此当 $\tau$ 很小时，可将 $e^{-\tau s}$ 展开成泰勒级数，并略去高次项，于是有

$$e^{-\tau s} = \frac{1}{e^{-\tau s}} = \frac{1}{1 + \tau s + \frac{1}{2!}\tau^2 s^2 + \frac{1}{3!}\tau^3 s^3 + \cdots} \approx \frac{1}{1 + \tau s} \tag{2-61}$$

即在延迟时间 $\tau$ 很小的情况下，可将延迟环节近似为惯性环节。

## 2.4　控制系统分析设计的常用模型

控制系统的结构图是描述系统各元件之间信号传递关系的数学图示模型，它表示系统中各变量之间的因果关系以及对各变量所进行的运算。利用结构图既能方便地求取传递函数，又能形象、直观地表明控制信号在系统内部的动态传递过程。结构图是控制理论中描述复杂系统的一种简便方法。

### 2.4.1　结构图的基本概念

**1. 定义**

由具有一定函数关系的环节组成的，且标有信号传递方向的系统方框图称为动态结构图，简称结构图。

**2. 组成**

系统的结构图由以下四个基本单元组成：

（1）信号线。信号线是带有箭头的直线，表示信号传递的方向，线上标注信号所对应的变量。信号传递具有单向性，如图 2-16(a) 所示。

（2）引出点。引出点表示信号引出或测量的位置，从同一信号线上取出的信号其数值和性质完全相同，如图 2-16(b) 所示。

（3）比较点。比较点表示两个或两个以上信号在该点相加或相减。运算符号必须标明，一般正号可省略，如图 2-16(c) 所示。

（4）函数方框。函数方框表示元件或环节输入、输出变量之间的函数关系。函数方框内要填写元件或环节的传递函数，函数方框的输出信号等于函数方框的输入信号与函数方框中传递函数 $G(s)$ 的乘积，如图 2-16(d)所示，即 $C(s)=G(s)R(s)$。

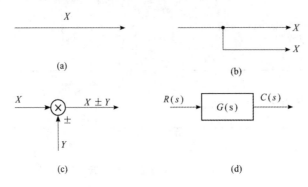

(a)　　　　　　　　　　　　(b)

(c)　　　　　　　　　　　　(d)

图 2-16　结构图的基本组成单元

## 2.4.2　结构图的建立

建立系统结构图的步骤如下：

（1）建立控制系统各元件的微分方程（要分清输入量和输出量，并考虑负载效应）。

（2）对上述微分方程进行拉氏变换，并作出各元件的结构图。

（3）按照系统中各变量的传递顺序，依次将各单元结构图连接起来，其输入在左，输出在右。

**【例 2-15】** 试绘制图 2-17 所示 $RC$ 网络的结构图。

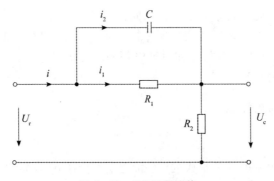

图 2-17　$RC$ 无源网络

**解**　设电路中各变量如图 2-17 所示，根据基尔霍夫定律可以写出下列方程：

$$u_{R1}=u_r(t)-u_c(t)$$

$$i_1(t)=\frac{u_{R1}(t)}{R_1}$$

$$i_2(t)=C\frac{\mathrm{d}u_{R1}(t)}{\mathrm{d}t}$$

$$i(t)=i_1(t)+i_2(t)$$

$$u_c(t)=R_2 i(t)$$

对上述方程进行拉氏变换得

$$U_{R1}(s)=U_r(s)-U_c(s)$$

$$I_1(s)=\frac{1}{R_1}U_{R1}(s)$$

$$I_2(s)=Cs\,U_{R1}(s)$$

$$I(s)=I_1(s)+I_2(s)$$

$$U_c(s)=R_2\,I(s)$$

与上述各方程对应的单元结构图如图 2 - 18 所示。按照各变量之间的关系将各元部件的结构单元图连接起来,便可得到该网络的结构图,如图 2 - 19 所示。

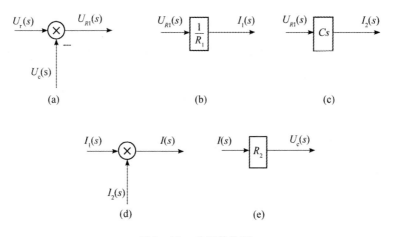

图 2 - 18　单元结构图

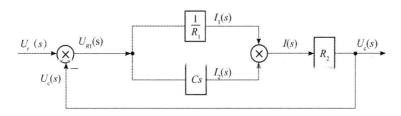

图 2 - 19　RC 无源网络结构图

【例 2 - 16】　试绘制如图 2 - 20 所示的两级 RC 网络的结构图。

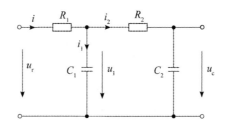

图 2 - 20　两级 RC 网络的电路图

**解**　设电路中变量如图 2 - 20 所示,应用复阻抗的概念,根据基尔霍夫定律可以写出下列方程：

$$U_{R1}(s) = U_r(s) - U_1(s)$$

$$I(s) = \frac{1}{R}U_{R1}(s)$$

$$I_1(s) = I(s) - I_2(s)$$

$$U_1(s) = \frac{1}{C_1 s}I_1(s)$$

$$U_{R2}(s) = U_1(s) - U_c(s)$$

$$I_2(s) = \frac{1}{R_2}U_{R2}(s)$$

$$U_c(s) = \frac{1}{C_2 s}I_2(s)$$

绘制出上述各个方程对应的单元结构图，然后按照各变量间的关系将各单元结构图连接起来，便可以得到两级 $RC$ 网络的结构图，如图 2 - 21 所示。

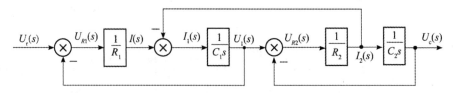

图 2 - 21　两级 $RC$ 网络的结构图

可见，后一级网络作为前一级网络的负载，对前级网络的电流 $i_1$ 产生影响，这就是负载效应。因此，不能简单地用两个单独网络结构图的串联来表示。但是，若在两级网络之间接一个输入电阻很大而输出电阻很小的隔离放大器，使后级网络不影响前级网络，就可以消除负载效应。

## 2.4.3　结构图的等效变换

建立结构图是为了求取系统的传递函数，进而对系统性能进行分析。所以，对于复杂的结构图就需要进行等效变换，设法将其化简为一个等效的函数方框，如图 2 - 22 所示。其中的 $G(s)$ 即为系统总的传递函数。结构图等效变换必须遵循的原则是：变换前、后被变换部分总的数学关系保持不变，也就是变换前、后有关部分的输入量、输出量之间的关系保持不变。

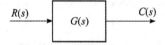

图 2 - 22　等效的函数方框

**1. 串联环节的等效**

图 2 - 23(a)所示为两个环节的串联，对应的传递函数分别为 $G_1(s)$ 和 $G_2(s)$。由图可得

$$C(s) = G_2(s)U(s) = G_2(s)G_1(s)R(s)$$

图 2 - 23　串联环节及其等效图

所以，两个串联环节的总的传递函数为

$$G(s) = \frac{C(s)}{R(s)} = G_1(s)G_2(s) \qquad (2-62)$$

由此可见，串联后总的传递函数等于各个串联环节的传递函数之积。图 2 - 23(a)可用图 2 - 23(b)等效表示。推而广之，若有 $n$ 个环节串联，则总的传递函数可表示为

$$G(s) = G_1(s)G_2(s)G_3(s)\cdots G_n(s) = \prod_{i=1}^{n} G_i(s) \qquad (2-63)$$

**2. 并联环节的等效**

图 2 - 24(a)所示为两个环节的并联，对应的传递函数分别为 $G_1(s)$ 和 $G_2(s)$。由图可得

$$C(s) = \pm C_1(s) \pm C_2(s) = \pm C_1(s)R(s) \pm C_2(s)R(s)$$
$$= [\pm C_1(s) \pm C_2(s)]R(s)$$

所以，两个并联环节的总的传递函数为

$$G(s) = \frac{C(s)}{R(s)} = \pm G_1(s) \pm G_2(s) \qquad (2-64)$$

由此可见，并联后总的传递函数等于各个并联环节的传递函数的代数和。图 2 - 24(a)可用图 2 - 24(b)等效表示。同理，若有 $n$ 个环节并联，则总的传递函数可表示为

$$G(s) = \pm G_1(s) \pm G_2(s) \pm \cdots \pm G_n(s) = \sum_{i=1}^{n} G_i(s) \qquad (2-65)$$

式中：$\sum$ 为求代数和。

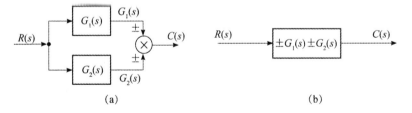

图 2 - 24　并联环节及其等效图

**3. 反馈连接的等效**

传递函数分别为 $G(s)$ 和 $H(s)$ 的两个环节采用如图 2 - 25(a)所示的形式连接，称为反馈连接。"＋"为正反馈，表示输入信号与反馈信号相加；"－"为负反馈，表示输入信号与反馈信号相减。由图得

$$C(s) = G(s)E(s) = G(s)[R(s) \pm B(s)] = G(s)R(s) \pm G(s)B(s)$$
$$= G(s)R(s) \pm G(s)H(s)C(s)$$

所以

$$C(s)[1\mp G(s)H(s)]=G(s)R(s)$$

由此可得反馈连接的等效传递函数为

$$\Phi(s) = \frac{C(s)}{R(s)} = \frac{G(s)}{1\pm G(s)H(s)} \tag{2-66}$$

式中："—"对应正反馈；"＋"对应负反馈。图 2-25(a)可用图 2-25(b)等效表示。当采用单位反馈时，$H(s)=1$，则有

$$\Phi(s) = \frac{G(s)}{1\pm G(s)} \tag{2-67}$$

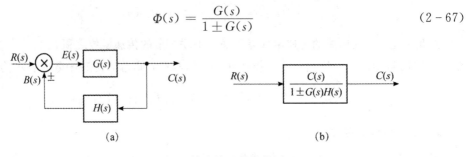

图 2-25  反馈连接及其等效图

以上三种基本连接方式的等效变换是进行系统结构图等效变换的基础。对于较复杂的系统，当具有信号交叉或反馈环相互交叉时，仅靠这三种方法是不够的。这时必须将比较点或引出点作适当的移动，先消除各基本连接方式之间的交叉，然后进行等效变换。

**4. 比较点的移动**

比较点的移动分为两种情况：前移和后移。为了保证比较点移动前后输出量与输入量之间的关系保持不变，必须在比较点的移动支路中串联一个环节，它的传递函数分别为 $1/G(s)$（前移）和 $G(s)$（后移）。相应的等效变换如图 2-26(a)和(b)所示。

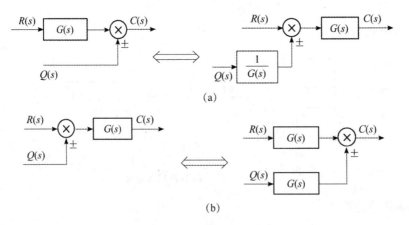

图 2-26  比较点的等效移动

**5. 引出点的移动**

引出点的移动也分为两种情况：前移和后移。但是引出点前移时，应在引出点取出支路中串联一个传递函数为 $G(s)$ 的环节；引出点后移时，应串联一个传递函数为 $1/G(s)$ 的环节。相应的等效变换如图 2-27(a)和(b)所示。

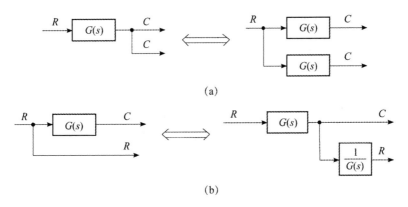

(a)

(b)

图 2 - 27　引出点的等效移动

**6. 比较点的互换**

　　根据加法交换律,两个或多个相邻比较点位置互换时,互换前后的结果不变,即在结构图简化过程中,可以根据需要交换相邻的比较点的位置。

**7. 引出点的互换**

　　若干个引出点相邻,表明是将同一个信号送到多处。因此,相邻分支点互换位置完全不改变信号的性质,即这种变换不需作任何传递函数的变换。

　　必须强调,相邻的比较点和引出点位置是不能交换的,否则会引出错误的结果。表 2 - 3 汇集了结构图简化(等效变换)的常用基本规则,可供查用。

**表 2 - 3　结构图等效变换规则**

| 等效变换 | 原始结构图 | 变换后结构图 | 运算关系 |
|---|---|---|---|
| 串联 | $R \to \boxed{G_1} \to \boxed{G_2} \to C$ | $R \to \boxed{G_1 G_2} \to C$ | $C = R G_1 G_2$ |
| 并联 | $R \to \boxed{G_1},\ \boxed{G_2} \to \pm\otimes\pm \to C$ | $R \to \boxed{\pm G_1 \pm G_2} \to C$ | $C = R(\pm G_1 \pm G_2)$ |
| 反馈 | $R \to \otimes\pm \to \boxed{G} \to C,\ \boxed{H}$ | $R \to \boxed{\dfrac{G}{1 \pm GH}} \to C$ | $C = R\dfrac{G}{1 \pm GH}$ |

| 等效变换 | 原始结构图 | 变换后结构图 | 运算关系 |
|---|---|---|---|
| 比较点前移 | 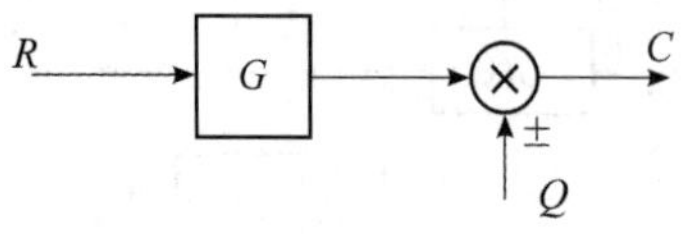 | 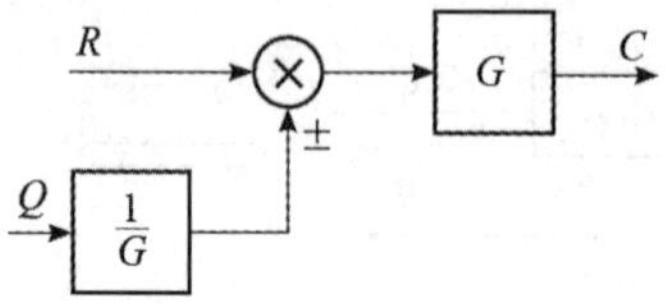 | $C=\left(R\pm\dfrac{Q}{G}\right)G$ |
| 比较点后移 | 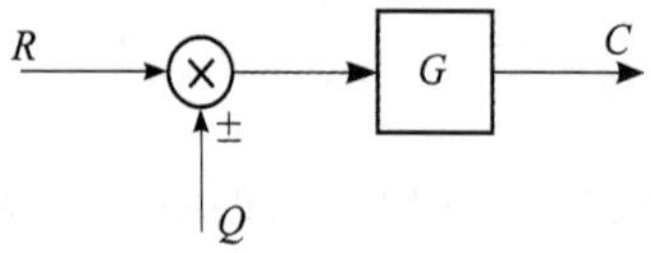 | 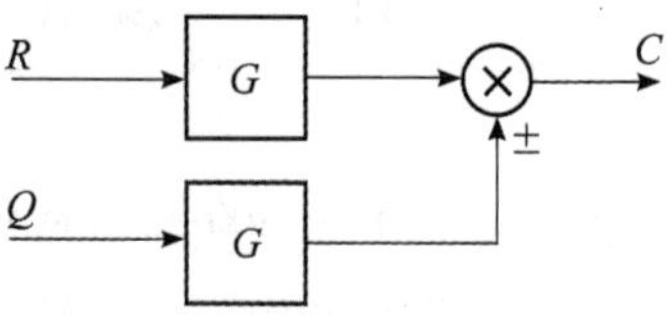 | $C=RG\pm QG$ |
| 比较点互换 | 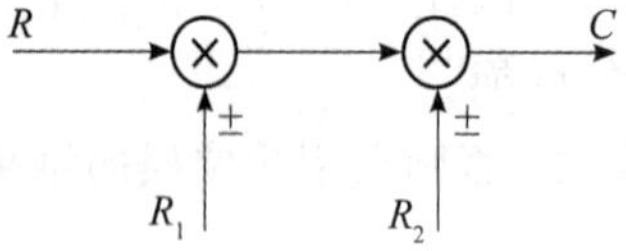 | 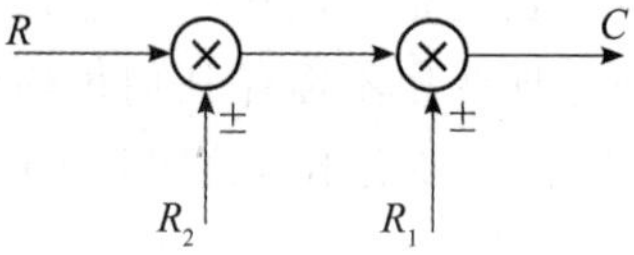 | $C=R\pm R_2\pm R_1$ |
| 引出点前移 | 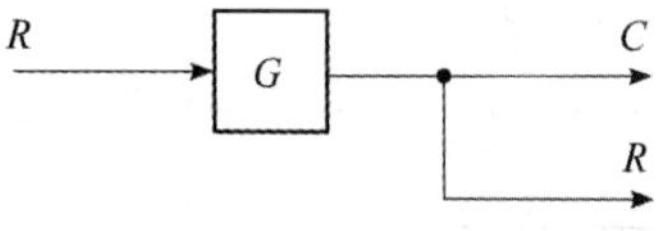 | 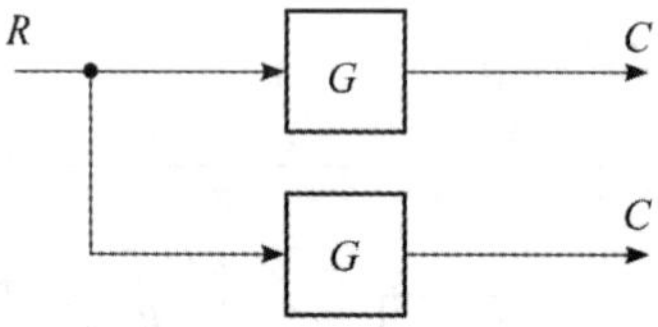 | $C=RG$ |
| 引出点后移 | 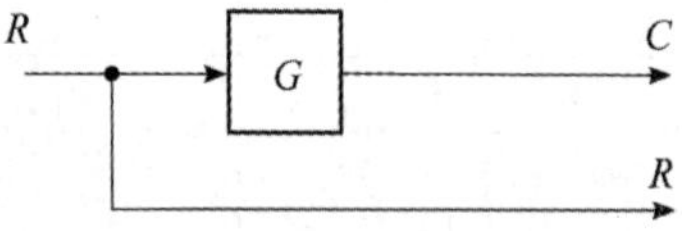 | 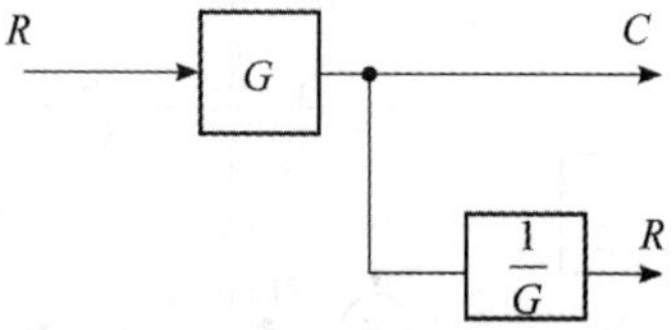 | $C=RG$ |

**【例 2-17】** 试将例 2-15 中 $RC$ 无源网络的结构图（见图 2-19）进行等效变换，并求系统的传递函数 $U_c(s)/U_r(s)$。

**解** 在对图 2-19 所示的网络结构图进行等效变换时，首先，将 $1/R_1$ 和 $Cs$ 两条并联支路合并，如图 2-28(a) 所示。然后，将 $(R_1Cs+1)/R_1$ 与 $R_2$ 串联后进行反馈回路等效变换，如图 2-28(b) 所示，以便求得传递函数为

$$\frac{U_c(s)}{U_r(s)}=\frac{R_2(R_1Cs+1)}{R_1R_2Cs+R_1+R_2}$$

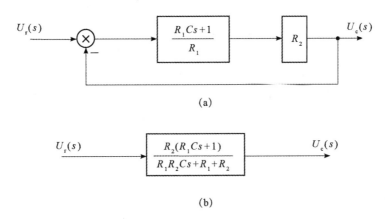

(a)

(b)

图 2 - 28　图 2 - 19 的等效变换过程

**【例 2 - 18】** 试利用结构图等效变换求图 2 - 21 所示的两级 $RC$ 网络的传递函数，$u_r$ 为输入信号，$u_c$ 为输出信号。

**解**　在例 2 - 16 中，已经得到两级 $RC$ 网络的结构图如图 2 - 29(a)所示。由图可知，有三个相互交叉的闭环。因此，可首先利用比较点前移和引出点后移规则将其等效为图 2 - 29(b)；然后，利用环节的串联和反馈连接合并规则等效为图 2 - 29(c)和(d)；最后，得到网络传递函数为

$$\frac{U_c(s)}{U_r(s)} = \frac{1}{R_1 C_1 R_2 C_2 s^2 + (R_1 C_1 + R_2 C_2 + R_1 C_2)s + 1}$$

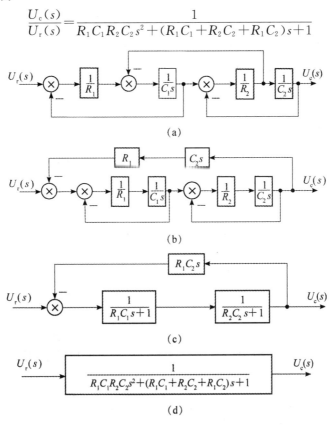

(a)

(b)

(c)

(d)

图 2 - 29　两级 $RC$ 网络的结构图的等效变换过程

# 2.5　闭环系统的传递函数

闭环系统的典型结构如图 2 - 30 所示。图中，$R(s)$ 为给定输入信号，$N(s)$ 为扰动输入信号，$C(s)$ 为系统输出。现分别讨论闭环控制系统中各输入量与输出量间的闭环传递函数。

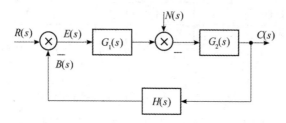

图 2 - 30　闭环系统的结构图

## 2.5.1　闭环系统的开环传递函数

闭环系统的开环传递函数是指闭环系统反馈信号的拉氏变换 $B(s)$ 与偏差信号的拉氏变换 $E(s)$ 之比，用 $G_k(s)$ 表示。因此，图 2 - 30 所示的典型闭环控制系统的开环传递函数为

$$G_k(s) = \frac{B(s)}{E(s)} = G_1(s)G_2(s)H(s) \tag{2-68}$$

$G_k(s)$ 是今后用根轨迹法和频率特性法分析系统的主要数学模型，它在数值上等于系统的前向通路传递函数乘以反馈通路传递函数。

## 2.5.2　闭环系统的传递函数

**1. 给定信号作用下的闭环传递函数**

当只讨论给定信号 $R(s)$ 作用时，可令扰动信号 $N(s) = 0$，图 2 - 30 变为图 2 - 31 所示的系统。

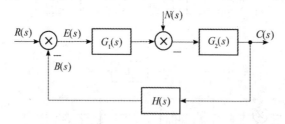

图 2 - 31　$R(s)$ 单独作用的结构图

用 $\Phi(s)$ 表示系统的闭环传递函数，利用结构图的等效变换可求得

$$\Phi(s) = \frac{C(s)}{R(s)} = \frac{G_1(s)\,G_2(s)}{1 + G_1(s)\,G_2(s)H(s)} = \frac{G_1(s)\,G_2(s)}{1 + G_k(s)} \tag{2-69}$$

由 $\Phi(s)$ 可进一步求得在给定信号作用下，系统的输出为

$$C(s) = \Phi(s)R(s) = \frac{G_1(s)\,G_2(s)}{1 + G_k(s)}R(s) \tag{2-70}$$

**2. 给定信号作用下的误差传递函数**

取系统偏差信号 $E(s) = R(s) - B(s)$。在控制系统中常用偏差代替误差,关于偏差和误差的关系将在后续章中详细讨论。$E(s)$ 与 $R(s)$ 之比称为给定信号 $R(s)$ 作用下的误差传递函数,用 $\Phi_e(s)$ 表示。由图 2-31 得

$$\Phi(s) = \frac{C(s)}{R(s)} = \frac{G_1(s)G_2(s)}{1 + G_1(s)G_2(s)H(s)} = \frac{G_1(s)G_2(s)}{1 + G_k(s)} \tag{2-71}$$

而给定信号作用下的误差为

$$E(s) = \Phi_e(s)R(s) = \frac{1}{1 + G_k(s)}R(s) \tag{2-72}$$

如果系统为单位反馈系统,$H(s) = 1$,系统的前向通道传递函数即为开环传递函数,则有

$$\Phi(s) = \frac{G_1(s)G_2(s)}{1 + G_1(s)G_2(s)} \tag{2-73}$$

$$\Phi_e(s) = \frac{1}{1 + G_1(s)G_2(s)} \tag{2-74}$$

如果已知单位反馈系统的闭环传递函数 $\Phi(s)$,由式(2-73)和式(2-74)可得

$$G_k(s) = \frac{\Phi(s)}{1 - \Phi(s)} \tag{2-75}$$

$$\Phi_e(s) = 1 - \Phi(s) \tag{2-76}$$

**3. 扰动信号作用下的闭环函数**

当只讨论扰动信号 $N(s)$ 的作用时,可令给定信号 $R(s) = 0$,图 2-30 变为图 2-32 所示的系统。

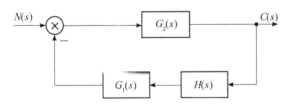

图 2-32 $N(s)$ 单独作用的结构图

用 $\Phi_n(s)$ 表示系统在扰动信号作用下的闭环传递函数,利用结构图的等效变换可求得

$$\Phi_n(s) = \frac{C(s)}{N(s)} = \frac{G_2(s)}{1 + G_1(s)G_2(s)H(s)} = \frac{G_2(s)}{1 + G_k(s)} \tag{2-77}$$

此时,系统的输出为

$$C(s) = \Phi_n(s)N(s) = \frac{G_2(s)}{1 + G_k(s)}N(s) \tag{2-78}$$

**4. 扰动信号作用下的误差传递函数**

$E(s)$ 与 $N(s)$ 之比称为扰动信号 $N(s)$ 作用下的误差传递函数,用 $\Phi_{en}(s)$ 表示。图 2-30 转化为图 2-33,利用结构图的等效变换可求得

$$\Phi_{en}(s) = \frac{E(s)}{N(s)} = -\frac{G_2(s)H(s)}{1 + G_k(s)} \tag{2-79}$$

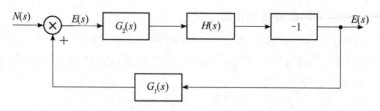

图 2-33　$N(s)$ 单独作用下的误差传递函数

而扰动信号作用下的误差为

$$E(s) = \Phi_{en}(s)N(s) = -\frac{G_2(s)H(s)}{1+G_k(s)}N(s) \qquad (2-80)$$

根据线性系统叠加原理，可以求出给定输入信号和扰动输入信号同时作用下，闭环控制系统的总输出 $C(s)$ 和总的误差 $E(s)$，即

$$C(s) = \Phi(s)R(s) + \Phi_n(s)N(s) = \frac{G_1(s)G_2(s)}{1+G_k(s)}R(s) + \frac{G_2(s)}{1+G_k(s)}N(s) \quad (2-81)$$

$$E(s) = \Phi_e(s)R(s) + \Phi_{en}(s)N(s) = \frac{1}{1+G_k(s)}R(s) - \frac{G_2(s)H(s)}{1+G_k(s)}N(s) \quad (2-82)$$

由以上各式可以看出，图 2-30 所示的系统在各种情况下的闭环系统传递函数都具有相同的分母多项式 $[1+G_k(s)]$，这是因为它们都是同一个信号流图特征式：

$$\Delta = 1 + G_1(s)G_2(s)H(s) = 1 + G_k(s)$$

于是 $[1+G_k(s)]$ 为闭环系统的特征多项式，称

$$1 + G_k(s) = 0 \qquad (2-83)$$

为闭环系统的特征方程式。

# 2.6　脉冲响应函数

## 2.6.1　脉冲响应函数的基本概念

所谓脉冲响应，是指在零初始条件下，线性系统在单位脉冲输入信号作用下的输出。单位脉冲信号用 $\delta(t)$ 表示，它定义为

$$\delta(t) = \begin{cases} \infty, & t = 0 \\ 0, & t \neq 0 \end{cases}$$

$$\int_{-\infty}^{\infty} \delta(t)\mathrm{d}t = 1 \qquad (2-84)$$

单位脉冲函数的拉氏变换为

$$\mathscr{L}\left[\delta(t)\right] = 1 \qquad (2-85)$$

设线性系统的传递函数为 $G(s)$，则系统在给定输入 $r(t) = \delta(t)$ 的作用下，系统输出量的拉氏变换为

$$C(s) = G(s)R(s) = G(s) \qquad (2-86)$$

则系统的单位脉冲响应为

$$c(t) = \mathscr{L}^{-1}\left[G(s)\right] = g(t) \qquad (2-87)$$

式中，$g(t)$ 称为线性系统的脉冲响应函数。

显然，系统单位脉冲响应函数的拉普拉斯变换即为系统的传递函数。根据拉氏变换的唯一性定理，$g(t)$ 与 $G(s)$ 一一对应。因此，脉冲响应函数 $g(t)$ 也是一种数学模型。

### 2.6.2　脉冲响应函数的应用

**1. 由脉冲响应函数 $g(t)$ 求取系统的传递函数 $G(s)$**

因为脉冲响应函数 $g(t)$ 与系统的传递函数 $G(s)$ 一一对应，所以就系统动态特性而言，它们包含相同的信息。因此，若以脉冲信号作用于系统，并测定其输出响应，则可获得有关系统动态特性的全部信息。对于那些难以写出其传递函数的系统，无疑是一种简便方法。

**【例 2-19】** 已知某系统的单位脉冲响应为 $g(t) = 3\,\mathrm{e}^{-\frac{t}{4}} + 4\,\mathrm{e}^{-\frac{t}{2}}$，试求其传递函数 $G(s)$。

**解**　由式(2-87)的关系，可得系统的传递函数为

$$G(s) = \mathcal{L}\left[g(t)\right] = \frac{3}{s + \frac{1}{4}} + \frac{4}{s + \frac{1}{2}} = \frac{12}{4s+1} + \frac{8}{2s+1} = \frac{56s+20}{(4s+1)(2s+1)}$$

**2. 利用脉冲响应函数 $g(t)$ 求取任意输入 $r(t)$ 作用下的输出响应**

分析系统对任意输入信号 $r(t)$ 作用下的输出响应，应首先讨论如何将任意信号用一系列脉冲函数表示。前面章节中定义了发生在 $t=0$ 时刻的单位脉冲函数 $\delta(t)$。对于发生在 $t=\tau$ 时刻，即从 $t=0$ 开始，延迟时间 $\tau$ 发生的单位脉冲函数应表示为

$$\delta(t-\tau) = \begin{cases} 0, & t=\tau \\ \infty, & t \neq \tau \end{cases}$$

如图 2-34 所示。显然，$A\delta(t-\tau)$ 表示发生在 $t=\tau$ 时刻且面积为 $A$ 的脉冲函数。

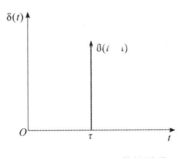

图 2-34　$\delta(t-\tau)$ 函数的图形

为了用脉冲函数表示任意输入信号 $r(t)$，可以用无线多个互相连接的实际脉冲近似表示，在 $\tau$ 时刻的幅值为 $r(\tau)$，脉冲宽度为 $\Delta\tau$，则这一时刻的脉冲面积可表示为 $r(\tau)\Delta\tau$，发生在 $\tau$ 时刻且面积为 $r(\tau)\Delta\tau$ 的脉冲函数可表示为 $r(\tau)\Delta\tau\delta(t-\tau)$，如图 2-35(a)所示。因此，任意输入信号 $r(t)$ 就可近似地表示为

$$r(t) \approx \sum_{\tau=0}^{\infty} r(\tau)\Delta\tau \cdot \delta(t-\tau) \qquad (2-88)$$

当线性系统的传递函数为已知时，系统对单位脉冲函数 $\delta(t)$ 的响应为 $g(t)$，即在零初

始条件下，系统对单位脉冲函数 $\delta(t-\tau)$ 的响应为 $g(t-\tau)$。由于线性系统服从叠加原理，因此，在任意输入 $r(t)$ 作用下的响应函数应为所有脉冲响应函数之和，可表示为

$$c(t) \approx \sum_{\tau=0}^{\infty} r(\tau)\Delta\tau \cdot g(t-\tau) \tag{2-89}$$

式(2-89)的物理意义可以由图 2-35(b)很好地说明。

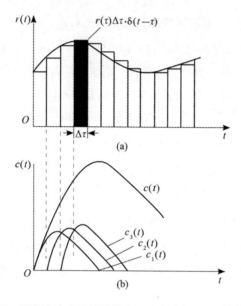

图 2-35　用窄脉冲表示任意输入 $r(t)$ 和式(2-89)的物理意义

若将脉冲宽度取得足够小，即 $\Delta\tau \to 0$，则 $\Delta\tau$ 可用微分 $\mathrm{d}\tau$ 表示。此时，式(2-89)变为积分形式：

$$c(t) = \int_0^t r(\tau)g(t-\tau)\mathrm{d}\tau \tag{2-90}$$

此式正是 $r(t)$ 与 $g(t)$ 的卷积，记为

$$c(t) = g(t) * r(t)$$

因为 $t < \tau$ 时，$g(t-\tau) = 0$，即 $\tau > t$ 时，有

$$c(t) = \int_0^{\infty} r(\tau)g(t-\tau)\mathrm{d}\tau = r(t) * g(t)$$

$$= \int_0^{\infty} g(\tau)r(t-\tau)\mathrm{d}\tau = g(t) * r(t) \tag{2-91}$$

根据拉氏变换的卷积定理有

$$C(s) = R(s)G(s) = G(s)R(s) \tag{2-92}$$

因此，只要知道系统的脉冲响应函数 $g(t)$，就可求得系统对任意函数 $r(t)$ 作用下的输出响应 $c(t)$。

【例 2-20】　已知 $g(t) = \mathrm{e}^{-t}\sin t\,(t \geqslant 0)$，$r(t) = \mathrm{e}^{-t}\,(t \geqslant 0)$，求 $c(t)$。

**解**　由式(2-86)可得系统的输出

$$C(s) = G(s)R(s) = \mathscr{L}[g(t)] \cdot \mathscr{L}[r(t)]$$

$$= \frac{1}{(s+1)^2+1} \cdot \frac{1}{s+1}$$

$$= \frac{1}{(s+1)(s^2+2s+2)}$$

$$= \frac{1}{s+1} - \frac{s+1}{(s+1)^2+1}$$

所以

$$c(t) = \mathrm{e}^{-t} - \mathrm{e}^{-t}\cos t = \mathrm{e}^{-t}(1-\cos t)$$

# 2.7　线性控制系统模型的 MATLAB 实现

在控制系统的分析和设计中,首先要建立系统的数学模型。在 MATLAB 中,常用的系统建模方法有传递函数模型、零极点模型以及状态空间模型等。下面以图 2-36 所示的控制系统为例介绍这些建模方法。

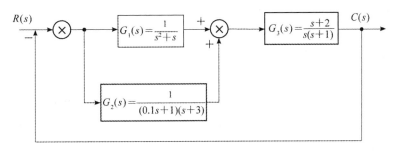

图 2-36　控制系统

## 2.7.1　控制系统模型描述

**1. 系统传递函数模型描述**

命令格式:

　　　　sys=tf(num, den, Ts)

其中,num、den 分别为分子和分母多项式中按降幂排列的系数向量;Ts 表示采样时间,缺省时描述的是连续系统的传递函数。图 2-36 中的$G_1(s)$可描述为 $G_1$=tf([1], [1 1 0])。

若传递函数的分子、分母为因式连乘形式,如图 2-36 中的$G_2(s)$所示,则可以考虑采用 conv 命令进行多项式相乘,得到展开后的分子、分母多项式按降幂排列的系数向量,再用 tf 命令建模。例如,$G_2(s)$可描述为 num=1;den=conv([0.1 1], [1 3]);$G_2$=tf(num, den)。

**2. 系统零极点模型描述**

命令格式:

　　　　sys=zpk(z, p, k, Ts)

其中,z、p、k 分别表示系统的零点、极点及增益,若无零、极点,则用[ ]表示;Ts 表示采样时间,缺省时描述连续系统。图 2-36 中的$G_3(s)$可描述为 $G_3$=zpk([-2], [0 -1], 1)。

**3. 系统状态空间模型描述**

该方法将在第 9 章结合实例进行介绍。

## 2.7.2　模型转换

在控制系统分析与设计中有时会要求模型有特定的描述形式，MATLAB 提供了传递函数模型与零极点模型之间的转换命令。

命令格式：

　　　[num, den]＝zp2tf(z, p, k)

　　　[z, p, k]＝tf2zp(num, den)

其中，zp2tf 可以将零极点模型转换成传递函数模型，tf2zp 可以将传递函数模型转换成零极点模型。图 2－36 中的 $G_1(s)$ 转换成零极点模型为 [z, p, k]＝tf2zp([1], [1 1 0])，$G_3(s)$ 转换成传递函数模型为 [num, den]＝zp2tf([-2], [0 -1], 1)。

**1. 系统连接**

一个控制系统通常由多个子系统相互连接而成，而最基本的三种连接方式为图 2－36 中所示的串联、并联和反馈连接形式。

1）两个系统的串联连接

命令格式：

　　　sys＝series(sys1, sys2)

对于 SISO 系统，series 命令相当于符号"＊"。对于图 2－36 中由 $G_{12}(s)$（即 $G_1(s)$ 和 $G_2(s)$ 并联）和 $G_3(s)$ 串联组成的开环传递函数，可描述为 G＝series(G12, G3)。

2）两个系统的并联连接

命令格式：

　　　sys＝parallel(sys1, sys2)

对于 SISO 系统，parallel 命令相当于"＋"。对于图 2－36 中由 $G_1(s)$（即 $G_1(s)$ 与 $G_2(s)$ 并联）和 $G_2(s)$ 并联组成的子系统 $G_{12}(s)$，可描述为 G12＝parallel(G1, G2)。

3）两个系统的反馈连接

命令格式：

　　　sys：feedback(sys1, sys2, sign)

其中，sign 用于说明反馈性质(正、负)。sign 缺省时，默认为负，即 sign＝-1。由于图 2－36 所示系统为单位负反馈系统，因此系统的闭环传递函数可以描述为 sys＝feedback(G, 1, -1)。其中，G 表示开环传递函数，"1"表示单位反馈，"-1"表示负反馈，可缺省。

**2. 综合应用——结构图化简及其闭环传递函数的求取**

【例 2－21】 已知多回路反馈系统的结构图如图 2－37 所示，求闭环系统的传递函数 $\frac{C(s)}{R(s)}$。其中，$G_1(s)=\frac{1}{s+10}$, $G_2(s)=\frac{1}{s+1}$, $G_3(s)=\frac{s^2+1}{s^2+4s+4}$, $G_4(s)=\frac{s+1}{s+6}$, $H_1(s)=\frac{s+1}{s+2}$, $H_2(s)=2$, $H_3(s)=1$。

**解**　MATLAB 文本如下：

G1＝tf（[1]，[1 10]）；G2＝tf（[1]，[1 1]）；G3＝tf（[1 0 1]，[1 4 4]）；
numg4＝[1 1]；deng4＝[1 6]；G4＝tf（numg4，deng4）；
H1＝zpk（[−1]，[−2]，1）；
numh2＝[2]；denh2＝[1]；H3＝1；　　　　　　　　％建立各个方块子系统模型
nh2＝conv（numh2，deng4）；dh2＝conv（denh2，numg4）；
H2＝tf（nh2，dh2）；　　　　　　　　　　　　％先将H2移至G4之后
sys1＝series（G3，G4）；
sys2＝feedbank（sys1，H1，＋1）；％计算由G3、G4和H1回路组成的子系统模型
sys3＝seris（G2，sys2）；
sys4＝feedback（sys3.H2）％计算由H2构成反馈回路的子系统模型
sys5＝series（G1，sys4）；
sys＝feedback（sys5，H3）％计算由H3构成反馈主回路的系统闭环传递函数

在 MATLAB 中运行上述 MATLAB 文本后，求得系统的闭环传递函数为

Zero/pole/gain

$$\frac{0.08333(s+1)^2(s+2)(s^2+1)}{(s+10.12)(s+2.44)(s+2.349)(s+1)(s^2+1.176s+1.023)}$$

其中，"˄"表示乘方运算。

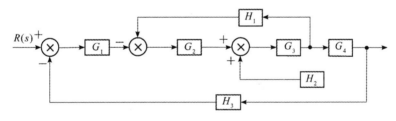

图 2 − 37　多回路反馈系统的结构图

# 2.8　本　章　小　结

控制系统的数学模型是描述自动控制系统特性或者状态的数学表达式，是从理论上进行分析和设计的主要依据。若系统的数学模型是线性的，则这种系统叫作线性系统。线性系统的重要特性是可以应用叠加原理。对非线性系统，当非线性不严重或者变量变化范围不大时，可在工作点附近采用增量法使得模型线性化。

本章介绍了线性定常系统的 4 种数学模型：微分方程、传递函数、系统框图和信号流图。微分方程是描述自动控制系统变化特性的最基本模型；传递函数是对微分方程在零初始条件下进行拉普拉斯变换得到的系统输出量的拉普拉斯变换式与输入量的拉普拉斯变换式之比，不反映系统内部的任何信息，它在工程上用得最多；系统框图是传递函数的一种图解形式，它能直观、形象地表示出系统各组成部分的结构及系统中信号的传递与变换关系，有助于对系统的分析和研究。系统框图也适用于非线性系统。对于较为复杂的系统，应用信号流图更为简便，用梅逊公式可以直接求出系统任意两个变量之间的关系。

一个复杂的系统常可分解为典型环节组合的形式。常见的典型环节有：比例环节、惯

性环节、积分环节、微分环节、振荡环节和延迟环节等。熟悉各个典型环节的数学表达式和特性,有助于对复杂系统进行分析和设计。

对于同一个系统,不同的数学模型只是表示方法不同。因此,系统框图与其他数学模型形式有着密切的关系。由系统微分方程经过拉普拉斯变换得到变换方程后,可以很容易地画出系统框图。通过系统框图的等效变换可求出系统的传递函数。对于同一个系统,系统框图不是唯一的,但由不同的系统框图得到的传递函数是相同的。

一般地,系统传递函数多指闭环系统输出量对输入量的传递函数,但严格来说,系统传递函数是个总称,它包括几种典型的传递函数:开环传递函数,输出对于参考输入或者干扰输入的闭环传递函数,偏差对于参考输入或干扰输入的闭环传递函数。闭环控制系统的传递函数是分析系统动态性能的主要数学模型,它在系统分析和设计中的地位十分重要。

脉冲响应函数 $g(t)$ 也是一种数学模型,是衡量系统性能的一种重要手段,由 $g(t)$ 进行拉氏变换可直接求得系统的传递函数。

# 习 题

2-1  请列写出题 2-1 图(a)、(b)所示系统的传递函数,并证明图(a)的电网络与图(b)的机械系统有相同的数学模型。其中,图(a)的输入量为 $u_i(t)$,输出量为 $u_o(t)$;图(b)的输入量为 $y_i(t)$,输出量为 $y_o(t)$,$x$ 为弹簧 $k_2$ 的位移。

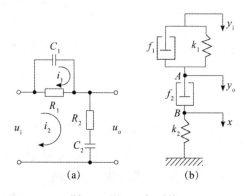

题 2-1 图  已知系统

2-2  求题 2-2 图所示的有源网络的传递函数 $\dfrac{U_o(s)}{U_i(s)}$。

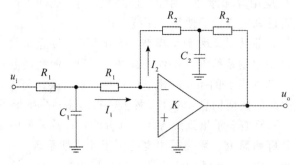

题 2-2 图  有源网络

2-3　试分别推出题 2-3 图中各无源网络的微分方程。(设电容 $C$ 上的电压为 $u_C(t)$，电容 $C_1$ 上的电压为 $u_{C1}(t)$，以此类推)

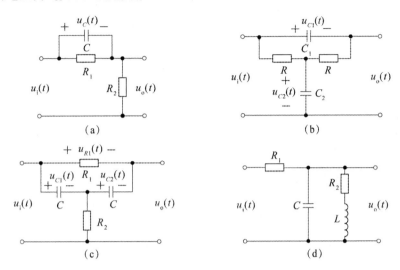

题 2-3 图　无源网络

2-4　试求题 2-3 图中无源网络的传递函数。

2-5　已知系统的传递函数为 $\dfrac{C(s)}{R(s)} = \dfrac{2}{s^2 + 3s + 2}$，系统初始条件为 $C(0) = -1$，$C(s) = 0$，试求系统的单位阶跃响应。

2-6　某系统在阶跃信号 $r(t) = 1(t)$ 时，零初始条件下的输出响应 $c(t) = 1 - \mathrm{e}^{-2t} + \mathrm{e}^{-t}$，试求系统的传递函数 $G(s)$ 和脉冲响应 $c_\delta(t)$。

2-7　系统的微分方程组为

$$x_1(t) = r(t) - c(t) - n_1(t)$$
$$x_2(t) = K_1 x_1(t)$$
$$x_3(t) = x_2(t) - x_5(t)$$
$$T\frac{\mathrm{d}x_4(t)}{\mathrm{d}t} = x_3(t)$$
$$x_5(t) = x_4(t) - K_2 n_2(t)$$
$$\frac{\mathrm{d}^2 c(t)}{\mathrm{d}t^2} + \frac{\mathrm{d}c(t)}{\mathrm{d}t} = K_0 x_5(t)$$

式中，$K_0$、$K_1$、$K_2$ 和 $T$ 均为常数，试建立以 $r(t)$、$n_1(t)$、$n_2(t)$ 为输入量，以 $c(t)$ 为输出量的系统结构图。

2-8　已知系统结构如题 2-8 图所示，当 $R(s) \neq 0$，$N(s) = 0$ 时，试求：

(1) $E(s)$ 到 $C(s)$ 的前向通道传递函数 $G(s)$；

(2) $E(s)$ 到 $B(s)$ 的开环传递函数 $G_k(s)$；

(3) $R(s)$ 到 $E(s)$ 的误差传递函数 $G_e(s)$；

(4) $R(s)$ 到 $C(s)$ 的闭环传递函数 $G_b(s)$。

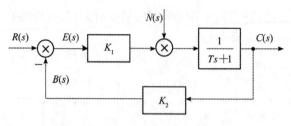

题 2-8 图　系统结构图

2-9　试通过结构图等效变换求题 2-9 图所示各控制系统的传递函数 $C(s)/R(s)$。

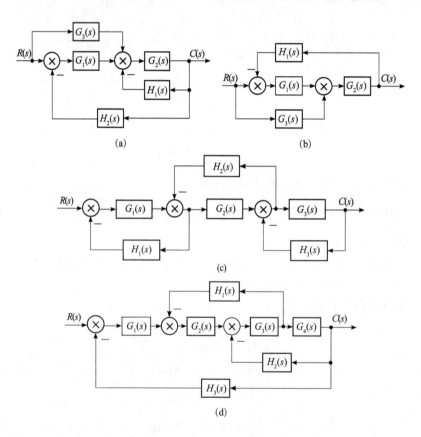

题 2-9 图　控制系统

2-10　用结构图的化简方法将题 2-10 图所示的结构图化简，并求出其闭环传递函数 $C(s)/R(s)$、$C(s)/N(s)$。

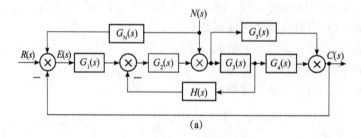

(a)

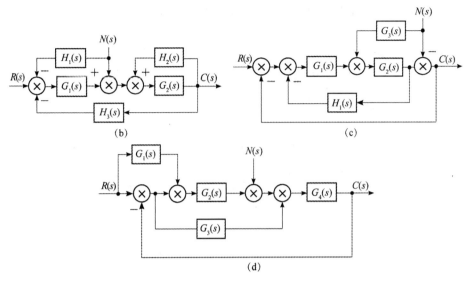

题 2−10 图　系统结构图

2−11　绘制题 2−11 图中各系统结构图对应的信号流图，并用梅逊公式求各系统传递函数 $C(s)/R(s)$ 和 $C(s)/N(s)$。

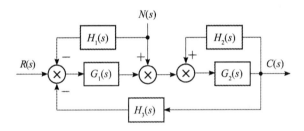

题 2−11 图　系统结构图

2−12　根据题 2−12 图给出的系统结构图，绘制出该系统的信号流图，并用梅森公式求系统传递函数 $C(s)/R(s)$。

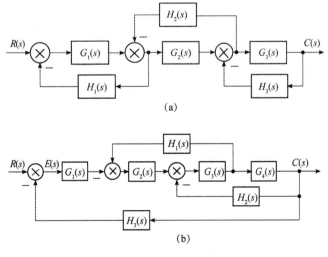

(a)

(b)

题 2−12 图　系统结构图

2-13　试用梅逊公式求出题 2-13 图中各系统信号流图的传递函数 $C(s)/R(s)$。

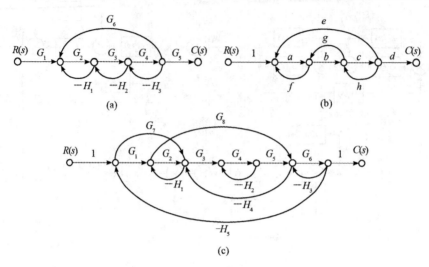

题 2-13 图　系统信号流图

2-14　设某系统在单位阶跃输入作用时，零初始条件下的输出响应 $c(t)=1-2e^{-2t}+e^{-t}$。试求该系统的传递函数和脉冲响应函数。

2-15　某系统的单位脉冲响应 $g(t)=7-5e^{-6t}$，求系统的传递函数。

# 第 3 章　控制系统的时域瞬态响应分析

在确定系统的数学模型后，便可以用几种不同的方法去分析控制系统的动态性能和稳态性能。控制系统常用的分析方法有时域分析法、根轨迹法和频率特性法。本章将讨论控制系统的时域分析法。

时域分析法是根据系统的微分方程（或传递函数），以拉普拉斯变换为数学工具，直接解出系统对给定输入信号的时间响应，然后根据响应来评价系统性能的方法。其特点是准确、直观，并且可以提供系统时间响应的全部信息。在控制理论发展初期，该方法只限于处理阶次较低的简单系统。随着计算机技术的不断发展，目前很多复杂系统都可以在时域中直接分析，使时域分析法在现代控制理论中得到了广泛应用。

## 3.1　控制系统的时域性能指标

一个系统的优劣总是用一定的性能指标来衡量。系统的时域性能指标是根据系统的时间响应来定义的。

对于单输入单输出 $n$ 阶线性定常系统，可用 $n$ 阶常系数线性微分方程来描述，即

$$a_0 \frac{\mathrm{d}^n c(t)}{\mathrm{d}t^n} + a_1 \frac{\mathrm{d}^{n-1} c(t)}{\mathrm{d}t^{n-1}} + \cdots + a_{n-1} \frac{\mathrm{d}c(t)}{\mathrm{d}t} + a_n c(t)$$

$$= b_0 \frac{\mathrm{d}^m r(t)}{\mathrm{d}t^m} + b_1 \frac{\mathrm{d}^{m-1} r(t)}{\mathrm{d}t^{m-1}} + \cdots + b_{m-1} \frac{\mathrm{d}r(t)}{\mathrm{d}t} + b_m r(t) \tag{3-1}$$

该方程的解 $c(t)$ 就是系统的时域响应，它反映系统在输入信号 $r(t)$ 的作用下输出 $c(t)$ 随时间变化的规律。

由线性微分方程理论知，方程式的解由两部分组成，即

$$c(t) = c_1(t) + c_2(t) \tag{3-2}$$

式中：$c_1(t)$ 对应齐次微分方程的通解；$c_2(t)$ 对应非齐次微分方程的一个特解。

通解 $c_1(t)$ 是由相应的特征方程的特征根决定的，特征方程为

$$D(s) = a_0 s^n + a_1 s^{n-1} + \cdots + a_{n-1} s + a_n = 0 \tag{3-3}$$

如果式（3-3）有 $n$ 个不相等的特征根，即 $p_1, p_2, \cdots, p_n$，则齐次微分方程的通解为

$$c_1(t) = k_1 \mathrm{e}^{p_1 t} + k_2 \mathrm{e}^{p_2 t} + \cdots + k_n \mathrm{e}^{p_n t} \tag{3-4}$$

式中，$k_1, k_2, \cdots, k_n$ 为由系统的结构、参数及初始条件决定的系数。

对于重根或共轭复根，其对应的响应为 $k_i t \mathrm{e}^{p_i t}$ 或 $k_i t \mathrm{e}^{a_i t} \cos(\omega_i t + \theta)$。

通解 $c_1(t)$ 与系统结构、参数及初始条件有关，而与输入信号无关，是系统响应的过渡过程分量，称为暂态响应、动态响应、自由分量或暂态分量，记为 $c_t(t)$；而特解 $c_2(t)$ 通常是系统的稳态解，它是在输入信号作用下系统的强迫分量，取决于系统结构、参数及输入信号的形式，称为稳态分量，记为 $c_{\mathrm{ss}}(t)$。

稳态响应由稳态性能描述，而动态响应由动态性能描述。因此，系统的性能指标由稳态性能指标和动态性能指标两部分组成。

### 3.1.1　控制系统的稳态性能指标

为了分析系统的时域性能指标，必须先求解系统的时间响应，也就是必须了解输入信号（即外作用）的解析表达式。一般是针对某一类输入信号来设计控制系统的。某些系统，如室温系统或水位调节系统，其输入信号为要求的室温或水位高度，这是设计者所熟知的。但是在大多数情况下，控制系统的输入信号以无法预测的方式变化。例如，在防空火炮系统中，敌机的位置和速度无法预料，使火炮控制系统的输入信号具有随机性，从而给规定系统的性能要求以及分析和设计工作带来了困难。为了便于进行分析和设计，同时也为了便于对各种控制系统的性能进行比较，需要假定一些基本的输入函数形式，通常称之为典型输入信号。控制系统常用的输入信号有脉冲函数、阶跃函数、斜坡函数、抛物线函数以及正弦函数等。

在典型输入信号的作用下，任何一个控制系统的时间响应都由动态过程和稳态过程两部分组成。动态过程又称过渡过程或瞬态过程，指系统在典型输入信号的作用下，系统输出量从初始状态到最终状态的响应过程。稳态过程指系统在典型输入信号的作用下，当时间 $t$ 趋于无穷时系统输出量的表现方式。稳态过程又称稳态响应，表征系统输出量最终复现输入量的程度，提供系统有关稳态误差的信息，用稳态性能描述。

描述系统稳态性能的一种指标是稳态误差，它通常在阶跃函数、斜坡函数或加速度函数作用下进行测定和计算。其定义为：对于单位反馈系统，当时间 $t \rightarrow \infty$ 时，系统输出响应的期望值与实际值之差，即

$$e_{\mathrm{ss}} = \lim_{t \rightarrow \infty} [r(t) - c(t)] \qquad (3-5)$$

稳态误差 $e_{\mathrm{ss}}$ 反映系统复现输入信号的最终精度，是系统控制精度或抗扰动能力的一种度量。

### 3.1.2　控制系统的动态性能指标

由于实际系统具有惯性、摩擦以及其他一些原因，系统输出量不可能完全复现输入量的变化。根据系统结构和参数选择情况，动态过程表现为衰减、发散或等幅振荡形式。显然，一个可以实际运行的控制系统必须是稳定的，即其动态过程必须是衰减的。动态过程除提供系统的稳定性信息外，还可以提供响应速度及阻尼情况等信息。这些信息用动态性能描述。

稳定是控制系统能够运行的首要条件，因此只有当动态过程收敛时，研究系统的动态性能才有意义。

通常系统的动态性能指标是根据阶跃响应曲线来定义的，即描述稳定的系统在单位阶跃函数作用下动态过程随时间 $t$ 的变化状况的指标，称为动态性能指标。图 3-1 所示为具有衰减振荡的阶跃响应。图中：

（1）延迟时间 $t_{\mathrm{d}}$：输出响应第一次达到稳态值的 50% 所需的时间。

（2）上升时间 $t_{\mathrm{r}}$：输出响应第一次达到稳态值 $c(\infty)$ 的时间。无超调时，$t_{\mathrm{r}}$ 指响应从 $c(\infty)$ 的 10% 到 90% 的时间。

（3）峰值时间 $t_{\mathrm{p}}$：输出响应超过 $c(\infty)$ 达到第一个峰值 $c_{\mathrm{max}}$ 的时间。

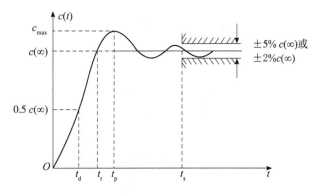

图 3 - 1　具有衰减振荡的阶跃响应

（4）最大超调量 $\sigma\%$：响应的最大值 $c_{max}$ 超过稳态值 $c(\infty)$ 的百分数，即

$$\sigma\% = \frac{c_{max} - c(\infty)}{c(\infty)} \times 100\% \tag{3-6}$$

（5）调节时间 $t_s$：在阶跃响应曲线的稳态值 $c(\infty)$ 附近，取 $\pm 2\% c(\infty)$ 或 $\pm 5\% c(\infty)$ 作为误差带，也叫允许误差，用 $\Delta$ 表示。调节时间是指响应曲线到达并不再超出该误差带所需的最小时间。调节时间又称作过渡过程时间。本书若无特殊说明，均取误差带 $\Delta = \pm 2\%$（注：$c(\infty)1$）。

（6）振荡次数 $N$：指在调节时间内响应曲线偏离稳态值 $c(\infty)$ 的振荡次数，或在调节时间内响应曲线穿越稳态值 $c(\infty)$ 次数的 $1/2$。

单调变化的阶跃响应曲线如图 3 - 2 所示。一般只用调节时间 $t_s$ 来描述系统的暂态性能。

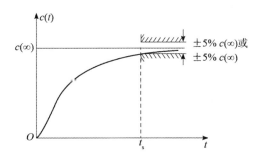

图 3 - 2　单调变化的阶跃响应曲线

以上各性能指标中，上升时间 $t_r$ 和峰值时间 $t_p$ 描述系统起始段的快慢；最大超调量 $\sigma\%$ 和振荡次数 $N$ 反映系统的平稳性；调节时间 $t_s$ 表示系统过渡过程的持续时间，同时反映响应速度和阻尼程度，总体上反映系统的快速性。

# 3.2　一阶系统的时域响应

## 3.2.1　一阶系统的数学模型

能够用一阶微分方程描述的系统为一阶系统。其传递函数为

$$\frac{C(s)}{R(s)} = \frac{1}{Ts+1} \tag{3-7}$$

式中：$T$ 为系统的时间常数。一阶系统的结构图如图 3-3 所示，它实质上就是一阶惯性环节。

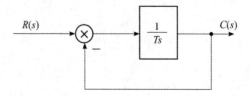

图 3-3　一阶系统的结构图

### 3.2.2　一阶系统的单位阶跃响应

当输入信号为单位阶跃函数 $r(t)=1(t)$ 时，一阶系统的输出 $c(t)$ 称为单位阶跃响应。由式(3-7)得

$$C(s) = R(s) \cdot \frac{1}{Ts+1} = \frac{1}{s} \cdot \frac{1}{Ts+1} = \frac{1}{s} - \frac{1}{s+\dfrac{1}{T}} \tag{3-8}$$

因此

$$c(t) = c_{ss}(t) - c_t(t) = \mathscr{L}^{-1}[C(s)] = 1 - e^{-\frac{t}{T}}, \ t \geqslant 0 \tag{3-9}$$

式中：$c_{ss}(t)$ 为稳态分量，$c_{ss}(t)=1$；$c_t(t)$ 为暂态分量，$c_t(t)=e^{-\frac{t}{T}}$。

式(3-9)表明：一阶系统的单位阶跃响应是一条初始值为零、以指数规律上升到稳态值 $c(\infty)=c_{ss}(t)=1$ 的曲线，如图 3-4 所示。

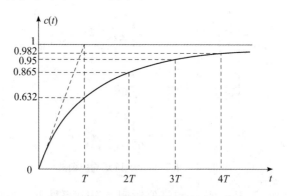

图 3-4　一阶系统的单位阶跃响应

该曲线具有两个重要特点：

(1) 在 $t=0$ 处曲线的斜率最大，其值为 $1/T$。若系统保持初始响应的变化率不变，则当 $t=T$ 时输出就能达到稳态值，而实际上只上升到稳态值的 $63.2\%$，$t$ 分别等于 $2T$、$3T$ 和 $4T$ 时，响应 $c(t)$ 的值分别等于稳态值的 $86.5\%$、$95\%$ 和 $98.2\%$。显然，时间常数 $T$ 反映了系统的响应速度。根据这一特点，可以用时间常数 $T$ 计算系统输出量的数值；反过来，也可以用实验法来测定一阶系统的时间常数，或判断所测系统是否属于一阶系统。

(2) 响应曲线的斜率随时间的推移由初始值 $1/T$ 下降为 $0$，例如：

$$\frac{dc(t)}{dt}\bigg|_{t=0} = \frac{1}{T}, \quad \frac{dc(t)}{dt}\bigg|_{t=T} = 0.368\frac{1}{T}, \quad \frac{dc(t)}{dt}\bigg|_{t=\infty} = 0$$

从而使 $c(\infty) = 1$。初始斜率特性也是常用的确定一阶系统时间常数的方法之一。

根据动态性能指标和稳态性能指标的定义，一阶系统的动态性能指标和稳态性能指标分别如下：

动态性能指标：

$$t_{\text{r}} = 2.2T, \quad \text{无超调}$$
$$t_{\text{s}} = 4T, \quad \Delta = \pm 2\%$$
$$t_{\text{d}} = 0.69T$$

稳态性能指标：

$$e_{\text{ss}} = \lim_{t \to \infty}[r(t) - c(t)] = 0$$

### 3.2.3　一阶系统的单位斜坡响应

对于单位斜坡输入 $r(t) = t \cdot 1(t)$，$R(s) = \frac{1}{s^2}$，于是

$$C(s) = \frac{1}{s^2(Ts+1)} = \frac{1}{s^2} - \frac{T}{s} + \frac{T}{s + \frac{1}{T}} \tag{3-10}$$

因此求得一阶系统的单位斜坡响应为

$$c(t) = c_{\text{ss}}(t) + c_{\text{t}}(t) = (t - T) + Te^{-\frac{t}{T}}, \ t \geqslant 0 \tag{3-11}$$

式中：稳态分量为 $c_{\text{ss}}(t) = t - T$，暂态分量为 $c_{\text{t}}(t) = Te^{-\frac{t}{T}}$。

式(3-11)表明，一阶系统单位斜坡响应的稳态分量是一个与输入斜坡函数的斜率相同但在时间上滞后一个时间常数 $T$ 的斜坡函数。一阶系统的单位斜坡响应曲线如图 3-5 所示。

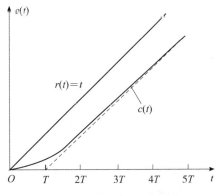

图 3-5　一阶系统的单位斜坡响应

该曲线的特点是：在 $t = 0$ 处，曲线的斜率等于零；当 $t \to \infty$ 时，$c(\infty) = t - T$ 与 $r(t) = t$ 相差一个时间常数 $T$，说明一阶系统在过渡过程结束后，其稳态输出与单位斜坡输入之间在位置上仍有误差，即稳态跟踪误差，其值正好等于时间常数 $T$。一阶系统单位斜坡响应的瞬态分量为衰减非周期函数。

比较图 3-4 和图 3-5 可以发现一个有趣的现象：在阶跃响应曲线中，输出量和输入量之间的位置误差随时间而减小，最后趋于零，而在初始状态下，位置误差最大，响应曲线的初始斜率也最大；在斜坡响应曲线中，输出量和输入量之间的位置误差随时间而增大，最后趋于常值 $T$，惯性越小，跟踪的准确度越高，而在初始状态下，初始位置和初始斜率均为零，因为

$$\frac{\mathrm{d}c(t)}{\mathrm{d}t}\bigg|_{t=0} = 1 - \mathrm{e}^{-t/T}\big|_{t=0} = 0$$

显然，在初始状态下，输出速度和输入速度之间的误差最大。

### 3.2.4　一阶系统的单位脉冲响应

对于单位脉冲输入 $r(t)=\delta(t)$，$R(s)=1$，于是

$$C(s) = \frac{1}{Ts+1} = \frac{1}{T} \cdot \frac{1}{s+\frac{1}{T}} \tag{3-12}$$

因此

$$g(t) = c(t) = \frac{1}{T}\mathrm{e}^{-\frac{t}{T}},\ t \geqslant 0 \tag{3-13}$$

由式(3-13)得，一阶系统的脉冲响应为一单调下降的指数曲线。响应曲线如图 3-6 所示。该曲线在 $t=0$ 时等于 $1/T$，正好与单位阶跃响应在 $t=0$ 时的变化率相等，这表明单位脉冲响应是单位阶跃响应的导数，而单位阶跃响应是单位脉冲响应的积分。

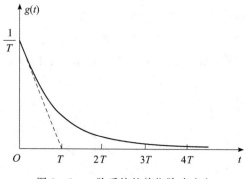

图 3-6　一阶系统的单位脉冲响应

该曲线在 $t=0$ 时的斜率等于 $-\frac{1}{T^2}$，若系统保持初始响应的变化率不变，则当 $t=T$ 时输出就可以为零。

在初始条件为零的情况下，一阶系统的闭环传递函数与脉冲响应函数之间包含着相同的动态过程信息。因此，常以单位脉冲输入信号作用于系统，根据被测定系统的单位脉冲响应，可以求得被测系统的闭环传递函数。

关于一阶系统的时间响应，最后还要指出，系统对于脉冲、阶跃、斜坡三种输入信号的响应，有如下关系：

$$\delta(t) = \frac{\mathrm{d}}{\mathrm{d}t}1(t) = \frac{\mathrm{d}^2}{\mathrm{d}t^2}t \cdot 1(t) \tag{3-14}$$

$$g(t) = \frac{\mathrm{d}}{\mathrm{d}t} c_{阶}(t) = \frac{\mathrm{d}^2}{\mathrm{d}t^2} c_{斜}(t) \tag{3-15}$$

上述对应关系说明，系统对输入信号导数的响应就等于系统对该输入信号响应的导数；或者说，系统对输入信号积分的响应就等于系统对该输入信号响应的积分，而积分常数由输出初始条件确定。这个重要特征适用于任何阶线性定常系统。因此，研究线性定常系统的时间响应时，不必对每一种输入信号形式都进行测定或计算，只取其中一种典型形式进行研究即可。

## 3.3　二阶系统的时域响应

当控制系统的输入与输出之间的关系能够用二阶微分方程描述时，称为二阶系统。从理论上讲，二阶系统总包含两个储能元件，能量在两个元件之间交换，引起系统具有往复振荡的趋势，当阻尼不够充分大时，系统呈现出振荡特性，故二阶系统也称为二阶振荡环节。在控制工程中，不仅二阶系统的应用极为普遍，如 RLC 网络、电枢电压控制的直流电动机转速系统、具有质量的物体的运动等，而且很多高阶系统的特性在一定条件下可用二阶系统的特性来表征。因此，着重研究二阶系统的特性具有较大的实际意义。

### 3.3.1　二阶系统的数学模型

典型二阶系统的结构图如图 3-7 所示。其闭环传递函数为

$$\Phi(s) = \frac{\omega_n^2}{s^2 + 2\zeta\omega_n + \omega_n^2} \tag{3-16}$$

式中：$\zeta$ 为系统阻尼比；$\omega_n$ 为无阻尼自然振荡角频率，单位为 rad/s；$\omega_n = \dfrac{1}{T}$，$T$ 为系统的振荡周期。

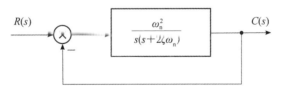

图 3-7　二阶系统的结构图

系统的特征方程为

$$D(s) = s^2 + 2\zeta\omega_n s + \omega_n^2 = 0 \tag{3-17}$$

特征方程的根（即闭环系统的极点）为

$$s_{1,2} = -\zeta\omega_n \pm \omega_n \sqrt{\zeta^2 - 1} \tag{3-18}$$

系统的特征根完全由 $\zeta$ 和 $\omega_n$ 两个参数来描述。显然，二阶系统的时间响应取决于 $\zeta$ 和 $\omega_n$ 两个参数。应当指出，对于结构和功能不同的二阶系数，$\zeta$ 和 $\omega_n$ 的物理含义是不同的。

### 3.3.2　二阶系统的单位阶跃响应

当系统的输入信号是单位阶跃函数 $r(t) = 1(t)$，$R(s) = \dfrac{1}{s}$ 时，有

$$C(s) = \frac{\omega_n^2}{s(s^2 + 2\zeta\omega_n s + \omega_n^2)} = \frac{1}{s} - \frac{s + 2\zeta\omega_n}{s^2 + 2\zeta\omega_n s + \omega_n^2}$$

求其拉氏反变换可得到二阶系统的单位阶跃响应。当 $\zeta$ 为不同值时，所对应的响应具有不同的形式。

**1. $\zeta = 0$（无阻尼）**

当 $\zeta = 0$ 时，有

$$C(s) = \frac{\omega_n^2}{s(s^2 + \omega_n^2)} = \frac{1}{s} - \frac{s}{s^2 + \omega_n^2}$$

时域响应为

$$c(t) = 1 - \cos\omega_n t, \ t \geqslant 0 \tag{3-19}$$

响应曲线如图 3-8 所示，这是一条平均值为 1 的等幅余弦振荡曲线。此时，闭环系统的两个极点为

$$s_{1,2} = \pm j\omega_n$$

可见，系统具有一对纯虚数极点，系统处于无阻尼状态，其暂态响应为等幅振荡的周期函数，且频率为 $\omega_n$，称为无阻尼自然角频率。

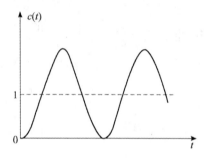

图 3-8　$\zeta = 0$ 时的单位阶跃响应

**2. $\zeta > 1$（过阻尼）**

当 $\zeta > 1$ 时，有

$$C(s) = \frac{1}{s} - \frac{s + 2\zeta\omega_n}{s^2 + 2\zeta\omega_n s + \omega_n^2}$$

此时，有

$$s_{1,2} = -\zeta\omega_n \pm \omega_n\sqrt{\zeta^2 - 1} = -(\zeta \mp \sqrt{\zeta^2 - 1})\omega_n$$

可见，系统具有两个不相等的负实数极点。

因此，系统单位阶跃响应的象函数可以写成

$$C(s) = \frac{\omega_n^2}{s(s^2 + 2\zeta\omega_n s + \omega_n^2)} = \frac{\omega_n^2}{s(s - s_1)(s - s_2)} = \frac{A_0}{s} + \frac{A_1}{s - s_1} + \frac{A_2}{s - s_2} \tag{3-20}$$

式中：

$$A_0 = \lim_{s \to 0} \frac{\omega_n^2}{s^2 + 2\zeta\omega_n s + \omega_n^2} = 1$$

$$A_1 = \lim_{s \to s_1} \frac{\omega_n^2}{s(s - s_2)} = -\frac{1}{2\sqrt{\zeta^2 - 1}(\zeta - \sqrt{\zeta^2 - 1})}$$

$$A_2 = \lim_{s \to s_2} \frac{\omega_n^2}{s(s - s_1)} = \frac{1}{2\sqrt{\zeta^2 - 1}(\zeta + \sqrt{\zeta^2 - 1})}$$

因此，系统的时域响应为

$$c(t) = 1 - \frac{1}{2\sqrt{\zeta^2 - 1}}\left[\frac{1}{\zeta - \sqrt{\zeta^2 - 1}}e^{-(\zeta - \sqrt{\zeta^2 - 1})\omega_n t} - \frac{1}{\zeta + \sqrt{\zeta^2 - 1}}e^{-(\zeta + \sqrt{\zeta^2 - 1})\omega_n t}\right], \quad t \geqslant 0$$

$$(3 - 21)$$

式(3-21)表明，系统的暂态分量是两个指数函数之和。当 $t \to \infty$ 时，此和项趋于零。因此，过阻尼二阶系统的单位阶跃响应是单调上升的，响应曲线如图 3-9 所示。

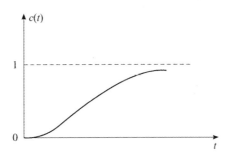

图 3-9　$\zeta > 1$ 时的单位阶跃响应

由于 $\zeta > 1$，尤其是在 $\zeta \gg 1$ 的情况下，$\zeta + \sqrt{\zeta^2 - 1} \gg \zeta - \sqrt{\zeta^2 - 1}$，因此式(3-21)等号右侧两个指数项随着时间的增长，后一项远比前一项衰减得快。所以，后一项指数函数只在 $t > 0$ 后的前期对响应有影响，在求取调节时间 $t_s$ 时可忽略不计。此时有

$$\Phi(s) \approx \frac{-s_1}{s - s_1} = \frac{\zeta\omega_n - \omega_n\sqrt{\zeta^2 - 1}}{s + \zeta\omega_n - \omega_n\sqrt{\zeta^2 - 1}}$$

系统降为一阶系统，即

$$C(s) = \frac{\zeta\omega_n - \omega_n\sqrt{\zeta^2 - 1}}{s(s + \zeta\omega_n - \omega_n\sqrt{\zeta^2 - 1})} = \frac{1}{s} - \frac{1}{s + \zeta\omega_n - \omega_n\sqrt{\zeta^2 - 1}}$$

于是得

$$c(t) = 1 - e^{-(\zeta - \sqrt{\zeta^2 - 1})\omega_n t}, \quad t \geqslant 0 \qquad (3 - 22)$$

因此，过阻尼情况下二阶系统单位阶跃响应的调节时间为

$$t_s \approx \frac{4}{(\zeta - \sqrt{\zeta^2 - 1})\omega_n}, \quad \Delta = \pm 2\% \qquad (3 - 23)$$

在工程上，若 $\zeta \geqslant 1.5$，则使用式(3-23)已有足够的准确度。

**3. $\zeta = 1$(临界阻尼)**

当 $\zeta = 1$ 时，有

$$C(s) = \frac{\omega_n^2}{s(s^2 + 2\omega_n s + \omega_n^2)} = \frac{1}{s} - \frac{1}{s + \omega_n} - \frac{\omega_n}{(s + \omega_n)^2}$$

因此，有

$$c(t) = 1 - e^{-\omega_n t} - \omega_n t e^{-\omega_n t}, \quad t \geqslant 0 \qquad (3 - 24)$$

式(3-24)表明，临界阻尼二阶系统的单位阶跃响应仍是稳态值为 1 的非周期上升过

程。响应曲线如图 3-10 所示。此时闭环系统的两个极点为

$$s_{1,2} = -\omega_n$$

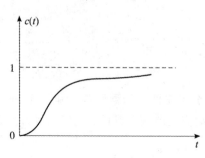

图 3-10　$\zeta=1$ 时的单位阶跃响应

可见，系统具有两个相等的负实数极点，响应单调上升，与过阻尼一样，无超调，但它是这类响应中最快的，调节时间取

$$t_s \approx \frac{5.8}{\omega_n}, \quad \Delta = \pm 2\% \tag{3-25}$$

**4.** $0<\zeta<1$（欠阻尼）

1）响应曲线

当 $0<\zeta<1$ 时，有

$$
\begin{aligned}
C(s) &= \frac{1}{s} \cdot \frac{\omega_n^2}{s^2 + 2\zeta\omega_n s + \omega_n^2} \\
&= \frac{1}{s} - \frac{s + 2\zeta\omega_n}{s^2 + 2\zeta\omega_n s + \omega_n^2} \\
&= \frac{1}{s} - \frac{(s + \zeta\omega_n) + \zeta\omega_n}{(s + \zeta\omega_n)^2 + \omega_n^2 - \zeta^2\omega_n^2} \\
&= \frac{1}{s} - \frac{s + \zeta\omega_n}{(s + \zeta\omega_n)^2 + (1 - \zeta^2)\omega_n^2} - \frac{\zeta\omega_n}{(s + \zeta\omega_n)^2 + (1 - \zeta^2)\omega_n^2} \\
&= \frac{1}{s} - \frac{s + \sigma}{(s + \sigma)^2 + \omega_d^2} - \frac{\zeta}{\sqrt{1 - \zeta^2}} \frac{\omega_d}{(s + \sigma)^2 + \omega_d^2} \tag{3-26}
\end{aligned}
$$

式中：$\sigma = \zeta\omega_n$ 为衰减系数；$\omega_d = \omega_n\sqrt{1 - \zeta^2}$ 为系统的阻尼振荡角频率，单位为 rad/s。

因此有

$$
\begin{aligned}
c(t) &= 1 - e^{-\sigma t}\cos\omega_d t - \frac{\zeta}{\sqrt{1 - \zeta^2}}\sin\omega_d t \cdot e^{-\sigma t} \\
&= 1 - \frac{e^{-\zeta\omega_n t}}{\sqrt{1 - \zeta^2}}\sin(\omega_n\sqrt{1 - \zeta^2}\, t + \arccos\zeta), \quad t \geqslant 0 \tag{3-27}
\end{aligned}
$$

可见，系统的暂态分量为振幅随时间按指数函数规律衰减的周期函数，其振荡频率为 $\omega_d = \omega_n\sqrt{1 - \zeta^2}$。响应曲线如图 3-11 所示，其中，$1 \pm \dfrac{e^{-\zeta\omega_n t}}{\sqrt{1 - \zeta^2}}$ 称为响应曲线的一对包络线。

此时，由于

$$s_{1,2} = -\zeta\omega_n \pm j\omega_n\sqrt{1 - \zeta^2} = -\sigma \pm j\omega_d$$

因此，系统具有一对共轭复数极点。

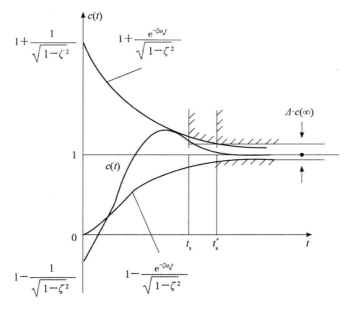

图 3-11 $0<\zeta<1$ 时的单位阶跃响应

表 3-1 给出不同 $\zeta$ 时典型二阶系统的特征根及单位阶跃响应曲线。图 3-12 给出了 $\zeta$ 为不同值时典型二阶系统的单位阶跃响应曲线。

**表 3-1　不同 $\zeta$ 时典型二阶系统的特征根与阶跃响应曲线**

| 阻尼比 | 特征方程根 | 根在复平面上的位置 | 单位阶跃响应曲线 |
|---|---|---|---|
| $\zeta=0$<br>（无阻尼） | $s_{1,2}=\pm j\omega_n$ | | |
| $0<\zeta<1$<br>（次阻尼） | $s_{1,2}=-\zeta\omega_n\pm j\omega_n\sqrt{1-\zeta^2}=-\sigma\pm j\omega_d$ | | |
| $\zeta=1$<br>（临界阻尼） | $s_{1,2}=-\omega_n$ | | |
| $\zeta>1$<br>（过阻尼） | $s_{1,2}=-\zeta\omega_n\pm\omega_n\sqrt{\zeta^2-1}$ | | |

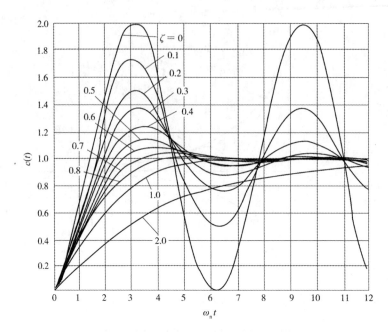

图 3-12　典型二阶系统的单位阶跃响应曲线

2) 性能指标的计算

(1) 上升时间 $t_r$。

令 $c(t)=1$，代入式(3-27)中，有

$$1-\frac{\mathrm{e}^{-\zeta\omega_n t_r}}{\sqrt{1-\zeta^2}}\sin(\omega_n\sqrt{1-\zeta^2}\,t_r+\arccos\zeta)=1$$

由于 $\mathrm{e}^{-\zeta\omega_n t_r}\neq0$，因此

$$\sin(\omega_n\sqrt{1-\zeta^2}\,t_r+\arccos\zeta)=0$$

则有 $\omega_n\sqrt{1-\zeta^2}\,t_r+\arccos\zeta=n\pi$，由上升时间 $t_r$ 的定义，取 $n=1$，所以

$$t_r=\frac{\pi-\arccos\zeta}{\omega_n\sqrt{1-\zeta^2}}$$

根据欠阻尼时，特征方程根 $s_{1,2}=-\zeta\omega_n\pm\mathrm{j}\omega_n\sqrt{1-\zeta^2}=-\sigma\pm\mathrm{j}\omega_d$，令 $\beta=\arctan\dfrac{\sqrt{1-\zeta^2}}{\zeta}$ 或 $\beta=\arccos\zeta$，则

$$t_r=\frac{\pi-\beta}{\omega_n\sqrt{1-\zeta^2}} \tag{3-28}$$

(2) 峰值时间 $t_p$。

可将式(3-27)对 $t$ 求导并令其为零，于是有

$$-\frac{\mathrm{e}^{-\zeta\omega_n t_0}}{\sqrt{1-\zeta^2}}\omega_d\cos(\omega_d t_p+\beta)+\frac{\zeta\omega_n}{\sqrt{1-\zeta^2}}\mathrm{e}^{-\zeta\omega_n t_0}\sin(\omega_d t_p+\beta)=0$$

由于 $\mathrm{e}^{-\zeta\omega_n t_0}\neq0$，因此

$$\zeta\omega_n\sin(\omega_d t_p+\beta)=\omega_d\cos(\omega_d t_p+\beta)$$

即
$$\tan(\omega_d t_p + \beta) = \frac{\sqrt{1-\zeta^2}}{\zeta}$$

又由于 $\tan\beta = \dfrac{\omega_n\sqrt{1-\zeta^2}}{\zeta\omega_n} = \dfrac{\sqrt{1-\zeta^2}}{\zeta}$，因此

$$\omega_d t_p = 0, \pi, 2\pi, 3\pi, \cdots$$

根据峰值时间 $t_p$ 的定义，显然应取 $\omega_d t_p = \pi$，所以有

$$t_p = \frac{\pi}{\omega_n\sqrt{1-\zeta^2}} \qquad (3-29)$$

（3）最大超调量 $\sigma\%$。

将式(3-29)代入式(3-27)中，有

$$c(t_p) = 1 - \frac{e^{-\frac{\zeta\pi}{\sqrt{1-\zeta^2}}}}{\sqrt{1-\zeta^2}}\sin(\pi+\beta)$$

由于 $\tan\beta = \dfrac{\sqrt{1-\zeta^2}}{\zeta}$，因此

$$\sin\beta = \sqrt{1-\zeta^2}, \quad \cos\beta = \zeta$$

因此有

$$\sin(\pi+\beta) = -\sqrt{1-\zeta^2}$$

于是有

$$c(t_p) = 1 + e^{-\frac{\zeta\pi}{1-\zeta^2}}$$

所以

$$\sigma\% = \frac{c(t_p)-1}{1}\times 100\% = e^{-\frac{\zeta\pi}{\sqrt{1-\zeta^2}}}\times 100\% \qquad (3-30)$$

显然，超调量 $\sigma\%$ 仅是阻尼比 $\zeta$ 的函数，与 $\omega_n$ 无关。$\sigma\%$ 与 $\zeta$ 的关系曲线如图 3-13 所示。

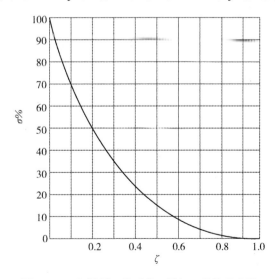

图 3-13　欠阻尼二阶系统 $\sigma\%$ 与 $\zeta$ 的关系曲线

（4）调节时间 $t_s$。

根据 $t_s$ 的定义有

$$|c(t_s)-1|\leqslant\Delta$$

式中：$\Delta$ 为误差带，通常取 $\Delta=\pm2\%$。

要直接确定 $t_s$ 的表达式不太容易，工程上常借用图 3-11 所示的衰减正弦波的包络线，即用 $t_s'$ 代替 $t_s$，得到一个近似表达式。

由图 3-11 可见，不论上包络线或下包络线，近似法都可以得到同样的结果。因此有

$$1+\frac{e^{-\zeta\omega_n t_s}}{\sqrt{1-\zeta^2}}=1.02$$

即

$$\frac{e^{-\zeta\omega_n t_s}}{\sqrt{1-\zeta^2}}=0.02$$

对上式两边同时取对数得

$$t_s=-\frac{1}{\zeta\omega_n}\ln(0.02\sqrt{1-\zeta^2})=\frac{1}{\zeta\omega_n}\ln\frac{1}{0.02\sqrt{1-\zeta^2}}=\frac{1}{\zeta\omega_n}\ln\left(50\cdot\frac{1}{\sqrt{1-\zeta^2}}\right)$$

$$=\frac{1}{\zeta\omega_n}\left(\ln50+\ln\frac{1}{\sqrt{1-\zeta^2}}\right)\approx\frac{1}{\zeta\omega_n}(4-\ln\sqrt{1-\zeta^2}) \tag{3-31}$$

当 $0<\zeta<0.8$ 时，有

$$t_s\approx\frac{4}{\zeta\omega_n},\quad\Delta=\pm2\% \tag{3-32}$$

$$t_s\approx\frac{3}{\zeta\omega_n},\quad\Delta=\pm5\% \tag{3-33}$$

由式（3-31）～式（3-33）可见，当阻尼比 $\zeta$ 一定时，无阻尼自然振荡角频率 $\omega_n$ 越大，调整时间 $t_s$ 越短，即系统响应越快。

另外，由调整时间 $t_s$ 的推导还可见，当 $\zeta$ 较大时，式（3-32）和式（3-33）的近似度降低。当允许有一定超调时，工程上一般选择二阶系统阻尼比在 0.5～1 之间。当 $\zeta$ 变小时，$\zeta$ 越小，则调整时间 $t_s$ 越长；而当 $\zeta$ 变大时，$\zeta$ 越大，则调整时间 $t_s$ 越长。

【例 3-1】 控制系统结构图如图 3-14 所示。当有一单位阶跃信号作用于系统时，试计算系统的 $t_r$、$t_p$、$t_s$ 和 $\sigma\%$。

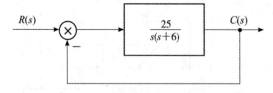

图 3-14　例 3-1 控制系统结构图

**解**　系统闭环传递函数为

$$\Phi(s)=\frac{25}{s^2+6s+25}$$

因此有

$$\omega_n = 5 \text{ rad/s}, \quad \zeta = \frac{6}{2 \times 5} = 0.6$$

$$\omega_d = 5\sqrt{1 - 0.6^2} = 4 \text{ rad/s}$$

$$\beta = \arccos\zeta = \arccos 0.6 = 53.1° = 0.93 \text{ rad}$$

上升时间：

$$t_r = \frac{\pi - \beta}{\omega_d} = \frac{3.14 - 0.93}{4} = 0.55 \text{ s}$$

峰值时间：

$$t_p = \frac{\pi}{\omega_d} = \frac{3.14}{4} = 0.785 \text{ s}$$

超调量：

$$\sigma\% = e^{-\frac{\zeta\pi}{\sqrt{1-\zeta^2}}} \times 100\% = 9.5\%$$

调节时间：

$$t_s \approx \frac{4}{\zeta\omega_n} = \frac{4}{0.6 \times 5} = 1.33 \text{ s}$$

**【例 3 - 2】**　图 3 - 15 所示为单位反馈随动系统，$K = 16$，$T = 0.25$ s。

(1) 计算特征参数 $\zeta$、$\omega_n$；

(2) 计算 $\sigma\%$、$t_s$；

(3) 若要求 $\sigma\% = 16\%$，则当 $T$ 不变时，$K$ 应取何值？

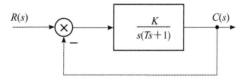

图 3 - 15　例 3 - 2 控制系统结构图

**解**　(1) 系统闭环传递函数为

$$\Phi(s) = \frac{K}{Ts^2 + s + K} = \frac{K/T}{s^2 + (1/T)s + K/T}$$

因此有

$$\omega_n = \sqrt{\frac{K}{T}} = \sqrt{\frac{16}{0.25}} = 8 \text{ rad/s}$$

$$\zeta = \frac{1}{2T\omega_n} = \frac{1}{2 \times 0.25 \times 8} = 0.25$$

(2) 由式(3 - 30)与式(3 - 32)得

$$\sigma\% = e^{-\frac{\zeta\pi}{\sqrt{1-0.25^2}}} \times 100\% = 44\%$$

$$t_s \approx \frac{4}{\zeta\omega_n} = \frac{4}{0.25 \times 8} = 2 \text{ s}$$

(3) 为使 $\sigma\% = 16\%$，由图 3 - 13 查得 $\zeta = 0.5$，即应使 $\zeta$ 由 0.25 增大至 0.5。当 $T$ 不变时，有

$$\omega_n = \frac{1}{2\zeta T} = \frac{1}{2 \times 0.5 \times 0.25} = 4 \text{ rad/s}$$

所以

$$K = \omega_n^2 T = 4^2 \times 0.25 = 4$$

即 $K$ 应缩小为原来的 1/4。

**【例 3-3】**　如图 3-16 所示的系统，施加 8.9 N 的阶跃力后，记录其时间响应如图 3-17 所示。试求该系统的质量 $M$、弹性刚度 $k$ 和黏性阻尼系数 $D$ 的数值。

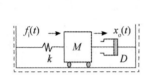

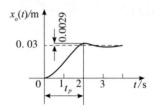

图 3-16　质量-弹簧-阻尼系统　　　　图 3-17　系统阶跃响应曲线

**解**　根据牛顿第二定律，有

$$f_i(t) - kx_o(t) - D\frac{\mathrm{d}x_o(t)}{\mathrm{d}t} = M\frac{\mathrm{d}x_o^2(t)}{\mathrm{d}t^2}$$

进行拉氏变换并整理，得

$$(Ms^2 + Ds + k)X_o(s) = F_i(s)$$

$$\frac{X_o(s)}{F_i(s)} = \frac{1}{Ms^2 + Ds + k} = \frac{\frac{1}{k} \cdot \frac{k}{M}}{s^2 + \frac{D}{M}s + \frac{k}{M}} = \frac{\frac{1}{k}\omega_n^2}{s^2 + 2\zeta\omega_n s + \omega_n^2}$$

$$\sigma\% = e^{-\frac{\zeta\pi}{\sqrt{1-\zeta^2}}} \times 100\% = \frac{0.0029}{0.03}$$

解得

$$\zeta = 0.6$$

$$\omega_n = \frac{\pi}{t_p\sqrt{1-\zeta^2}} = \frac{\pi}{2\sqrt{1-0.6^2}} = 1.96 \text{ rad/s}$$

$$X_o(s) = \frac{1}{Ms^2 + Ds + k}F_i(s) = \frac{1}{Ms^2 + Ds + k}\frac{8.9}{s}$$

由终值定理得

$$x_o(\infty) = \lim_{s \to 0} sX_o(s) = \lim_{s \to 0} s\frac{1}{Ms^2 + Ds + k}\frac{8.9}{s} = \frac{8.9}{k} = 0.03 \text{ m}$$

所以

$$k = \frac{8.9}{0.03} = 297 \text{ N/m}$$

$$M = \frac{k}{\omega_n^2} = \frac{297}{1.96^2} = 77.3 \text{ kg}$$

$$D = 2\zeta\omega_n M = 2 \times 0.6 \times 1.96 \times 77.3 = 181.8 \text{ (N · m)/s}$$

### 3.3.3　二阶系统的单位斜坡响应

当输入信号为单位斜坡函数 $r(t)=t \cdot 1(t)$ 时，其象函数为 $R(s)=\dfrac{1}{s^2}$。

**1. 当 $\zeta=0$ 时**

当 $\zeta=0$ 时，有

$$C(s)=\Phi(s) \cdot R(s)=\frac{\omega_n^2}{s^2+2\zeta\omega_n s+\omega_n^2} \cdot \frac{1}{s^2}=\frac{\omega_n^2}{s^2(s^2+\omega_n^2)}=\frac{A}{s^2}+\frac{B}{s^2+\omega_n^2}$$

求得 $A=1$，$B=-1$，则

$$C(s)=\frac{1}{s^2}+\frac{-1}{s^2+\omega_n^2}=\frac{1}{s^2}-\frac{1}{\omega_n} \cdot \frac{\omega_n}{s^2+\omega_n^2}$$

进行拉氏反变换，得

$$c(t)=t-\frac{1}{\omega_n}\sin\omega_n t, \ t\geqslant 0$$

**2. 当 $0<\zeta<1$ 时**

当 $0<\zeta<1$ 时，有

$$C(s)=\Phi(s) \cdot R(s)$$

$$=\frac{\omega_n^2}{(s+\zeta\omega_n+\mathrm{j}\omega_d)(s+\zeta\omega_n-\mathrm{j}\omega_d)} \cdot \frac{1}{s^2}$$

$$=\frac{\omega_n^2}{s^2\left[(s+\zeta\omega_n)^2+(\omega_n\sqrt{1-\zeta^2})^2\right]}$$

查拉普拉斯变换表，得

$$c(t)=\omega_n^2\left[t-\frac{2\zeta\omega_n}{(\zeta\omega_n)^2+(\omega_n\sqrt{1-\zeta^2})^2}+\right.$$

$$\left.\frac{1}{\omega_n\sqrt{1-\zeta^2}}\mathrm{e}^{-\zeta\omega_n t}\sin\left(\omega_n\sqrt{1-\zeta^2}\,t+2\arctan\frac{\sqrt{1-\zeta^2}}{\zeta}\right)\right]\frac{1}{(\zeta\omega_n)^2+(\omega_n\sqrt{1-\zeta^2})^2}$$

$$=\left[t-\frac{2\zeta}{\omega_n}+\frac{\mathrm{e}^{-\zeta\omega_n t}}{\omega_n\sqrt{1-\zeta^2}}\sin\left(\omega_n\sqrt{1-\zeta^2}\,t+2\arctan\frac{\sqrt{1-\zeta^2}}{\zeta}\right)\right] \cdot 1(t)$$

又因为

$$\tan\left(2\arctan\frac{\sqrt{1-\zeta^2}}{\zeta}\right)=\frac{2\tan\left(\arctan\dfrac{\sqrt{1-\zeta^2}}{\zeta}\right)}{1-\tan^2\left(\arctan\dfrac{\sqrt{1-\zeta^2}}{\zeta}\right)}=\frac{2\zeta\sqrt{1-\zeta^2}}{2\zeta^2-1}$$

所以

$$c(t)=\left[t-\frac{2\zeta}{\omega_n}+\frac{\mathrm{e}^{-\zeta\omega_n t}}{\omega_n\sqrt{1-\zeta^2}}\sin\left(\omega_n\sqrt{1-\zeta^2}\,t+\arctan\frac{2\zeta\sqrt{1-\zeta^2}}{2\zeta^2-1}\right)\right] \cdot 1(t) \qquad (3-34)$$

当时间 $t\to\infty$ 时，其误差为

$$e(\infty)=\lim_{t\to\infty}\left[r(t)-c(t)\right]=\frac{2\zeta}{\omega_n}$$

其响应曲线如图 3-18 所示。随着 $\zeta$ 的减小，其振荡幅度加大。

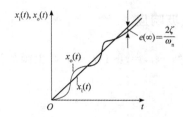

图 3-18　欠阻尼二阶系统的单位斜坡响应曲线

**3. 当 $\zeta=1$ 时**

当 $\zeta=1$ 时，有

$$C(s)=\Phi(s) \cdot R(s)=\frac{\omega_n^2}{(s+\omega_n)^2} \cdot \frac{1}{s^2}$$

$$=\frac{1}{s^2}-\frac{\dfrac{2}{\omega_n}}{s}+\frac{1}{(s+\omega_n)^2}+\frac{\dfrac{2}{\omega_n}}{s+\omega_n}$$

对上式进行拉氏反变换，得

$$c(t)=\left(t-\frac{2}{\omega_n}+t\mathrm{e}^{-\omega_n t}+\frac{2}{\omega_n}\mathrm{e}^{-\omega_n t}\right) \cdot 1(t) \qquad (3-35)$$

当时间 $t\to\infty$ 时，其误差为

$$e(\infty)=\lim_{t\to\infty}[r(t)-c(t)]=\frac{2}{\omega_n}$$

其响应曲线如图 3-19 所示。

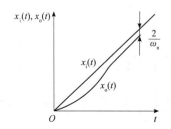

图 3-19　临界阻尼二阶系统的单位斜坡响应曲线

**4. 当 $\zeta>1$ 时**

当 $\zeta>1$ 时，有

$$C(s)=\Phi(s) \cdot R(s)=\frac{\omega_n^2}{(s+\zeta\omega_n+\omega_n\sqrt{\zeta^2-1})(s+\zeta\omega_n-\omega_n\sqrt{\zeta^2-1})} \cdot \frac{1}{s^2}$$

$$=\frac{1}{s^2}-\frac{2\zeta}{\omega_n s}+\frac{\dfrac{2\zeta^2+2\zeta\sqrt{\zeta^2-1}-1}{2\omega_n\sqrt{\zeta^2-1}}}{s+\zeta\omega_n-\omega_n\sqrt{\zeta^2-1}}-\frac{\dfrac{2\zeta^2-2\zeta\sqrt{\zeta^2-1}-1}{2\omega_n\sqrt{\zeta^2-1}}}{s+\zeta\omega_n+\omega_n\sqrt{\zeta^2-1}}$$

进行拉氏反变换，得

$$c(t)=\left[t-\frac{2\zeta}{\omega_n}+\frac{2\zeta^2+2\zeta\sqrt{\zeta^2-1}-1}{2\omega_n\sqrt{\zeta^2-1}}\mathrm{e}^{-(\zeta-\sqrt{\zeta^2-1})\omega_n t}-\frac{2\zeta^2-2\zeta\sqrt{\zeta^2-1}-1}{2\omega_n\sqrt{\zeta^2-1}}\mathrm{e}^{-(\zeta+\sqrt{\zeta^2-1})\omega_n t}\right] \cdot 1(t)$$

$$(3-36)$$

当时间 $t \rightarrow \infty$ 时，其误差为

$$e(\infty) = \lim_{t \to \infty}[r(t) - c(t)] = \frac{2\zeta}{\omega_n}$$

其响应曲线如图 3 - 20 所示。

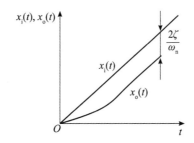

图 3 - 20　过阻尼二阶系统的单位斜坡响应曲线

### 3.3.4　二阶系统的单位脉冲响应

当输入信号为单位脉冲函数，即 $r(t) = \delta(t)$ 时，其象函数为 $R(s) = 1$。

**1. 当 $\zeta = 0$ 时**

当 $\zeta = 0$ 时，有

$$C(s) = \Phi(s) \cdot R(s) = \frac{\omega_n^2}{s^2 + 2\zeta\omega_n s + \omega_n^2} \cdot 1 = \frac{\omega_n^2}{s^2 + \omega_n^2}$$

进行拉氏反变换，得

$$g(t) = c(t) = \omega_n \sin\omega_n t, \ t \geqslant 0$$

**2. 当 $0 < \zeta < 1$ 时**

当 $0 < \zeta < 1$ 时，有

$$C(s) = \Phi(s) \cdot R(s)$$

$$= \frac{\omega_n^2}{(s + \zeta\omega_n + j\omega_d)(s + \zeta\omega_n - j\omega_d)} \cdot 1$$

$$= \frac{\dfrac{\omega_n}{\sqrt{1-\zeta^2}}(\omega_n\sqrt{1-\zeta^2})}{(s + \zeta\omega_n)^2 + (\omega_n\sqrt{1-\zeta^2})^2}$$

进行拉氏反变换，得

$$g(t) = c(t) = \left[\frac{\omega_n}{\sqrt{1-\zeta^2}}e^{-\zeta\omega_n t}\sin(\omega_n\sqrt{1-\zeta^2}\ t)\right] \cdot 1(t), \ t \geqslant 0 \qquad (3-37)$$

由式(3 - 37)可知，当 $0 < \zeta < 1$ 时，二阶系统的单位脉冲响应是以 $\omega_d$ 为角频率的衰减振荡，其响应曲线如图 3 - 21 所示。由图 3 - 21 可见，随着 $\zeta$ 的减小，其振荡幅度加大。

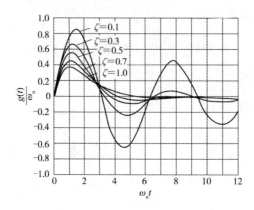

图 3 - 21　二阶系统的脉冲响应曲线

**3. 当 $\zeta=1$ 时**

当 $\zeta=1$ 时，有

$$C(s)=\Phi(s) \cdot R(s)=\frac{\omega_n^2}{(s+\omega_n)^2} \cdot 1$$

对上式进行拉氏反变换，得

$$g(t) = c(t) = (\omega_n^2 t e^{-\omega_n t}) \cdot 1(t), \; t \geqslant 0 \tag{3-38}$$

其响应曲线如图 3 - 22 所示。

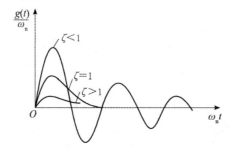

图 3 - 22　各种阻尼二阶系统的单位脉冲响应曲线

**4. 当 $\zeta>1$ 时**

根据"线性系统对输入信号倒数的响应，可通过把系统对输入信号的响应求导得出"的结论，有

$$g(t) = c(t) = \frac{\mathrm{d}c_{\text{阶}}(t)}{\mathrm{d}t}$$

$$= \frac{\mathrm{d}}{\mathrm{d}t}\left[1 - \frac{1}{2(-\zeta^2+\zeta\sqrt{\zeta^2-1}+1)}e^{-(\zeta-\sqrt{\zeta^2-1})\omega_n t} - \frac{1}{2(-\zeta^2-\zeta\sqrt{\zeta^2-1}+1)}e^{-(\zeta+\sqrt{\zeta^2-1})\omega_n t}\right] \cdot 1(t)$$

$$= \left[\frac{(\zeta-\sqrt{\zeta^2-1})\omega_n}{2(-\zeta^2+\zeta\sqrt{\zeta^2-1}+1)}e^{-(\zeta-\sqrt{\zeta^2-1})\omega_n t} + \frac{(\zeta+\sqrt{\zeta^2-1})\omega_n}{2(-\zeta^2-\zeta\sqrt{\zeta^2-1}+1)}e^{-(\zeta+\sqrt{\zeta^2-1})\omega_n t}\right] \cdot 1(t)$$

$$= \left\{\frac{\omega_n}{2\sqrt{\zeta^2-1}}\left[e^{-(\zeta-\sqrt{\zeta^2-1})\omega_n t} - e^{-(\zeta+\sqrt{\zeta^2-1})\omega_n t}\right]\right\} \cdot 1(t), \; t \geqslant 0 \tag{3-39}$$

其响应曲线如图 3 - 22 所示。由图 3 - 22 可见，系统没有超调。

### 3.3.5　二阶系统的性能分析与改善

在实际工程中，常常遇到因阻尼比太小从而使系统超调量过大、调节时间太长的情况，这时需要对系统性能进行改善。其中，误差信号的比例-微分控制和输出量的速度反馈控制是两种常用的方法。

**1. 误差信号的比例-微分控制**

设具有比例-微分控制的二阶系统如图 3-23 所示。图中，$E(s)$ 为误差信号，$\tau$ 为微分器的时间常数。

由图 3-23 可见，系统输出量同时受误差信号及其速率的双重作用。因而，比例-微分控制是一种早期控制，可在出现位置误差前，提前产生修正作用，从而达到改善系统性能的目的。

由图 3-23 可得系统的开环传递函数为

$$G_k(s) = \frac{\omega_n^2(1+\tau s)}{s(s+2\zeta\omega_n)} \tag{3-40}$$

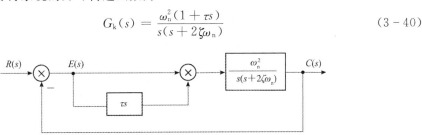

图 3-23　比例-微分控制系统

显然，在典型二阶系统的基础上增加一个比例微分环节，即多了一个开环零点 $z = \dfrac{1}{\tau}$，则其闭环传递函数为

$$\Phi(s) = \frac{\omega_n^2(1+\tau s)}{s^2+(2\zeta\omega_n+\omega_n^2\tau)s+\omega_n^2} \tag{3-41}$$

下面分析具有零点的欠阻尼二阶系统在单位阶跃函数作用下的输出响应。

具有闭环零点的二阶系统，其阶跃响应与无零点的系统响应有所不同。具有零点的二阶系统的闭环传递函数为

$$\Phi(s) = \frac{\omega_n^2(1+\tau s)}{s^2+2\zeta\omega_n s+\omega_n^2} = \frac{K_g(s-z)}{(s-s_1)(s-s_2)}$$

式中：$z = -\dfrac{1}{\tau}$ 为闭环传递函数的零点。当 $0<\zeta<1$ 时，$s_1$、$s_2$ 为一对共轭复数极点（见图 3-24），而且有

$$K_g = \frac{\omega_n^2}{-z} = \frac{s_1 s_2}{-z}$$

当输入为单位阶跃函数 $r(t)=1$ 时，即 $R(s)=\dfrac{1}{s}$，则系统输出响应的拉氏变换式为

$$\begin{aligned}
C(s) &= \Phi(s)R(s) = \frac{\omega_n^2(1+\tau s)}{s(s^2+2\zeta\omega_n s+\omega_n^2)} \\
&= \frac{\omega_n^2}{s(s^2+2\zeta\omega_n s+\omega_n^2)} + \frac{\tau\omega_n^2}{s^2+2\zeta\omega_n s+\omega_n^2} = C_1(s)+C_2(s)
\end{aligned}$$

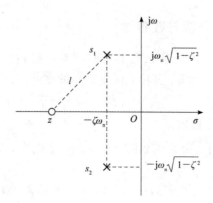

图 3-24　具有零点的二阶系统其零极点在 $s$ 平面上的分布

显然，$C(s)$ 由两部分组成，即

$$C_1(s) = \frac{\omega_n^2}{s(s^2 + 2\zeta\omega_n s + \omega_n^2)} \qquad (3-42)$$

$$C_2(s) = \frac{\tau\omega_n^2}{s^2 + 2\zeta\omega_n s + \omega_n^2} \qquad (3-43)$$

求拉氏反变换，则有

$$c(t) = c_1(t) + c_2(t)$$

$$= 1 - \frac{e^{-\zeta\omega_n t}}{\sqrt{1-\zeta^2}}\sin(\omega_n\sqrt{1-\zeta^2}\,t + \beta) + \frac{\tau\omega_n}{\sqrt{1-\zeta^2}}e^{-\zeta\omega_n t}\sin(\omega_n\sqrt{1-\zeta^2}\,t),\ t \geqslant 0$$

$$(3-44)$$

式中：$c_1(t)$ 为典型二阶系统的单位阶跃响应；$c_2(t)$ 为附加零点引起的分量。

由式（3-42）和式（3-43）可知：

$$C_2(s) = \tau s \cdot C_1(s)$$

故

$$c_2(t) = \tau\frac{\mathrm{d}c_1(t)}{\mathrm{d}t} = \frac{1}{|z|}g_1(t)$$

式中：$g_1(t)$ 为典型二阶系统的单位脉冲响应。

因此，可将 $c(t)$ 表示为

$$c(t) = c_1(t) + \frac{1}{|z|}g_1(t) \qquad (3-45)$$

图 3-25 给出了 $c(t)$、$c_1(t)$ 和 $c_2(t)$ 曲线。一般情况下，$c_2(t)$ 的影响是使 $c(t)$ 比 $c_1(t)$ 响应迅速且具有较大的超调量。

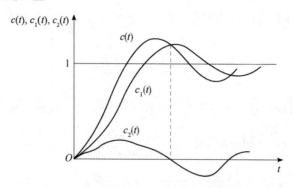

图 3-25　具有零点的二阶系统输出曲线

　　为了定量说明附加零点对二阶系统性能的影响，引入参数 $\alpha$。用 $\alpha$ 表示附加零点与二阶系统复数极点实部之比，即

$$\alpha = \frac{|z|}{\zeta \omega_n} \tag{3-46}$$

并在同一 $\zeta$ 值下绘出不同 $\alpha$ 值时 $c(t)$ 和 $\omega_n t$ 的关系曲线。图 3-26 为 $\zeta = 0.25$ 时的情况。由图 3-26 可见，$\alpha = \infty$ 的曲线即为典型二阶系统的阶跃响应。随着 $\alpha$ 的减小，$c(t)$ 的超调量 $\sigma\%$ 明显增大，即附加零点的影响变得显著。图 3-27 绘出了 $\zeta$ 为 0.25、0.5、0.75 时超调量 $\sigma\%$ 与 $\alpha$ 的关系曲线。当已知系统参数 $\zeta$、$\omega_n$ 和 $z$ 时，由图 3-27 可求得 $\sigma\%$。由图 3-27 还可看出，当 $\zeta = 0.25$，$\alpha \geq 8$ 或 $\zeta = 0.5$，$\alpha \geq 4$ 时，可以忽略零点对超调量的影响。

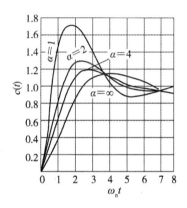

图 3-26　具有零点的二阶系统的单位阶跃响应曲线

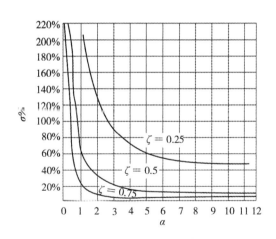

图 3-27　$\sigma\%$ 与 $\alpha$ 的关系曲线

　　由式(3-44)还可求出调节时间 $t_s$。$t_s$ 的近似公式为

$$t_s \approx \left(4 + \ln \frac{l}{|z|}\right)\frac{1}{\zeta \omega_n}, \quad \Delta = \pm 2\% \tag{3-47}$$

$$t_s \approx \left(3 + \ln \frac{l}{|z|}\right)\frac{1}{\zeta \omega_n}, \quad \Delta = \pm 5\% \tag{3-48}$$

式中：$l$ 为零点与任意一个共轭复数极点之间的距离。

　　综上所述，可得出如下结论：

（1）当其他条件不变时，附加一个闭环零点，将使二阶系统的超调量增大，上升时间和峰值时间减小。

（2）附加零点从极点左侧向极点越靠近（即 $\alpha$ 减小），上述影响越显著。

（3）当零点距离虚轴很远时，或者说当 $\alpha$ 很大时，零点的影响可以忽略，这时系统可以用典型二阶系统来代替。

由图 3-23 可得系统的闭环传递函数为

$$\Phi(s) = \frac{\omega_n^2(1+\tau s)}{s^2 + (2\zeta\omega_n + \omega_n^2\tau)s + \omega_n^2} = \frac{\omega_n^2(1+\tau s)}{s^2 + 2\zeta_d\omega_n s + \omega_n^2} \qquad (3-49)$$

式中：

$$\zeta_d = \zeta + \frac{1}{2}\tau\omega_n \qquad (3-50)$$

式（3-49）和式（3-50）表明，比例-微分控制不改变系统的自然频率，但可增大系统的阻尼比。由于 $\zeta$ 和 $\omega_n$ 均与 $K$ 有关，因此适当选择，就能使系统在阶跃输入时有满意的动态性能。这种控制方法在工业上又称为 PD 控制。由于 PD 控制相当于给系统增加了一个闭环零点，即 $z = -1/\tau$，因此比例-微分控制的二阶系统是具有零点的二阶系统。一方面使 $\zeta$ 增大为 $\zeta_d$，从而使系统超调量减小，调节时间缩短；另一方面，增加的零点又会使系统的超调量增大，这就需要合理调整系统的开环增益和微分器的时间常数。

另外，微分器对于噪声，尤其是对于高频噪声具有较强的放大作用。因此，在系统输入端噪声较强的情况下，不宜采用比例-微分控制方式。此时，可考虑选用输出量的速度反馈控制方式。

**2. 输出量的速度反馈控制**

通过将输出的速度信号反馈到系统输入端，并与误差信号比较（其效果与比例-微分控制相似），可以增大系统阻尼，改善系统动态性能。

输出量的速度反馈控制也称为测速反馈控制。采用测速反馈控制的二阶系统如图 3-28 所示。系统前向通道的传递函数为 $G(s) = \dfrac{\omega_n^2}{s(s+2\zeta\omega_n)}$，反馈通道的传递函数为 $H(s) = \tau s + 1$，相应的闭环传递函数为

$$\Phi(s) = \frac{\omega_n^2}{s^2 + (2\zeta\omega_n + \omega_n^2\tau)s + \omega_n^2} = \frac{\omega_n^2}{s^2 + 2\zeta_t\omega_n s + \omega_n^2} \qquad (3-51)$$

式中：

$$\zeta_t = \zeta + \frac{1}{2}\tau\omega_n \qquad (3-52)$$

式（3-51）和式（3-52）表明，测速反馈控制不改变系统的自然频率，但可增大系统的阻尼比，改善系统的动态性能。但由于测速反馈控制不形成闭环零点，因此，即便取同样的时间常数 $\tau$，测速反馈控制与比例-微分控制对系统动态性能的改善程度也不完全相同。

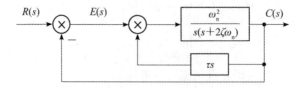

图 3-28　测速反馈控制的二阶系统

**【例 3 - 4】**　如图 3 - 29(同例 3 - 2)所示的典型系统，$K=16$，$T=0.25$ s。为使阻尼比等于 0.5，而 $K$、$T$ 不变，分别采用比例-微分控制(如图 3 - 23 所示)和测速反馈控制(如图 3 - 28 所示)，试确定两种情况下的 $\tau$ 值，并讨论对系统超调量和调节时间的影响。

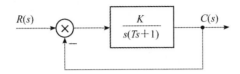

图 3 - 29　例 3 - 4 控制系统结构图

**解**　(1) 误差信号的比例-微分控制。

由例 3 - 2 知，典型二阶系统的特征参数与动态指标为 $\zeta=0.25$，$\omega_n=8$ rad/s，$\sigma\%=44\%$，$t_s=2$ s。

根据式(3 - 50)可得

$$\tau=\frac{2(\zeta_d-\zeta)}{\omega_n}=\frac{2\times(0.5-0.25)}{8}=0.0625\text{ s}$$

在此，附加零点为

$$z=-\frac{1}{\tau}=-16$$

所以

$$\alpha=\frac{|z|}{\zeta_d\omega_n}=\frac{16}{0.5\times8}=4$$

由图 3 - 27 可知，当 $\zeta=0.5$，$\alpha=4$ 时，附加零点几乎不影响超调量，这时 $\sigma\%=16\%$。图 3 - 30 标出了闭环系统的零极点。由图可以计算出：

$$l=\sqrt{(16-4)^2+6.39^2}=13.60$$

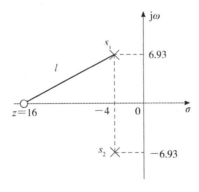

图 3 - 30　例 3 - 4 系统零极点分布

根据式(3 - 47)可得

$$t_s=\frac{1}{0.5\times8}\times\left(4+\ln\frac{13.60}{16}\right)=0.96\text{ s}，\quad\Delta=\pm2\%$$

显然，加了比例-微分控制后，系统的超调量从 44% 减小到 16%，调节时间从 2 s 缩短到 0.96 s，大大改善了系统的动态性能，而且 $K$、$T$ 不变，不会影响稳态误差。

(2) 测度反馈控制。

由式(3-52)仍然可以得到 $\tau=0.0625$ s。此时，对系统动态性能的改善与比例-微分控制的计算结果相同，区别仅是没有附加闭环零点。

## 3.4  高阶系统的时域响应

### 3.4.1  高阶系统的数学模型及降阶

一般的高阶系统可以分解成若干一阶惯性环节和二阶振荡环节的叠加。其瞬态响应即由这些一阶惯性环节和二阶振荡环节的响应函数叠加组成。

对于一般单输入-单输出的线性定常系统，其传递函数可表示为

$$\frac{C(s)}{R(s)} = \frac{k(s^m + b_1 s^{m-1} + \cdots + b_{m-1}s + b_m)}{s^n + a_1 s^{n-1} + \cdots + a_{n-1}s + a_n}$$

$$= \frac{k(s^m + b_1 s^{m-1} + \cdots + b_{m-1}s + b_m)}{\prod\limits_{j=1}^{q}(s+p_j)\prod\limits_{k=1}^{r}(s^2 + 2\zeta_k\omega_k s + \omega_k^2)}, \quad m \leqslant n, \ q+2r=n$$

设输入为单位阶跃，则

$$C(s) = \frac{C(s)}{R(s)} \cdot R(s) = \frac{k(s^m + b_1 s^{m-1} + \cdots + b_{m-1}s + b_m)}{s\prod\limits_{j=1}^{q}(s+p_j)\prod\limits_{k=1}^{r}(s^2 + 2\zeta_k\omega_k s + \omega_k^2)} \tag{3-53}$$

如果其极点互不相同，则式(3-53)可展开成

$$C(s) = \frac{a}{s} + \sum_{j=1}^{q}\frac{a_j}{s+p_j} + \sum_{k=1}^{r}\frac{\beta_k(s+\zeta_k\omega_k) + \gamma_k(\omega_k\sqrt{1-\zeta^2})}{(s+\zeta_k\omega_k)^2 + (\omega_k\sqrt{1-\zeta^2})^2}$$

经拉氏反变换，得

$$c(t) = a + \sum_{j=1}^{q}a_j \mathrm{e}^{-p_j t} + \sum_{k=1}^{r}\beta_k \mathrm{e}^{-\zeta_k\omega_k t}\cos(\omega_k\sqrt{1-\zeta^2})t + \sum_{k=1}^{r}\gamma_k \mathrm{e}^{-\zeta_k\omega_k t}\sin(\omega_k\sqrt{1-\zeta^2})t$$

$$\tag{3-54}$$

可见，一般高阶系统的瞬态响应是由一些一阶惯性环节和二阶振荡环节的响应函数叠加组成的。由式(3-54)可见，当所有极点均具有负实部，即所有闭环极点都在 $s$ 平面的左半部时，除常数 $\alpha$ 外，其他各项随着时间 $t \rightarrow \infty$ 而衰减为零，即系统是稳定的，其稳态输出量为 $\alpha$；而且闭环极点负实部的绝对值越大，即闭环极点距虚轴越远，其对应的响应分量衰减得越快，反之越慢。高阶系统的阶跃响应曲线可能为如图 3-31 所示的各种非标准但稳定的曲线。

为了在工程上处理方便，某些高阶系统通过合理简化，可以用低阶系统近似，以便大致估算其时域响应。以下两种情况可以作为降阶简化的依据：

(1) 系统极点的负实部离虚轴越远，则该极点对应的项在瞬态响应中衰减得越快，反之，距虚轴最近的闭环极点对应着瞬态响应中衰减最慢的项，故称距虚轴最近的闭环极点为主导极点。一般工程上若极点 $A$ 与虚轴的距离大于极点 $B$ 与虚轴的距离的 5 倍时，分析系统时可忽略极点 $A$。

(2) 系统传递函数中，如果分子分母具有负实部的零、极点在数值上相近，则可将该零点和极点一起消掉，称为偶极子相消。工程上认为某极点与对应的零点之间的间距小于

它们本身到原点距离的 1/10 时即为偶极子。

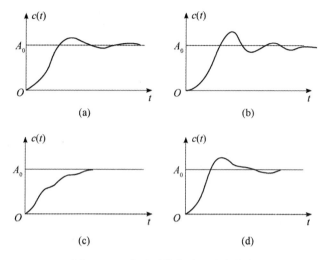

图 3 - 31 高阶系统的阶跃响应曲线

## 3.4.2 典型三阶系统的阶跃响应

典型三阶系统是最简单的高阶系统,其传递函数为

$$\Phi(s) = \frac{\omega_n^2}{(s^2 + 2\zeta\omega_n s + \omega_n^2)(Ts + 1)} \tag{3-55}$$

它是在典型的二阶系统的基础上增加一个惯性环节,即增加一个极点 $s_3 = -\dfrac{1}{T}$。可将式 (3-55)改写为

$$\Phi(s) = \frac{-s_3\omega_n^2}{(s^2 + 2\zeta\omega_n s + \omega_n^2)(s - s_3)} = \frac{K_g}{(s - s_1)(s - s_2)(s - s_3)} \tag{3-56}$$

当 $0 < \zeta < 1$ 时,$s_1$ 和 $s_2$ 为一对共轭复数极点,$s_3$ 为增加的极点,系数 $K_g$ 为

$$K_g = -s_3\omega_n^2 = -s_1 s_2 s_3$$

各极点在 $s$ 平面上的分布如图 3 - 32 所示。

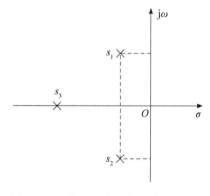

图 3 - 32 典型三阶系统的零极点分布

当输入单位阶跃信号时，有

$$C(s) = \Phi(s)R(s) = \frac{-s_3\omega_n^2}{s(s^2 + 2\zeta\omega_n s + \omega_n^2)(s - s_3)}$$

求拉氏反变换，则有

$$c(t) = 1 - \frac{e^{-\zeta\omega_n t}}{\beta\zeta^2(\beta-2)+1}\left\{\beta\zeta^2(\beta-2)\cos\sqrt{1-\zeta^2}\,\omega_n t + \frac{\beta\zeta[\zeta^2(\beta-2)+1]}{\sqrt{1-\zeta^2}}\sin\sqrt{1-\zeta^2}\,\omega_n t\right\} -$$

$$\frac{e^{s_3 t}}{\beta\zeta^2(\beta-2)+1} \tag{3-57}$$

式中：$\beta = \dfrac{-s_3}{\zeta\omega_n}$。由于欠阻尼情况下，有

$$\beta\zeta^2(\beta-2)+1 = \zeta^2(\beta-1)^2 + (1-\zeta^2) > 0$$

因此，$e^{s_3 t}$ 项的系数总为负值。

由式(3-57)可见，$c(t)$ 与 $\zeta$、$\omega_n$、$\beta$ 有关。当 $\zeta$ 不变时，绘出 $\beta$ 为不同值时的 $c(t)$ 曲线如图 3-33 所示，此时 $\zeta=0.5$。

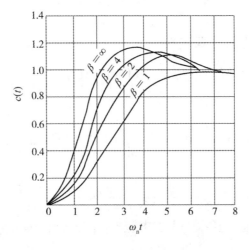

图 3-33   三阶系统的单位阶跃响应

由图 3-33 可见，增加闭环极点将使超调量减小，调节时间增加。当增加的极点远离虚轴时，其影响逐渐减小。如果增加的极点位于共轭复数极点的右侧($\beta<1$)，则系统响应趋于减缓，响应特性类似于过阻尼的二阶系统。

### 3.4.3   高阶系统的时域响应

由 3.4.2 节中所介绍的内容可知，一般高阶系统的瞬态响应是由一些简单项——阶惯性环节和二阶振荡环节的响应函数叠加而成的。因此，在工程上，为了处理方便，可将某些高阶系统通过合理简化，用低阶系统近似，以便大致估算其时域响应。

高阶系统的动态性能通常采用主导极点来估算。由于高阶系统一般具有振荡性，因此选取的闭环主导极点常以共轭复数极点的形式出现。工程上，常采用一些校正环节使系统具有一对共轭复数主导极点。

对于高阶系统动态性能的估算，有以下两种方法：

（1）选取系统的一对共轭复数主导极点，将系统近似地当作典型二阶系统进行分析，套用二阶系统的性能指标计算公式。高阶系统毕竟不是二阶系统，因而在用二阶系统性能指标的计算公式进行估算时，将其他闭环零、极点对系统动态性能的影响也考虑在内。

（2）设高阶系统具有一对共轭复数的闭环主导极点，$s_{1,2} = -\sigma \pm j\omega_d$，$0 < \zeta < 1$，则

$$t_p = \frac{1}{\omega_d}\left[\pi - \sum_{j=1}^{m}\angle(s_1 - z_j) + \sum_{i=3}^{n}\angle(s_1 - s_i)\right] \tag{3-58}$$

$$\sigma\% = \frac{\displaystyle\prod_{j=1}^{m}|s_1 - z_j| \cdot \prod_{i=3}^{n}|s_i|}{\displaystyle\prod_{j=1}^{m}|z_j| \cdot \prod_{i=3}^{n}|s_1 - s_i|} \cdot e^{-\sigma t_p} \times 100\% \tag{3-59}$$

$$t_s = \frac{1}{\zeta\omega_n}\ln\left[\frac{2}{\Delta} - \frac{\displaystyle\prod_{i=2}^{n}|s_i|}{\displaystyle\prod_{i=2}^{n}|s_1 - s_i|}\right] \tag{3-60}$$

**【例 3-5】**　已知某系统的闭环传递函数为

$$\frac{C(s)}{R(s)} = \frac{3.12\times10^5 s + 6.25\times10^6}{s^4 + 100s^3 + 8.0\times10^3 s^2 + 4.40\times10^5 s + 6.24\times10^6}$$

试求系统近似的单位阶跃响应 $c(t)$。

**解**　对于高阶系统的传递函数，首先需要分解因式，如果能找到一个根，则多项式可以分离出一个因式。工程上常用的找根方法有两种：一是试探法，二是采用计算机程序找根。

首先，找到该题分母有一个根 $s_1 = -20$，则利用下面长除法分解出一个因式：

$$
\begin{array}{r}
s^3 + \quad\quad 80s^2 + 6.4\times10^3 s + 3.12\times10^5 \\
\hline
s+20\,\big)\overline{s^4 + 100s^3 + 8.0\times10^3 s^2 + 4.40\times10^5 s + 6.24\times10^6} \\
s^4 + \ 20s^3 \\
\hline
80s^3 + 8.0\times10^3 s^2 \\
80s^3 + 1.6\times10^3 s^2 \\
\hline
6.4\times10^3 s^2 + 4.40\times10^5 s \\
6.4\times10^3 s^2 + 1.28\times10^5 s \\
\hline
3.12\times10^5 s + 6.24\times10^6 \\
3.12\times10^5 s + 6.24\times10^6 \\
\hline
0
\end{array}
$$

对于得到的三阶多项式，又找到一个根 $s_2 = -60$，则可继续利用长除法分解出一个因式：

$$
\begin{array}{r}
s^2 + 20s + 5.2\times10^3 \\
\hline
s+60\,\big)\overline{s^3 + 80s^2 + 6.4\times10^3 s + 3.12\times10^5} \\
s^4 + 60s^2 \\
\hline
20s^2 + 6.4\times10^3 s \\
20s^2 + 1.2\times10^3 s \\
\hline
5.2\times10^3 s + 3.12\times10^5 \\
5.2\times10^3 s + 3.12\times10^5 \\
\hline
0
\end{array}
$$

对于剩下的二阶多项式，可以很容易地解出一对共轭复根：

$$s_{3,4} = -10 \pm j71.4$$

则系统传递函数为

$$\frac{C(s)}{R(s)} = \frac{3.12 \times 10^5 (s+20.03)}{(s+20)(s+60)(s^2+20s+5.2 \times 10^3)}$$

其零、极点如图 3-34 所示。根据前面简化高阶系统的依据，该四阶系统可简化为

$$\frac{C(s)}{R(s)} \approx \frac{5.2 \times 10^3}{s^2+20s+5.2 \times 10^3}$$

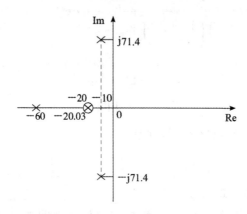

图 3-34　例 3-5 系统零、极点分布图

这里需要注意：当考虑主导极点消去 $s+60$ 因式时，应将 $3.12 \times 10^5$ 除以 $60$ 以保证原系统的静态增益不变。简化后该系统近似为一个二阶系统，可用二阶系统的一套成熟的理论去分析该四阶系统，可得到近似的单位阶跃响应结果为

$$c(t) \approx 1 - e^{-10t}\sin(71.4t+1.43), \quad t>0$$

**【例 3-6】** 已知某控制系统的闭环传递函数为

$$\Phi(s) = \frac{0.24s+1}{(0.24s+1)(0.04s^2+0.24s+1)(0.0625s+1)}$$

试估算系统的性能指标。

**解**　先将闭环传递函数表示为零极点的形式：

$$\Phi(s) = \frac{383.693(s+4.17)}{(s+4)(s^2+6s+25)(s+16)}$$

则有

$$s_{1,2} = -3 \pm j4, \quad s_3 = -4, \quad s_4 = -16, \quad z_1 = -4.17$$

可见，$s_{1,2} = -3 \pm j4$ 可视作系统的一对主导极点：

$$\frac{\text{Re}[s_4]}{\text{Re}[s_{1,2}]} = \frac{16}{3} \approx 5.33 > 5$$

$s_3$ 与 $z_1$ 为一对偶极子：

$$\frac{|s_3|}{|s_3-z_1|} = \frac{4}{0.17} \approx 23.5 > 10$$

（1）将系统近似为二阶系统，$\Phi(s) \approx \dfrac{25}{s^2+6s+25}$，则

$$\begin{cases} \omega_n = 5 \\ \zeta = 0.6 \end{cases}$$

所以有

$$\beta = \arccos\zeta = \arccos 0.6 = 53.1° = 0.93 \ \text{rad}$$

则

$$t_p = \frac{\pi}{\omega_n\sqrt{1-\zeta^2}} = \frac{3.14}{4} = 0.78 \ \text{s}$$

$$t_s = \frac{4}{\zeta\omega_n} = \frac{4}{3} = 1.33 \ \text{s}$$

$$\sigma\% = e^{-\frac{\zeta\pi}{\sqrt{1-\zeta^2}}} \times 100\% \approx 9.5\%$$

（2）如果考虑其他闭环零、极点对系统动态性能的影响，则有

$$t_p = \frac{1}{\omega_d}\left[\pi - \angle(s_1-z_1) + \angle(s_1-s_3) + \angle(s_1-s_4)\right]$$

$$= \frac{1}{4}(3.14 - 1.29 + 1.326 + 0.298)$$

$$= 0.87 \ \text{s}$$

$$t_s = \frac{1}{\zeta\omega_n}\ln\left(\frac{2}{\Delta}\frac{|s_2| \cdot |s_3| \cdot |s_4|}{|s_1-s_2| \cdot |s_1-s_3| \cdot |s_1-s_4|}\right)$$

$$= \frac{1}{3}\ln\left(100 \times \frac{5 \times 4 \times 16}{8 \times 4.123 \times 13.6}\right)$$

$$= 1.42 \ \text{s}$$

$$\sigma\% = \frac{|s_1-z_1| \cdot |s_3| \cdot |s_4|}{|z_1| \cdot |s_1-s_3| \cdot |s_1-s_4|} \cdot e^{-\sigma t_p} \times 100\%$$

$$= \frac{4.168 \times 4 \times 16}{4.17 \times 4.123 \times 13.6} \cdot e^{-3 \times 0.87} \times 100\%$$

$$= 8.39\%$$

$$\sigma\% = e^{-\frac{\zeta\pi}{\sqrt{1-\zeta^2}}} \times 100\% \approx 9.5\%$$

从上述估算结果可以看出，两种估算方法相差不大，因此在工程上多采用二阶系统来估算高阶系统的性能指标。

# 3.5　线性系统的稳定性分析

控制系统能在实际中应用的首要前提是系统必须稳定。分析系统的稳定性是控制理论的最重要组成部分之一。控制理论对于判别一个线性定常系统是否稳定提供了多种方法。本章着重介绍几种常用的稳定判据，以及提高系统稳定性的方法。在介绍系统稳定性的基本概念，引出系统稳定的充分必要条件之后，讲述代数判据（Routh 与 Hurwitz 判据）；然后重点阐述 Nyquist 稳定性判据，即如何通过开环系统的频率特性来判定相应的闭环系统的稳定性。在此基础上，进而讨论系统的相对稳定性问题。这些内容对于分析和设计系统都是十分重要的。

### 3.5.1　系统稳定性的基本概念

如果一个系统受到扰动，偏离了原来的平衡状态，而当扰动取消后，经过充分长的时间，这个系统又能够以一定的精度逐渐恢复到原来的状态，则称系统是稳定的，否则称这个系统是不稳定的。

例如，图 3-35(a)所示是一个摆的示意图。设在外界干扰的作用下，摆由原来平衡点 $M$ 偏到新的位置 $b$。当外力去掉后，显然摆在重力作用下，将围绕点 $M$ 反复振荡，经过一定时间，当摆因受空气阻尼而能量耗尽后，又停留在平衡点 $M$ 上。像这样的平衡点 $M$ 就称为稳定的平衡点。对于一个倒摆，如图 3-35(b)所示，一旦离开了平衡点 $d$，即使外力消失，无论经过多少时间，摆也不会回到原平衡点 $d$ 上来。这样的平衡点 $d$ 称为不稳定平衡点。

再如，图 3-36 中，小球处在 $a$ 点时，是稳定平衡点，因为作用于小球上的有限干扰消失后，小球总能回到 $a$ 点；而小球处于 $b$、$c$ 点时为不稳定平衡点，因为只要有干扰力作用于小球，小球便不再回到点 $b$ 或 $c$。

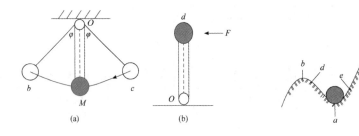

图 3-35　摆的平衡 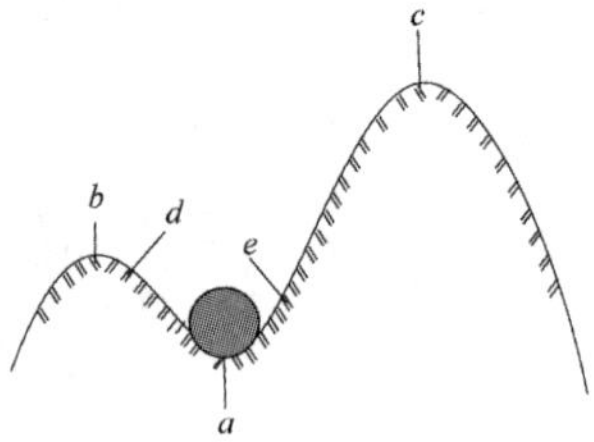　　　　　　　图 3-36　小球的稳定性

上述两个实例说明，系统的稳定性反映在干扰消失后的过渡过程的性质上。这样，在干扰消失的时刻，系统与平衡状态的偏差可以看作系统的初始偏差。因此，控制系统的稳定性也可以这样来定义：若控制系统在任何足够小的初始偏差的作用下，其过渡过程随着时间的推移逐渐衰减并趋于零，具有恢复原平衡状态的性能，则称该系统为稳定系统；否则，称该系统为不稳定系统。

### 3.5.2　系统稳定的充要条件

对于图 3-37 所示的典型控制系统，有

$$\frac{X_o(s)}{N(s)} = \frac{G_2(s)}{1+G_1(s)G_2(s)H(s)} = \frac{b_0 s^m + b_1 s^{m-1} + \cdots + b_{m-1}s + b_m}{a_0 s^n + a_1 s^{n-1} + \cdots + a_{n-1}s + a_n}$$

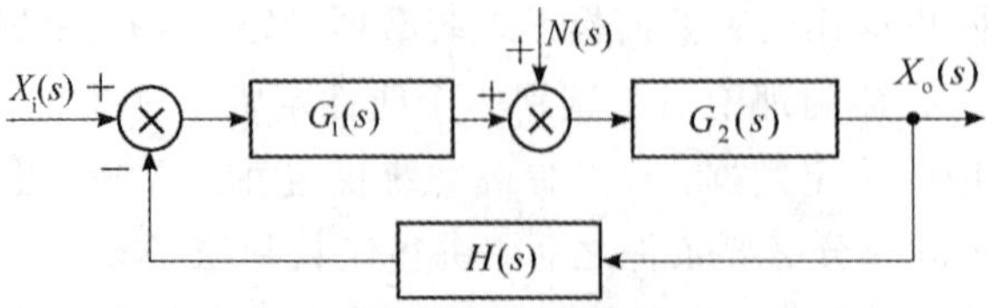

图 3-37　控制系统方块图

设 $n(t)$ 为单位脉冲函数，$n(t) = \delta(t)$，$N(s) = 1$，则

$$X_{\mathrm{o}}(s) = \frac{X_{\mathrm{o}}(s)}{N(s)} = \frac{b_0 s^m + b_1 s^{m-1} + \cdots + b_{m-1} s + b_m}{a_0 s^n + a_1 s^{n-1} + \cdots + a_{n-1} s + a_n}$$

$$= \sum_i \frac{c_i}{s + \sigma_i} + \sum_j \left( \frac{d_j}{s^2 + 2\zeta_j \omega_j s + \omega_j^2} + \frac{e_j s}{s^2 + 2\zeta_j \omega_j s + \omega_j^2} \right)$$

由于 $\dfrac{1}{s+\sigma}$ 对应时域中的 $\mathrm{e}^{-\sigma t}$，$\dfrac{1}{s^2 + 2\zeta\omega s + \omega^2}$ 对应时域中的 $\dfrac{1}{\omega\sqrt{1-\zeta^2}}\mathrm{e}^{-\zeta\omega t}\sin\omega\sqrt{1-\zeta^2}\,t$，

$\dfrac{s}{s^2 + 2\zeta\omega s + \omega^2}$ 对应时域中的 $\dfrac{-1}{\sqrt{1-\zeta^2}}\mathrm{e}^{-\zeta\omega t}\sin\left(\omega\sqrt{1-\zeta^2}\,t - \arctan\dfrac{\sqrt{1-\zeta^2}}{\zeta}\right)$，因此

$$x_{\mathrm{o}}(t) = \sum_i f_i \mathrm{e}^{-\sigma_i t} + \sum_j g_j \mathrm{e}^{-\zeta_j \omega_j t} \sin(\omega_j \sqrt{1-\zeta_j^2}\,t + \varphi_j)$$

按照稳定性的定义，如果系统稳定，则当时间趋近于无穷大时，该输出趋近于零，即

$$\lim_{t \to \infty} x_{\mathrm{o}}(t) = 0 \tag{3-61}$$

当 $-\sigma_i < 0$，$-\zeta_j \omega_j < 0$ 时，式（3-61）成立，以上条件形成系统稳定的充分必要条件之一。这里可以看到，稳定性用于控制系统自身的固有特性，它取决于系统本身的结构和参数，而与输入无关。对于纯线性系统来说，系统的稳定与否并不与初始偏差的大小有关。如果这个系统是稳定的，就叫作大范围稳定的系统。但这种纯线性系统在实际中并不存在。一般线性系统大多是经过小偏差线性化处理后得到的线性系统，因此用线性化方程来研究系统的稳定性时，就只限于讨论初始偏差不超出某一范围时的稳定性，称之为小偏差稳定性。由于实际系统在发生等幅振荡时的幅值有时不大，因此，这种小偏差稳定性仍有一定的实际意义。控制理论中所讨论的稳定性其实都是指自由振荡下的稳定性。也就是说，讨论的是输入为零、系统仅存在初始偏差且初始值偏差不为零时的稳定性，即讨论自由振荡是收敛的还是发散的。

设线性系统具有一个平衡点，对该平衡点来说，当输入信号为零时，系统的输出信号亦为零。当干扰信号作用于系统时，其输出信号将偏离工作点，输出信号本身就是控制系统在初始偏差影响下的响应过程。若系统稳定，则输出信号经过一定的时间就能以足够精确的程度恢复到原平衡点工作。

$-\sigma_i$ 和 $-\zeta_j \omega_j$ 对应闭环系统传递函数特征根的实部，因此对于线性定常系统，若系统所有特征根的实部均为负值，则受脉冲干扰的零输入响应，最终将衰减到零，这样的系统就是稳定的。反之，若特征根中有一个或多个根具有正实部，则零输入响应将随时间的推移而发散，这样的系统就是不稳定的。

由此可得出控制系统稳定的另一个充分必要条件是：系统特征方程式的根全部具有负实部。系统特征方程式的根就是闭环极点，所以控制系统稳定的充分必要条件也可以说成闭环传递函数的极点全部具有负实部，或说闭环传递函数的极点全部在 $s$ 平面的左半平面。

### 3.5.3　代数稳定性判据

线性定常系统稳定的充要条件是特征方程的根具有负实部。因此，判别其稳定性，要解系统特征方程的根。但当系统阶数高于 4 时，求解特征方程将会遇到较大的困难，计算工作将相当麻烦。为避开对特征方程直接求解，可讨论特征根的分布，看其是否全部具有负实部，并以此来判别系统的稳定性，这样也就产生了一系列稳定性判据。其中，最主要的一个判据就是 1884 年由 E. J. Routh 提出的判据，即根据特征方程的各项系数判断系统

稳定性的方法，称为劳斯(Routh)判据。1895 年，A. Hurwitz 又提出了根据特征方程的各项系数来判别系统稳定性的另一方法，称为赫尔维兹(Hurwitz)判据。

**1. 劳斯稳定性判据**

这一判据是基于方程式的根与系数的关系而建立的。设系统特征方程为

$$a_0 s^n + a_1 s^{n-1} + \cdots + a_{n-1} s + a_n$$

$$= a_0 \left( s^n + \frac{a_1}{a_0} s^{n-1} + \cdots + \frac{a_{n-1}}{a_0} s + \frac{a_n}{a_0} \right)$$

$$= a_0 (s - s_1)(s - s_2) \cdots (s - s_n)$$

$$= 0, \quad a_0 > 0 \tag{3-62}$$

式中，$s_1$，$s_2$，$\cdots$，$s_n$ 为系统的特征根。

将式(3-62)的因式乘开，由对应项系数相等，可求得根与系数的关系为

$$\begin{cases} \dfrac{a_1}{a_0} = -(s_1 + s_2 + \cdots + s_n) \\[2mm] \dfrac{a_2}{a_0} = +(s_1 s_2 + s_1 s_3 + \cdots + s_{n-1} s_n) \\[2mm] \dfrac{a_3}{a_0} = -(s_1 s_2 s_3 + s_1 s_2 s_4 + \cdots + s_{n-2} s_{n-1} s_n) \\[2mm] \quad\vdots \\[2mm] \dfrac{a_n}{a_0} = (-1)^n (s_1 s_2 s_3 \cdots s_{n-2} s_{n-1} s_n) \end{cases} \tag{3-63}$$

由式(3-63)可知，要使全部特征根 $s_1$，$s_2$，$\cdots$，$s_n$ 均具有负实部，就必须满足以下两个条件：

(1) 特征方程的各项系数 $a_i(i=0,1,2,\cdots,n)$ 都不等于零。因为若有一个系数为零，则必须出现实部为零的特征根或实部有正有负的特征根，才能满足式(3-63)。此时系统为临界稳定(根在虚轴上)或不稳定(根的实部为正)。

(2) 特征方程的各项系数 $a_i$ 的符号都相同，才能满足式(3-63)。按照惯例，$a_i$ 一般取正值，上述两个条件可归结为系统稳定的一个必要条件，即 $a_i > 0$。但这只是一个必要条件，即使上述条件已满足，系统仍可能不稳定，因为它不是充分条件。

要使全部特征根均具有负实部，首先必须满足以下两个必要条件：

(1) 特征方程的各项系数 $a_i(i=0,1,2,\cdots,n)$ 都不等于零。

(2) 特征方程的各项系数 $a_i$ 的符号都相同。

同时，如果劳斯阵列表中第一列所有项均为正号，则系统一定稳定。

劳斯阵列表为

| $s^n$ | $a_0$ | $a_2$ | $a_4$ | $a_6$ | $\cdots$ |
|---|---|---|---|---|---|
| $s^{n-1}$ | $a_1$ | $a_3$ | $a_5$ | $a_7$ | $\cdots$ |
| $s^{n-2}$ | $b_1$ | $b_2$ | $b_3$ | $b_4$ | $\cdots$ |
| $s^{n-3}$ | $c_1$ | $c_2$ | $c_3$ | $c_4$ | $\cdots$ |
| $\vdots$ | $\vdots$ | $\vdots$ | $\vdots$ | | |
| $s^2$ | $u_1$ | $u_2$ | | | |
| $s^1$ | $v_1$ | | | | |
| $s^0$ | $\omega_1$ | | | | |

其中，系数根据下列公式计算：

$$b_1 = \frac{a_1 a_2 - a_0 a_3}{a_1}$$

$$b_2 = \frac{a_1 a_4 - a_0 a_5}{a_1}$$

$$b_3 = \frac{a_1 a_6 - a_0 a_7}{a_1}$$

$$\vdots$$

对于系数 $b_i$ 的计算，一直进行到 $b_i$ 值都等于零时为止，用同样的前两行系数交叉相乘再除以前一行第一个元素的方法，可以计算 $c$、$d$、$e$ 等各行的系数：

$$c_1 = \frac{b_1 a_3 - a_1 b_2}{b_1}$$

$$c_2 = \frac{b_1 a_5 - a_1 b_3}{b_1}$$

$$c_3 = \frac{b_1 a_7 - a_1 b_4}{b_1}$$

$$\vdots$$

$$d_1 = \frac{c_1 b_2 - b_1 c_2}{c_1}$$

$$\vdots$$

这种过程一直进行到最后一行被算完为止。系数的完整阵列呈现为倒三角形。在展开的阵列中，为了简化其后的数值计算，可用一个正整数去除或乘某一整行的所有元素。这时并不改变稳定性结论。劳斯判据还说明，实部为正的特征根数等于劳斯阵列中第一列的系数符号改变的次数。

【例 3-7】　设控制系统的特征方程式为 $s^4 + 8s^3 + 17s^2 + 16s + 5 = 0$，试应用劳斯稳定判据判断系统的稳定性。

**解**　首先，由方程系数均为正可知已满足稳定的必要条件。其次，排劳斯阵列表：

| | | | |
|---|---|---|---|
| $s^4$ | 1 | 17 | 5 |
| $s^3$ | 8 | 16 | |
| $s^2$ | 15 | 5 | |
| $s^1$ | 40/3 | | |
| $s^0$ | 5 | | |

由劳斯阵列的第一列可看出，第一列中系数符号全为正值，所以控制系统稳定。

【例 3-8】　设控制系统的特征方程式为 $s^4 + 2s^3 + 3s^2 + 4s + 3 = 0$，试应用劳斯稳定判据判断系统的稳定性。

**解**　首先，由方程系数均为正可知已满足稳定的必要条件。其次，排劳斯阵列表：

| | | | |
|---|---|---|---|
| $s^4$ | 1 | 3 | 3 |
| $s^3$ | 2 | 4 | |
| $s^2$ | 1 | 3 | |
| $s^1$ | $-2$ | | |
| $s^0$ | 3 | | |

由劳斯阵列的第一列可看出，第一列中系数符号不全为正值，且$+1 \rightarrow -2 \rightarrow +3$，改变符号两次，说明闭环系统有两个正实部的根，即在 $s$ 右半面有两个闭环极点，所以控制系统不稳定。对于特征方程阶次低（$n \leqslant 3$）的系统，劳斯判据可以化为不等式组的简单形式，以便于应用。二阶系统特征式为 $a_0 s^2 + a_1 s + a_2$，劳斯阵列表为

$$
\begin{array}{ccc}
s^2 & a_0 & a_2 \\
s^1 & a_1 & \\
s^0 & a_2 &
\end{array}
$$

故二阶系统稳定的充要条件是

$$a_0 > 0, \quad a_1 > 0, \quad a_2 > 0 \tag{3-64}$$

三阶系统特征式为 $a_0 s^3 + a_1 s^2 + a_2 s + a_3$，劳斯阵列表为

$$
\begin{array}{ccc}
s^3 & a_0 & a_2 \\
s^2 & a_1 & a_3 \\
s^1 & \dfrac{a_1 a_2 - a_0 a_3}{a_1} & \\
s^0 & a_3 &
\end{array}
$$

故三阶系统稳定的充要条件是

$$a_0 > 0, \quad a_1 > 0, \quad a_2 > 0, \quad a_3 > 0, \quad a_1 a_2 > a_0 a_3 \tag{3-65}$$

**【例 3 - 9】** 设某反馈控制系统如图 3 - 38 所示，试计算使系统稳定的 $K$ 值范围。

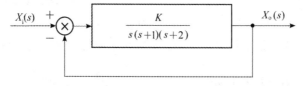

图 3 - 38　系统方框图

**解**　系统闭环传递函数为

$$\frac{X_o(s)}{X_i(s)} = \frac{K}{s(s+1)(s+2) + K}$$

特征方程为

$$s(s+1)(s+2) + K = s^3 + 3s^2 + 2s + K = 0$$

根据三阶系统稳定的充要条件可知，要使系统稳定，需满足：

$$
\begin{cases}
K > 0 \\
2 \times 3 > K \times 1
\end{cases}
$$

解之得到使系统稳定的 $K$ 值范围为

$$0 < K < 6$$

如果在劳斯阵列表中任意一行的第一个元素为零，而后各元素不为零，则在计算下一行元素时，该元素必将趋于无穷，于是劳斯阵列表的计算将无法进行。为了克服这一困难，可以用一个很小的正数 $\varepsilon$ 来代替第一列等于零的元素，然后计算其他各元素。

**【例 3 - 10】** 设某系统的特征方程式为 $s^4 + 2s^3 + s^2 + 2s + 1 = 0$，试应用劳斯稳定判据判断系统的稳定性。

**解**　劳斯阵列表为

$$
\begin{array}{c|ccc}
s^4 & 1 & 1 & 1 \\
s^3 & 2 & 2 & \\
s^2 & 0(记作\ \varepsilon) & 1 & \\
s^1 & 2-\dfrac{2}{\varepsilon} & & \\
s^0 & 1 & &
\end{array}
$$

由于第一列各元素符号不完全一致，因此系统不稳定，第一列各元素符号改变次数为 2，因此有两个具有正实部的根。

**【例 3 - 11】**　设某系统的特征方程为 $s^3+2s^2+s+2=0$，试用劳斯判据判别系统的稳定性。

**解**　劳斯阵列表为

$$
\begin{array}{c|cc}
s^3 & 1 & 1 \\
s^2 & 2 & 2 \\
s^1 & 0(记作\ \varepsilon) & \\
s^0 & 2 &
\end{array}
$$

由于第一列中各元素除 $\varepsilon$ 外均为正，因此没有正实部的根，$s^1$ 行为 0，说明有虚根存在。实际上，有

$$s^3+2s^2+s+2=(s^2+1)(s+2)=0$$

其根为 $\pm\mathrm{j}$，$-2$，系统为临界稳定。

如果在劳斯阵列表中某行的各元素全部为零，则在这种特殊情况下，可利用该行的上一行的元素构成一个辅助多项式，并利用这个多项式方程的导数的系数组成劳斯阵列表中的下一行，然后继续往下做。

**【例 3 - 12】**　设某系统的特征方程 $s^6+2s^5+8s^4+12s^3+20s^2+16s+16=0$，试用劳斯判据判别系统的稳定性。

**解**　计算劳斯阵列表中各元素如下：

$$
\begin{array}{c|cccc}
s^6 & 1 & 8 & 20 & 16 \\
s^5 & 2 & 12 & 16 & \\
s^4 & 1 & 6 & 8 & \quad(用\ 2\ 除整行得此)\\
s^3 & 0 & 0 & 0 &
\end{array}
$$

由上表可知，$s^3$ 行的各元素全部为零。利用该行的上一行的元素构成一个辅助多项式，并利用这个多项式方程的导数的系数组成劳斯阵列表中的下一行。同时可利用辅助多项式构成辅助方程，解出特征根。本例可以得到辅助多项式：

$$A(s)=s^4+6s^2+8$$

将辅助方程对 $s$ 求导，得到新的方程式：

$$\frac{\mathrm{d}A(s)}{\mathrm{d}s}=4s^3+12s$$

用上式的各项系数作为 $s^3$ 行的各项元素，并根据此行再计算劳斯表中 $s^2\sim s^0$ 行各项元素，得到劳斯阵列表：

| | | | | |
|---|---|---|---|---|
| $s^6$ | 1 | 8 | 20 | 16 |
| $s^5$ | 2 | 12 | 16 | |
| $s^4$ | 1 | 6 | 8 | （用 2 除整行） |
| $s^3$ | 0（记作 4） | 0（记作 12） | | |
| $s^2$ | 3 | 8 | | |
| $s^1$ | 10/3 | | | |
| $s^0$ | 8 | | | |

由上表可知，第一列系数没有变号，说明系统没有右根，但是因为 $s^3$ 行的各项系数全为零，说明虚轴上有共轭虚根，其根可由辅助方程求得。该例的辅助方程是

$$s^4 + 6s^2 + 8 = 0$$

解上述辅助方程，求系统特征方程的共轭虚根：

$$s^4 + 6s^2 + 8 = (s^2 + 2)(s^2 + 4) = 0$$

故

$$s_{1,2} = \pm\sqrt{2}\,\mathrm{j}, \quad s_{3,4} = \pm 2\mathrm{j}$$

系统处于临界稳定。

### 2. 赫尔维兹稳定性判据

设系统特征方程为

$$a_0 s^n + a_1 s^{n-1} + \cdots + a_{n-1} s + a_n = 0, \ a_0 > 0 \tag{3-66}$$

各系数排列成如下的 $n \times n$ 阶行列式：

$$\Delta = \begin{vmatrix} a_1 & a_3 & a_5 & \cdots & 0 \\ a_0 & a_2 & a_4 & \cdots & 0 \\ 0 & a_1 & a_3 & \cdots & 0 \\ 0 & a_0 & a_2 & \cdots & 0 \\ 0 & 0 & \cdots & 0 & 0 \\ \vdots & \vdots & & \vdots & \vdots \\ 0 & 0 & \cdots & a_{n-1} & 0 \\ 0 & 0 & \cdots & a_{n-2} & a_n \end{vmatrix} \tag{3-67}$$

系统稳定的充分必要条件是：主行列式 $\Delta_n$ 及其对角线上各子行列式 $\Delta_1$，$\Delta_2$，$\cdots$，$\Delta_{n-1}$ 均具有正值，即

$$\Delta_1 = a_1 > 0$$

$$\Delta_2 = \begin{vmatrix} a_1 & a_3 \\ a_0 & a_2 \end{vmatrix} > 0$$

$$\Delta_3 = \begin{vmatrix} a_1 & a_3 & a_5 \\ a_0 & a_2 & a_4 \\ 0 & a_1 & a_3 \end{vmatrix} > 0 \tag{3-68}$$

$$\vdots$$

有时称 $\Delta_n$ 为赫尔维兹行列式。这个行列式直接由系数排列而成，规律简单且明确，使用也比较方便。但对六阶以上的系统，由于行列式计算麻烦，因此较少应用。

【例 3 - 13】 设控制系统的特征方程为 $s^4+8s^3+17s^2+16s+5=0$，试用赫尔维兹稳定判据判断系统的稳定性。

**解** 首先，由方程系数均为正可知已满足稳定的必要条件。各系数排成如下的行列式：

$$\Delta=\begin{vmatrix} 8 & 16 & 0 & 0 \\ 1 & 17 & 5 & 0 \\ 0 & 8 & 16 & 0 \\ 0 & 1 & 17 & 5 \end{vmatrix}$$

由于

$$\Delta_1=8>0$$

$$\Delta_2=\begin{vmatrix} 8 & 16 \\ 1 & 17 \end{vmatrix}>0$$

$$\Delta_3=\begin{vmatrix} 8 & 16 & 0 \\ 1 & 17 & 5 \\ 0 & 8 & 16 \end{vmatrix}>0$$

$$\Delta=\begin{vmatrix} 8 & 16 & 0 & 0 \\ 1 & 17 & 5 & 0 \\ 0 & 8 & 16 & 0 \\ 0 & 1 & 17 & 5 \end{vmatrix}$$

因此该系统稳定。

劳斯判据和赫尔维兹判据都是用特征根与系数的关系来判别稳定性的，它们之间有一致性，所以有时称为劳斯-赫尔维兹判据。又由于它们的判别式均为代数式，因此又称这些判据为代数判据。劳斯判据和赫尔维兹判据对于带延迟环节系统形成的超越方程无能为力，这是代数判据的局限性；而奈奎斯特稳定性判据能够判别带延迟环节系统的稳定性，应用更加广泛。

## 3.5.4 稳定性判据的应用

代数稳定性判据主要有以下三种用途：

（1）判别系统的稳定性。

（2）利用代数稳定性判据可确定个别参数变化对系统稳定性的影响，从而给出使系统稳定的参数的取值范围。

（3）检验稳定裕量。

将 $s$ 平面的虚轴向左移动某个数值，即令 $s=z-\sigma$（$\sigma$ 为正实数），并代入特征方程中得到 $z$ 的多项式。利用代数稳定性判据对新的特征多项式进行判别，即可检验系统的稳定裕量，即相对稳定性。若新特征方程式的所有根均在新虚轴的左边，则说明系统至少具有稳定裕量 $\sigma$。

劳斯判据和赫尔维兹判据的第一种用途前面已详细介绍，下面举例介绍其另外两种用途。

【例 3 - 14】 设控制系统的结构图如图 3 - 39 所示，试确定满足稳定要求时 $K_g$ 的临界值和开环放大倍数的临界值 $K_c$。

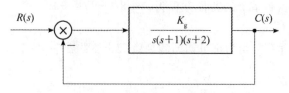

图 3-39 例 3-14 系统结构图

**解** 系统的闭环传递函数为

$$\Phi(s)=\frac{K_g}{s(s+1)(s+2)+K_g}=\frac{K_g}{s^3+3s^2+2s+K_g}$$

其特征方程为

$$D(s)=s^3+3s^2+2s+K_g=0$$

为使系统稳定，应有：

(1) 特征方程各系数均大于零，即要求 $K_g>0$。

(2) 满足关系式 $a_1a_2-a_0a_3>0$，即 $3\times2-1\times K_g>0$，则有

$$K_g<6$$

因此，满足稳定要求时，$K_g$ 的取值范围是 $0<K_g<6$，故 $K_g$ 的临界值为 6。

由于系统的开环放大倍数 $K=\dfrac{K_g}{2}$，因此开环放大倍数的临界值 $K_c=3$。

由此可见，$K$ 越大，越接近 $K_c$，系统的相对稳定性越差。当 $K>K_c$ 时，系统变为不稳定。

**【例 3-15】** 系统特征方程为 $2s^3+10s^2+13s+4=0$，试检验系统是否具有 $\sigma=1$ 的稳定裕量。

**解** 首先判别系统是否稳定。

(1) 所有系数均大于零。

(2) 因为 $D_2=a_1a_2-a_0a_3=10\times13-2\times4=122>0$，所以原系统稳定。

将 $s=z-\sigma=z-1$ 代入特征方程可得

$$2z^3+4z^2-z-1=0$$

$$
\begin{array}{ccc}
z^3 & 2 & -1 \\
z^2 & 4 & -1 \\
z^1 & \dfrac{-4+2}{4}=-\dfrac{1}{2} & \\
z^0 & -1 &
\end{array}
$$

可见，第一列数字元素符号改变一次，因此有一个特征根在 $s=-1$(即新虚轴)右边，故稳定裕量达不到 1。

**【例 3-16】** 图 3-40(a)所示为闭环直流调速系统的原理框图。该系统主要由电力电子变换器(UPE)、直流电动机(M)、比例放大器(A)和测速反馈(TG)等环节构成。图 3-40(b)是他励直流电动机的等效电路图，其中 $T_L$ 是包括电机空载转矩在内的负载转矩(单位为 N·m)；闭环直流调速系统的动态结构框图如图 3-40(c)所示。

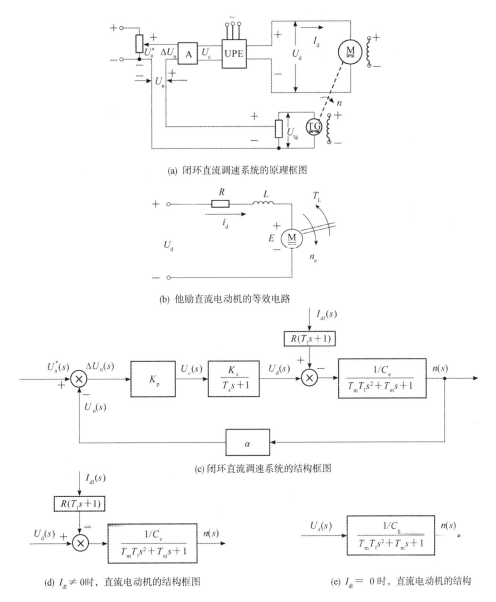

(a) 闭环直流调速系统的原理框图

(b) 他励直流电动机的等效电路

(c) 闭环直流调速系统的结构框图

(d) $I_{dl} \neq 0$时，直流电动机的结构框图　　　　　(e) $I_{dl} = 0$时，直流电动机的结构

图 3 - 40　例 3 - 16 闭环直流调速系统图

（1）电力电子变换器的传递函数 $W_s(s) \approx \dfrac{K_s}{T_s s + 1}$，其中 $K_s$ 为电力电子变换器的电压放大系数，$T_s$ 为晶闸管装置的滞后时间常数。不同的电力电子变换器的传递函数的表达式是相同的，只是在不同的场合下参数 $K_s$ 和 $T_s$ 的数值不同而已。本题中的电力电子变换器为晶闸管触发整流装置。

（2）有负载电流扰动下，即 $I_{dl} \neq 0$ 时，直流电动机的结构框图如图 3 - 40(d)所示；在理想空载下，即 $I_{dl} = 0$ 时，直流电动机的结构框图如图 3 - 40(e)所示。图中：

$T_l$——电枢回路电磁时间常数(s)，$T_l = \dfrac{R}{L}$。其中，$R$ 为电枢回路总电阻，$L$ 为电枢电感。

$T_m$——电力拖动系统机电时间常数(s)，$T_m = \dfrac{GD^2 R}{375 C_e C_m}$。其中，$GD^2$ 是电力拖动系统折算到电机轴上的飞轮惯量(单位为 N·m²)；$C_m$ 是电机额定励磁下的转矩系数[(N·m)/A]；$C_e = \dfrac{30}{\pi} C_e$，$C_e$ 是电动机的电动势系数。

(3) 放大器的传递函数 $W_a(s) = \dfrac{U_c(s)}{\Delta U_n(s)} = K_p$，它的响应可以认为是瞬时的，故传递函数就是其放大系数。

(4) 测速反馈的传递函数 $W_{fn}(s) = \dfrac{U_n(s)}{n(s)} = \alpha$，它的响应可以认为是瞬时的，故传递函数就是其放大系数。

图 3-40(a) 所示的调速系统中各环节的稳态关系如下：

电压比较环节：

$$\Delta U_n = U_n^* - U_n$$

放大器：

$$U_c = K_p \Delta U_n$$

电力电子变换器：

$$U_d = \frac{K_s}{T_s s + 1} U_c$$

调速系统开环机械特性：

$$n = \frac{U_d - I_d R}{C_e}$$

测速反馈环节：

$$U_n = \alpha n$$

其中，$K_p$ 为放大器的电压放大系数；$\alpha$ 为转速反馈系数[(V·min)/r]；$U_d$ 为 UPE 的理想空载输出电压(V)；$R$ 为电枢回路的总电阻。

假设 $I_{dl} = 0$ 时，即在给定输入的作用下，试用劳斯-赫尔维茨判据计算系统的稳定条件。

**解**　由图可见，反馈控制闭环直流调速系统的开环传递函数是

$$W(s) = \frac{K}{(T_s s + 1)(T_m T_L s^2 + T_s s + 1)}$$

式中，$K = K_p K_s \alpha / C_e$。

当 $I_{dl} = 0$ 时，在给定输入的作用下，闭环直流调速系统的闭环传递函数是

$$
\begin{aligned}
W_{cl}(s) &= \frac{\dfrac{K_p K_s / C_e}{(T_s s + 1)(T_m T_1 s^2 + T_m s + 1)}}{1 + \dfrac{K_p K_s \alpha / C_e}{(T_s s + 1)(T_m T_1 s^2 + T_m s + 1)}} \\
&= \frac{K_p K_s / C_e}{(T_s s + 1)(T_m T_1 s^2 + T_m s + 1) + K} \\
&= \frac{\dfrac{K_p K_s}{C_e (1 + K)}}{\dfrac{T_m T_1 T_s}{1 + K} s^3 + \dfrac{T_m (T_1 + T_s)}{1 + K} s^2 + \dfrac{T_m + T_s}{1 + K} s + 1}
\end{aligned}
$$

由上式得系统的特征方程为

$$\frac{T_m T_1 T_s}{1+K}s^3 + \frac{T_m(T_1+T_s)}{1+K}s^2 + \frac{T_m+T_s}{1+K}s + 1 = 0$$

它的一般表达式为

$$a_0 s^3 + a_1 s^2 + a_2 s + a_3 = 0$$

根据三阶系统的劳斯-赫尔维茨判据，系统稳定的充分必要条件是

$$a_0 > 0,\quad a_1 > 0,\quad a_2 > 0,\quad a_3 > 0,\quad a_1 a_2 - a_0 a_3 > 0$$

而该系统的特征方程式的各项系数显然都是大于零的，因此稳定条件就只有

$$\frac{T_m(T_1+T_s)}{1+K}\frac{T_m+T_s}{1+K} - \frac{T_m T_1 T_s}{1+K} > 0$$

或

$$(T_1+T_s)(T_m+T_s) > (1+K)T_1 T_s$$

整理后得

$$K < \frac{T_m(T_1+T_s)+T_s^2}{T_1 T_s}$$

上式右边称作系统的临界放大系数 $K_{cr}$。当 $K \geqslant K_{cr}$ 时，系统将不稳定。

**【例 3 - 17】** 如图 3 - 41 所示，用线性集成电路运算放大器作为电压放大器的转速负反馈闭环直流调速系统，主电路是晶闸管可控整流器供电的 V - M 系统。已知数据如下：

(1) 电动机：额定数据为 10 kW，220 V，55 A，1000 r/min，电枢电阻 $R_a = 0.5\ \Omega$，电动机环节的放大系数 $C_e = \dfrac{E}{n} = 0.1925\,(V \cdot min)/r$，系统运动部分的飞轮惯量 $GD^2 = 10\ N \cdot m^2$。

(2) 晶闸管触发整流装置：三相桥式可控整流电路，整流变压器为 Y/Y 连接，二次线电压 $U_{21} = 230\ V$，电压放大系数 $K_s = 44$。

(3) V - M 系统电枢回路总电阻：$R = 1.0\ \Omega$。

(4) 测速发电机：永磁式，额定数据为 23.1 W，110 V，0.21 A，1900 r/min。

(5) 直流稳压电源：$\pm 15\ V$。

根据稳态性能指标，生产机械要求调速范围 $D = 10$，静差率 $s \leqslant 0.05$，系统的开环放大系数 $K \geqslant 53.3$，试判断这个系统的稳定性。

下面为调速系统稳态参数的计算。

(1) 生产机械要求电动机提供的最高转速和最低转速之比叫作调速范围，用字母 $D$ 表示，即 $D = \dfrac{n_{max}}{n_{min}}$。其中，$n_{min}$ 和 $n_{max}$ 一般都指电动机额定负载时的转速，对于少数负载很轻的机械，如精密磨床，也可用实际负载时的转速。

(2) 当系统在某一转速下运行时，负载由理想空载增加到额定值时所对应的转速降落 $\Delta n_N$ 与理想空载转速 $n_0$ 之比称作静差率 $s$，即 $s = \dfrac{\Delta n_N}{n_0}$，用百分数表示 $s = \dfrac{\Delta n_N}{n_0} \times 100\%$，式中 $\Delta n_N = n_0 - n_N$。

(3) 为满足调速系统的稳态性能指标，额定负载时的稳态速降应为

$$\Delta n_{cL} = \frac{n_N \cdot s}{D(1-s)} < \frac{1000 \times 0.05}{10 \times (1-0.05)} = 5.26\ r/min$$

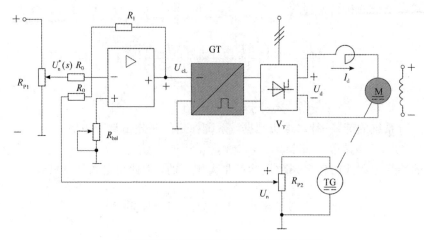

(a) 转速负反馈闭环控制有静差直流调速系统原理图

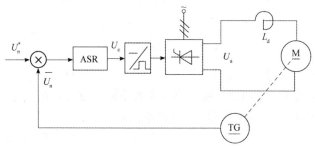

(b) 晶闸管–电动机(V–M)系统

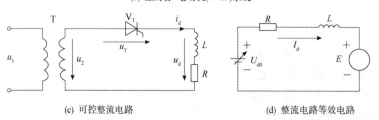

(c) 可控整流电路　　　　　　　(d) 整流电路等效电路

图 3-41　例 3-17 转速负反馈闭环控制有静差直流调速系统

（4）电动机的电动势系数：

$$C_e=\frac{U_N-I_N R_a}{n_N}=\frac{220-55\times0.5}{1000}=0.1925\ (V\cdot min)/r。$$

则开环系统的额定降速为

$$\Delta n_{op}=\frac{I_N R}{C_e}=\frac{55\times1.0}{0.1925}=285.7\ r/min$$

闭环系统应有的开环放大系数：

$$K=\frac{\Delta n_{op}}{\Delta n_{cL}}-1\geqslant\frac{285.7}{5.26}-1=54.3-1=53.3$$

（5）转速反馈环节的反馈系数和参数。

转速反馈系数 $\alpha$ 包含测速发电机的电动势系数 $C_{etg}$ 和其输出电位器的分压系数 $\alpha_2$，即 $\alpha=\alpha_2 C_{etg}$。根据测速发电机的额定数据，$C_{etg}=\frac{110}{1900}=0.0579(V\cdot min)/r。$

先试取 $\alpha_2=0.2$，再检验是否合适。假定测速发电机与主电动机直接连接，则在电动机最高转速 1000 r/min 时，转速反馈电压为

$$U_n=\alpha_2 C_{etg}\times 1000=0.2\times 0.0579\times 1000=11.58 \text{ V}$$

稳态时 $\Delta U_n$ 很小，$U_n^*$ 只要略大于 $U_n$ 即可。现有直流稳压电源为 $\pm 15$ V，完全能够满足给定电压的需要，因此，取 $\alpha_2=0.2$ 是正确的。于是，转速反馈系数的计算结果为

$$\alpha=\alpha_2 C_{etg}=0.2\times 0.0579=0.011\ 58\ (\text{V}\cdot\text{min})/\text{r}$$

（6）电位器的选择方法如下：为了使测速发电机的电枢压降对转速检测信号的线性度没有显著影响，取测速发电机输出最高电压时，其电流约为额定值的 20%，则

$$R_{P2}\approx\frac{C_{etg}n_N}{0.2 I_{Ntg}}=\frac{0.0579\times 1000}{0.2\times 0.21}=1379\ \Omega$$

此时所消耗的功率为

$$P_{RP2}=C_{etg}n_N\times 0.2 I_{Ntg}=0.0579\times 1000\times 0.2\times 0.21=2.43\ \text{W}$$

为了使电位器温度不致很高，实选瓦数应为所消耗功率的一倍以上，故可选用 10 W，1.5 kΩ 的可调电位器。

（7）运算放大器的放大系数和参数。

根据调速指标要求，前面已经求出闭环系统的开环放大系数应为 $K\geqslant 53.3$，则运算放大器的放大系数 $K_p$ 应为

$$K_p=\frac{K}{\dfrac{\alpha K_s}{C_e}}\geqslant\frac{53.3}{\dfrac{0.011\ 58\times 44}{0.1925}}=20.14$$

实取 $K_p=21$。

图 3-41 中运算放大器的参数，根据所用运算放大器的型号，取 $R_0=40\ \Omega$，则

$$R_1=K_p R_0=21\times 40=840\ \Omega$$

（8）V-M 系统如图 3-41(b)所示，主要通过调节触发装置的控制电压 $U_c$ 来移动触发脉冲的相位，即可改变整流电压 $U_d$，从而实现平滑调速。可控整流电路如图 3-41(c)所示，调节触发装置 GT 输出脉冲的相位，即可很方便地改变可控整流器 $V_T$ 输出瞬时电压 $u_d$ 的波形以及输出平均电压 $U_d$ 的数值。如果把整流装置内阻移到外边，看成其负载电路电阻的 部分，那么，整流电压便可以用其理想空载瞬时值 $u_{d0}$ 和平均值 $U_{d0}$ 来表示，相当于用图 3-41(d)所示的等效电路代替实际的整流电路。在 V-M 系统中，脉动电流会产生脉动的转矩，对生产机械不利，同时也增加了电机的发热。为了避免或减轻这种影响，必须采用抑制电流脉动的措施，如设置平波电抗器。设置三相桥式整流电路，$L=0.693\dfrac{U_2}{I_{dmin}}$。

**解**　首先应确定主电路的电感值，用以计算电磁时间常数。

对于 V-M 系统，为了使主电路电流连续，应设置平波电抗器。在图 3-41(a)中给出的三相桥式可控整流电路中，为了保证最小电流时电流仍能连续，电枢回路总电感量应采用下式来计算：

$$L=0.693\frac{U_2}{I_{dmin}}$$

现在

$$U_2=\frac{U_{21}}{\sqrt{3}}=\frac{230}{\sqrt{3}}=132.8\ \text{V}$$

则
$$L=0.693\times\frac{132.8}{55\times10\%}=16.73\ \text{mH}$$

取 $L=17\ \text{mH}=0.017\ \text{H}$。

接下来计算系统中各环节的时间常数。

电磁时间常数：
$$T_1=\frac{L}{R}=\frac{0.017}{1.0}=0.017\ \text{s}$$

机电时间常数：
$$T_m=\frac{GD^2R}{375C_eC_m}=\frac{10\times1.0}{375\times0.1925\times\dfrac{30}{\pi}\times0.1925}=0.075\ \text{s}$$

对于三相桥式整流电路，晶闸管装置的滞后时间常数为
$$T_s=0.001\ 67\ \text{s}$$

为保证系统稳定，开环放大系数应满足的稳定条件如下：
$$K<\frac{T_m(T_1+T_s)+T_s^2}{T_1T_s}=\frac{0.075\times(0.017+0.001\ 67)+0.001\ 67^2}{0.017\times0.001\ 67}=49.4$$

稳态调速性能指标要求 $K\geqslant53.3$，因此，闭环系统是不稳定的。

**【例 3 - 18】** 在例 3 - 17 所述系统中，若改用 IGBT 脉宽调速系统，电动机不变，电枢回路参数为 $R=0.6\ \Omega$，$L=5\ \text{mH}$，$K_s=44$，$T_s=0.1\ \text{ms}$（开关频率为 10 kHz），稳态指标 $D=10$，$s\leqslant0.05$，该系统能否稳定？

**解**　采用脉宽调速系统时，各环节时间常数为
$$T_1=\frac{L}{R}=\frac{0.005}{0.6}=0.008\ 33\ \text{s}$$
$$T_m=\frac{GD^2R}{375C_eC_m}$$
$$=\frac{10\times0.6}{375\times0.1925\times\dfrac{30}{\pi}\times0.1925}=0.045\ \text{s}$$
$$T_s=0.0001\ \text{s}$$

按照稳态条件，应有
$$K<\frac{T_m(T_1+T_s)+T_s^2}{T_1T_s}=\frac{0.045\times(0.008\ 33+0.0001)+0.0001^2}{0.008\ 33\times0.0001}=455.4$$

而按照稳态性能指标要求，额定负载时闭环系统稳态速降应为
$$\Delta n_{cL}\leqslant5.26\ \text{r/min}$$

脉宽调速系统的开环额定速降为
$$\Delta n_{op}=\frac{I_NR}{C_e}=\frac{55\times0.6}{0.1925}\ \text{r/min}=171.4\ \text{r/min}$$

为了保持稳态性能指标，闭环系统的开环放大系数应满足：
$$K=\frac{\Delta n_{op}}{\Delta n_{cL}}-1\geqslant\frac{171.4}{5.26}-1=31.6$$

显然，系统完全能在满足稳态性能的条件下稳定运行。

**【例 3 - 19】** 例 3 - 18 闭环脉宽调速系统在临界稳定的条件下最多能达到多大的调速

范围?（静差率指标不变）

**解**　根据例 3-18 的计算，系统保证稳定的条件是 $K<455.4$，临界稳定时，$K=455.4$。此时，闭环系统的稳态速降可达:

$$\Delta n_{cL}=\frac{\Delta n_{op}}{1+K}=\frac{171.4}{1+455.4}=0.376 \text{ r/min}$$

闭环系统的调速范围最多能够达到:

$$D_{cL}=\frac{s \cdot n_N}{\Delta n_{cL}(1-s)}=\frac{0.05\times1000}{0.376\times(1-0.05)}=140$$

比原来的指标 $D=10$ 高得多。

从例 3-18 和例 3-19 的计算中可以看出，由于 IGBT 的开关频率高，PWM 装置的滞后时间常数 $T_s$ 非常小，同时主电路不需要串接平波电抗器，电磁时间常数 $T_l$ 也不大，因此闭环的脉宽调速系统容易稳定。或者说，在保证稳定的条件下，脉宽调速系统的稳态性能指标可以大大提高。

## 3.6　线性系统的稳态误差分析

对一个控制系统的要求是稳定、准确、快速。误差问题也就是控制系统的准确度问题。过渡过程完成后的误差称为系统稳态误差，稳态误差是系统在过渡过程完成后控制准确度的一种度量。一个控制系统，只有在满足要求的控制精度的前提下，才有实际工程意义。

机电控制系统中因元件不完善而产生的静摩擦、间隙，放大器的零点漂移，元件老化或变质都会造成误差。本章侧重说明另一类误差，即由于系统不能很好地跟踪输入信号或者由于扰动作用而引起的稳态误差，即系统原理性误差。

### 3.6.1　误差与稳态误差的定义

系统的误差一般定义为被控量的希望值 $c_0(t)$ 和实际值 $c(t)$ 之差，即

$$\varepsilon(t) = r_0(t) - c(t) \tag{3-69}$$

当 $t\to\infty$ 时，系统误差称为稳态误差，用 $e_{ss}$ 表示，即

$$e_{ss} = \lim_{t\to\infty}\varepsilon(t) \tag{3-70}$$

也就是说，稳态误差是稳定系统在稳态条件下，即输入信号后经过足够长的时间，其暂态响应已经衰减到微不足道时，稳态响应的期望值与实际值之差。因此，只有对于稳定的系统，讨论稳态误差才有意义。

如图 3-42(a) 所示的单位反馈系统，其给定信号 $r(t)$ 即为要求值，$c_0(t)=r(t)$，所以偏差等于误差，即

$$\varepsilon(t)=e(t)$$

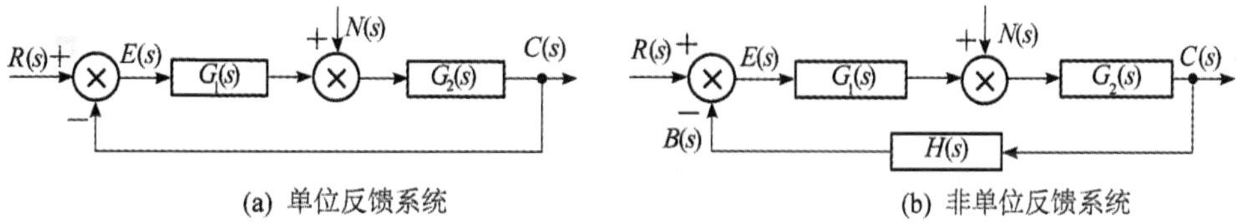

(a) 单位反馈系统　　　　　(b) 非单位反馈系统

图 3-42　系统结构图

偏差的稳态值就是系统的稳态误差，即

$$e_{ss} = \lim_{t \to \infty} e(t) = \lim_{t \to \infty} [r(t) - c(t)] \qquad (3-71)$$

如图 3-42(b)所示的非单位反馈系统，其偏差不等于误差，但由于它们之间具有确定的关系：

$$E(s) = R(s) - B(s) = H(s)C_0(s)^* - H(s)C(s)$$
$$= H(s)\varepsilon(s) \qquad (3-72)$$

因此，在控制系统稳态性能分析中，一般用偏差代替误差进行研究，即用

$$e_{ss} = \lim_{t \to \infty} e(t) = \lim_{t \to \infty} [r(t) - b(t)] \qquad (3-73)$$

表示系统的稳态误差。根据拉氏变换的终值定理，有

$$e_{ss} = \lim_{t \to \infty} e(t) = \lim_{s \to 0} sE(s) \qquad (3-74)$$

对于如图 3-43 所示的一般控制系统，有

$$E(s) = \frac{1}{1+G(s)H(s)}R(s) = \frac{1}{1+G_k(s)}R(s)$$
$$= \Phi_e(s)R(s) \qquad (3-75)$$

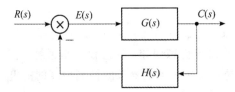

图 3-43　一般系统结构图

式中：$\Phi_e(s)$ 为系统给定作用下的误差传递函数，即

$$\Phi_e(s) = \frac{E(s)}{R(s)} = \frac{1}{1+G_k(s)} \qquad (3-76)$$

所以，稳态误差为

$$e_{ss} = \lim_{s \to 0} sE(s) = \lim_{s \to 0} \frac{sR(s)}{1+G_k(s)} \qquad (3-77)$$

显然，误差信号与系统的开环传递函数以及输入信号有关。当输入信号确定后，系统是否存在稳态误差，取决于系统的开环传递函数。因此，根据系统的开环传递函数可以考察各类系统跟踪输入信号的能力。

设系统的开环传递函数为

$$G_k(s) = \frac{K(\tau_1 s + 1)(\tau_2 s + 1)\cdots(\tau_m s + 1)}{s^v(T_1 s + 1)(T_2 s + 1)\cdots(T_{n-v} s + 1)} = \frac{K \prod\limits_{j=1}^{m}(\tau_j s + 1)}{s^v \prod\limits_{i=1}^{n-v}(T_i s + 1)} \qquad (3-78)$$

式中：$K$ 为开环放大倍数，即开环增益；$m$ 为开环零点数；$n$ 为开环极点数；$v$ 为零值极点数（即积分环节数目）。

令 $G_0(s) = \dfrac{\prod\limits_{j=1}^{m}(\tau_j s + 1)}{\prod\limits_{i=1}^{n-v}(T_i s + 1)}$，当 $s \to 0$ 时，$G_0(0) \to 1$。根据式(3-77)可得

$$e_{ss} = \lim_{s \to 0} sE(s) = \lim_{s \to 0} \frac{sR(s)}{1 + G_k(s)} = \lim_{s \to 0} \frac{s^{v+1}R(s)}{s^v + K} \qquad (3-79)$$

式(3-79)表明，影响稳态误差的因素是开环增益、输入信号及开环传递函数中积分环节的数目。因此在研究稳态误差时，将系统按开环传递函数中积分环节的个数进行分类，当 $v=0，1，2，\cdots$ 时，分别称为 0 型、1 型、2 型等系统。

对于随动系统，主要考虑它的跟随性能，即要求系统输出能准确复现输入，而扰动作用放在次要位置。所以，在研究随动系统的稳态误差时，主要讨论系统在各种输入信号下的跟踪能力。而对于恒值系统，主要考虑它的抗干扰能力，因此其输入信号主要来源于外部扰动，如图 3-40(b)所示。此时，不考虑给定输入，因此 $R(s)=0$，于是有

$$E(s) = R(s) - B(s) = -B(s)$$

整理后可得

$$E(s) = -\frac{G_2(s)H(s)}{1 + G_1(s)G_2(s)H(s)}N(s) = -\frac{G_2(s)H(s)}{1 + G_k(s)}N(s)$$
$$= \Phi_{en}(s)N(s) \qquad (3-80)$$

式中：$\Phi_{en}(s)$ 为系统扰动作用下的误差传递函数，即

$$\Phi_{en}(s) = \frac{E(s)}{N(s)} = -\frac{G_2(s)H(s)}{1 + G_k(s)} \qquad (3-81)$$

对于线性系统，可能同时存在给定输入信号和扰动输入信号，这时的误差是两种输入信号分别作用下产生的误差信号的叠加，即

$$E(s) = \Phi_e(s)R(s) + \Phi_{en}(s)N(s) \qquad (3-82)$$

## 3.6.2　稳态误差及静态误差系数

### 1. 给定信号作用下的稳态误差与静态误差系数

1) 阶跃输入作用下的稳态误差与静态位置误差系数 $K_p$

由于 $r(t) = A \cdot 1(t)$，$R(s) = \dfrac{A}{s}$，因此有

$$e_{ss} = \lim_{s \to 0} sE(s) = \lim_{s \to 0} \frac{s}{1 + G_k(s)} \cdot \frac{A}{s} = \frac{A}{1 + \lim_{s \to 0} G_k(s)} \qquad (3-83)$$

令 $K_p = \lim_{s \to 0} G_k(s)$，并定义 $K_p$ 为静态位置误差系数，则有

$$e_{ss} = \frac{A}{1 + K_p} \qquad (3-84)$$

对于 0 型系统，有

$$K_p = \lim_{s \to 0} K \cdot G_0(s) = K$$

所以

$$e_{ss} = \frac{A}{1 + K}$$

对于 1 型及 1 型以上的系统，由于

$$K_p = \lim_{s \to 0} \frac{K}{s^v} K \cdot G_0(s) = \infty，\ v \geqslant 1$$

因此

$$e_{ss} = 0$$

可以看出，0 型系统不含积分环节，其阶跃输入下的稳态误差为一定值，且与 $K$ 有关，因此常称为有差系统。为了减小稳态误差，可在稳定条件允许的前提下，增大 $K$ 值。若要求系统对阶跃输入的稳态误差为零，则系统必须是 1 型或高于 1 型。

2) 斜坡输入作用下的稳态误差与静态速度误差系数 $K_v$

由于 $r(t) = A \cdot t$，$R(s) = \dfrac{A}{s^2}$，则有

$$e_{ss} = \lim_{s \to 0} \frac{s}{1 + G_k(s)} \cdot \frac{A}{s^2} = \lim_{s \to 0} \frac{A}{s + sG_k(s)} = \frac{A}{\lim\limits_{s \to 0} sG_k(s)} \qquad (3-85)$$

令 $K_v = \lim\limits_{s \to 0} sG_k(s)$，并定义 $K_v$ 为静态速度误差系数，则有

$$e_{ss} = \frac{A}{K_v} \qquad (3-86)$$

对于 0 型系统，有

$$K_v = \lim_{s \to 0} s \cdot K \cdot G_0(s) = 0$$

所以

$$e_{ss} = 0$$

对于 1 型系统，由于

$$K_v = \lim_{s \to 0} s \cdot \frac{K}{s} \cdot G_0(s) = K$$

因此

$$e_{ss} = \frac{A}{K}$$

对于 2 型及 2 型以上系统，由于

$$K_v = \lim_{s \to 0} \frac{K}{s^{v-1}} \cdot G_0(s) = \infty, \quad v \geqslant 2$$

因此

$$e_{ss} = 0$$

可以看出，0 型系统不能跟踪斜坡输入信号；1 型系统可以跟踪斜坡输入信号，但有定值的稳态误差，且与 $K$ 有关。为了使稳态误差不大于允许值，需要有足够大的 $K$。若要求系统对斜坡输入的稳态误差为零，则系统必须是 2 型或高于 2 型。

3) 抛物线输入作用下的稳态误差与静态加速度误差系数 $K_a$

由于 $r(t) = \dfrac{1}{2} At^2$，$R(s) = \dfrac{A}{s^2}$，则有

$$e_{ss} = \lim_{s \to 0} \frac{s}{1 + G_k(s)} \cdot \frac{A}{s^3} = \lim_{s \to 0} \frac{A}{s^2 G_k(s)} \qquad (3-87)$$

令 $K_a = \lim\limits_{s \to 0} s^2 G_k(s)$，并定义 $K_a$ 为静态加速度误差系数。因此有

$$e_{ss} = \frac{A}{K_a} \qquad (3-88)$$

对于 0 型系统，$v = 0$，$K_a = 0$，$e_{ss} = \infty$；

对于 1 型系统，$v = 1$，$K_a = 0$，$e_{ss} = \infty$；

对于 2 型系统，$v=2$，$K_a=K$，$e_{ss}=\dfrac{A}{K}$；

对于 3 型及 3 型以上系统，$K_a=\infty$，$e_{ss}=0$。

显然，0 型系统和 1 型系统不能跟踪加速度输入；2 型系统可以跟踪加速度输入，但存在定值误差；只有 3 型及 3 型以上系统，在稳态下才能准确地跟踪加速度输入。

应当指出，如果输入信号为上述三种信号的叠加，例如给定信号为

$$r(t)=A_1+A_2t+\frac{1}{2}A_3t^2$$

则利用叠加原理可得

$$e_{ss}=\frac{A_1}{1+K_p}+\frac{A_2}{K_v}+\frac{A_3}{K_a}$$

显然，这时至少要采用 2 型系统，否则稳态误差将为无穷大。可见，采用高型系统对提高系统的控制精度有利，但此时会降低系统的稳定性。

表 3-2 给出了不同类型的系统在不同输入信号作用下的稳态误差。

**表 3-2 不同类型的系统在不同输入信号作用下的稳态误差**

| 系统类别 | 阶跃输入 $r(t)=A\cdot 1(t)$ | | 斜坡输入 $r(t)=At$ | | 抛物线输入 $r(t)=\frac{1}{2}A\cdot t^2$ | |
|---|---|---|---|---|---|---|
| $v$ | $K_p$ | 位置误差 | $K_v$ | 速度误差 | $K_a$ | 加速度误差 |
| 0 | $K$ | $e_{ss}=\dfrac{A}{1+K}$ | 0 | $\infty$ | 0 | $\infty$ |
| 1 | $\infty$ | 0 | $K$ | $e_{ss}=\dfrac{A}{K}$ | 0 | $\infty$ |
| 2 | $\infty$ | 0 | $\infty$ | 0 | $K$ | $e_{ss}=\dfrac{A}{K}$ |
| 3 | $\infty$ | 0 | $\infty$ | 0 | $\infty$ | 0 |

可见，静态误差系数 $K_p$、$K_v$、$K_a$ 的数值有等于零、固定常值或无穷大三种可能，静态误差系数的大小反映了系统限制或消除稳态误差的能力，系数越大，则给定信号作用下的稳态误差越小。

表 3-2 还表明，同一个系统在不同形式输入信号的作用下，具有不同的稳态误差。

**【例 3-20】** 已知两控制系统如图 3-44 所示，当给定输入 $r(t)=4+6t+3t^2$ 时，试分别求出两个系统的稳态误差。

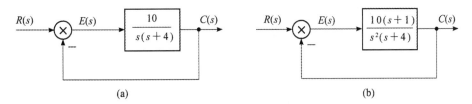

图 3-44 例 3-20 系统结构图

**解** (1) 图 3-44(a) 所示系统的开环传递函数为

$$G_k(s)=\frac{10}{s(s+4)}=\frac{2.5}{s(0.25s+1)}$$

系统为 1 型系统，$K=2.5$，$K_p=\infty$，$K_v=K=2.5$，$K_a=0$，不能跟踪输入信号中的 $3t^2$ 分量，故有

$$e_{ss}=\infty$$

（2）图 3-42(b)所示系统的开环传递函数为

$$G_k(s)=\frac{10(s+1)}{s^2(s+4)}=\frac{2.5(s+1)}{s^2(0.25s+1)}$$

系统为 2 型系统，$K=2.5$，$K_p=\infty$，$K_v=\infty$，$K_a=K=2.5$，而加速度信号为

$$\frac{1}{2}At^2=\frac{1}{2}\times6\times t^2$$

所以有

$$e_{ss}=\frac{A}{K}=\frac{6}{2.5}=2.4$$

**2. 扰动信号作用下的稳态误差**

由于给定输入与扰动输入作用于系统的不同位置，因此即使系统对某种形式的给定输入信号的稳态误差为零，但对同一形式的扰动输入，其稳态误差未必为零。

对于图 3-42(b)所示的典型控制系统，根据终值定理及式(3-80)，扰动稳态误差为

$$e_{sn}=\lim_{s\to0}sE_n(s)=\lim_{s\to0}\left[-\frac{sG_2(s)H(s)}{1+G_1(s)G_2(s)H(s)}N(s)\right]\qquad(3-89)$$

1) 阶跃扰动作用下的稳态误差

由于 $n(t)=A\cdot1(t)$，$N(s)=\dfrac{A}{s}$，因此有

$$e_{sn}=\lim_{s\to0}\left[-\frac{sG_2(s)H(s)}{1+G_1(s)G_2(s)H(s)}\cdot\frac{A}{s}\right]=-\frac{G_2(0)H(0)A}{1+G_1(0)G_2(0)H(0)}$$

当开环放大倍数足够大时，忽略分母中的 1，于是有

$$e_{sn}\approx-\frac{A}{G_1(0)}\qquad(3-90)$$

可见，阶跃扰动输入作用下的稳态误差主要取决于 $G_1(0)$，$G_1(0)$ 愈大，其稳态误差愈小。

若 $G_1(s)$ 为比例环节，即 $G_1(s)=K_1$，则

$$e_{sn}\approx-\frac{A}{K_1}$$

因此，增大 $K_1$ 可使 $e_{sn}$ 减小，但会使系统的稳定性下降。

若 $G_1(s)$ 为积分环节，即 $G_1(s)=\dfrac{K_1}{s}$，则

$$e_{sn}=\lim_{t\to\infty}\left[-\frac{A}{K_1}\cdot s\right]=0$$

可见，为使阶跃扰动作用下的稳态误差为零，在误差信号与扰动作用点之间至少应设置一个积分环节。

2) 斜坡扰动作用下的稳态误差

由于 $n(t)=A\cdot t$，$N(s)=\dfrac{A}{s^2}$，因此有

$$e_{sn} = \lim_{s \to 0}\left[-\frac{sG_2(s)H(s)}{1+G_1(s)G_2(s)H(s)} \cdot \frac{A}{s^2}\right] = -\frac{A}{\lim\limits_{s \to 0}sG_1(s)} \qquad (3-91)$$

显然，为使斜坡扰动作用下的稳态误差为零，在误差信号与扰动作用点之间至少应设置两个积分环节。但积分环节的增多，会使系统的阶数升高，从而降低系统的稳定性。

由于实际的控制系统一般受到的干扰信号多为阶跃信号，因此通常在 $G_1(s)$ 中设置一个积分环节，并且多数为比例-积分调节器，其传递函数为

$$K_1\frac{\tau_i s+1}{\tau_i s} = K_1\left(1+\frac{1}{\tau_i s}\right)$$

这样既可以使阶跃扰动作用下的稳态误差为零，又可以将斜坡扰动作用下的稳态误差限制在一定范围之内。

### 3.6.3　动态误差系数的应用

利用静态误差系数求稳态误差是计算 $t \to \infty$ 时系统误差的极限值，它无法反映误差随时间变化的规律。也就是说，稳态误差随时间变化的规律不能用计算误差终值的方法求得。另外，$K_p$、$K_v$、$K_a$ 是针对阶跃、斜坡、抛物线等三种给定信号的，当输入信号为其他形式的函数（如脉冲函数、正弦函数等）时，静态误差系数的方法便无法应用。为此，引入了动态误差系数的概念。利用动态误差系数法，可以研究输入信号几乎为任意时间函数时系统的稳态误差。两个静态误差系数完全相同的系统，当输入信号的形式相同时，稳态误差完全可能具有不同的变化规律，只有动态误差系数法才能对它作完整描述。

由式（3-80）可知，系统在给定信号作用下的误差传递函数为

$$\Phi_e(s) = \frac{E(s)}{R(s)} = \frac{1}{1+G_k(s)}$$

将 $\Phi_e(s)$ 在 $s=0$ 的邻域内展开为泰勒级数，即

$$\Phi_e(s) = \Phi_e(0) + \dot{\Phi}_e(0)s + \frac{1}{2!}\ddot{\Phi}_e(0)s^2 + \cdots \qquad (3-92)$$

于是，误差可以表示为如下级数形式：

$$\begin{aligned}E(s) &= \Phi_e(s)R(s)\\ &= \Phi_e(0)R(s) + \dot{\Phi}_e(0)sR(s) + \frac{1}{2!}\ddot{\Phi}_e(0)s^2R(s) + \cdots + \frac{1}{l!}\Phi_e^{(l)}(0)s^lR(s) + \cdots\end{aligned}$$

$$(3-93)$$

这一无穷级数称为误差级数，它的收敛域是 $s=0$ 的邻域，即相当于 $t \to \infty$。所以，当初始条件为零时，对式（3-93）求拉氏反变换，可得到稳态误差的时域表达式为

$$e_{ss}(t) = \Phi_e(0)r(t) + \dot{\Phi}_e(0)\dot{r}(t) + \frac{1}{2!}\ddot{\Phi}_e(0)\ddot{r}(t) + \cdots + \frac{1}{l!}\Phi_e^{(l)}(0)r^{(l)}(t) + \cdots$$

$$(3-94)$$

令

$$C_i = \frac{1}{i!}\Phi_e^{(i)}(0), \quad i=0,1,2,\cdots \qquad (3-95)$$

则稳态误差可以写成

$$e_{ss}(t) = C_0 r(t) + C_1 \dot{\Phi}_e(0) \dot{r}(t) + C_2 \ddot{r}(t) + \cdots + C_l r^{(l)}(t) + \cdots$$

$$= \sum_{i=0}^{\infty} C_i r^{(i)}(t) \qquad (3-96)$$

式中：$C_0$，$C_1$，$C_2$，$\cdots$ 称为动态误差系数。其中，$C_0$ 为动态位置误差系数；$C_1$ 为动态速度误差系数；$C_2$ 为动态加速度误差系数。

由式(3-96)可见，稳态误差 $e_{ss}(t)$ 与动态误差系数、输入信号及其各阶导数有关。由于输入信号是已知的，因此关键是求动态误差系数。但当系统阶次较高时，用式(3-95)确定动态误差系数不太方便，因此通常采用如下简便方法。

首先，将系统的开环传递函数按 $s$ 的有理分式的形式写为

$$G_k(s) = \frac{b_0 s^m + b_1 s^{m-1} + \cdots + b_{m-1} s + b_m}{a_0 s^n + a_1 s^{n-1} + \cdots + a_{n-1} s + a_n} = \frac{M(s)}{N(s)} \qquad (3-97)$$

然后，写出有理分式形式的误差传递函数（按 $s$ 的升幂次序排列），即

$$\Phi_e(s) = \frac{1}{1+G_k(s)} = \frac{N(s)}{N(s)+M(s)} \qquad (3-98)$$

用式(3-98)的分母多项式去除它的分子多项式，得到一个 $s$ 的升幂级数：

$$\Phi_e(s) = C_0 + C_1 s + C_2 s^2 + C_3 s^3 + \cdots \qquad (3-99)$$

于是有

$$E(s) = \Phi_e(s)R(s) = (C_0 + C_1 s + C_2 s^2 + \cdots)R(s)$$

所以

$$e_{ss}(t) = C_0 r(t) + C_1 \dot{r}(t) + C_2 \ddot{r}(t) + \cdots \qquad (3-100)$$

【例 3-21】　已知两系统的开环传递函数分别为

$$G_{ka}(s) = \frac{10}{s(s+1)}, \quad G_{kb}(s) = \frac{10}{s(5s+1)}$$

(1) 试比较它们的静态误差系数和动态误差系数。

(2) 当 $r(t) = R_0 + R_1 t + \frac{1}{2} R_2 t^2$ 时，试分别写出两系统的稳态误差表达式。

**解**　(1) 两系统均为 1 型系统，且具有相同的开环放大倍数，因此也就有完全相同的静态误差系数，即

$$K_{pa} = K_{pb} = \infty$$
$$K_{va} = K_{vb} = K = 10$$
$$K_{aa} = K_{ab} = 0$$

a 系统的给定误差传递函数为

$$\Phi_{ea}(s) = \frac{1}{1+G_{ka}(s)} = \frac{s+s^2}{10+s+s^2}$$

用长除法可求得

$$\Phi_{ea}(s) = 0.1s + 0.09s^2 - 0.019s^3 + \cdots$$

于是可知：

$$C_0 = 0, \quad C_1 = 0.1, \quad C_2 = 0.09, \quad C_3 = -0.019, \quad \cdots$$

b 系统的给定误差传递函数为

$$\Phi_{eb}(s)=\frac{1}{1+G_{kb}(s)}=\frac{s+5s^2}{10+s+5s^2}$$

$$=0.1s+0.49s^2-0.0099s^3$$

所以得

$$C_0=0,\quad C_1=0.1,\quad C_2=0.49,\quad C_3=-0.0099,\quad \cdots$$

可见，这两个系统虽具有完全相同的静态误差系数，但动态误差系数不尽相同。

(2) 因为 $r(t)=R_0+R_1t+\dfrac{1}{2}R_2t^2$，所以

$$\dot{r}(t)=R_1+R_2t$$

$$\ddot{r}(t)=R_2$$

$$r^{(3)}(t)=0$$

于是，a 系统的稳态误差表达式为

$$e_{ssa}(t)=0.1(R_1+R_2t)+0.09R_2=0.1R_2t+0.1R_1+0.09R_2$$

b 系统的稳态误差表达式为

$$e_{ssb}(t)=0.1(R_1+R_2t)+0.49R_2=0.1R_2t+0.1R_1+0.49R_2$$

可见，当 $R_2\neq0$ 时，尽管在 $t\rightarrow\infty$ 时两系统的 $e_{ss}$ 都将趋于无穷大，但是在这个过程中两者的稳态误差是不同的，且后者要大于前者。

顺便指出，扰动作用下的稳态误差也可用动态误差系数法确定，读者可自行论证。

### 3.6.4　提高系统稳态精度的措施

由前面的分析可知，增加前向通道积分环节的个数或增大开环放大倍数，均可减小系统的给定稳态误差；而增加误差信号到扰动作用点之间的积分环节个数或放大倍数，可减小系统的扰动稳态误差。系统的积分环节一般不能超过两个，放大倍数也不能随意增大，否则将使系统的暂态性能变坏，甚至造成不稳定。因此，稳态精度与稳定性始终存在矛盾。为达到在保证稳定的前提下提高稳态精度的目的，可采用以下措施：

(1) 增大开环放大倍数 $K$ 或增大扰动作用点之前系统的前向通道增益 $K_1$ 的同时，附加校正装置，以确保稳定性。校正问题将在第 6 章中介绍。

(2) 增加前向通道积分环节个数的同时，也要对系统进行校正，以防止系统不稳定，并保证具有一定的暂态响应速度。

(3) 采用复合控制。在输出反馈的基础上，再增加按给定作用或主要扰动作用而进行的补偿控制，构成复合控制系统。

**1. 按给定补偿的复合控制**

如图 3-45 所示，在系统中引入前馈控制，即给定作用通过补偿环节 $G_r(s)$ 产生附加的开环控制作用，从而构成具有复合控制的随动系统。其传递函数为

$$\Phi(s)=\frac{C(s)}{R(s)}=\frac{G_2(s)[G_1(s)+G_r(s)]}{1+G_1(s)G_2(s)H(s)}$$

给定误差为

$$E(s)=R(s)-B(s)=R(s)-H(s)\Phi(s)R(s)$$

$$= \frac{1 - G_r(s)G_2(s)H(s)}{1 + G_1(s)G_2(s)H(s)}R(s) \qquad (3-101)$$

可见，若满足：

$$G_r(s) = \frac{1}{G_2(s)H(s)} \qquad (3-102)$$

则 $E(s)=0$，即系统完全复现给定输入作用。式(3-102)在工程上称为给定作用下实现完全不变性的条件，这种将误差完全补偿的作用称为全补偿。

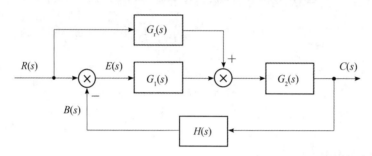

图 3-45　按给定补偿的复合控制系统

**2. 按扰动补偿的复合控制**

如图 3-46 所示，引入扰动补偿信号，即扰动作用通过补偿环节 $G_n(s)$ 产生附加的开环控制作用，构成复合控制系统。

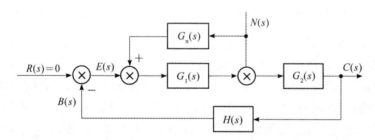

图 3-46　按扰动补偿的复合控制系统

此时，系统的扰动误差就是给定量为零时系统反馈量的负值，即

$$E(s) = -B(s) = -H(s)C(s) = -H(s)\frac{G_2(s)[1 + G_n(s)G_1(s)]}{1 + G_1(s)G_2(s)H(s)}N(s) \qquad (3-103)$$

当满足：

$$G_n(s) = -\frac{1}{G_1(s)} \qquad (3-104)$$

时，$E(s)=0$ 且 $C(s)=0$，系统输出完全不受扰动的影响，即实现对外部扰动作用的完全补偿。式(3-104)称为扰动作用下实现完全不变性的条件。

顺便指出，由于 $G_r(s) = \dfrac{1}{G_2(s)H(s)}$ 和 $G_n(s) = -\dfrac{1}{G_1(s)}$，而 $G_1(s)$ 和 $G_2(s)H(s)$ 一般是 $s$ 的有理真分式，尤其是 $G_2(s)$ 更是如此，所以 $G_r(s)$ 和 $G_n(s)$ 较难实现。也就是说，实际中很难实现全补偿。不过即使采用部分补偿，往往也可以取得显著效果。

例如，图 3-47 所示为一引入微分环节的随动系统。补偿前其开环传递函数为

$$G_k(s) = \frac{K_1 K_2}{s(Ts+1)} = \frac{K}{s(Ts+1)}, \quad K = K_1 K_2$$

则闭环传递函数为

$$\Phi(s) = \frac{K}{s(Ts+1)+K}$$

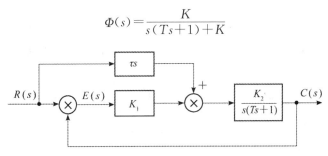

图 3-47 随动系统结构图

因此，系统给定作用下的误差传递函数为

$$\Phi_e(s) = \frac{s(Ts+1)}{s(Ts+1)+K}$$

由于系统为 1 型系统，因此对于阶跃输入，其稳态误差为零。但对于斜坡输入，系统的稳态误差为

$$e_{ss} = \frac{A}{K_v} = \frac{A}{K}$$

可见，这时系统将产生定值稳态误差，误差的大小取决于系统的速度误差系数 $K_v$。

为了补偿系统的速度误差，引入了给定量的微分，即

$$G_r(s) = \tau s$$

由此求得系统的闭环传递函数为

$$\Phi(s) = \frac{G_2(s)[G_r(s)+G_1(s)]}{1+G_k(s)} = \frac{\dfrac{K_2}{s(Ts+1)}(\tau s+K_1)}{1+\dfrac{K}{s(Ts+1)}} = \frac{K_2(\tau s+K_1)}{s(Ts+1)+K}$$

此时的给定误差为

$$E(s) = R(s) - C(s) = [1-\Phi(s)]R(s) = \frac{Ts^2 + s - K_2\tau s}{s(Ts+1)+K} \cdot R(s)$$

当输入斜坡信号时，$R(s) = \dfrac{A}{s^2}$，则系统的给定稳态误差为

$$e_{ss} = \lim_{s \to 0} sE(s) = \lim_{s \to 0} \frac{Ts+1-K_2\tau}{(Ts+1)+K} \cdot A = \frac{1-\tau K_2}{K} \cdot A$$

若取 $\tau = \dfrac{1}{K_2}$，则有 $e_{ss} = 0$。

由此可见，补偿校正装置 $G_r(s) = \tau s = \dfrac{1}{K_2}s$ 时，可使系统的速度误差为零，相当于将原来的 1 型系统提高为 2 型系统。此时，由于

$$\Phi(s) = \frac{K_2(\tau s+K_1)}{s(Ts+1)+K} = \frac{s+K}{Ts^2+s+K}$$

因此其等效的单位反馈的开环传递函数为

$$G'_k(s) = \frac{\Phi(s)}{1-\Phi(s)} = \frac{\dfrac{s+K}{Ts^2+s+K}}{1-\dfrac{s+K}{Ts^2+s+K}} = \frac{s+K}{Ts^2}$$

应特别指出的是，加入 $G_r(s) = \tau s$ 后，系统的稳定性与未加前相同，因为它们的特征方程是相同的。这样既提高了系统的稳态精度，又使系统的稳定性和暂态性能不变。

# 3.7　控制系统响应的 MATLAB 分析

运用相关的 MATLAB 函数可以对系统进行阶跃响应、脉冲响应、零输入响应、斜坡响应和任意输入响应分析。下面介绍相关的函数及其在时域响应分析中的应用。

## 3.7.1　单位阶跃响应

MATLAB 中求单位阶跃响应的函数为 step( )，其调用格式如下：

```
step(num, den)
[y, x, t] = step(num, den, t)
step (sys)
    step(sys, tfinal)
    step(sys, t)
    step(sys1, sys2, …, t)
    [y, t] = step(sys)
    [y, t, x] = step(sys)
```

其中：输入变量中 tfinal 为响应终止时间变量，t 为给定的时间向量，如 t=0：0.01：10；返回变量中，y 为响应向量，t 为时间向量，x 为状态向量。

（1）在 MATLAB 命令中附有左端变量，如 [y, x, t] = step(num, den, t) 这种情况，该命令将产生系统的输出量和状态响应及时间向量，此时在计算机屏幕上不显示波形，若需显示图形，可用 plot(t, y) 命令。

（2）命令 step(num, den) 将在屏幕上显示出单位阶跃响应。

【例 3-22】　求系统传递函数为 $G(s) = \dfrac{1}{s^2+0.5s+1}$ 的单位阶跃响应的 MATLAB 命令。

**解**　MATLAB 程序如下：

```
%example3-22
≫num=[1]; den=[1, 0.5, 1];
≫t=[0:0.1:10];
≫[y, x, t]=step(num, den, t);
≫plot(t, y);grid;
≫xlabel('t');
≫ylabel('y')
```

其响应曲线如图 3-48 所示。

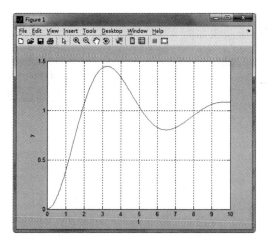

图 3-48　例 3-22 的单位阶跃响应曲线

【**例 3-23**】　已知一单位负反馈系统的开环传递函数为

$$G(s) = \frac{2s+1}{s(s+2)(s+0.5)}$$

试绘制系统的单位阶跃响应曲线，并求其稳态误差和超调量。

　　**解**　MATLAB 程序如下：

```
%example3-23
≫k=2；z=-0.5；p=[0，-2，-0.5]；
≫[n，d]=zp2tf(z，p，k)
≫sys=tf(n，d)
≫sys1=feedback(sys，1)
≫step(sys1)
≫[y，t]=step(sys1)；
%计算误差
≫ess=1-y；
≫plot(t，ess)
%计算终值
≫ess(length(ess))
ans=0.0016
%计算峰值
≫ymax=max(y)
ymax=1.0432
%计算超调量
≫mp=(ymax-1)＊100
mp=4.3213
%计算峰值时间
```

```
≫ti＝spline(y, t, ymax)
  ti＝3.1472
```

该系统的单位阶跃响应曲线如图 3-49 所示，误差曲线如图 3-50 所示。

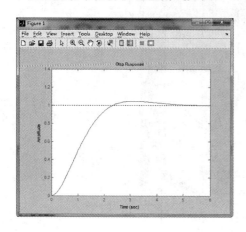

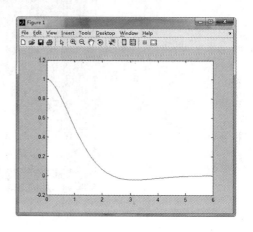

图 3-49　例 3-23 系统的单位阶跃响应曲线　　　　图 3-50　例 3-23 系统的误差曲线

### 3.7.2　单位脉冲响应

MATLAB 中求取单位脉冲响应的函数为 impulse()，函数调用格式如下：

```
impulse(num, den)
[y, x, t]＝impulse(num, den, t)
impulse(sys)
      impulse(sys, tf)
      impulse(sys, t)
      [y, t]＝impulse(sys)
      [y, t, x]＝impulse(sys)
```

其中，各输入和返回变量的含义与单位阶跃响应相同。若 MATLAB 版本中无脉冲响应命令，则可改变传递函数 $G(s)$ 后的阶跃响应，即 $G(s) \cdot s$，再求阶跃响应。

【例 3-24】　试求下列系统的单位脉冲响应：

$$\frac{C(s)}{R(s)}＝G(s)＝\frac{1}{s^2＋0.3s＋1}$$

MATLAB 命令为

```
%example3-24
≫t＝[0:0.1:40]
≫num＝[1];
≫den＝[1, 0.3, 1]
≫impuse(num, den, t);
≫grid;
≫title('Unit-impulse Response of G(s)＝1/(s^2＋0.3s＋1)')
```

其响应结果如图 3-51 所示。

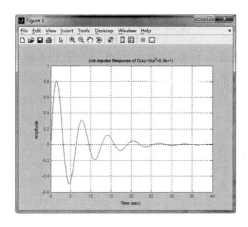

图 3-51　例 3-24 单位脉冲响应曲线

**【例 3 - 25】**　已知单位反馈系统的开环传递函数为

$$G_k(s) = \frac{0.2(s+2)}{s(s+0.5)(s+0.8)(s+3)}$$

试求其单位脉冲响应。

　　**解**　MATLAB 程序如下：

```
%example3-25
≫k=0.2;
≫z=-2;
≫p=[0, -0.5, -0.8, -3];
≫sys0=zpk(z, p, k);
≫sys=feedback(sys0, 1);
≫impulse(sys)
%计算误差面积
≫[y, t]=impulse(sys);
≫trapz(t, y)
ans=0.9963
```

系统的单位脉冲响应曲线如图 3-52 所示。

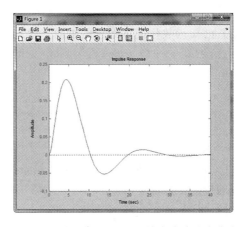

图 3-52　例 3-25 系统的单位脉冲响应曲线

### 3.7.3　斜坡函数作用下系统的响应

MATLAB 函数不能直接实现斜坡输入下的系统响应，但可以先求系统的 $s$ 域输出，再对输出进行拉氏反变换，求得时域响应。下面以实例进行说明。

【例 3 - 26】　已知系统的传递函数为

$$G(s) = \frac{2s+1}{s(s^2+6s+10)}$$

试绘制该系统的单位斜坡响应曲线。

**解**　MATLAB 程序如下：

```
%example3-26
≫symss
≫y1=(2*s+1)/s/(s^2+6*s+10);
≫y=ilaplace(y1);
≫t=[0:0.001:10];
    ≫ezplot(y, t);
        ≫grid on
```

系统的单位斜坡响应曲线如图 3 - 53 所示。

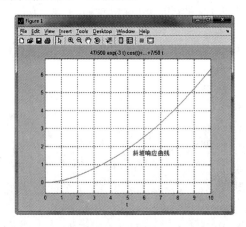

图 3 - 53　例 3 - 26 系统的单位斜坡响应曲线

### 3.7.4　任意函数作用下系统的响应

MATLAB 可以实现任意已知函数作用下系统的响应，输入响应函数为 lsim( )，其调用格式为

```
[y, x]=lsim(num, den, u, t)
lsim(sys, u, t)
lsim(sys, u, t, x0)
y=lsim(sys, u, t)
[y, t, x]=lsim(sys, u, t)
```

其中：u 为给定的输入向量；t 为输入的时间向量；x0 为初始条件。

【例 3 - 27】　已知系统的传递函数为

$$G(s) = \frac{1}{s^2+2s+6}$$

试求系统的正弦输入响应。

**解**   MATLAB 程序如下：

```
%example3-27
≫n-1;
≫d=[1, 2, 6];
≫sys=tf(n, d);
≫t=0:0.001:10;
≫u=sin(t);
≫lsim(sys, u, t)
≫gridon
```

系统的正弦输入响应曲线如图 3 - 54 所示。

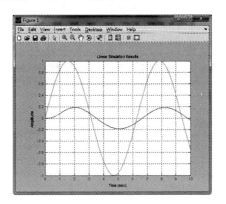

图 3 - 54   例 3 - 27 系统的正弦输入响应曲线

### 3.7.5   判别系统的稳定性

系统的稳定性是系统设计与运行的首要条件，所以控制系统的稳定性分析是进行其他分析的前提。对于线性系统而言，若一个连续系统的所有闭环极点都位于 $s$ 平面的左半平面，则该系统为一个稳定系统。虽然求解高次方程的根不是很容易，但是在 MATLAB 中可用 roots()函数很容易实现。

**【例 3 - 28】**   已知单位反馈系统的开环传递函数为

$$G_k(s) = \frac{100(s+3)}{s(s+1)(s+10)}$$

试判别系统的稳定性。

**解**   MATLAB 程序如下：

```
%example3-28
≫k=100; z=-3; p=[0, -1, -10];
≫sys=zpk(z, p, k);
≫sys1=tf(sys);
≫p=sys1.den{1}+sys1.num{1}
p=1 11 110 300
≫r=roots(p)
      r=-3.7007+8.3469i
```

$$-3.7007-8.3469i$$
$$-3.5986$$
　　≫if all(real(r)<0)
　　　　disp('该系统稳定')
　else
　　　　disp('该系统不稳定')
　　　　　end
　　　　该系统稳定

由程序结果可知，系统的特征根均是负实部，所以系统稳定。

### 3.7.6　Simulink 建模与仿真

利用 Simulink 描述系统框图的模型十分简单和直观。

【例 3 - 29】　图 3 - 55(a)所示为 Simulink 的仿真框图，图(b)可演示系统对典型信号的时间响应曲线。

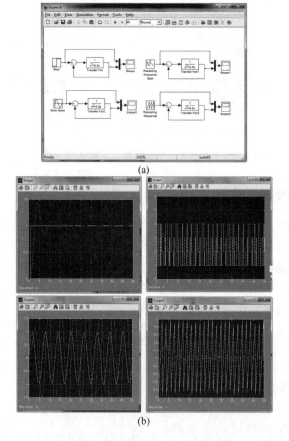

图 3 - 55　Simulink 的仿真框图和不同输入的响应曲线

# 3.8　本 章 小 结

本章主要通过系统的时域响应分析了系统的稳定性、稳态误差和瞬态响应等问题，要求掌握以下内容：

（1）时域分析是通过直接求解系统在典型输入信号作用下的时域响应来分析系统性能的。通常用系统阶跃响应的超调量、调节时间和稳态误差等性能指标来评价系统性能的优劣。

（2）典型一、二阶系统的动态性能指标 $\sigma\%$ 和 $t_s$ 等与系统的参数有严格的对应关系。

（3）欠阻尼二阶系统的阶跃响应虽有振荡，但只要阻尼比取值适当（如 $\zeta=0.7$ 左右），则系统既有响应的快速性，又有过渡过程的平稳性，因而在控制工程中常把二阶系统设计为欠阻尼。

（4）线性定常高阶系统的时域响应可以表示为一、二阶系统响应的合成。如果高阶系统中含有一对闭环主导极点，则可把原理虚轴的极点产生的瞬态响应分量忽略，使高阶系统降阶，该系统的暂态响应就可以近似地用这对主导极点所描述的二阶系统来表征。

（5）线性系统的稳定性是系统正常工作的首要条件。一个不稳定的系统是根本无法复现给定信号和抑制扰动信号的。线性系统稳定的充分必要条件是系统特征方程的根全部具有负实部，或者说系统闭环传递函数的极点均在根平面的左半平面。线性定常系统的稳定性是系统本身的一种固有特性，它取决于系统的结构与参数，而与外作用信号的形式和大小无关。判别稳定性的代数方法是 Routh 判据和 Hurwitz 判据。劳斯-赫尔维茨代数稳定判据只回答特征方程式的根在 $s$ 平面上的分布情况，而不能确定根的具体数值。

（6）稳态误差是系统控制精度的度量，更是系统的一个重要性能指标。它既与系统的结构参数有关，也与输入信号的形式、大小和作用点有关。计算稳态误差既可应用拉氏变换的终值定理，也可由静态误差系数求得。系统的型号和静态误差系数也是稳态精度的一种标志，型号越高，静态误差系数越大，系统的稳态误差则越小。系统的稳态精度与动态性能在对系统的类型和开环增益的要求上是相互矛盾的。要解决这一矛盾，除了在系统中设置校正装置外，还可用前馈补偿的方法来提高系统的稳态精度。

（7）利用 MATLAB 和 Simulink 分析给定输入信号下控制系统的瞬态响应，求取时域响应的性能指标。

# 习　题

3-1　已知二阶系统的单位阶跃响应为
$$c(t)=10-12.5e^{-1.2t}\sin(1.6t+53.1°)$$
试求系统的超调量 $\sigma\%$、峰值时间 $t_p$ 和调节时间 $t_s(\Delta=\pm2\%)$。

3-2　已知控制系统的单位阶跃响应为
$$c(t)=1+0.2e^{-60t}-1.2e^{-10t}$$
试确定系统的阻尼比 $\zeta$ 和自然频率 $\omega_n$。

3-3　机器人控制系统结构图如题 3-3 图所示。试确定 $K_1$、$K_2$ 的值，使系统阶跃响应的峰值时间 $t_p=0.5\text{ s}$，超调量 $\sigma\%=2\%$。

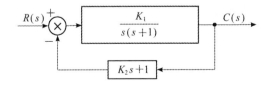

题 3-3 图　机器人控制系统结构图

3-4 设题 3-4 图(a)所示系统的单位阶跃响应如题 3-4 图(b)所示。试确定系统参数 $K_1$、$K_2$ 和 $a$ 的值。

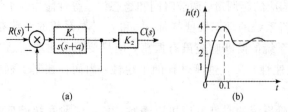

(a) (b)

题 3-4 图 控制系统结构图及其单位阶跃响应图

3-5 设系统的微分方程式如下：

(1) $0.2\dot{c}(t)=2r(t)$；

(2) $0.04\ddot{c}(t)+0.24\dot{c}(t)+c(t)=r(t)$。

试求系统的单位脉冲响应 $k(t)$ 和单位阶跃响应 $h(t)$。已知全部初始条件为零。

3-6 已知各系统的脉冲响应，试求系统闭环传递函数 $\Phi(s)$。

(1) $g(t)=0.0125e^{-1.25t}$；

(2) $g(t)=5t+10\sin(4t+45°)$；

(3) $g(t)=0.1(1-e^{-t/3})$。

3-7 设控制系统如题 3-7 图所示，要求：

(1) 取 $\tau_1=0$，$\tau_2=0.1$ s，计算测速反馈控制系统的超调量和调节时间。

(2) 取 $\tau_1=0.1$ s，$\tau_2=0$，计算比例-微分控制系统的超调量和调节时间。

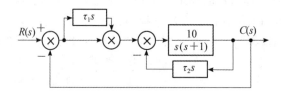

题 3-7 图 控制系统结构图

3-8 已知单位反馈系统的开环传递函数如下：

(1) $G(s)=\dfrac{50}{s(s+1)(s+5)}$；

(2) $G(s)=\dfrac{8(s+1)}{s(s-1)(s+6)}$；

(3) $G(s)=\dfrac{0.2(s+2)}{s(s+0.5)(s+0.8)(s+3)}$；

(4) $G(s)=\dfrac{4}{s^2(s+2)(s+3)}$。

试用劳斯稳定判据和赫尔维茨稳定判据确定系统的稳定性。

3-9 已知系统特征方程如下：

(1) $s^5+3s^4+12s^3+24s^2+32s+48=0$；

(2) $s^6+4s^5-4s^4+4s^3-7s^2-8s+10=0$；

(3) $s^5+3s^4+12s^3+20s^2+35s+25=0$。

试求系统在 $s$ 右半平面的根数及虚根值。

3 - 10　已知单位反馈系统的开环传递函数为

$$G(s)=\frac{K(0.5s+1)}{s(s+1)(0.5s^2+s+1)}$$

试确定系统稳定时 $K$ 的取值范围。

3 - 11　单位反馈系统的开环传递函数为

$$G(s)=\frac{K}{s(s+3)(s+5)}$$

要求系统特征根的实部不大于 $-1$，试确定开环增益的取值范围。

3 - 12　设系统结构图如题 3 - 12 图所示。

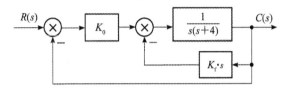

题 3 - 12 图　系统结构图

(1) 当 $K_0=25$，$K_f=0$ 时，求系统的动态性能指标 $\sigma\%$ 和 $t_s$；

(2) 要使系统 $\zeta=0.5$，当单位速度误差 $e_{ss}=0.1$ 时，试确定 $K_0$ 和 $K_f$ 的值。

3 - 13　已知单位反馈系统的开环传递函数如下：

(1) $G(s)=\dfrac{100}{(0.1s+1)(s+5)}$；

(2) $G(s)=\dfrac{50}{s(0.1s+1)(s+5)}$；

(3) $G(s)=\dfrac{10(2s+1)}{s^2(s^2+6s+100)}$。

试求输入分别为 $r(t)=2t$ 和 $r(t)=2+2t+t^2$ 时系统的稳态误差。

3 - 14　已知单位反馈系统的开环传递函数如下：

(1) $G(s)=\dfrac{50}{(0.1s+1)(2s+1)}$；

(2) $G(s)=\dfrac{K}{s(s^2+4s+200)}$；

(3) $G(s)=\dfrac{10(2s+1)(4s+1)}{s^2(s^2+2s+10)}$。

试求系统的位置误差系数 $K_p$、速度误差系数 $K_v$、加速度误差系数 $K_a$。

3 - 15　设单位反馈系统的开环传递函数为 $G(s)=1/(Ts)$。试用动态误差系数法求出当输入信号分别为 $r(t)=t^2/2$ 和 $r(t)=\sin 2t$ 时系统的稳态误差。

3 - 16　设控制系统如题 3 - 16 图所示。其中 $G(s)=K_p+\dfrac{K}{s}$，$F(s)=\dfrac{1}{Js}$，输入 $r(t)$ 以及扰动 $n_1(t)$ 和 $n_2(t)$ 均为单位阶跃函数。

(1) 试求在 $r(t)$ 作用下系统的稳态误差；

(2) 试求在 $n_1(t)$ 作用下系统的稳态误差；

（3）试求在 $n_1(t)$ 和 $n_2(t)$ 同时作用下系统的稳态误差。

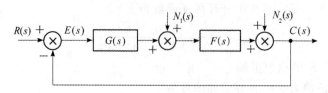

题 3-16 图　控制系统结构图

3-17　宇航员机动控制系统方块图如题 3-17 图所示。其中，控制器可以用增益 $K_2$ 来表示，宇航员及其装备的总转动惯量 $I=25$ kg·m²。

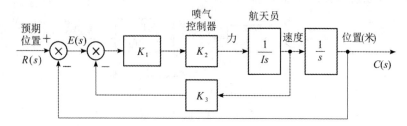

题 3-17 图　宇航员机动控制系统方块图

（1）当输入为斜坡信号 $r(t)=t$ 时，试确定 $K_3$ 的取值，使系统的稳态误差 $e_{ss}=1$ cm；

（2）采用（1）中的 $K_3$ 值，试确定 $K_1$、$K_2$ 的取值，使系统超调量 $\sigma\%$ 限制在 $10\%$ 以内。

3-18　大型天线伺服系统结构图如题 3-18 图所示。其中，$\zeta=0.707$，$\omega_n=15$，$\tau=0.15$ s。

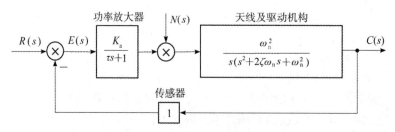

题 3-18 图　大型天线伺服系统结构图

（1）当干扰 $n(t)=10\cdot1(t)$，输入 $r(t)=0$ 时，为保证系统的稳态误差小于 $0.01°$，试确定 $K_a$ 的取值。

（2）当系统开环工作（$K_a=0$），且输入 $r(t)=0$ 时，确定由干扰 $n(t)=10\cdot1(t)$ 引起的系统响应稳态值。

# 第 4 章　线性系统的根轨迹法

## 4.1　根轨迹法的基本概念

　　根轨迹法是分析和设计线性定常控制系统的图解方法,使用十分简便,特别在进行多回路系统的分析时,应用根轨迹法比用其他方法更为方便,因此根轨迹法在工程实践中获得了广泛应用。本节主要介绍根轨迹的基本概念,根轨迹与系统性能之间的关系,并从闭环零、极点与开环零、极点之间的关系推导出根轨迹方程,然后将向量形式的根轨迹方程转化为常用的相角条件和模值条件形式,最后应用这些条件绘制简单系统的根轨迹。

### 4.1.1　根轨迹的概念

　　根轨迹简称根迹,它是开环系统某一参数从零变到无穷时,闭环系统特征方程式的根在 $s$ 平面上变化的轨迹。

　　当闭环系统没有零点与极点相消时,闭环特征方程式的根就是闭环传递函数的极点,通常简称为闭环极点。因此,从已知的开环零、极点位置及某一变化的参数来求取闭环极点的分布,实际上就是解决闭环特征方程式的求根问题。当特征方程的阶数高于四阶时,除了应用 MATLAB 软件包外,求根过程是比较复杂的。如果要研究系统参数变化对闭环特征方程式根的影响,不仅需要进行大量的反复计算,还不能直观看出影响趋势,因此对于高阶系统的求根问题来说,解析法就显得很不方便。1948 年,W. R. 伊文思在《控制系统的图解分析》一文中提出了根轨迹法。当开环增益或其他参数改变时,其全部数值对应的闭环极点均可在根轨迹图上简便地确定。因为系统的稳定性由系统闭环极点唯一确定,而系统的稳态性能和动态性能又与闭环零、极点在 $s$ 平面上的位置密切相关,所以根轨迹图不仅可以直接给出闭环系统时间响应的全部信息,而且可以指明开环零、极点应该怎样变化才能满足给定的闭环系统的性能指标要求。除此以外,用根轨迹法求解高阶代数方程的根比用其他近似求根法简便。

　　为了具体说明根轨迹的概念,设控制系统如图 4 - 1 所示,其闭环传递函数为

$$\Phi(s)=\frac{C(s)}{R(s)}=\frac{2K}{s^2+2s+2K}$$

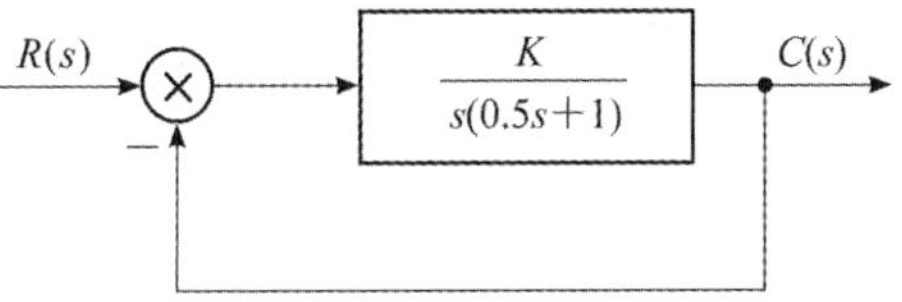

图 4 - 1　控制系统

于是，特征方程式可写为

$$s^2 + 2s + 2K = 0$$

显然，特征方程式的根为

$$s_1 = -1 + \sqrt{1-2K}$$

$$s_2 = -1 - \sqrt{1-2K}$$

如果令开环增益 $K$ 从零变到无穷，则可以用解析的方法求出闭环极点的全部数值。将这些数值标注在 $s$ 平面上，连成光滑的粗实线，如图 4-2 所示。图中，粗实线称为系统的根轨迹，根轨迹上的箭头表示随着 $K$ 值的增加根轨迹的变化趋势，而标注的数值则代表与闭环极点位置相应的开环增益 $K$ 的数值。

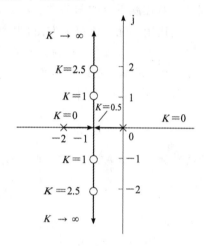

图 4-2　根轨迹图

## 4.1.2　根轨迹与系统性能

有了根轨迹图，可以很快分析系统的各种性能。下面以图 4-2 为例进行说明。

**1. 稳定性**

当开环增益从零变到无穷时，图 4-2 上的根轨迹不会越过虚轴进入右半 $s$ 平面，因此图 4-1 所示系统对所有的 $K$ 值都是稳定的。如果分析高阶系统的根轨迹图，那么根轨迹有可能越过虚轴进入 $s$ 右半平面，此时根轨迹与虚轴交点处的 $K$ 值就是临界开环增益。

**2. 稳态性能**

由图 4-2 可见，开环系统在坐标原点有一个极点，所以系统属 1 型系统，因而根轨迹上的 $K$ 值就是静态速度误差系数。如果给定系统的稳态误差要求，则由根轨迹图可以确定闭环极点位置的容许范围。在一般情况下，根轨迹图上标注出来的参数不是开环增益，而是根轨迹增益。后面将会指出开环增益和根轨迹增益之间仅相差一个比例常数，很容易进行换算。对于其他参数变化的根轨迹图，情况是类似的。

**3. 动态性能**

由图 4-2 可见，当 $0<K<0.5$ 时，所有闭环极点位于实轴上，系统为过阻尼系统，单位阶跃响应为非周期过程；当 $K=0.5$ 时，闭环两个实数极点重合，系统为临界阻尼系统，

单位阶跃响应仍为非周期过程，但响应速度较 $0 < K < 0.5$ 时快；当 $K > 0.5$ 时，闭环极点为复数极点，系统为欠阻尼系统，单位阶跃响应为阻尼振荡过程，且超调量将随 $K$ 值的增大而加大，但调节时间的变化不明显。

上述分析表明，根轨迹与系统性能之间有着比较密切的联系。然而，对于高阶系统，用解析的方法绘制系统的根轨迹图，显然是不适用的。我们希望能有简便的图解方法，可以根据已知的开环传递函数迅速绘出闭环系统的根轨迹。为此，需要研究闭环零、极点与开环零、极点之间的关系。

### 4.1.3　闭环零、极点与开环零、极点之间的关系

由于开环零、极点是已知的，因此建立开环零、极点与闭环零、极点之间的关系有助于绘制闭环系统根轨迹，并由此导出根轨迹方程。

设控制系统如图 4-3 所示，其闭环传递函数为

$$\Phi(s) = \frac{G(s)}{1 + G(s)H(s)} \tag{4-1}$$

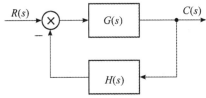

图 4-3　控制系统

在一般情况下，前向通路传递函数 $G(s)$ 和反馈通路传递函数 $H(s)$ 可分别表示为

$$G(s) = \frac{K_G(\tau_1 s + 1)(\tau_2^2 s^2 + 2\zeta_1 \tau_2 s + 1)\cdots}{s^v(T_1 s + 1)(T_2^2 s^2 + 2\zeta_2 T_2 s + 1)\cdots} = K_G^* \frac{\displaystyle\prod_{i=1}^{f}(s - z_i)}{\displaystyle\prod_{i=1}^{q}(s - p_i)} \tag{4-2}$$

$$H(s) = K_H^* \frac{\displaystyle\prod_{j=1}^{l}(s - z_j)}{\displaystyle\prod_{j=1}^{h}(s - p_j)} \tag{4-3}$$

式(4-2)中，$v$ 为积分个数，$K_G$ 为前向通路增益，$K_G^*$ 为前向通路根轨迹增益，它们之间满足如下关系：

$$K_G^* = K_G \frac{\tau_1 \tau_2^2 \cdots}{T_1 T_2^2 \cdots} \tag{4-4}$$

式(4-3)中，$K_H^*$ 为反馈通路根轨迹增益。

因此，图 4-3 所示系统的开环传递函数可表示为

$$G(s)H(s) = K^* \cdot \frac{\displaystyle\prod_{i=1}^{f}(s - z_i) \prod_{j=1}^{l}(s - z_j)}{\displaystyle\prod_{i=1}^{q}(s - p_i) \prod_{j=1}^{h}(s - p_j)} \tag{4-5}$$

式中，$K^* = K_G^* K_H^*$ 称为开环系统根轨迹增益，它与开环增益 $K$ 之间的关系类似于式

(4-4)，仅相差一个比例常数。对于有 $m$ 个开环零点和 $n$ 个开环极点的系统，必有 $f+l=m$ 和 $q+h=n$。将式(4-2)和式(4-5)代入式(4-1)，得

$$\Phi(s) = \frac{K_G^* \prod\limits_{i=1}^{f}(s-z_i)\prod\limits_{j=1}^{h}(s-p_j)}{\prod\limits_{i=1}^{n}(s-p_i) + K^* \cdot \prod\limits_{j=1}^{m}(s-z_j)} \tag{4-6}$$

比较式(4-5)和式(4-6)，可得以下结论：

(1) 闭环系统根轨迹增益等于开环系统前向通路根轨迹增益。对于单位反馈系统，闭环系统根轨迹增益就等于开环系统根轨迹增益。

(2) 闭环零点由开环前向通路传递函数的零点和反馈通路传递函数的极点所组成。对于单位反馈系统，闭环零点就是开环零点。

(3) 闭环极点与开环零点、开环极点以及根轨迹增益 $K^*$ 均有关。

根轨迹法的基本任务在于：如何由已知的开环零、极点的分布及根轨迹增益，通过图解的方法找出闭环极点。一旦确定了闭环极点，闭环传递函数的形式便不难确定，因为闭环零点可由式(4-6)直接得到。在已知闭环传递函数的情况下，闭环系统的时间响应可利用拉氏反变换的方法求出。

## 4.1.4　根轨迹方程

根轨迹是系统所有闭环极点的集合。为了用图解法确定所有闭环极点，令闭环传递函数表达式(4-1)的分母为零，得

$$1+G(s)H(s) = 0 \tag{4-7}$$

由式(4-6)可见，当系统有 $m$ 个开环零点和 $n$ 个开环极点时，式(4-7)等价为

$$K^* \cdot \frac{\prod\limits_{j=1}^{m}(s-z_j)}{\prod\limits_{i=1}^{n}(s-p_i)} = -1 \tag{4-8}$$

式中，$z_j$ 为已知的开环零点；$p_i$ 为已知的开环极点；$K^*$ 从零变到无穷。式(4-8)称为根轨迹方程。根据式(4-8)，可以画出当 $K^*$ 从零变到无穷时系统的连续根轨迹。应当指出，只要闭环特征方程可以化成式(4-8)的形式，就可以绘制根轨迹。其中，处于变动地位的实参数不限定为根轨迹增益 $K^*$，也可以是系统的其他变化参数。但是用式(4-8)的形式表达的开环零点和开环极点在 $s$ 平面上的位置必须是确定的，否则无法绘制根轨迹。此外，如果需要绘制一个以上参数变化时的根轨迹图，那么画出的不再是简单的根轨迹，而是根轨迹簇。

根轨迹方程实质上是一个向量方程，直接使用很不方便。考虑到

$$-1 = 1e^{j(2k+1)\pi}, \ k=0, \pm1, \pm2, \cdots$$

因此，根轨迹方程式(4-8)可用如下两个方程描述：

$$\sum_{j=1}^{m}\angle(s-z_j) - \sum_{i=1}^{n}\angle(s-p_i) = (2k+1)\pi, \ k=0, \pm1, \pm2, \cdots \tag{4-9}$$

$$K^* = \frac{\prod\limits_{i=1}^{n}|s-p_i|}{\prod\limits_{j=1}^{m}|s-z_j|} \tag{4-10}$$

式(4-9)和式(4-10)是根轨迹上的点应该同时满足的两个条件,前者称为相角条件;后者称为模值条件。根据这两个条件,可以完全确定 $s$ 平面上的根轨迹和根轨迹上对应的 $K^*$ 值。应当指出,相角条件是确定 $s$ 平面上根轨迹的充分必要条件。这就是说,绘制根轨迹时,只需要使用相角条件;而当需要确定根轨迹上各点的 $K^*$ 值时,才使用模值条件。

## 4.2 根轨迹绘制的基本法则

本节讨论绘制概略根轨迹的基本法则和闭环极点的确定方法,重点放在基本法则的叙述和证明上。这些基本法则非常简单,熟练地掌握它们,对于分析和设计控制系统是非常有用的。

在下面的讨论中,假定所研究的变化参数是根轨迹增益 $K^*$,当可变参数为系统的其他参数时,这些基本法则仍然适用。应当指出的是,用这些基本法则绘出的根轨迹其相角遵循 $180° + 2k\pi$ 条件,因此称为 $180°$ 根轨迹,相应的绘制法叫作 $180°$ 根轨迹的绘制法则。

**法则 1(根轨迹的起点和终点)** 根轨迹起于开环极点,终于开环零点。

**证明** 根轨迹起点是指根轨迹增益 $K^* = 0$ 的根轨迹点,而终点则是指 $K^* \to \infty$ 的根轨迹点。设闭环传递函数为式(4-6)所示的形式,可得闭环系统的特征方程为

$$\prod_{i=1}^{n}(s - p_i) + K^* \cdot \prod_{j=1}^{m}(s - z_j) = 0 \tag{4-11}$$

式中,$K^*$ 可以从零变到无穷。当 $K^* = 0$ 时,有

$$s = p_i, \qquad i = 1, 2, \cdots, n$$

说明当 $K^* = 0$ 时,闭环特征方程式的根就是开环传递函数 $G(s)H(s)$ 的极点,所以根轨迹必起于开环极点。

将特征方程式(4-11)改写为如下形式:

$$\frac{1}{K^*} \cdot \prod_{i=1}^{n}(s - p_i) + \prod_{j=1}^{m}(s - z_j) = 0$$

当 $K^* = \infty$ 时,由上式可得

$$s = z_j, \qquad j = 1, 2, \cdots, m$$

所以根轨迹必终于开环零点。

在实际系统中,开环传递函数分子多项式次数 $m$ 与分母多项式次数 $n$ 之间满足不等式 $m \leqslant n$,因此有 $n - m$ 条根轨迹的终点将在无穷远处。当 $s \to \infty$ 时,式(4-11)的模值关系可以表示为

$$K^* = \lim_{x \to \infty} \frac{\prod\limits_{i=1}^{n} |s - p_i|}{\prod\limits_{j=1}^{m} |s - z_j|} = \lim_{s \to \infty} |s|^{n-m} \to \infty, \qquad n > m$$

如果把有限数值的零点称为有限零点,而把无穷远处的零点叫作无限零点,那么根轨迹必终于开环零点。在把无穷远处看为无限零点的意义下,开环零点数和开环极点数是相等的。

在绘制其他参数变化下的根轨迹时,可能会出现 $m > n$ 的情况。当 $K^* = 0$ 时,必有

$m-n$ 条根轨迹的起点在无穷远处。因为当 $s \to \infty$ 时，有

$$\frac{1}{K^*} = \lim_{s \to \infty} \frac{\prod\limits_{j=1}^{m}|s-z_j|}{\prod\limits_{i=1}^{n}|s-p_i|} = \lim_{s \to \infty}|s|^{m-n} \to \infty, \qquad m > n$$

如果把无穷远处的极点看成无限极点，那么同样可以说根轨迹必起于开环极点。
图 4-4 是表示根轨迹的起点和终点的图形。

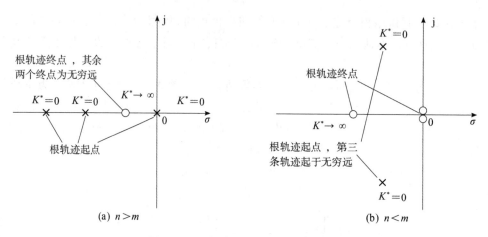

　　　　　　(a) $n>m$　　　　　　　　　　　　　　　　　　(b) $n<m$

图 4-4　根轨迹的起点和终点表示图

**法则 2（根轨迹的分支数、对称性和连续性）**　根轨迹的分支数与开环有限零点数 $m$ 和有限极点数 $n$ 中的大者相等，它们是连续的并且关于实轴对称。

**证明**　按定义，根轨迹是开环系统某一参数从零变到无穷时，闭环特征方程式的根在 $s$ 平面上的变化轨迹。因此，根轨迹的分支数必与闭环特征方程式根的数目相一致。由特征方程式（4-11）可见，闭环特征方程根的数目等于 $m$ 和 $n$ 中的大者，所以根轨迹的分支数必与开环有限零、极点数中的大者相同。

由于闭环特征方程中的某些系数是根轨迹增益 $K^*$ 的函数，因此当 $K^*$ 从零到无穷大连续变化时，特征方程的某些系数也随之连续变化，所以特征方程式根的变化也必然是连续的，即根轨迹具有连续性。

根轨迹必关于实轴对称的原因是显然的，因为闭环特征方程式的根只有实根和复根两种，实根位于实轴上，复根必共轭，而根轨迹是根的集合，因此根轨迹关于实轴对称。

根据对称性，只需做出上半 $s$ 平面的根轨迹部分，然后利用对称关系就可以画出下半 $s$ 平面的根轨迹部分。

**法则 3（根轨迹的渐近线）**　当开环有限极点数 $n$ 大于有限零点数 $m$ 时，有 $n-m$ 条根轨迹分支，分支沿着与实轴交角为 $\varphi_a$、交点为 $\sigma_a$ 的一组渐近线趋向无穷远处，且有

$$\varphi_a = \frac{(2k+1)\pi}{n-m}, \qquad k = 0, 1, 2, \cdots, n-m-1$$

$$\sigma_a = \frac{\sum\limits_{i=1}^{n}p_i \pm \sum\limits_{j=1}^{m}z_j}{n-m}$$

**证明**　渐近线就是 $s$ 值很大时的根轨迹，因此渐近线也一定关于实轴对称。将开环传递函数写成多项式形式，得

$$G(s)H(s) = K \cdot \frac{\prod\limits_{j=1}^{m}(s-z_j)}{\prod\limits_{i=1}^{n}(s-p_i)} = K \cdot \frac{s^n + b_1 s^{n-1} + \cdots + b_{n-1} s + b_m}{s^n + a_1 s^{n-1} + \cdots + a_{n-1} s + a_n} \qquad (4-12)$$

式中：

$$b_1 = -\sum_{j=1}^{m} z_j, \qquad a_1 = -\sum_{i=1}^{n} p_i$$

当 $s$ 值很大时，式 $(4-12)$ 可近似为

$$G(s)H(s) = \frac{K^*}{s^{n-m} + (a_1 - b_1) s^{n-m-1}}$$

由 $G(s)H(s) = -1$ 得渐近线方程：

$$s^{n-m}\left(1 + \frac{a_1 - b_1}{s}\right) = -K^*$$

或

$$s\left(1 + \frac{a_1 - b_1}{s}\right)^{\frac{1}{n-m}} = (-K^*)^{\frac{1}{n-m}} \qquad (4-13)$$

根据二项式定理：

$$\left(1 + \frac{a_1 - b_1}{s}\right)^{\frac{1}{n-m}} = 1 + \frac{a_1 - b_1}{(n-m)s} + \frac{1}{2!} \times \frac{1}{n-m}\left(\frac{1}{n-m} - 1\right)\left(\frac{a_1 - b_1}{s}\right)^2 + \cdots$$

在 $s$ 值很大时，近似有：

$$\left(1 + \frac{a_1 - b_1}{s}\right)^{\frac{1}{n-m}} = 1 + \frac{a_1 - b_1}{(n-m)s} \qquad (4-14)$$

将式 $(4-14)$ 代入式 $(4-13)$，渐近线方程可表示为

$$s\left[1 + \frac{a_1 - b_1}{(n-m)s}\right] = (-K^*)^{\frac{1}{n-m}} \qquad (4-15)$$

现在将 $s = \sigma + \mathrm{j}\omega$ 代入式 $(4-15)$，得

$$\left(\sigma + \frac{a_1 - b_1}{n-m}\right) + \mathrm{j}\omega = \sqrt[n-m]{K^*}\left[\cos\frac{(2k+1)\pi}{n-m} + \mathrm{j}\sin\frac{(2k+1)\pi}{n-m}\right], \quad k = 0, 1, \cdots, n-m-1$$

令实部和虚部分别相等，有

$$\sigma + \frac{a_1 - b_1}{n-m} = \sqrt[n-m]{K^*}\cos\frac{(2k+1)\pi}{n-m}$$

$$\omega = \sqrt[n-m]{K^*}\sin\frac{(2k+1)\pi}{n-m}$$

从上面两个方程中解出：

$$\sqrt[n-m]{K^*} = \frac{\omega}{\sin\varphi_a} = \frac{\sigma - \sigma_a}{\cos\varphi_a} \qquad (4-16)$$

$$\omega = (\sigma - \sigma_a)\tan\varphi_a \qquad (4-17)$$

式中：

$$\varphi_a = \frac{(2k+1)\pi}{n-m}, \quad k = 0, 1, \cdots, n-m-1 \qquad (4-18)$$

$$\sigma_{\mathrm{a}} = -\left(\frac{a_1 - b_1}{n - m}\right) = \frac{\displaystyle\sum_{i=1}^{n} p_i - \sum_{j=1}^{m} z_j}{n - m} \qquad (4-19)$$

在 $s$ 平面上，式(4-17)代表直线方程，它与实轴的交角为 $\varphi_{\mathrm{a}}$，交点为 $\sigma_{\mathrm{a}}$。当 $k$ 取不同值时，可得 $n-m$ 个 $\varphi_{\mathrm{a}}$ 角，而 $\sigma_{\mathrm{a}}$ 不变，因此根轨迹渐近线是 $n-m$ 条与实轴交点为 $\sigma_{\mathrm{a}}$、交角为 $\varphi_{\mathrm{a}}$ 的一组射线，如图 4-5 所示(图中只画了一条渐近线)。

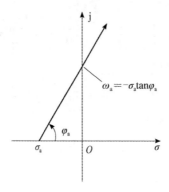

图 4-5　根轨迹渐近线

下面举例说明根轨迹渐近线的做法。设控制系统如图 4-6(a)所示，其开环传递函数：

$$G(s) = \frac{K^*(s+1)}{s(s+4)(s^2+2s+2)}$$

试根据已知的三个基本法则，确定绘制根轨迹的有关数据。

首先将开环零、极点标注在 $s$ 平面的直角坐标系上，以"×"表示开环极点，以"○"表示开环零点，如图 4-6(b)所示。注意，在根轨迹绘制过程中，由于需要对相角和模值进行图解测量，因此横坐标与纵坐标必须采用相同的坐标比例尺。

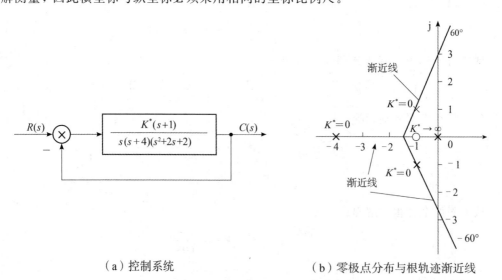

（a）控制系统　　　　　　　（b）零极点分布与根轨迹渐近线

图 4-6　控制系统及其零、极点分布与根轨迹渐近线

由法则 1 可知，根轨迹起于 $G(s)$ 的极点 $p_1 = 0$，$p_2 = -4$，$p_3 = -1+j$ 和 $p_4 = -1-j$，

终于 $G(s)$ 的有限零点 $z_1 = -1$ 以及无穷远处。

由法则 2 可知，根轨迹的分支数有 4 条，且关于实轴对称。

由法则 3 可知，有 $n-m=3$ 条根轨迹渐近线，其交点为

$$\sigma_a = \frac{\sum\limits_{i=1}^{4} p_i - z_1}{3} = \frac{(0-4-1+j-1-j)-(-1)}{3} = -1.67$$

交角为

$$\varphi_a = \frac{(2k+1)\pi}{n-m} = 60°, \qquad k=0$$

$$\varphi_a = \frac{(2k+1)\pi}{n-m} = 180°, \qquad k=1$$

$$\varphi_a = \frac{(2k+1)\pi}{n-m} = 300°, \qquad k=2$$

**法则 4（根轨迹在实轴上的分布）**　实轴上的某一区域，若其右方开环实数零、极点个数之和为奇数，则该区域必是根轨迹。

**证明**　设开环零、极点分布如图 4-7 所示。图中，$s_0$ 是实轴上的某一个测试点，$\varphi_j$（$j=1,2,3$）是各开环零点到 $s_0$ 点向量的相角，$\theta_i$（$i=1,2,3,4$）是各开环极点到 $s_0$ 点向量的相角。由图 4-7 可见，复数共轭极点到实轴上任意一点（包括 $s_0$）的向量相角和为 $2\pi$。如果开环系统存在复数共轭零点，则情况同样如此。因此，在确定实轴上的根轨迹时，可以不考虑复数开环零、极点的影响。由图 4-7 还可见，$s_0$ 点左边开环实数零、极点到 $s_0$ 点的向量相角为零，而 $s_0$ 点右边开环实数零、极点到 $s_0$ 点的向量相角均等于 $\pi$。如果令 $\sum \varphi_j$ 代表 $s_0$ 点之右所有开环实数零点到 $s_0$ 点的向量相角和，$\sum \theta_i$ 代表 $s_0$ 点之右所有开环实数极点到 $s_0$ 点的向量相角和，那么 $s_0$ 点位于根轨迹上的充分必要条件是下列相角条件成立：

$$\sum \varphi_j - \sum \theta_i = (2k+1)\pi$$

式中，$2k+1$ 为奇数。

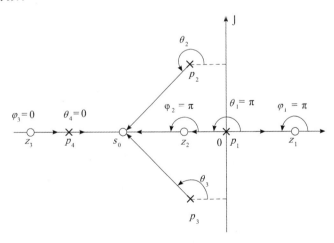

图 4-7　实轴上的根轨迹

在上述相角条件中，考虑到这些相角中的每一个相角都等于 $\pi$，而 $\pi$ 与 $-\pi$ 代表相同角度，因此减去 $\pi$ 角就相当于加上 $\pi$ 角。因此，$s_0$ 位于根轨迹上的等效条件是

$$\sum \varphi_j + \sum \theta_i = (2k+1)\pi$$

式中，$2k+1$ 为奇数。本法则得证。

对于图 4-7 所示的系统，根据本法则可知，$z_1$ 和 $p_1$ 之间、$z_2$ 和 $p_4$ 之间，以及 $z_3$ 和 $-\infty$ 之间的实轴部分都是根轨迹的一部分。

**法则 5(根轨迹的分离点与分离角)**　两条或两条以上根轨迹分支在 $s$ 平面上相遇又立即分开的点，称为根轨迹的分离点。分离点的坐标 $d$ 是下列方程的解：

$$\sum_{j=1}^{m} \frac{1}{d-z_j} = \sum_{i=1}^{n} \frac{1}{d-p_i} \qquad (4-20)$$

式中，$z_j$ 为各开环零点的数值；$p_i$ 为各开环极点的数值。分离角为 $(2k+1)\pi/l$。

在证明本法则之前，需要介绍一下分离点的特性。因为根轨迹是对称的，所以根轨迹的分离点或位于实轴上，或以共轭形式成对出现在复平面中。一般情况下，常见的根轨迹分离点是位于实轴上的两条根轨迹分支的分离点。如果根轨迹位于实轴上两个相邻的开环极点之间，其中一个可以是无限极点，则在这两个极点之间至少存在一个分离点；同样，如果根轨迹位于实轴上两个相邻的开环零点之间，其中一个可以是无限零点，则在这两个零点之间也至少有一个分离点，参见图 4-8。

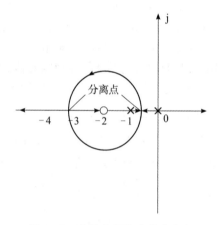

图 4-8　实轴上根轨迹的分离点

**证明**　由根轨迹方程，有

$$1 + \frac{K \cdot \prod\limits_{j=1}^{m}(s-z_j)}{\prod\limits_{i=1}^{n}(s-p_i)} = 0$$

所以闭环特征方程：

$$D(s) = \prod_{i=1}^{n}(s-p_i) + K \cdot \prod_{j=1}^{m}(s-z_j) = 0$$

根轨迹在 $s$ 平面上相遇，说明闭环特征方程有重根出现。设重根为 $d$，根据代数中的重根条件，有

$$D(s) = \prod_{i=1}^{n}(s-p_i) + K \cdot \prod_{j=1}^{m}(s-z_j) = 0$$

$$\dot{D}(s) = \frac{\mathrm{d}}{\mathrm{d}s}\left[\prod_{i=1}^{n}(s-p_i) + K \cdot \prod_{j=1}^{m}(s-z_j)\right] = 0$$

或

$$\prod_{i=1}^{n}(s-p_i)=-K\cdot\prod_{j=1}^{m}(s-z_j) \qquad (4-21)$$

$$\frac{\mathrm{d}}{\mathrm{d}s}\prod_{i=1}^{n}(s-p_i)=K\cdot\frac{\mathrm{d}}{\mathrm{d}s}\prod_{j=1}^{m}(s-z_j) \qquad (4-22)$$

将式(4-21)除式(4-22)，得

$$\frac{\dfrac{\mathrm{d}}{\mathrm{d}s}\prod\limits_{i=1}^{n}(s-p_i)}{\prod\limits_{i=1}^{n}(s-p_i)}=\frac{\dfrac{\mathrm{d}}{\mathrm{d}s}\prod\limits_{j=1}^{m}(s-z_j)}{\prod\limits_{j=1}^{m}(s-z_j)}$$

$$\frac{\mathrm{dln}\prod\limits_{i=1}^{n}(s-p_i)}{\mathrm{d}s}=\frac{\mathrm{dln}\prod\limits_{j=1}^{n}(s-z_j)}{\mathrm{d}s}$$

将 $\ln\prod\limits_{i=1}^{n}(s-p_i)=\sum\limits_{i=1}^{n}\ln(s-p_i)$，$\ln\prod\limits_{j=1}^{m}(s-z_j)=\sum\limits_{j=1}^{m}\ln(s-z_j)$ 代入上式得

$$\sum_{i=1}^{n}\frac{\mathrm{dln}(s-p_i)}{\mathrm{d}s}=\sum_{j=1}^{m}\frac{\mathrm{dln}(s-z_j)}{\mathrm{d}s}$$

$$\sum_{i=1}^{n}\frac{1}{s-p_i}=\sum_{j=1}^{m}\frac{1}{s-z_j}$$

从上式中解出 $s$，即为分离点 $d$。

这里不加证明地指出：当 $l$ 条根轨迹分支进入并立即离开分离点时，分离角可由 $(2k+1)\pi/l$ 决定，其中 $k=0,1,\cdots,l-1$。需要说明的是，分离角定义为根轨迹进入分离点的切线方向与离开分离点的切线方向之间的夹角。显然，当 $l=2$ 时，分离角必为直角。

【例 4-1】　设系统结构图与开环零、极点分布如图 4-9 所示，试绘制其概略根轨迹。

**解**　由法则 4 可知，实轴上区域[0，−1]和[−2，−3]是根轨迹，在图 4-9 中以粗实线表示。

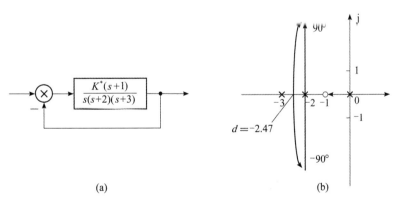

图 4-9　例 4-1 系统的结构图及其根轨迹图

由法则 2 可知，该系统有三条根轨迹分支，且关于实轴对称。

由法则 1 可知，一条根轨迹分支起于开环极点(0)，终于开环有限零点(−1)，另外两条根轨迹分支起于开环极点(−2)和(−3)，终于无穷远处(无限零点)。

由法则 3 可知，两条终于无穷的根轨迹的渐近线与实轴交角为 90°和 270°的交点坐标为

$$\sigma_a = \frac{\sum\limits_{i=1}^{3} p_i - \sum\limits_{j=1}^{1} z_j}{n-m} = \frac{(0-2-3)-(-1)}{3-1} = -2$$

由法则 5 可知，实轴区域 $[-2,-3]$ 必有一个根轨迹的分离点 $d$，它满足下述分离点方程：

$$\frac{1}{d+1} = \frac{1}{d} + \frac{1}{d+2} + \frac{1}{d+3}$$

考虑到 $d$ 必在 $-2$ 和 $-3$ 之间，初步试探时，设 $d=-2.5$，算出

$$\frac{1}{d+1} = -0.67$$

和

$$\frac{1}{d} + \frac{1}{d+2} + \frac{1}{d+3} = -0.4$$

因为方程两边不等，所以 $d=-2.5$ 不是欲求的分离点坐标。现在重取 $d=-2.47$，方程两边近似相等，故本例 $d \approx -2.47$。最后画出的系统概略根轨迹如图 4-9(b)所示。

【**例 4-2**】　设单位反馈系统的开环传递函数为

$$G(s) = \frac{K(0.5s+1)}{0.5s^2+s+1}$$

试绘制闭环系统根轨迹。

**解**　首先将 $G(s)$ 写成零、极点标准形式：

$$G(s) = \frac{K^*(s+2)}{(s+1+j)(s+1-j)}$$

本例中，$K^* = K$。将开环零、极点画在坐标比例尺相同的 $s$ 平面中，如图 4-10 所示。

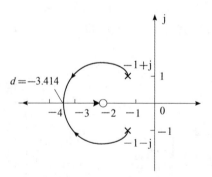

图 4-10　例 4-2 系统的根轨迹图

由法则 1~5 可知，本例有两条根轨迹分支，它们分别起于开环复数极点 $(-1\pm j)$，终于有限零点 $(-2)$ 和无限零点。因此，在 $[-2,-\infty]$ 的实轴上，必存在一个分离点 $d$，其满足方程：

$$\frac{1}{d+2} = \frac{1}{d+1-j} + \frac{1}{d+1+j}$$

经整理得

$$d^2 + 4d + 2 = 0$$

这是一个二阶分离点方程，可以用解析法求得 $d=-3.414$ 或 $d=-0.586$，显然应取

$d = -3.414$。

应用相角条件，可以画出本例系统的准确根轨迹，如图 4 - 10 所示，其复数根轨迹部分是圆的一部分。由图 4 - 8 和图 4 - 10 可以发现：由两个极点(实数极点或复数极点)和一个有限零点组成的开环系统，只要有限零点没有位于两个实数极点之间，当 $K^*$ 从零变到无穷时，闭环根轨迹的复数部分是以有限零点为圆心、以有限零点到分离点的距离为半径的一个圆或圆的一部分，这在数学上是可以严格证明的。

应当指出，如果开环系统无有限零点，则在分离点方程式(4 - 20)中，应取：

$$\sum_{j=1}^{m} \frac{1}{d - z_j} = 0$$

另外，分离点方程式(4 - 20)不仅可用来确定实轴上的分离点坐标 $d$，而且可以用来确定复平面上的分离点坐标。只有当开环零、极点分布非常对称时，才会出现复平面上的分离点。此时，一般可采用求分离点方程根的方法来确定所有的分离点。

实质上，根轨迹的分离点坐标就是 $K^*$ 为某一特定值时闭环系统特征方程的实根或复根的数值。

**法则 6(根轨迹的起始角与终止角)**　根轨迹离开开环复数极点处的切线与正实轴的夹角，称为起始角，以 $\theta_{p_i}$ 标志；根轨迹进入开环复数零点处的切线与正实轴的夹角，称为终止角，以 $\varphi_{z_i}$ 表示。这些角度可按如下关系式求出：

$$\theta_{p_i} = (2k+1)\pi + \left[ \sum_{j=1}^{m} \varphi_{z_j p_i} - \sum_{j=1}^{n} \varphi_{p_j p_i} \right], \quad k = 0, \pm 1, \pm 2, \cdots \quad (4 - 23)$$

及

$$\varphi_{z_i} = (2k+1)\pi - \left[ \sum_{j=1}^{m} \varphi_{z_j z_i} - \sum_{j=1}^{n} \theta_{p_j z_i} \right], \quad k = 0, \pm 1, \pm 2, \cdots \quad (4 - 24)$$

**证明**　设开环系统有 $m$ 个有限零点和 $n$ 个有限极点。在十分靠近待求起始角(或终止角)的复数极点(或复数零点)的根轨迹上，取一点 $s_1$。由于 $s_1$ 无限接近于求起始角的复数极点 $p_i$(或求终止角的复数零点 $z_i$)，因此，除 $p_i$(或 $z_i$)外，所有开环零、极点到 $s_1$ 点的向量相角中 $\varphi_{z_j s_1}$ 和 $\theta_{p_j s_1}$ 都可以用它们到 $p_i$(或 $z_i$)的向量相角 $\varphi_{z_j p_i}$(或 $\varphi_{z_j z_i}$)和 $\theta_{p_j p_i}$(或 $\theta_{p_j z_i}$)来代替，而 $p_i$(或 $z_i$)到 $s_1$ 点的向量相角即为起始角 $\theta_{p_i}$(或终止 $\varphi_{z_i}$)。根据 $s_1$ 点必满足相角条件，应有

$$\sum_{j=1}^{m} \varphi_{z_j p_i} - \sum_{j=1}^{n} \theta_{p_j p_i} - \theta_{p_i} = -(2k+1)\pi$$

$$\sum_{j=1}^{m} \varphi_{z_j z_i} + \varphi_{z_i} - \sum_{j=1}^{n} \theta_{p_j z_i} = (2k+1)\pi \quad (4 - 25)$$

移项后，立即得到式(4 - 23)和式(4 - 24)。应当指出，在根轨迹的相角条件中，$(2k+1)\pi$ 与 $-(2k+1)\pi$ 是等价的，所以为了便于计算，在式(4 - 25)的右端有时用 $-(2k+l)\pi$ 表示。

**【例 4 - 3】**　设系统开环传递函数为

$$G(s) = \frac{K^*(s+1.5)(s+2+j)(s+2-j)}{s(s+2.5)(s+0.5+j1.5)(s+0.5-j1.5)}$$

试绘制该系统概略根轨迹。

**解**　将开环零、极点画在图 4 − 11 中。

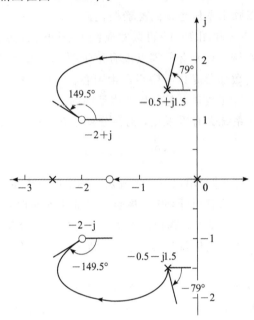

图 4 − 11　例 4 − 3 系统的概略根轨迹图

按如下典型步骤绘制根轨迹：

(1) 确定实轴上的根轨迹。本例实轴上区域[0，−1.5]和[−2.5，−∞]为根轨迹。

(2) 确定根轨迹的渐近线。本例中，$n=4$，$m=3$，故只有一条 180°的渐近线，它正好与实轴上的根轨迹区域[−2.5，−∞]重合，所以在 $n-m=1$ 的情况下，不必再去确定根轨迹的渐近线。

(3) 确定分离点。一般来说，如果根轨迹位于实轴上一个开环极点和一个开环零点(有限零点或无限零点)之间，则在这两个相邻的零、极点之间，或者不存在任何分离点，或者同时存在离开实轴和进入实轴的两个分离点。本例无分离点。

(4) 确定起始角与终止角。本例的概略根轨迹如图 4 − 11 所示。为了准确画出这一根轨迹图，应当确定根轨迹的起始角和终止角的数值。先求起始角，作各开环零、极点到复数极点(−0.5+j1.5)的向量，并测出相应角度，如图 4 − 12(a)所示。按式(4 − 23)算出根轨迹在极点(−0.5+j1.5)处的起始角为

$$\theta_{p_2} = 180° + (\varphi_1 + \varphi_2 + \varphi_3) - (\theta_1 + \theta_3 + \theta_4) = 79°$$

根据对称性，根轨迹在极点(−0.5−j1.5)处的起始角为−79°。

用类似方法可算出根轨迹在复数零点−2+j 处的终止角为 149.5°。各开环零、极点到−2+j 的向量相角如图 4 − 12(b)所示。

**法则 7(根轨迹与虚轴的交点)**　若根轨迹与虚轴相交，则交点上的 $K^*$ 值和 $\omega$ 值可用劳斯判据确定，也可令闭环特征方程中的 $s=j\omega$，然后分别令其实部和虚部为零而求得。

**证明**　若根轨迹与虚轴相交，则表示闭环系统存在纯虚根，这意味着 $K^*$ 的数值使闭环系统处于临界稳定状态。因此令劳斯表第一列中包含 $K^*$ 的项为零，即可确定根轨迹与虚轴交点上的 $K^*$ 值。此外，因为一对纯虚根是数值相同但符号相异的根，所以利用劳斯

表中 $s^2$ 行的系数构成辅助方程，必可解出纯虚根的数值，这一数值就是根轨迹与虚轴交点上的 $\omega$ 值。如果根轨迹与正虚轴（或者负虚轴）有一个以上交点，则应采用劳斯表中大于 2 的 $s$ 的偶次方行的系数构造辅助方程。

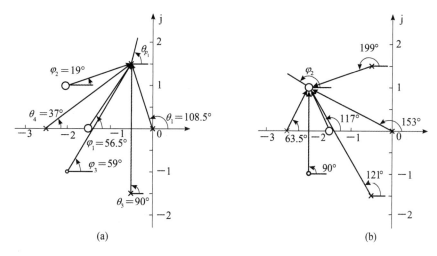

图 4-12　例 4-3 根轨迹的起始角和终止角

确定根轨迹与虚轴交点处参数的另一种方法是将 $s=\mathrm{j}\omega$ 代入闭环特征方程，得到

$$1+G(\mathrm{j}\omega)H(\mathrm{j}\omega)=0$$

令上述方程的实部和虚部分别为零，有

$$\mathrm{Re}[1+G(\mathrm{j}\omega)H(\mathrm{j}\omega)]=0$$

和

$$\mathrm{Im}[1+G(\mathrm{j}\omega)H(\mathrm{j}\omega)]=0$$

利用这种实部方程和虚部方程不难解出根轨迹与虚轴交点处的 $K^*$ 值和 $\omega$ 值。

【例 4-4】　设系统开环传递函数为

$$G(s)H(s)=\frac{K^*}{s(s+3)(s^2+2s+2)}$$

试绘制闭环系统的概略根轨迹。

**解**　按下述步骤绘制概略根轨迹：

（1）确定实轴上的根轨迹。实轴上 $[0,-3]$ 区域必为根轨迹。

（2）确定根轨迹的渐近线。由于 $n-m=4$，因此有四条根轨迹渐近线，其

$$\sigma_a=-1.25$$
$$\varphi_a=\pm45°,\pm135°$$

（3）确定分离点。本例没有有限零点，故

$$\sum_{i=1}^{n}\frac{1}{d-p_i}=0$$

于是分离点方程为

$$\frac{1}{d}+\frac{1}{d+3}+\frac{1}{d+1-\mathrm{j}}+\frac{1}{d+1+\mathrm{j}}=0$$

用试探法算出 $d\approx-2.3$。

　　(4) 确定起始角。测量各向量相角，算得 $\theta_{p_i} = -71.6°$。

　　(5) 确定根轨迹与虚轴交点。本例中，闭环特征方程式为

$$s^4 + 5s^3 + 8s^2 + 6s + K^* = 0$$

对上式应用：

| $s^4$ | 1 | 8 | $K^*$ |
|---|---|---|---|
| $s^3$ | 5 | 6 | |
| $s^2$ | 34/5 | $K^*$ | |
| $s^1$ | $(204-25K^*)/34$ | | |
| $s^0$ | $K^*$ | | |

　　令劳斯表中 $s^1$ 行的首项为零，得 $K^* = 8.16$。根据 $s^2$ 行的系数，得辅助方程：

$$\frac{34}{5}s^2 + K^* = 0$$

代入 $K^* = 8.16$，并令 $s = j\omega$，解出交点坐标 $\omega = \pm 1.1$。

　　根轨迹与虚轴相交时的参数，也可用闭环特征方程直接求出。将 $s = j\omega$ 代入特征方程，可得实部方程为

$$\frac{34}{5}s^2 + K^* = 0$$

虚部方程为

$$\frac{34}{5}s^2 + K^* = 0$$

　　在虚部方程中，$\omega = 0$ 依然不是欲求之解，因此根轨迹与虚轴交点坐标应为 $\omega = \pm 1.1$。将所得 $\omega$ 值代入实部方程，立即解出 $K^* = 8.16$。所得结果与劳斯表法完全一样。整个系统概略根轨迹如图 4-13 所示。

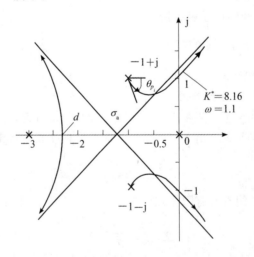

图 4-13　例 4-4 的开环零、极点分布与根轨迹

　　根据以上介绍的七个法则，不难绘出系统的概略根轨迹。为了便于查阅，上述绘制法则统一归纳在表 4-1 中。

### 表 4 – 1　根轨迹图绘制法则

| 序号 | 内容 | 法　则 |
|---|---|---|
| 1 | 根轨迹的起点和终点 | 根轨迹起于开环极点(包括无限极点)，终于开环零点(包括无限零点) |
| 2 | 根轨迹的分支数、对称性和连续性 | 根轨迹的分支数等于开环极点数 $n(n>m)$ 或开环零点数 $m(m>n)$，根轨迹关于实轴对称 |
| 3 | 根轨迹的渐近线 | $n-m$ 条渐近线与实轴的交角和交点为 $$\varphi_a=\frac{(2k+1)\pi}{n-m}\quad(k=-0,1,\cdots,n-m-1)$$ $$\sigma_a=\frac{\sum_{i=1}^{n}p_i\pm\sum_{j=1}^{m}z_j}{n-m}$$ |
| 4 | 根轨迹在实轴上的分布 | 实轴上某一区域，若其右方开环实数零、极点个数之和为奇数，则该区域必是根轨迹 |
| 5 | 根轨迹的分离点和分离角 | $l$ 条根轨迹分支相遇，其分离点坐标由 $\sum_{j=1}^{m}\frac{1}{d-z_j}=\sum_{i=1}^{n}\frac{1}{d-p_i}$ 确定；分离角等于 $(2k+1)\pi/l$ |
| 6 | 根轨迹的起始角与终止角 | 起始角：$\theta_{p_i}=(2k+1)\pi+\left(\sum_{j=1}^{m}\varphi_{z_jp_i}-\sum_{j=1}^{n}\theta_{p_jp_i}\right)$ 终止角：$\varphi_{z_i}=(2k+1)\pi-\left(\sum_{j=1}^{m}\varphi_{z_jz_i}-\sum_{j=1}^{n}\theta_{p_jz_i}\right)$ |
| 7 | 根轨迹与虚轴的交点 | 根轨迹与虚轴交点的 $K^*$ 值和 $\omega$ 值，可利用劳斯判据确定 |

**法则 8(根之和)**　系统的闭环特征方程在 $n>m$ 的一般情况下可以有不同形式的表示，即

$$\prod_{i=1}^{n}(s-p_i)+K\cdot\prod_{j=1}^{m}(s-z_j)=s^n+a_1s^{n-1}+\cdots+a_{n-1}s+a_n$$

$$=\prod_{i=1}^{n}(s-s_i)$$

$$=s^n+\left(-\sum_{i=1}^{n}s_i\right)s^{n-1}+\cdots+\prod_{i=1}^{n}(-s_i)$$

$$=0$$

式中，$s_i$ 为闭环特征根。

当 $n-m\geqslant2$ 时，特征方程第二项系数与 $K$ 无关，无论 $K$ 取何值，开环 $n$ 个极点之和总是等于闭环特征方程 $n$ 个根之和：

$$\sum_{i=1}^{n}s_i=\sum_{i=1}^{n}p_i$$

在开环极点确定的情况下，这是一个不变的常数。所以，当开环增益 $K$ 增大时，若闭环某些根在 $s$ 平面上向左移动，则另一部分根必向右移动。此法则对判断根轨迹的走向是很有用的。

图 4-14 中画出了几种常见的开环零、极点分布及其相应的根轨迹，供绘制概略根轨迹时参考。应当指出，由于 MATLAB 软件包的功能十分强大，因此运行相应的 MATLAB 文本就可以方便地获得系统准确的根轨迹图，以及根轨迹上特定点的根轨迹增益。

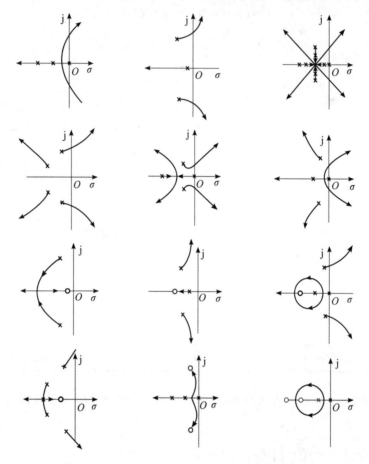

图 4-14　开环零、极点分布及相应的根轨迹图

## 4.3　广义根轨迹的绘制

在控制系统中，除根轨迹增益 $K^*$ 为变化参数的根轨迹以外，其他情形下的根轨迹统称为广义根轨迹。例如，系统的参数根轨迹，开环传递函数中零点个数多于极点个数时的根轨迹，以及零度根轨迹等均可列入广义根轨迹这个范畴。通常将负反馈系统中 $K^*$ 变化时的根轨迹叫作常规根轨迹。

### 4.3.1　参数根轨迹

以非开环增益为可变参数绘制的根轨迹称为参数根轨迹，以区别于以开环增益 $K$ 为可变参数的常规根轨迹。

　　绘制参数根轨迹的法则与绘制常规根轨迹的法则完全相同。只要在绘制参数根轨迹之前引入等效单位反馈系统和等效传递函数的概念，则常规根轨迹的所有绘制法则就都适用于参数根轨迹的绘制。为此，需要对闭环特征方程：

$$1+G(s)H(s)=0 \qquad (4-26)$$

进行等效变换，将其写为如下形式：

$$A\frac{P(s)}{Q(s)}=-1 \qquad (4-27)$$

其中，$A$ 为除 $K^*$ 外系统任意的变化参数，$P(s)$ 和 $Q(s)$ 为两个与 $A$ 无关的多项式。显然，式(4-27)应与式(4-26)相等，即

$$Q(s)+AP(s)=1+G(s)H(s)=0 \qquad (4-28)$$

　　根据式(4-28)，可得等效单位反馈系统，其等效开环传递函数为

$$G_1(s)H_1(s)=A\frac{P(s)}{Q(s)} \qquad (4-29)$$

　　利用式(4-29)画出的根轨迹就是参数 $A$ 变化时的参数根轨迹。需要强调指出，等效开环传递函数是根据式(4-28)得来的，因此"等效"的含义仅在闭环极点相同这一点上成立，而闭环零点一般是不同的。由于闭环零点对系统动态性能有影响，因此由闭环零、极点分布来分析和估算系统性能时，可以采用参数根轨迹上的闭环极点，但必须采用原来闭环系统的零点。这一处理方法和结论对于绘制开环零极点变化时的根轨迹同样适用。

　　【例 4-5】　设位置随动系统如图 4-15 所示。图中，系统Ⅰ为比例控制系统，系统Ⅱ为比例-微分控制系统，系统Ⅲ为测速反馈控制系统，$T_a$ 表示微分器时间常数或测速反馈系数。试分析 $T_a$ 对系统性能的影响，并比较系统Ⅱ和Ⅲ在具有相同阻尼比 $\zeta=0.5$ 时的特点。

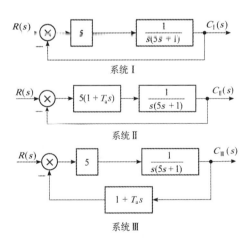

图 4-15　位置随动系统

　　**解**　显然，系统Ⅱ和Ⅲ具有相同的开环传递函数，即

$$G(s)H(s)=\frac{5(1+T_a s)}{s(1+5s)}$$

但它们的闭环传递函数是不相同的，即

$$\Phi_{\mathrm{II}}(s) = \frac{5(1+T_as)}{s(1+5s)+5(1+T_as)} \qquad (4-30)$$

$$\Phi_{\mathrm{III}}(s) = \frac{5}{s(1+5s)+5(1+T_as)} \qquad (4-31)$$

从式(4-30)和式(4-31)中可以看出，两者具有相同的闭环极点(在 $T_a$ 相同时)，但系统 II 具有闭环零点($-1/T_a$)，而系统 III 不具有闭环零点。

现在将系统 II 或 III 的闭环特征方程式写成：

$$1+T_a\frac{s}{s(s+0.2)+1} = 0 \qquad (4-32)$$

如果令

$$G_1(s)H_1(s) = T_a\frac{s}{s(s+0.2)+1}$$

则式(4-32)代表一个根轨迹方程，其根轨迹如图 4-16 所示。图中，当 $T_a=0$ 时，闭环极点位置为 $s_{1,2}=-0.1\pm\mathrm{j}0.995$，它就是系统 I 的闭环极点。

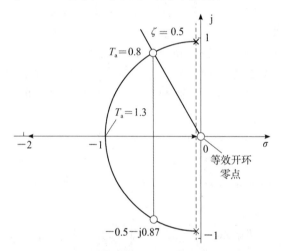

图 4-16　系统 II 和 III 在 $T_a$ 变化时的根轨迹

为了确定系统 II 和 III 在 $\zeta=0.5$ 时的闭环传递函数，在图 4-16 中作 $\zeta=0.5$ 线，可得闭环极点为 $s_{1,2}=-0.5\pm\mathrm{j}0.87$，相应的 $T_a$ 值由模值条件算出为 0.8，于是有

$$\Phi_{\mathrm{II}}(s) = \frac{0.8(s+1.25)}{(s+0.5+\mathrm{j}0.87)(s+0.5-\mathrm{j}0.87)}$$

和

$$\Phi_{\mathrm{III}}(s) = \frac{1}{(s+0.5+\mathrm{j}0.87)(s+0.5-\mathrm{j}0.87)}$$

而系统 I 的闭环传递函数与 $T_a$ 值无关，应是

$$\Phi_{\mathrm{I}}(s) = \frac{1}{(s+0.1+\mathrm{j}0.995)(s+0.1-\mathrm{j}0.995)}$$

各系统的单位阶跃响应可以由拉氏反变换法确定为

$$h_{\mathrm{I}}(t) = 1-\mathrm{e}^{-0.1t}(\cos0.995t+0.1\sin0.995t)$$

$$h_{\mathrm{II}}(t) = 1-\mathrm{e}^{-0.5t}(\cos0.87t-0.347\sin0.87t)$$

$$h_{\mathrm{III}}(t) = 1-\mathrm{e}^{-0.5t}(\cos0.87t+0.578\sin0.87t)$$

上述三种单位阶跃响应曲线，如图 4 - 17 所示。由图可见，对于系统 Ⅱ，由于微分控制反映了误差信号的变化率，能在误差信号增大之前提前产生控制作用，因此具有良好的时间响应特性，呈现最短的上升时间，快速性较好；对于系统 Ⅲ，由于速度反馈加强了反馈作用，因此在上述两个系统中具有最小的超调量。

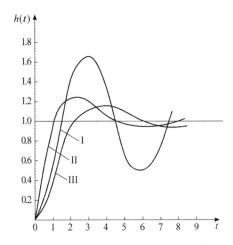

图 4 - 17　位置随动系统的单位阶跃响应曲线

如果位置随动系统承受单位斜坡输入信号，则同样可由拉氏反变换法确定它们的单位斜坡响应：

$$c_{\text{Ⅱ}}(t) = t - 0.2 + 0.2\mathrm{e}^{-0.5t}(\cos 0.87t - 5.19\sin 0.87t) \qquad (4-33)$$

$$c_{\text{Ⅲ}}(t) = t - 1 + \mathrm{e}^{-0.5t}(\cos 0.87t - 0.58\sin 0.87t) \qquad (4-34)$$

此时，系统将出现速度误差，其数值为 $e_{\text{ssⅡ}}(\infty)=0.2$ 和 $e_{\text{ssⅢ}}(\infty)=1.0$。系统 Ⅰ 的速度误差可利用终值定理法求出为 $e_{\text{ssⅠ}}(\infty)=0.2$。根据式(4-33)和式(4-34)，可以画出系统 Ⅱ 和 Ⅲ 的单位斜坡响应，见图 4-18。

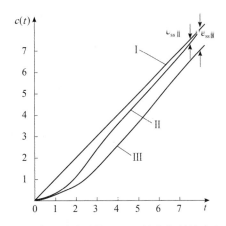

图 4 - 18　位置随动系统 Ⅱ 和 Ⅲ 的单位斜坡响应曲线

表 4 - 2 所示为位置随动系统的性能比较结果。

表 4 - 2　位置随动系统性能比较表

| 比较参数 | 比例式 | 比例-微分式 | 测速反馈式 |
|---|---|---|---|
| 峰值时间/s | 3.14 | 2.62 | 3.62 |
| 调节时间/s | 30 | 6.1 | 6.3 |
| 超调量(%) | 73 | 24.8 | 16.3 |
| 速度误差 | 0.2 | 0.2 | 1.0 |

**【例 4 - 6】**　设单位反馈系统的开环传递函数为

$$G(s) = \frac{K}{s(s+1)(T_a s+1)}$$

其中，开环增益 $K$ 可自行选定。试分析时间常数 $T_a$ 对系统性能的影响。

**解**　由已知开环传递函数，可得闭环特征方程为

$$s(s+1)(T_a s+1) + K = 0$$

上式可改写为

$$[s(s+1)+K] + T_a s^2(s+1) = 0$$

得等效开环传递函数：

$$G_1(s) = T_a \frac{s^2(s+1)}{s(s+1)+K}$$

为了绘制参数根轨迹，需要求出 $G_1(s)$ 的极点。对于本例而言，等效开环传递函数的极点为 $-1/2 \pm \sqrt{1/4-K}$。如果 $G_1(s)$ 的分母为高次多项式，则应采用根轨迹法确定其极点。此时根轨迹方程就是 $T_a = 0$ 时的闭环特征方程。对于本例，它应是

$$1 + \frac{K}{s(s+1)} = 0$$

由于 $K$ 可自行选定，因此可以取 $K$ 为不同值，然后将 $G_1(s)$ 的零、极点画在 $s$ 平面上，再令 $T_a$ 从零变到无穷，便可绘出 $T_a$ 变化时的参数根轨迹，见图 4 - 19。该图实际上是 $K$ 和 $T_a$ 均可变化的根轨迹簇。由图 4 - 19 可见，当 $T_a \geqslant 1$ 时，开环增益 $K$ 应小于 2，否则闭环系统不稳定；当 $0 < K \leqslant 1$ 时，取任何正实 $T_a$ 值时系统都是稳定的。

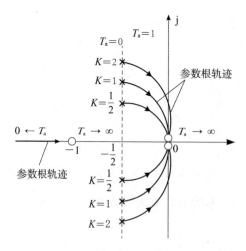

图 4 - 19　$G_1(s) = T_a s^2(s+1)/[s(s+1)+K]$ 的根轨迹簇

图 4-19 所示的根轨迹簇还给我们指明了这样的事实：对于给定的开环增益 $K$，如果增大 $T_a$ 值，则相当于使可变开环极点向坐标原点方向移动，那么闭环极点就会向右半 $s$ 平面方向移动，从而使系统的稳定性变坏。

当开环增益 $K \leqslant 0.25$ 时，$G_1(s)$ 具有实数极点，参数根轨迹如图 4-20 所示。图中选取的 $K = 0.098$。由图 4-20 可见，取任何 $T_a$ 值都不会使闭环系统失去稳定，而且有可能使系统过渡过程不发生振荡。然而，由于开环增益太小，因此系统在单位斜坡输入函数作用下的稳态误差值将至少等于 4。在绘制参数根轨迹时，所引入的等效开环传递函数中常常会出现零点个数多于极点个数的情形（即 $m > n$）。

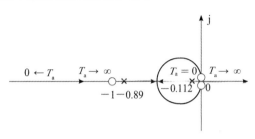

图 4-20　$G_1(s) = T_a s^2 (s+1) / [s(s+1) + 0.098]$ 的根轨迹簇

## 4.3.2　零度根轨迹

如果所研究的控制系统为非最小相位系统，则有时不能采用常规根轨迹的绘制法则来绘制系统的根轨迹，因为其相角遵循 $0° + 2k\pi$ 条件，而不是 $180° + 2k\pi$ 条件，故一般称之为零度根轨迹。一般来说，由于某种性能指标要求，使得在复杂的控制系统设计中必须包含正反馈内回路。例如，在有些系统中，内环是一个正反馈回路（见图 4-21）。这种局部正反馈的结构可能是控制对象本身的特性，也可能是为了满足系统的某种性能要求在设计系统时加入的，因此在利用根轨迹对系统进行分析时，需要绘制正反馈系统的根轨迹。绘制根轨迹的条件和规则与绘制负反馈系统的条件和规则有区别。

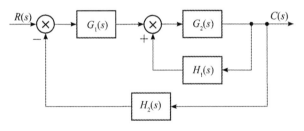

图 4-21　局部正反馈系统

系统的局部正反馈其闭环传递函数为

$$\Phi(s) = \frac{C(s)}{R(s)} = \frac{G(s)}{1 + G(s)H(s)}$$

相应地，根轨迹方程为

$$G(s)H(s) = 1 \qquad\qquad (4-35)$$

其幅值条件和辐角条件分别为

$$|G(s)H(s)| = 1 \qquad\qquad (4-36)$$

$$\angle G(s)H(s) = \pm 2k\pi, \quad k = 0, 1, 2, \cdots \qquad (4-37)$$

与负反馈的幅值条件和辐角条件比较可知，幅值条件相同，而辐角条件是不同的。负反馈系统的辐角条件是 180°等辐角条件，正反馈系统则是 0°等辐角条件，所以通常称负反馈系统的根轨迹为常规根轨迹或 180°根轨迹，称正反馈系统的根轨迹为 0°根轨迹。

由正反馈系统的根轨迹方程绘制正反馈回路的根轨迹时，需要对根轨迹绘制法则作如下修改：

**法则 3**　渐近线与实轴正方向上的夹角 $\varphi_a$ 为

$$\varphi_a = \frac{\pm 2k\pi}{n-m}, \quad k = 0, 1, 2, \cdots \qquad (4-38)$$

**法则 4**　实轴上存在根轨迹的条件是其右边的开环零、极点数目之和为偶数。

**法则 6**　根轨迹的出射角、入射角的计算公式为

$$\theta_p = \sum_{j=1}^{m} \varphi_{ji} - \sum_{j=1}^{n} \theta_{ji} \qquad (4-39)$$

$$\varphi_z = \sum_{j=1}^{n} \theta_{ji} - \sum_{j=1}^{m} \varphi_{ji} \qquad (4-40)$$

**【例 4-7】**　设单位正反馈系统的开环传递函数为 $G(s)H(s) = \dfrac{K^*}{s(s+1)(s+5)}$，试绘制开环根轨迹增益 $K^* = 0 \to \infty$ 变化时的根轨迹。

**解**　由于该系统是正反馈控制系统，因此当 $K^* = 0 \to \infty$ 变化时的根轨迹是 0°根轨迹，则利用 0°根轨迹法绘制该系统的闭环根轨迹，步骤如下：

（1）根轨迹起点在 0、$-1$、$-5$，共有 3 支，终点均在无穷远处。

（2）趋于无穷远处的根轨迹的渐近线与实轴相交于 $-2$，夹角由式（4-38）计算，结果为 0°、120°、240°。

（3）实轴上根轨迹的区间为 $[-5, -1]$ 和 $(0, +\infty)$。

（4）根轨迹的分离点 $s_1 = -3.52$ 或 $s_2 = -0.48$，由于 $-0.48$ 不在根轨迹上，因此根轨迹分离点为 $-3.52$，分离角为 $\pm 90°$。

该 0°根轨迹如图 4-22 所示。

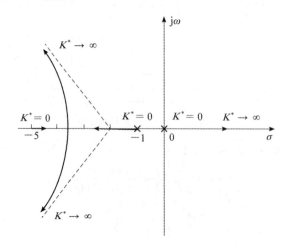

图 4-22　例 4-7 系统的根轨迹

若正反馈系统的开环传递函数为 $G(s)H(s) = K^* \dfrac{\prod\limits_{j=1}^{m}(s+z_j)}{\prod\limits_{i=1}^{n}(s+p_i)}$ ，则根轨迹方程式

(4 - 35)可以写为

$$K^* \frac{\prod\limits_{j=1}^{m}(s+z_j)}{\prod\limits_{i=1}^{n}(s+p_i)} = 1$$

与负反馈系统的根轨迹方程比较可知，正反馈系统的根轨迹就是开环传递函数相同的负反馈系统当根轨迹增益 $K^*$ 从 0 变化到 $-\infty$ 时的根轨迹，因此可将负反馈系统和正反馈系统的根轨迹合并，得到 $K^*$ 在 $(-\infty, \infty)$ 整个区间的根轨迹。

在应用中，除了上述正反馈时用到 0°根轨迹之外，对于在 $s$ 平面右半平面有开环零、极点的系统作图时，有时也要用到 0°根轨迹。

若系统的开环传递函数为

$$G(s)H(s)=\frac{K(1-\tau s)}{s(1+Ts)}=\frac{-K\tau\left(s-\dfrac{1}{\tau}\right)}{s\left(s+\dfrac{1}{T}\right)}=-K^*\frac{s-z}{s(s+p)}$$

该系统在 $s$ 右半平面有零点，称为非最小相位系统。由于根轨迹方程 $G(s)H(s)=-1$，即 $K^* \dfrac{s-z}{s(s+p)}=1$ 与式(4 - 35)有相同的形式，因此应绘制 $K^*$ 从 0 变化到 $\infty$ 时的 0°根轨迹。

## 4.4  根轨迹图绘制举例

MATLAB 软件中提供了 rlocus()函数，可以用来绘制给定系统的根轨迹，它的调用格式有 rlocus(num, den)、rlocus(num, den, $K$)、rlocus($G$)和 rlocus($G$, $K$)。

以上给定命令可以在屏幕上画出根轨迹图，其中 $G$ 为开环传递函数，$K$ 为用户自己选择的增益向量。如果用户不给出 $K$ 向量，则该命令函数会自动选择 $K$ 向量。如果在函数调用中需要返回参数，则调用格式将引入返回变量，如$[R, K]$＝rlocus($G$)。引入返回变量后屏幕上不显示图形，返回变量 $R$ 为根轨迹各分支线上的点构成的复数矩阵，$K$ 向量的每一个元素对应于 $R$ 矩阵中的一行。

MATLAB 软件中还提供了一个 rlocfind()函数，该函数允许求取根轨迹上指定点处的开环增益值，并将该增益下所有的闭环极点显示出来。该函数的调用格式为$[K, P]$＝rlocfind($G$)。运行该函数后，用户可以用鼠标左键点击所关心的根轨迹上的点，观察选择点对应的开环增益，同时，返回的 $P$ 变量则为该增益下所有的闭环极点位置，并自动地将该增益下所有的闭环极点直接在根轨迹曲线上显示出来。

【例 4 - 8】 已知开环传递函数 $G(s)=\dfrac{K(s^2+2s+4)}{s^5+11.4s^4+39s^3+43.6s^2+24s}$，试用 MATLAB 绘制单位反馈系统的根轨迹。

编写的程序如下：

```
num = [ 1, 2, 4 ];
den = [l, 11.4, 39, 43.6, 24, 0];
G = tf( num , den);
rlocus(G)；grid   %调用 MATLAB 自带函数 rlocus 直接绘制根轨迹，并绘制网格
```

程序运行结果如图 4-23 所示。

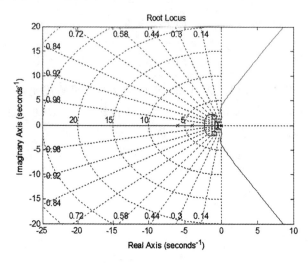

图 4-23　运行结果

有关 MATLAB 函数格式说明如下：

（1）rlocus 函数的格式 1。rlocus($G$)用于绘制单位反馈系统开环传递函数 $G$ 的系统根轨迹，函数默认的参变量是系统的开环根增益，即当 $K$ 变化时闭环特征方程 $1+KG(s)=0$ 的根轨迹，其中 $K$ 的变化范围为 0 到无穷大。

（2）rlocus 函数的格式 2。rlocus($G,K$)根据定义的增益 $K$，绘制开环 $G$ 的根轨迹，其中 $K$ 可在不同的间隔区域取值。

（3）rlocus 函数的格式 3。$[R,K]=$rlocus($G$)不绘制根轨迹，但返回在不同增益 $K$ 时闭环系统特征根的位置。$R=$rlocus($G,K$)用于对特定的增益 $K$ 计算特征根的位置。

【例 4-9】　已知系统开环传递函数模型为 $G_k(s)=\dfrac{K}{s(s+1)(s+2)}=KG_0(s)$，使用 MATLAB 绘制单位反馈系统的根轨迹，并求取系统稳定情况下 $K$ 的取值范围。

编写的程序如下：

```
G=tf(l, [conv ( [1, 1], [1, 2]), 0]);   %调用多项式转换函数 conv 得到分母的系数
rlocus( G);
grid
title ('Root_ Locus Plot of G (s)= K/[s(s + 1)(s+2)]')    %添加坐标系标题
xlabel('real Axis')   %添加坐标系标题
ylabel('Imag Axis')   %添加坐标系标题
[K, P] = rlocfind(G)
```

运行程序后，绘制的根轨迹如图 4-24 所示，用鼠标点击根轨迹上与虚轴相交的点（很难精确到实部完全为 0），在命令窗口中可得到如下结果：

```
selected_point =
```

　　0.0024 ＋ 1.4348i

K ＝

　　6.1860

P ＝

　　－3.0168 ＋ 0.0000i

　　0.0084 ＋ 1.4319i

　　0.0084 － 1.4319i

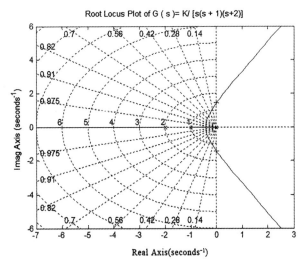

图 4 - 24　绘制的根轨迹

　　因此要想使此闭环系统稳定，其增益范围应为 $0 < K < 6.1860$。

【例 4 - 10】　对于单位负反馈系统，编写程序分别绘制当 $G(s) = \dfrac{K(s+1)}{s^2(s+a)}$，$a = 10，9$，

$8，3$ 和 $1$ 时系统的根轨迹，并就结果进行分析。

　　当 $a = 10$ 时，根轨迹如图 4 - 25 所示。

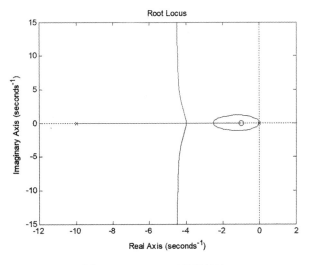

图 4 - 25　$a = 10$ 时的根轨迹

当 $a=9$ 时，根轨迹如图 4 - 26 所示。

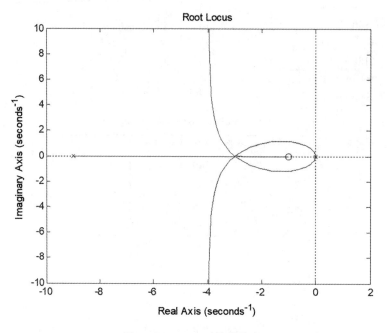

图 4 - 26　$a=9$ 时的根轨迹

当 $a=8$ 时，根轨迹如图 4 - 27 所示。

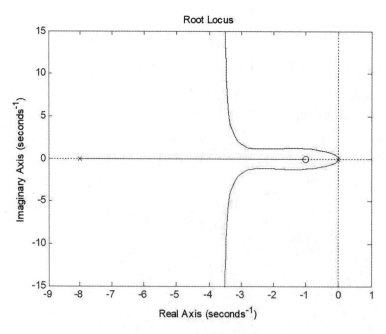

图 4 - 27　$a=8$ 时的根轨迹

当 $a=3$ 时，根轨迹如图 4 - 28 所示。

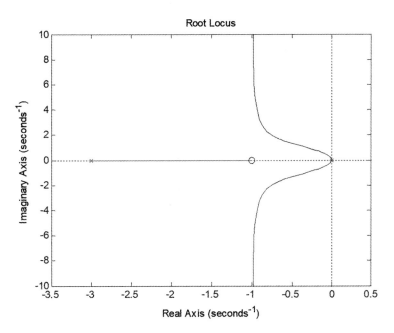

图 4 - 28 $a=3$ 时的根轨迹

当 $a=1$ 时，根轨迹如图 4 - 29 所示。

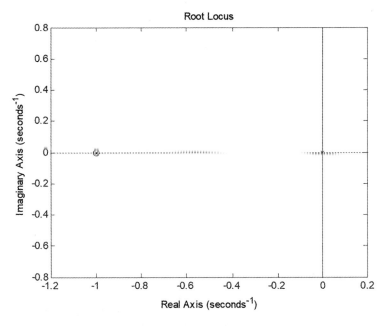

图 4 - 29 $a=1$ 时的根轨迹

**分析:**

令 $G(s)=\dfrac{K(s+1)}{s^2(s+a)}=-1$，即 $K=-\dfrac{s^2(s+a)}{(s+1)}$，令 $\dfrac{\mathrm{d}K}{\mathrm{d}s}=0$，得 $2s^2+(3+a)s+2a=0$，$(3+a)^2-4\times2\times2a=(a-1)(a-9)$。

当 $a=1$ 或 $a=9$ 时，有唯一根，则根轨迹在实轴上的分离点只有一个，如图 4 - 26、图

4 - 29 所示。

当 1<a<9 时，Δ<0，方程无实根，根轨迹在实轴上除原点外无分离点，如图 4 - 27、图 4 - 28 所示。

当 a>9 时，Δ>0，方程有两个实根。又因为 $\begin{cases} 2(-1)^2-(3+a)+2a>0 \\ 2(-a)^2-a(3+a)+2a>0 \end{cases}$ 在 a>9 时恒成立，根在(−a，−1)段，所以根轨迹在实轴上有两个不同的分离点，如图 4 - 25 所示。

# 4.5  线性系统的根轨迹分析

根轨迹法分析是根据系统的结构和参数绘制出系统的根轨迹图后，利用根轨迹图来对系统进行性能分析的方法。

## 4.5.1  主导极点与偶极子

在经典控制理论中，控制系统设计的重要评价取决于系统的单位阶跃响应，应用根轨迹法可以迅速确定系统在某一开环增益或某一参数值下的闭环零、极点位置，从而得到相应的闭环传递函数。这时可以利用拉氏反变换法确定系统的单位阶跃响应，再由阶跃响应求出系统的各项性能指标。然而在系统初步设计过程中，重要的往往不是如何求出系统的阶跃响应，而是如何根据已知的闭环零、极点去定性地分析系统的性能。在工程实践中，常常采用主导极点的概念对高阶系统进行近似分析。例如，研究具有如下闭环传递函数的系统：

$$\Phi(s) = \frac{20}{(s+10)(s^2+2s+2)} \qquad (4-41)$$

该系统的单位阶跃响应为

$$h(t) = 1 - 0.024e^{-10t} + 1.55e^{-t}\cos(t+129°)$$

指数项是由闭环极点 $s_1 = -10$ 产生的，衰减余弦项是由闭环复数极点 $s_{2,3} = -1 \pm j$ 产生的。比较两者可见，指数项衰减迅速且幅值很小，因而可忽略。因此：

$$h(t) \approx 1 + 1.55e^{-t}\cos(t+129°)$$

上式表明，系统的动态性能基本上由接近虚轴的闭环极点确定，这样的极点称为主导极点。因此，主导极点定义为对整个时间响应过程起重要作用的闭环极点。必须注意，时间响应分量的消逝速度，除取决于相应闭环极点的实部值外，还与该极点处的留数，即闭环零、极点之间的相互位置有关。所以，只有既接近虚轴，又不十分接近闭环零点的闭环极点，才可能成为主导极点。

如果闭环零、极点相距很近，那么这样的闭环零、极点常称为偶极子。偶极子有实数偶极子和复数偶极子之分，而复数偶极子必共轭出现。不难看出，只要偶极子不十分接近坐标原点，它们对系统动态性能的影响就很小，从而可以忽略它们的存在。例如，研究具有下列闭环传递函数的系统：

$$\Phi(s) = \frac{2\alpha}{\alpha+\delta} \frac{s+\alpha+\delta}{(s+\alpha)(s^2+2s+2)} \qquad (4-42)$$

在这种情况下，闭环系统有一对复数极点 −1±j、一个实数极点 −α 和一个实数零点 −(α+δ)。假定 δ→0，即实数闭环零、极点十分接近，从而构成偶极子，同时假定实数极点

$-\alpha$ 不非常接近坐标原点，则式(4 - 42)所示系统的单位阶跃响应为

$$h(t) = 1 - \frac{2\delta}{(\alpha + \delta)(\alpha^2 - 2\alpha + 2)} e^{-\alpha t} + \frac{2\alpha}{\alpha + \delta} \frac{\sqrt{1 + (\alpha + \delta - 1)^2}}{\sqrt{2} \sqrt{1 + (\alpha - 1)}} e^{-t} \times$$

$$\sin\left(t + \arctan \frac{1}{\alpha + \delta - 1} - \arctan \frac{1}{\alpha - 1} - 135°\right)$$

$$(4 - 43)$$

考虑到 $\delta \to 0$，式(4 - 43)可简化为

$$h(t) = 1 - \frac{2\delta}{\alpha(\alpha^2 - 2\alpha + 2)} e^{-\alpha t} + \sqrt{2} e^{-t} \sin(t - 135°) \qquad (4 - 44)$$

在关于 $\delta$ 和 $\alpha$ 的假定下，式(4 - 44)可进一步简化为

$$h(t) \approx 1 + \sqrt{2} e^{-t} \sin(t - 135°)$$

此时，偶极子的影响完全可以略去不计。系统的单位阶跃响应主要由主导极点 $-1 \pm j$ 决定。如果偶极子十分接近原点，即 $\alpha \to 0$，那么式(4 - 44)只能化简为

$$h(t) \approx 1 - \frac{\delta}{\alpha} + \sqrt{2} e^{-t} \sin(t - 135°)$$

这时，$\delta$ 与 $\alpha$ 是可以相比的，$\delta/\alpha$ 不能略去不计，所以接近坐标原点的偶极子对系统动态性能的影响必须考虑。然而不论偶极子接近坐标原点的程度如何，它们并不影响系统主导极点的地位。复数偶极子同样也具备上述性质。

具体确定偶极子时可以采用经验法则。经验指出，如果闭环零、极点之间的距离比它们本身的幅值小一个数量级，则这一对闭环零、极点就构成了偶极子。

## 4.5.2　主导极点法

在工程计算中，采用主导极点代替系统全部闭环极点来估算系统性能指标的方法称为主导极点法。采用主导极点法时，在全部闭环极点中，选取最靠近虚轴而又不十分靠近闭环零点的一个或几个闭环极点作为主导极点，略去不十分接近原点的偶极子，以及比主导极点距虚轴远 6 倍以上的闭环零、极点。这样一来，在设计中所遇到的绝大多数有实际意义的高阶系统就可以简化为只有一两个闭环零点和两三个闭环极点的系统，因而可用比较简便的方法来估算高阶系统的性能。为了使估算得到满意的结果，选留的主导零点数不要超过选留的主导极点数。

在许多实际应用中，比主导极点距虚轴远 2～3 倍的闭环零、极点也常可放在略去之列。此外，用主导极点代替全部闭环极点绘制系统时间响应曲线时，形状误差仅出现在曲线的起始段，而主要决定性能指标的曲线中、后段其形状基本不变。应当注意，输入信号极点不在主导极点的选择范围之内。

最后指出，在略去偶极子和非主导零、极点的情况下，闭环系统的放大系数常会发生改变，必须注意核算，否则将导致性能的估算错误。

## 4.5.3　系统闭环零、极点的分布与性能指标

闭环系统零、极点位置对时间响应性能的影响，可以归纳为以下几点：

(1) 稳定性。如果闭环极点全部位于 $s$ 左半平面，则系统一定是稳定的，即稳定性只与

闭环极点位置有关,而与闭环零点位置无关。

(2) 运动形式。如果闭环系统无零点,且闭环极点均为实数极点,则时间响应一定是单调的;如果闭环极点均为复数极点,则时间响应一般是振荡的。

(3) 超调量。超调量主要取决于闭环复数主导极点的衰减率$\dfrac{\sigma_1}{\omega_d}=\dfrac{\xi}{1-\xi^2}$,并与其他闭环零、极点接近坐标原点的程度有关。

(4) 调节时间。调节时间主要取决于最靠近虚轴的闭环复数极点的实部绝对值$\sigma_1=\xi\omega_n$。如果实数极点距虚轴最近,并且它附近没有实数零点,则调节时间主要取决于该实数极点的幅值。

(5) 实数零、极点影响。零点减小系统阻尼,使峰值时间提前,超调量增大;极点增大系统阻尼,使峰值时间滞后,超调量减小。它们的作用随着其本身接近坐标原点的程度而加强。

(6) 偶极子及其处理。如果零、极点之间的距离比它们本身的幅值小一个数量级,则它们就构成了偶极子。远离原点的偶极子,其影响可略;接近原点的偶极子,其影响必须考虑。

(7) 主导极点。在 $s$ 平面上,最靠近虚轴而附近又无闭环零点的一些闭环极点对系统性能影响最大,称为主导极点。凡比主导极点的实部大 6 倍以上的其他闭环零、极点,其影响均可忽略。

## 4.5.4　增加开环零、极点对根轨迹的影响

【例 4-11】　对于单位负反馈系统,编写程序分别绘制当 $G(s)$ 为以下表达式时的根轨迹。

(1) $G(s)=\dfrac{K}{s(s+2)}$。

程序如下:

```
sys=zpk([],[0 -2],1);
rlocus(sys);
rlocfind(sys);
```

绘制的根轨迹如图 4-30 所示。

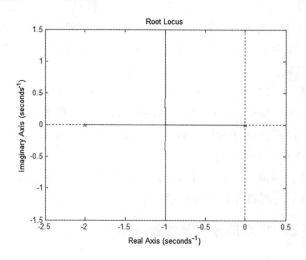

图 4-30　绘制的根轨迹

**分析**：渐近线与实轴交点 $\sigma_A = \dfrac{-2}{2-0} = -1$，渐近线倾角 $\theta = \dfrac{180° \times (2K+1)}{2}$，当 $K = 0$，1 时，$\theta = 90°$，$270°$，实轴上的根轨迹为 $[-2, 0]$ 段，与实验结果相同。

(2) $G(s) = \dfrac{K}{s(s+2)(s+4)}$。

程序如下：

```
sys=zpk([],[0 -2 -4],1);
rlocus(sys);
rlocfind(sys);
```

绘制的根轨迹如图 4-31 所示。

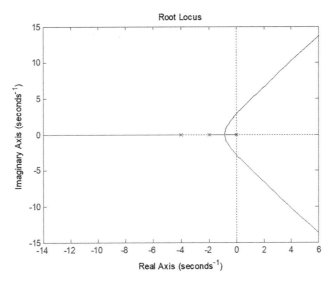

图 4-31　绘制的根轨迹

**分析**：渐近线与实轴交点 $\sigma_A = \dfrac{-2-4}{3-0} = -2$，渐近线倾角 $\theta = \dfrac{180° \times (2K+1)}{3}$，当 $K = 0$，1，2 时，$\theta = 60°$，$180°$，$300°$。令 $G(s) = \dfrac{K}{s(s+2)(s+4)} = -1$，即 $K = -s(s+2)(s+4)$。令 $\dfrac{\mathrm{d}K}{\mathrm{d}s} = 0$，则 $3s^2 + 12s + 8 = 0$，得 $s = -3.1547$，$-0.8453$，又实轴上根轨迹为 $[-\infty, -4]$、$[-2, 0]$ 段，所以分离点为 $(-0.8453, 0)$，与实验结果相同。

(3) $G(s) = \dfrac{K(s+4)}{s(s+2)}$。

程序如下：

```
sys=zpk([-4],[0 -2],1);
rlocus(sys);
rlocfind(sys)
```

绘制的根轨迹如图 4-32 所示。

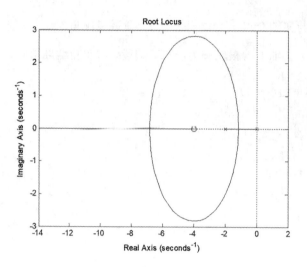

图 4 - 32 绘制的根轨迹

**分析**：开环零点为$(-4,0)$，开环极点有两个，都在实轴上，为$(-2,0)$、$(0,0)$，根轨迹为以$(-4,0)$为圆心、以$\sqrt{2\times4}=\sqrt{8}$为半径的圆。

(4) $G(s)=\dfrac{K(s+6)}{s(s+2)(s+4)}$。

程序如下：

```
sys=zpk([-6],[0 -2 -4],1);
rlocus(sys);
rlocfind(sys)
```

绘制的根轨迹如图 4 - 33 所示。

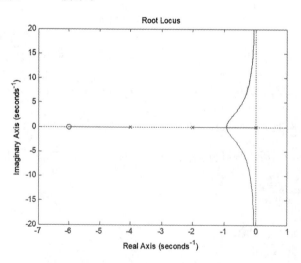

图 4 - 33 绘制的根轨迹

**分析**：渐近线与实轴交点 $\sigma_A=\dfrac{-2-4-(-6)}{3-1}=0$，渐近线倾角 $\theta=\dfrac{180°\times(2K+1)}{2}$，当 $K=0,1$ 时，$\theta=90°,270°$。

令 $G(s) = \dfrac{K(s+6)}{s(s+2)(s+4)} = -1$，即

$$K = -\frac{s(s+2)(s+4)}{s+6}$$

令 $\dfrac{\mathrm{d}K}{\mathrm{d}s} = 0$，化简得

$$s^3 + 12s^2 + 36s + 24 = 0$$

解得 $s = -7.7588, -3.3054, -0.9358$。

又实轴上根轨迹为 $[-6, -4]$、$[-2, 0]$ 段，所以分离点为 $(-0.9358, 0)$，与实验结果相同。

(5) $G(s) = \dfrac{K(s+4+\mathrm{j}2)(s+4-\mathrm{j}2)}{s(s+2)(s+4)}$。

程序如下：

```
sys=zpk([-4-2*j -4+2*j],[0 -2 -4],1);
rlocus(sys);
rlocfind(sys)
```

绘制的根轨迹如图 4-34 所示。

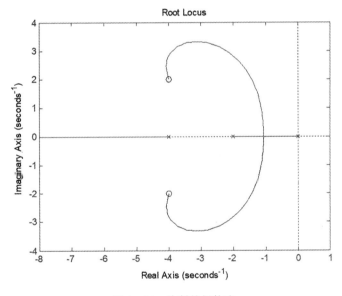

图 4-34　绘制的根轨迹

**分析**：渐近线与实轴交点 $\sigma_A = \dfrac{-2-4-(-4-\mathrm{j}2-4+\mathrm{j}2)}{3-2} = 2$，渐近线倾角 $\theta = \dfrac{180° \times (2K+1)}{3-2}$，当 $K = 0$ 时，$\theta = 180°$。

令 $G(s) = \dfrac{K(s+4+\mathrm{j}2)(s+4-\mathrm{j}2)}{s(s+2)(s+4)} = -1$，即

$$K = -\frac{s(s+2)(s+4)}{(s+4+\mathrm{j}2)(s+4-\mathrm{j}2)}$$

令 $\dfrac{\mathrm{d}K}{\mathrm{d}s}=0$，化简得

$$s^4+16s^3+100s^2+240s+160=0$$

解得 $s=-5.8263+3.4505\mathrm{i}$，$-5.8263-3.4505\mathrm{i}$，$-3.2853$，$-1.0622$。

又实轴上根轨迹为 $[-\infty,-4]$、$[-2,0]$ 段，分离点在实轴上，所以分离点为 $(-1.0622,0)$，与实验结果相同。

从以上实验中可以看出，给系统增加开环零点，可以使系统根轨迹向左偏移，从而使系统的动态性能更好；给系统增加开环极点，可使系统根轨迹向右偏移，系统的稳定性减弱。

# 4.6　线性系统根轨迹的 MATLAB 绘制分析

## 4.6.1　绘制根轨迹图

利用 MATLAB 绘制根轨迹的一般步骤如下：

（1）将特征方程写成 $1+K\dfrac{P(s)}{Q(s)}=0$ 的形式，其中 $K$ 为所研究的对象的变化参数，得到等效开环传递函数 $G=K\dfrac{P(s)}{Q(s)}$。

（2）调用 rlocus 命令绘制根轨迹。

【例 4-12】　已知单位负反馈的开环传递函数如下：

$$G(s)=\frac{5}{(s+2)(s+K)}$$

试画出 $K$ 从 0 变化到无穷时的根轨迹图，并求出系统临界阻尼时对应的 $K$ 值及其闭环极点。

**解**　由题意知，系统的闭环特征多项式如下：

$$s^2+2s+Ks+2K+5=s^2+2s+5+K(s+2)=0$$

等效开环传递函数如下：

$$G^*(s)=\frac{K(s+2)}{s^2+2s+5}$$

下面调用 rlocus 命令绘制根轨迹，MATLAB 程序如下：

```
G=tf([1, 2], [1, 2, 5]);
figure(1);
pzmap(G);
figure(2);
rlocus(G);
rlocfind(G);
```

图 4-35 和图 4-36 分别为上述 MATLAB 程序执行后得到的零极点分布图和根轨迹图。

为了计算系统在临界阻尼时对应的 $K$ 值和闭环极点，可在上述 MATLAB 程序执行之后，在 MATLAB 命令窗口键入下列指令：

```
rlocfind(G)        %确定增益及其相应的闭环极点
```

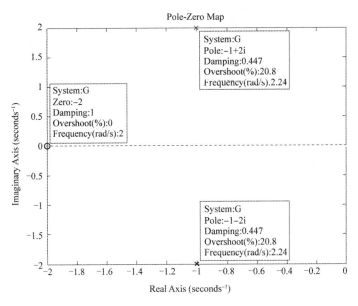

图 4 - 35　零极点分布图

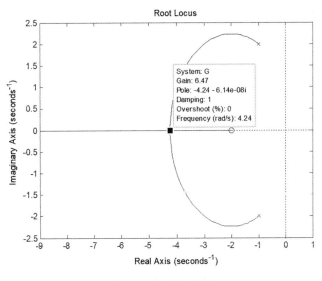

图 4 - 36　根轨迹图

执行 rlocfind 命令后，MATLAB 将在根轨迹图上出现"＋"提示符，通过鼠标将提示符移到相应的位置，然后按回车键，所选闭环根及其对应的参数 $K$ 就会在命令行显示，结果如下：

$$K=6.47, s=-4.24$$

## 4.6.2　根轨迹上特殊的点

### 1. 根轨迹的分离点或会合点

根轨迹的对称性表明根轨迹的分离点和会合点位于实轴或发生于共轭复数对中。根轨迹的分离点和会合点是根轨迹方程的重根，但方程的重根不一定都是分离点或会合点，只有位于根轨迹上的重根才是根轨迹的分离点或会合点。

【例 4 - 13】　单位反馈系统的开环传递函数 $G(s)=K\dfrac{s^2+1}{s^2+2s}$，试绘制系统的根轨迹并求出根轨迹的分离点。

编写的程序如下：

```
num = [ 1, 0, 1 ];
den = [ 1, 2, 0 ];
G = tf( num, den);
rlocus(G);    ％调用自编函数求取分离点或会合点，调用以下函数时，必须先编好 dkds
              ％函数，并放到 MATLAB 当前工作目录中
[k, s] = dkds( G);
```

运行后得到 $K=1.6180$，$s=-0.6180$，即分离点为 $-0.6180$，此时 $K$ 的值等于 1.6180，系统的根轨迹图如图 4 - 37 所示。

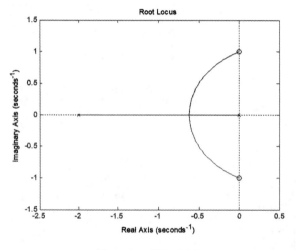

图 4 - 37　根轨迹图

程序中使用了计算根轨迹分离点或会合点的自编函数 dkds 函数。函数的源代码如下：

```
function [ K, s ] = dkds (G)
G = tf(G);
num G. num{1};
den = G. den{1};
dt = get (G, 'inputdelay');
symsnums dens;
a1 = conv(den, polyder (num));
a2 = conv(num, polyder (den));
a2 = ([ zeros (1 , length (a2) − length (al) ) , al] − a2);
a12 = dt * conv(num, den);
ss = roots ([ zeros (1 , length (al2) − length (al 1 )) , al 1 ] − al2) ; K = [];
s = []; fori = 1 : length (ss);
nums = poly2syra(num, 's');
dens = poly2sym(den, 'sr');
```

```
kk(i) = - subs (nums/dens, 's', ss (i));
    if kk(i)>0;
            K = [K, kk (i)];
            s = [s, ss (i)];
    end;
    end;
```

函数 dkds 用于计算分离点或会合点的 $s$ 值和对应的增益 $K$。实际上，例 4-13 的分离点方程有两个根，其中一个根对应的 $K$ 为负值，因此在 dkds 函数运行时已被删除。dkds 函数的格式为 $[K, s]=$ dkds$(G)$。

**2. 根轨迹与虚轴的交点**

计算根轨迹与虚轴的交点有多种方法，其中包括用劳斯判据确定与虚轴交点的手算方法，以及用 $s=$ j$\omega$ 代入并根据实部为 0 来获得交点的 $\omega$ 和对应的 $K$ 值的方法。

【例 4-14】 根轨迹与虚轴交点的频率和增益。

编写的程序如下：

```
num = [1, 2, 4];
den = [1, 11.4 , 39 , 43.6 , 24 , 0];
G = tf(num, den);
rlocus(G);    %调用自编函数求取与虚轴的交点，调用以下函数时，必须先编好 critif 函
              %数，并放到 MATLAB 当前工作目录中
grid
[K, wcg] = critif(G);
```

运行后得到：

```
K =15. 6153      67. 5209      163. 5431
wcg=1. 2132      2. 1510       3. 7551
```

程序只得到根轨迹与虚轴上半部分相交的 $\omega$ 值。由根轨迹的对称性易知，根轨迹与虚轴下半部分相交的 $\omega$ 值即为以上值的相反数。

程序中使用了计算根轨迹与虚轴交点的自编函数 critif 函数。函数的源代码如下：

```
function [ K, Wcg ] = critif (G)
G = tf (G);
num = G. num{1};
den = G. den {1};
AG = allmargin(G) ;
Wcg = AG. GMFrequency;
K = AG. GainMargin;
```

critif 函数的格式为 $[K, $ Wcg$]=$ critif$(G)$，已知开环传递函数 $G$，函数输出系统根轨迹与虚轴交点处的频率 Wcg 和相应的增益 $K$。

## 4.6.3 $K$ 值确定下系统的稳定性

【例 4-15】 开环系统的传递函数为

$$G(s)H(s)=\frac{K^*(s+3)}{(s^2+6s+5)^2}$$

绘制系统的根轨迹，并分析系统的稳定性。

MATLAB 程序如下：

```
num=[1, 3];
den1=[1, 6, 5];
den=conv(den1, den1);
figure(1)
rlocus(num, den)
[k, p]=rlocfind(num, den)
figure(2)
K=159;
num1=k * [1, 3];
den=[1, 6, 5];
den1=conv(den, den);
[num, den]=cloop(num1, den1, −1);
impulse(num, den)
title('Impulse Response (K=160)')
% analyzing the stability
figure(3)
K=161
num1=k * [1, 3];
den=[1, 6, 5];
den1=conv(den, den);
[num, den]=cloop(num1, den1, −1);
impulse(num, den);
title('Impulse Response (K=161)')
```

由第 1 段程序得到根轨迹后，将十字线移到根轨迹与虚轴的交点上，可得到在交点处 $K^*=160$，因此可知，使系统临界稳定的根轨迹增益 $K^*=160$，根轨迹如图 4-38(a)所示。当系统的根轨迹增益 $K^*=159$ 时，系统是稳定的，但系统的阻尼非常小，超调量近似为 100％，已接近临界稳定的状态。当 $K^*=161$ 时，系统具有正实部的复数极点，系统不稳定。执行第 2、3 段程序后，得到图 4-38(b)和(c)。由图 4-38(b)和(c)可清楚看到，当 $K^*=159$ 时，闭环系统的脉冲响应是收敛的，故系统稳定；而当 $K^*=161$ 时，闭环系统的脉冲响应是发散的，故系统不稳定。

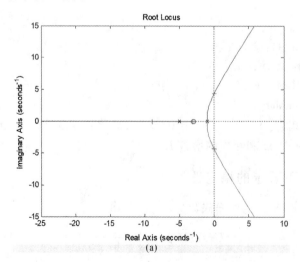

(a)

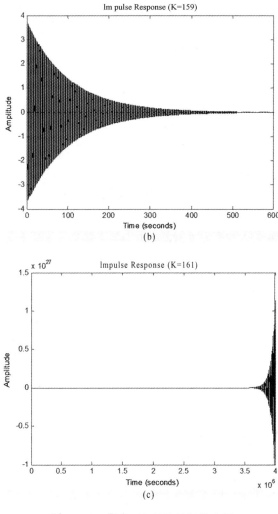

图 4-38　例 4-15 系统的根轨迹图

# 4.7　本章小结

本章首先介绍根轨迹的基本概念，根轨迹与系统性能之间的关系，根轨迹方程的导出，以及根据一些条件绘制简单系统的根轨迹；接着讨论绘制概略根轨迹的基本法则和确定闭环极点的方法，并介绍了广义根轨迹；最后讲解了线性系统根轨迹的 MATLAB 绘制方法。

# 习　题

4-1　系统的开环传递函数为

$$G(s)H(s)=\frac{K^*}{(s+1)(s+2)(s+4)}$$

试证明 $s_1 = -1 + j\sqrt{3}$ 在根轨迹上，并求出相应的根轨迹增益 $K^*$ 和开环增益 $K$。

4-2　已知单位反馈系统的开环传递函数如下，试求参数 $b$ 从零变化到无穷大时的根轨迹方程，并写出 $b=2$ 时系统的闭环传递函数。

(1) $G(s) = \dfrac{20}{(s+4)(s+b)}$;

(2) $G(s) = \dfrac{10(s+2b)}{s(s+2)(s+b)}$。

4-3　已知单位反馈系统的开环传递函数 $G(s) = \dfrac{2s}{(s+4)(s+b)}$，试绘制参数 $b$ 从零变化到无穷大时的根轨迹，并写出 $s=-2$ 这一点对应的闭环传递函数。

4-4　已知单位反馈系统的开环传递函数，试概略绘出系统的根轨迹。

(1) $G(s) = \dfrac{K}{s(0.2s+1)(0.5s+1)}$;

(2) $G(s) = \dfrac{K(s+1)}{s(2s+1)}$;

(3) $G(s) = \dfrac{K^*(s+5)}{s(s+2)(s+3)}$;

(4) $G(s) = \dfrac{K^*(s+1)(s+2)}{s(s-1)}$。

4-5　已知单位反馈系统的开环传递函数为

$$G(s) = \frac{K}{s(0.02s+1)(0.01s+1)}$$

(1) 绘制系统的根轨迹；

(2) 确定系统临界稳定时开环增益 $K$ 的值；

(3) 确定系统临界阻尼比时开环增益 $K$ 的值。

4-6　已知系统的开环传递函数为 $G(s)H(s) = \dfrac{K^*}{s(s^2+8s+20)}$，要求绘制根轨迹并确定系统阶跃响应无超调时开环增益 $K$ 的取值范围。

4-7　单位反馈系统的开环传递函数为

$$G(s) = \frac{K(2s+1)}{(s+1)^2\left(\frac{4}{7}s-1\right)}$$

试绘制系统根轨迹，并确定使系统稳定的 $K$ 值范围。

4-8　已知控制系统的开环传递函数如下：

$$G(s)H(s) = \frac{K^*(s+2)}{(s^2+4s+9)^2}$$

试绘制系统根轨迹(要求求出起始角)。

4-9　已知系统开环传递函数如下：

(1) $G(s) = \dfrac{\frac{1}{4}(s+a)}{s^2(s+1)}$, $a>0$;

(2) $G(s) = \dfrac{2.6}{s(0.1s+1)(Ts+1)}$, $T>0$。

试分别绘制以 $a$ 和 $T$ 为变化参数的根轨迹。

4-10　已知系统的开环传递函数如下：

$$G(s)H(s)=\frac{K^*(s+1)}{(s-1)^2(s+18)}$$

试概略绘出相应的根轨迹，并求出所有根为负实根时开环增益 $K$ 的取值范围及系统稳定时 $K^*$ 的值。

4-11　已知系统结构如题 4-11 图所示，试绘制时间常数 $T$ 变化时系统的根轨迹，并分析参数 $T$ 的变化对系统动态性能的影响。

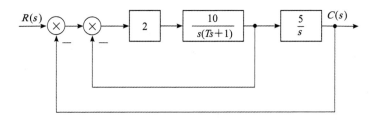

题 4-11 图　系统结构

4-12　控制系统的结构如题 4-12 图所示，试概略绘制其根轨迹 $(K^*>0)$。

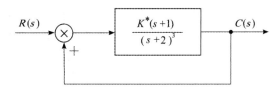

题 4-12 图　控制系统的结构

4-13　设单位反馈系统的开环传递函数为 $G(s)=\dfrac{K^*(1-s)}{s(s+2)}$，试绘制其根轨迹，并求出使系统产生重实根和纯虚根的 $K^*$ 值。

# 第 5 章　控制系统的频率特性

　　时域瞬态响应法是分析控制系统的直接方法，比较直观，但对于高阶系统，如果不借助计算机，分析非常烦琐，尤其在系统设计方面，到目前为止还没有直接按时域指标进行系统设计的通用方法。

　　频率特性法是一种工程上广泛采用的分析和综合系统的间接方法。它是一种图解方法，利用系统的频率响应图以及频率响应与时域响应之间的某些关系进行系统的分析和设计。

　　频率特性法不用求解系统的特征根，只要求出系统的开环频率特性就可以迅速判断闭环系统的稳定性，而且系统的开环频率特性容易绘制或可用实验方法测出来，这对那些难以用解析法确定其数学模型的系统来说是非常有用的。系统的频率特性和系统的时域响应之间也存在对应关系，即可通过系统的频率特性分析系统的稳定性、瞬态性能和稳态性能等。用频率特性法设计系统还应考虑噪声的影响，并且在一定的前提条件下对某些非线性系统也很有用。

　　另外，除了电路与频率特性有着密切关系外，在机械工程中机械振动与频率特性也有着密切的关系。机械受到一定频率的作用力时产生强迫振动，由于内反馈，还会引起自激振动。机械振动学中的共振频率、频谱密度、动刚度、抗振稳定性等概念都可归结为机械系统在频率域中表现的特性。频率特性法能简便而清晰地建立这些概念。

　　本章主要介绍频率特性的基本概念、典型环节的频率特性以及系统开环频率特性的绘制、奈奎斯特稳定判据、频率特性与时域响应的关系。

## 5.1　频率特性的基本概念

### 5.1.1　频率特性的定义

　　设一个 $RC$ 网络如图 5-1 所示，其输入电压和输出电压分别为 $u_r(t)$ 和 $u_c(t)$，其相应的拉氏变换分别为 $U_r(s)$ 和 $U_c(s)$。该电路的传递函数为

$$G(s) = \frac{U_c(s)}{U_r(s)} = \frac{1}{Ts+1} \tag{5-1}$$

式中：$T$ 为时间常数，$T=RC$。

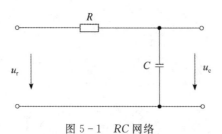

图 5-1　$RC$ 网络

若 $u_r(t) = U_r \sin\omega t$，则当初始条件为零时，输出电压的拉氏变换为

$$U_c(s) = G(s)U_r(s) = \frac{1}{Ts+1} \cdot \frac{\omega U_r}{s^2+\omega^2} = \frac{U_r}{T} \cdot \frac{1}{s+\dfrac{1}{T}} \cdot \frac{\omega}{(s-j\omega)(s+j\omega)}$$

$$= \frac{A}{s+\dfrac{1}{T}} + \frac{B}{s-j\omega} + \frac{C}{s+j\omega}$$

其中：

$$A = \lim_{s \to -\frac{1}{T}} \left[ \frac{U_r}{T} \cdot \frac{\omega}{s^2+\omega^2} \right] = \frac{T\omega U_r}{1+\omega^2 T^2}$$

$$B = \lim_{s \to j\omega} \left[ \frac{U_r}{T} \cdot \frac{\omega}{\left(s+\dfrac{1}{T}\right)(s+j\omega)} \right] = \frac{U_r}{\sqrt{1+\omega^2 T^2}} \cdot \frac{1}{2j} e^{-j\arctan\omega T}$$

$$C = \lim_{s \to -j\omega} \left[ \frac{U_r}{T} \cdot \frac{\omega}{\left(s+\dfrac{1}{T}\right)(s-j\omega)} \right] = \frac{U_r}{\sqrt{1+\omega^2 T^2}} \cdot \frac{1}{2j} e^{j\arctan\omega T}$$

所以

$$U_c(s) = \frac{T\omega U_r}{1+\omega^2 T^2} \cdot \frac{1}{s+\dfrac{1}{T}} + \frac{U_r}{\sqrt{1+\omega^2 T^2}} \cdot \frac{1}{2j} e^{-j\arctan\omega T} \cdot \frac{1}{s-j\omega} -$$

$$\frac{U_r}{\sqrt{1+\omega^2 T^2}} \cdot \frac{1}{2j} e^{j\arctan\omega T} \cdot \frac{1}{s+j\omega}$$

对上式取拉氏反变换：

$$u_c(t) = \frac{T\omega U_r}{1+\omega^2 T^2} e^{-\frac{t}{T}} + \frac{U_r}{\sqrt{1+\omega^2 T^2}} \frac{e^{j(\omega T - \arctan\omega T)} - e^{-j(\omega T - \arctan\omega T)}}{2j}$$

利用公式 $\sin x = \dfrac{e^{jx} - e^{-jx}}{2j}$，有

$$u_c(t) = \frac{T\omega U_r}{1+\omega^2 T^2} e^{-\frac{t}{T}} + \frac{U_r}{\sqrt{1+\omega^2 T^2}} \sin(\omega t - \arctan\omega T) \qquad (5-2)$$

式(5-2)的第一项为暂态分量，第二项为稳态分量。当 $t \to \infty$ 时，暂态分量趋于 0，这时电路的稳态输出为

$$u_c(t) \big|_{t \to \infty} = \frac{U_r}{\sqrt{1+\omega^2 T^2}} \sin(\omega t - \arctan\omega T) = U_c \sin(\omega t + \varphi_c) \qquad (5-3)$$

式中：$U_c$ 为输出电压的幅值，$U_c(s) = \dfrac{U_r}{\sqrt{1+\omega^2 T^2}}$；$\varphi_c$ 为输出电压的相角，$\varphi_c = -\arctan\omega T$。

由式(5-3)可知，网络对正弦输入信号的稳态响应仍然是同一个频率的正弦信号，但幅值和相角发生了变化，其变化取决于频率 $\omega$。这一结论可以推广到任意线性定常系统。

如果用 $A(\omega)$ 表示输出、输入正弦信号的幅值比，即

$$A(\omega) = \frac{U_c}{U_r} = \frac{1}{1+\omega^2 T^2} \qquad (5-4)$$

用 $\varphi(\omega)$ 表示输出、输入正弦信号的相角差，即

$$\varphi(\omega) = \varphi_c - \varphi_r = -\arctan\omega T \qquad (5-5)$$

　　则不难发现，$A(\omega)$ 和 $\varphi(\omega)$ 只与系统参数及正弦输入信号的频率有关。在系统结构和参数给定的情况下，$A(\omega)$ 和 $\varphi(\omega)$ 仅仅是 $\omega$ 的函数。因此，称 $A(\omega) = \dfrac{1}{1+\omega^2 T^2}$ 为 $RC$ 网络的幅频特性，称 $\varphi(\omega) = -\arctan\omega T$ 为 $RC$ 网络的相频特性。

　　若频率 $\omega$ 连续取不同的值，则可绘出 $RC$ 网络的幅频特性曲线和相频特性曲线，如图 5-2 所示。可见，当输入电压的频率较低时，输出电压和输入电压的幅值几乎相等，两电压间的相角滞后也不大。随着 $\omega$ 的增高，输出电压的幅值迅速减小，相角滞后亦随之增加。当 $\omega \to \infty$ 时，输出电压的幅值趋向于 $0$，而相角滞后接近 $90°$。

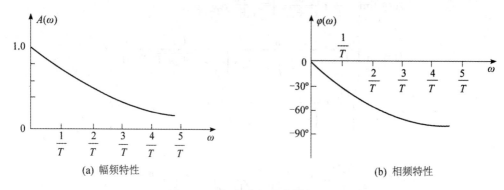

(a) 幅频特性　　　　　　　　　　　　　　　　(b) 相频特性

图 5-2　$RC$ 网络的频率特性曲线

　　由于输入、输出信号（稳态时）均为正弦函数，因此可用电路理论的符号法将其表示为复数形式，即输入为 $U_{\text{r}} \text{e}^{\text{j}0}$，输出为 $U_{\text{c}} \text{e}^{\text{j}\varphi_{\text{c}}}$，则输出与输入之比为

$$\frac{U_{\text{c}} \text{e}^{\text{j}\varphi_{\text{c}}}}{U_{\text{r}} \text{e}^{\text{j}0}} = \frac{U_{\text{c}}}{U_{\text{r}}} \text{e}^{\text{j}\varphi_{\text{c}}} = A(\omega) \text{e}^{\text{j}\varphi(\omega)} \tag{5-6}$$

　　由式（5-6）可知，输出与输入之比既有幅值 $A(\omega)$，又有相角 $\varphi(\omega)$，因此，在复平面上构成了一个完整的向量，即

$$\frac{1}{1+\omega^2 T^2} \text{e}^{-\text{j}\arctan\omega T} = \left| \frac{1}{1+\text{j}\omega T} \right| \text{e}^{\text{j}\angle \frac{1}{1+\text{j}\omega T}} = \frac{1}{1+\text{j}\omega T} \tag{5-7}$$

称为频率特性，通常用 $G(\text{j}\omega)$ 表示，即

$$G(\text{j}\omega) = A(\omega) \angle \varphi(\omega) = \frac{U_{\text{c}}}{U_{\text{r}}} \angle (\varphi_{\text{c}} - \varphi_{\text{r}}) \tag{5-8}$$

　　综上所述，可对频率特性的定义作如下陈述：线性定常系统在正弦信号作用下，稳态输出与输入之比与频率的关系称为系统的频率特性，记为 $G(\text{j}\omega)$，即

$$G(\text{j}\omega) = \frac{C(\text{j}\omega)}{R(\text{j}\omega)} = A(\omega) \angle \varphi(\omega) \tag{5-9}$$

## 5.1.2　频率特性与传递函数

　　设系统的输入信号、输出信号分别为 $r(t)$ 和 $c(t)$，其拉氏变换分别为 $R(s)$ 和 $C(s)$，则系统的传递函数为

$$G(s) = \frac{C(s)}{R(s)}$$

　　设传递函数具有如下形式：

$$G(s) = \frac{N(s)}{D(s)} = \frac{N(s)}{(s-p_1)(s-p_2)\cdots(s-p_n)} \tag{5-10}$$

式中：$p_1$，$p_2$，$\cdots$，$p_n$ 为传递函数的极点。为方便讨论并且不失一般性，设所有极点均为互异实数，即没有重根。

若输入信号为正弦函数，即

$$r(t) = R\sin\omega t$$

$$R(s) = \frac{R\omega}{s^2 + \omega^2} = \frac{R\omega}{(s-j\omega)(s+j\omega)} \tag{5-11}$$

则有

$$C(s) = G(s)R(s) = \frac{N(s)}{(s-p_1)(s-p_2)\cdots(s-p_n)} \cdot \frac{R\omega}{(s-j\omega)(s+j\omega)}$$

$$= \sum_{i=1}^{n} \frac{C_i}{s-p_i} + \frac{B_1}{s-j\omega} + \frac{B_2}{s+j\omega} \tag{5-12}$$

式中：$C_i$、$B_1$、$B_2$ 均为待定常数。

对式(5-12)求拉氏反变换，可得输出为

$$c(t) = \sum_{i=1}^{n} C_i e^{p_i t} + B_1 e^{j\omega t} + B_2 e^{-j\omega t} \tag{5-13}$$

对于稳定系统，闭环极点均为负实数。当 $t \to \infty$ 时，有 $\lim\limits_{t \to \infty} \sum\limits_{i=1}^{n} C_i e^{p_i t} \to 0$。所以，输出的稳态分量为

$$c_{ss}(t) = B_1 e^{j\omega t} + B_2 e^{-j\omega t} \tag{5-14}$$

式中：

$$B_1 = \lim_{s \to j\omega} G(s) \frac{R\omega}{s+j\omega} = G(j\omega)R \cdot \frac{1}{2j} \tag{5-15}$$

$$B_2 = \lim_{s \to -j\omega} G(s) \frac{R\omega}{s-j\omega} = G(-j\omega)R \cdot \frac{1}{-2j} \tag{5-16}$$

由于 $G(j\omega)$ 为复数，可写为

$$G(j\omega) = |G(j\omega)| e^{j\angle G(j\omega)} = A(\omega) e^{j\varphi(\omega)} \tag{5-17}$$

而且，$G(j\omega)$ 与 $G(-j\omega)$ 是共轭的，因此 $G(-j\omega)$ 可写成

$$G(-j\omega) = A(\omega) e^{-j\angle\varphi(\omega)} \tag{5-18}$$

将式(5-17)、式(5-18)分别代入式(5-15)、式(5-16)，得

$$B_1 = \frac{R}{2j} A(\omega) e^{j\varphi(\omega)}$$

$$B_2 = -\frac{R}{2j} A(\omega) e^{-j\varphi(\omega)}$$

再将 $B_1$、$B_2$ 之值代入式(5-14)，则有

$$c_{ss}(t) = R \cdot A(\omega) \frac{e^{j[\omega t+\varphi(\omega)]} - e^{-j[\omega t+\varphi(\omega)]}}{2j}$$

$$= R \cdot A(\omega)\sin[\omega t+\varphi(\omega)] = C\angle\varphi_c(\omega) \tag{5-19}$$

式中：$A(\omega) = C/R = |G(j\omega)|$，恰好是系统的幅频特性；$\varphi(\omega) = \varphi_c - \varphi_r = \angle G(j\omega)$，恰好是系统的相频特性。因此，系统的频率特性与传递函数之间存在如下关系：

$$G(j\omega) \underset{s=j\omega}{\overset{j\omega=s}{\rightleftharpoons}} G(s) \qquad\qquad (5-20)$$

需要指出的是，频率特性只适用于线性定常系统，否则不能使用拉氏变换。上述理论是在系统稳定的前提下推出来的，如果系统不稳定，则暂态分量不趋向于 0，系统响应也不趋向于稳态分量，无法观察系统的稳态响应。但理论上，系统的稳态分量总是可以分离出来的，并不依赖于系统的稳定性。另外，由 $G(j\omega)=G(s)|_{s=j\omega}$ 可知，系统的频率特性包括了系统的全部运动规律，因此也是控制系统的一种数学模型，并成为系统频域分析的理论根据。

### 5.1.3 正弦输入信号下的稳态误差

当 $r(t)=R\sin\omega t$ 时，有

$$R(s)=\frac{R\omega}{s^2+\omega^2}$$

输入函数在虚轴上不解析。因此，在这种情况下不能用终值定理求解系统的稳态误差，但此时可以用频域特性分析法进行分析。

**【例 5-1】** 某系统结构图如图 5-3 所示。已知 $r(t)=5\sin2t$，试求系统的稳态误差。

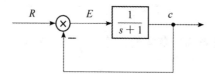

图 5-3　例 5-1 系统结构图

**解**　由结构图可求出系统误差传递函数为

$$\Phi_e(s)=\frac{E(s)}{R(s)}=\frac{1}{1+G_k}=\frac{1}{1+\dfrac{1}{s+1}}=\frac{s+1}{s+2}$$

所以有

$$\begin{aligned}
\Phi_e(j\omega)&=\frac{E(j\omega)}{R(j\omega)}=\frac{1+j\omega}{2+j\omega}=\sqrt{\frac{1+\omega^2}{2+\omega^2}}\angle\left(\arctan\omega-\arctan\frac{\omega}{2}\right)\\
&=\sqrt{\frac{1+2^2}{2^2+2^2}}\angle(\arctan2-\arctan1)\\
&=\frac{\sqrt{10}}{4}\angle(63.4°-45°)\\
&=0.79\angle18.4°
\end{aligned}$$

则有

$$E(j\omega)=\Phi_e(j\omega)\cdot R(j\omega)=0.79\angle18.4°\times5\angle0°=3.95\angle18.4°$$

即

$$e_{ss}(t)=3.95\sin(2t+18.4°)$$

当然，也可用 $e(t)=r(t)-c(t)$，先求 $C(j\omega)$，再求 $E(j\omega)$，但比较烦琐。

### 5.1.4 频率特性的几何表示及绘制

在工程分析和设计中，通常把线性系统的频率特性绘制成曲线，再运用图解法进行研

究。频率特性曲线一般有以下四种:

**1. 一般坐标特性曲线**

一般坐标特性曲线中,系统的幅频特性 $A(\omega)$ 和相频特性 $\varphi(\omega)$ 分开绘制,而且横坐标和纵坐标的刻度都是常用的线性刻度。例如,图 5 2 为 $RC$ 网络的幅频特性曲线和相频特性曲线。

**2. 幅相频率特性曲线**

幅相频率特性曲线又简称为幅相曲线或极坐标图,以横轴为实轴、纵轴为虚轴,构成复平面。对于任一给定的频率 $\omega$,频率特性值为复数。若将频率特性表示为实数和虚数之和的形式,则实部为实轴坐标值,虚部为虚轴坐标值。若将频率特性表示为复数形式,则为复平面上的向量,而向量的长度为频率特性的幅值,向量与实轴正方向的夹角等于频率特性的相位。由于幅频特性为 $\omega$ 的偶函数,相频特性为 $\omega$ 的奇函数,则 $\omega$ 从 0 变化至 $+\infty$ 和 $\omega$ 从 0 变化至 $-\infty$ 的幅相曲线关于实轴对称,因此一般只绘制 $\omega$ 从 0 变化至 $+\infty$ 的幅相曲线,而且称 $\omega$ 从 0 变化至 $-\infty$ 的幅相曲线为 $\omega$ 从 0 变化至 $+\infty$ 的幅相曲线的镜像曲线。在系统的幅相曲线中,频率 $\omega$ 为参变量,一般用小箭头表示 $\omega$ 增大时幅相曲线的变化方向。例如,对于 $RC$ 网络组成的惯性环节,其频率特性可表示为

$$G(j\omega) = \frac{1}{1+jT\omega} = \frac{1-jT\omega}{1+(T\omega)^2} = \frac{1}{\sqrt{1+(T\omega)^2}} e^{-j\arctan\omega T}$$

故有

$$\left[ \operatorname{Re}G(j\omega) - \frac{1}{2} \right]^2 + \operatorname{Im}^2 G(j\omega) = \left( \frac{1}{2} \right)^2$$

当 $\omega=0$ 时,$A(\omega)=1$,$\varphi(\omega)=0°$;当 $\omega \to \infty$ 时,$A(\omega)=0$,$\varphi(\omega)=-90°$。这表明 $RC$ 网络的幅相曲线是以 $\left( \frac{1}{2}, j0 \right)$ 为圆心、半径为 $\frac{1}{2}$ 的半圆,如图 5-4 所示。当 $\omega$ 的取值为 $-\infty$ 到 $+\infty$ 时,幅相曲线又称为奈奎斯特(Nyquist)曲线或奈氏图。

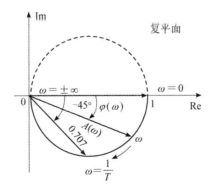

图 5-4　惯性环节的幅相频率特性曲线

**3. 对数频率特性曲线**

对数频率特性曲线又称为伯德(Bode)曲线或伯德图。对数频率特性曲线由对数幅频特性曲线和对数相频特性曲线组成,是工程中广泛使用的一组曲线。

对数频率特性曲线的横坐标按 $\lg\omega$ 分度,单位为弧度/秒(rad/s),对数幅频特性曲线

的纵坐标按

$$L(\omega)=20\lg|G(j\omega)|=20\lg A(\omega)$$

线性分度，单位是分贝（dB）。对数相频特性曲线的纵坐标按 $\varphi(\omega)$ 线性分度，单位为度（°）。由此构成的坐标系称为半对数坐标系。

　　对数分度和线性分度如图 5-5 所示。在线性分度中，当变量增大或减小 1 时，坐标间的距离变化一个单位长度；而在对数分度中，当变量增大为原来的 10 倍或减小为原来的 1/10 时，称为十倍频程（dec），坐标间的距离变化为一个单位长度。设对数分度中的单位长度为 $L$，$\omega$ 的某个十倍频程的左端点为 $\omega_0$，则坐标点相对于左端点的距离为表 5-1 所示的值乘以 $L$。

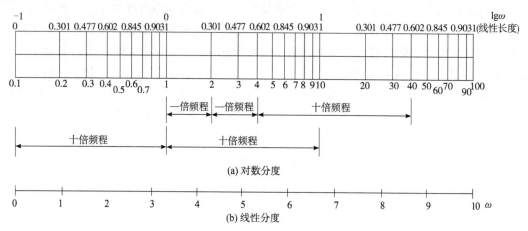

图 5-5　对数分度与线性分度

**表 5-1　十倍频程中的对数分度**

| $\omega/\omega_0$ | 1 | 2 | 3 | 4 | 5 | 6 | 7 | 8 | 9 | 10 |
|---|---|---|---|---|---|---|---|---|---|---|
| $\lg(\omega/\omega_0)$ | 0 | 0.301 | 0.477 | 0.602 | 0.699 | 0.788 | 0.845 | 0.903 | 0.954 | 1 |

　　在工程设计和绘图中，采用 Bode 图具有十分明显的优点：

　　（1）横坐标按照频率 $\omega$ 的对数分度，实现了非线性压缩，便于在较大频率范围内反映频率特性的变化情况。这种对数分度使低频部分排列稀疏，分辨精细，而高频部分十分密集，分辨粗略，这正符合工程的实际需要。

　　（2）对数幅频特性采用 $20\lg A(\omega)$，将幅值的乘除运算化为加减运算，大大简化了绘图过程，使设计和分析变得相对容易。

　　例如，$RC$ 网络组成的惯性环节，其对数频率特性可表示为

$$L(\omega)=20\lg A(\omega)=20\lg\frac{1}{1+\omega^2 T^2}$$

$$\varphi(\omega)=-\arctan\omega T$$

取 $T=1$，其对数频率特性曲线如图 5-6 所示。

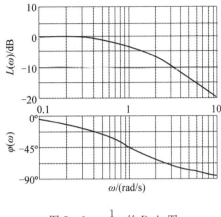

图 5 - 6　$\dfrac{1}{1+\mathrm{j}\omega}$ 的 Bode 图

#### 4. 对数幅相曲线

将对数幅频特性和相频特性合并为一条曲线，称为对数幅相特性曲线，又称尼科尔斯曲线或尼科尔斯图。其特点是纵坐标为 $L(\omega)$，单位为分贝（dB），横坐标为 $\varphi(\omega)$，单位为度（°）。图 5 - 7 为 $T=0.5$ 时 $RC$ 网络的对数幅相特性曲线。

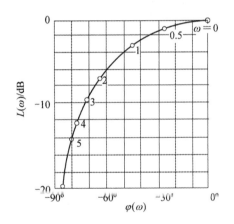

图 5 - 7　$\dfrac{1}{1+\mathrm{j}0.5\omega}$ 的对数幅相特性曲线

## 5.2　典型环节的频率特性

设线性定常系统结构如图 5 - 8 所示，其开环传递函数为 $G(s)H(s)$。为了绘制系统的开环频率特性曲线，本节先介绍开环系统的典型环节及其相应的频率特性。

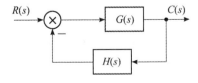

图 5 - 8　典型系统结构图

### 5.2.1 典型环节的数学模型

由于开环传递函数的分子和分母多项式的系数皆为实数，因此系统开环零极点为实数或共轭复数。根据开环零极点可将分子和分母多项式分解为因式，再将因式分类，即得典型环节。典型环节可分为两大类：一类为最小相位环节；另一类为非最小相位环节。

最小相位环节有下列七种：

(1) 比例环节 $K(K>0)$；

(2) 惯性环节 $\dfrac{1}{Ts+1}(T>0)$；

(3) 一阶微分环节 $\tau s+1(\tau>0)$；

(4) 振荡环节 $\dfrac{1}{\dfrac{s^2}{\omega_n^2}+\dfrac{2\zeta s}{\omega_n}+1}(\omega_n>0,\ 0<\zeta<1)$；

(5) 二阶微分环节 $\dfrac{s^2}{\omega_n^2}+\dfrac{2\zeta s}{\omega_n}+1(\omega_n>0,\ 0<\zeta<1)$；

(6) 积分环节 $\dfrac{1}{s}$；

(7) 微分环节 $s$。

非最小相位环节共有以下五种：

(1) 比例环节 $K(K<0)$；

(2) 惯性环节 $\dfrac{1}{-Ts+1}(T>0)$；

(3) 一阶微分环节 $-\tau s+1(\tau>0)$；

(4) 振荡环节 $\dfrac{1}{\dfrac{s^2}{\omega_n^2}-\dfrac{2\zeta s}{\omega_n}+1}(\omega_n>0,\ 0<\zeta<1)$；

(5) 二阶微分环节 $\dfrac{s^2}{\omega_n^2}-\dfrac{2\zeta s}{\omega_n}+1(\omega_n>0,\ 0<\zeta<1)$。

除了比例环节外，非最小相位环节和与之相对应的最小相位环节的区别在于开环零极点的位置。非最小相位环节(2)～(5)对应 $s$ 右半平面的开环零点或极点，而最小相位环节(2)～(5)对应 $s$ 左半平面的开环零点或极点。

开环传递函数的典型环节经分解后可表示为 $N$ 个典型环节的串联形式：

$$G(s)H(s)=\prod_{i=1}^{N}G_i(s) \tag{5-21}$$

设典型环节的频率特性为

$$G_i(j\omega)=A_i(\omega)e^{j\varphi_i(\omega)} \tag{5-22}$$

则系统的开环频率特性为

$$G(j\omega)H(j\omega)=\left[\prod_{i=1}^{N}A_i(\omega)\right]e^{j\left[\sum_{i=1}^{N}\varphi_i(\omega)\right]} \tag{5-23}$$

系统的开环幅频特性和相频特性为

$$A(\omega)=\prod_{i=1}^{N}A_i(\omega),\quad \varphi(\omega)=\sum_{i=1}^{N}\varphi_i(\omega) \tag{5-24}$$

系统的开环对数幅频特性为

$$L(\omega) = 20 \lg A(\omega) = \sum_{i=1}^{N} 20 \lg A_i(\omega) = \sum_{i=1}^{N} L_i(\omega) \qquad (5-25)$$

式(5-24)和式(5-25)表明，系统开环频率特性表现为组成开环系统的各种典型环节的频率特性的合成；而系统开环对数频率特性则表现为各种典型环节对数频率特性的叠加这一更为简单的形式。因此，下面介绍典型环节频率特性的特点，并在此基础上介绍开环频率特性曲线的绘制方法。

## 5.2.2 奈氏图（极坐标）

### 1. 典型环节的奈氏图

当 $\omega$ 的取值为$-\infty$到$+\infty$时，幅相频率特性曲线又称为奈奎斯特（Nyquist）曲线或奈氏图。

1）比例环节

比例环节的传递函数为 $G(s)=K$，其频率特性表达式为

$$G(j\omega) = K \qquad (5-26)$$

显然有 $A(\omega)=K$，$\varphi(\omega)=0°$。

由于比例环节的频率特性可表示为

$$G(j\omega) = K e^{j0°} \qquad (5-27)$$

因此，其幅相频率特性曲线仅仅是实轴上的一个固定点$(K, j0)$，如图5-9所示。

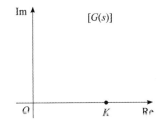

图 5-9  比例环节的幅相频率特性曲线

2）积分环节

积分环节的传递函数为 $G(s)=1/s$，其相应的频率特性表达式为

$$G(j\omega) = \frac{1}{j\omega} \qquad (5-28)$$

显然有 $A(\omega)=\dfrac{1}{\omega}$，$\varphi(\omega)=-90°$。

由于积分环节的频率特性可表示为

$$G(j\omega) = \frac{1}{\omega} e^{-j90°} \qquad (5-29)$$

因此，其幅相频率特性曲线沿负实轴从无穷远处指向原点，即曲线与负实轴相重合，如图5-10所示。

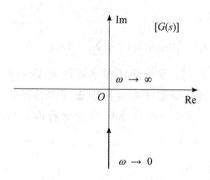

图 5 - 10　积分环节的幅相频率特性曲线

3) 微分环节

微分环节的传递函数为 $G(s) = s$，其相应的频率特性表达式为

$$G(j\omega) = j\omega \tag{5-30}$$

显然有 $A(\omega) = \omega$，$\varphi(\omega) = 90°$。

由于微分环节的频率特性表示为

$$G(j\omega) = \omega e^{j90°} \tag{5-31}$$

因此，其幅相频率特性沿正虚轴从原点指向无穷远处，即曲线与正虚轴相重合，如图 5 - 11 所示。

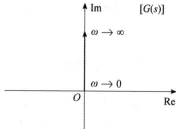

图 5 - 11　微分环节的幅相频率特性曲线

4) 惯性环节

惯性环节的传递函数为 $G(s) = \dfrac{1}{(Ts+1)}$，其相应的频率特性表达式为

$$G(j\omega) = \frac{1}{1+j\omega T} = \frac{1}{\sqrt{1+\omega^2 T^2}} e^{-j\arctan\omega T} \tag{5-32}$$

显然有 $A(\omega) = \dfrac{1}{\sqrt{1+\omega^2 T^2}}$，$\varphi(\omega) = -\arctan\omega T$。

由于微分环节的频率特性表示为

$$G(j\omega) = \frac{1}{\sqrt{1+\omega^2 T^2}} e^{-j\arctan\omega T} \tag{5-33}$$

因此，其幅相频率特性是一个圆心在 $(0.5, j0)$、半径为 0.5 的半圆，如图 5 - 12 所示。

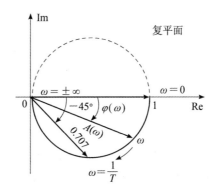

图 5 - 12　惯性环节的幅相频率特性曲线

5）一阶微分环节

一阶微分环节的典型实例是工业上常用的比例-微分控制器。其传递函数为

$$G(s) = \tau s + 1 \qquad (5 - 34)$$

其相应的频率特性表达式为

$$G(j\omega) = 1 + j\omega\tau \qquad (5 - 35)$$

显然有 $A(\omega) = \sqrt{1 + \omega^2\tau^2}$，$\varphi(\omega) = \arctan\omega\tau$。

由于一阶微分环节的频率特性可表示为

$$G(j\omega) = \sqrt{1 + \omega^2\tau^2}\, e^{j\arctan\omega\tau} \qquad (5 - 36)$$

因此，其幅相频率特性曲线是一条由 $(1, j0)$ 点出发、平行于虚轴而一直向上延伸的直线，如图 5 - 13 所示。

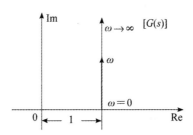

图 5 - 13　一阶微分环节的幅相频率特性曲线

6）振荡环节

振荡环节的传递函数为

$$G(s) = \frac{1}{T^2 s^2 + 2\zeta T s + 1} = \frac{\omega_n^2}{s^2 + 2\zeta\omega_n s + \omega_n^2}$$

其相应的频率特性为

$$G(j\omega) = \frac{\omega_n^2}{\omega_n^2 - \omega^2 + j2\zeta\omega_n\omega} = \frac{1}{1 - \left(\dfrac{\omega}{\omega_n}\right)^2 + j2\zeta\dfrac{\omega}{\omega_n}} \qquad (5 - 37)$$

显然有

$$A(\omega) = \frac{1}{\sqrt{\left[1 - \left(\dfrac{\omega}{\omega_n}\right)^2\right]^2 + \left(2\zeta\dfrac{\omega}{\omega_n}\right)^2}} \tag{5-38}$$

与

$$\varphi(\omega) = -\arctan\frac{2\zeta\dfrac{\omega}{\omega_n}}{1 - \left(\dfrac{\omega}{\omega_n}\right)^2} \tag{5-39}$$

根据式(5-38)和式(5-39)，以阻尼比 $\zeta$ 为参变量，频率 $\omega$ 由 $0\rightarrow\infty$ 取一系列数值，计算出相应的幅值和相角，即可绘制出振荡环节的幅相特性曲线，如图 5-14 所示。

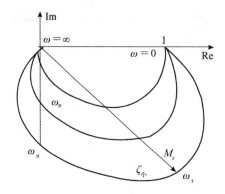

图 5-14　振荡环节的幅相频率特性曲线

当 $\omega = 0$ 时，幅值 $A(\omega) = 1$，相角 $\varphi(\omega) = 0°$，所有特性曲线均起始于 $(1, j0)$ 点。当 $\omega = \omega_n$ 时，$A(\omega_n) = \dfrac{1}{2\zeta}$，$\varphi(\omega_n) = -90°$，特性曲线与负虚轴相交。阻尼比越小，虚轴上的交点离原点越远。当 $\omega\rightarrow\infty$ 时，$A(\omega)\rightarrow 0$，$\varphi(\omega)\rightarrow -180°$，特性曲线在第三象限沿负实轴趋向坐标原点。

7) 二阶微分环节

二阶微分环节的传递函数为

$$G(s) = T^2 s^2 + 2\zeta Ts + 1$$

其相应的频率特性为

$$G(j\omega) = (1 - T^2\omega^2) + j2\zeta T\omega \tag{5-40}$$

显然有

$$A(\omega) = \sqrt{(1 - T^2\omega^2)^2 + (2\zeta T\omega)^2} \tag{5-41}$$

与

$$\varphi(\omega) = \arctan\frac{2\zeta T\omega}{1 - \omega^2 T^2} \tag{5-42}$$

根据式(5-41)和式(5-42)，以阻尼比 $\zeta$ 为参变量，频率 $\omega$ 由 $0\rightarrow\infty$ 取一系列数值，计算出相应的幅值和相角，即可绘制出二阶微分环节的幅相频率特性曲线，如图 5-15 所示。

当 $\omega = 0$ 时，幅值 $A(\omega) = 1$，相角 $\varphi(\omega) = 0°$，所有的特性曲线均起始于 $(1, j0)$ 点。当 $\omega = 1/T$ 时，$A(1/T) = 2\zeta$，$\varphi(1/T) = 90°$，特性曲线与正虚轴相交。阻尼比越大，虚轴上的交点离原点越远。当 $\omega\rightarrow\infty$ 时，$\varphi(\omega)\rightarrow 180°$，特性曲线在第二象限沿负实轴方向趋向于无

穷远处。

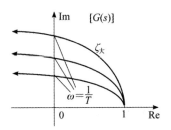

图 5-15　二阶微分环节的幅相频率特性曲线

8）延迟环节

延迟环节的传递函数为

$$G(s) = \mathrm{e}^{-\tau s}$$

式中：$\tau$ 为延迟时间。其相应的频率特性为

$$G(\mathrm{j}\omega) = \mathrm{e}^{-\mathrm{j}\tau\omega} \tag{5-43}$$

显然有 $A(\omega)=1$，$\varphi(\omega) = -\tau\omega(\mathrm{rad}) = -57.3\tau\omega(°)$。

由于延迟环节的幅值为常数 1，与 $\omega$ 无关，而相角与 $\omega$ 成正比，因此，延迟环节的幅相频率特性曲线为圆心在原点、半径为 1 的单位圆，如图 5-16 所示。

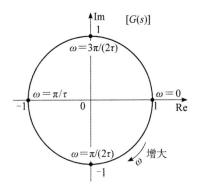

图 5-16　延迟环节的极坐标图

**2. 一般系统的奈氏图**

由前面典型环节奈氏图的绘制，大致可归纳出奈氏图的一般作图方法：

（1）写出 $|G(\mathrm{j}\omega)|$ 和 $\angle G(\mathrm{j}\omega)$ 的表达式。

（2）分别求出 $\omega=0$ 和 $\omega \to +\infty$ 时的 $G(\mathrm{j}\omega)$。

（3）求奈氏图与实轴的交点，交点可利用 $\mathrm{Im}[G(\mathrm{j}\omega)]=0$ 的关系式求出，也可利用关系式 $\angle G(\mathrm{j}\omega) = n \cdot 180°$（其中 $n$ 为整数）求出。

（4）求奈氏图与虚轴的交点，交点可利用 $\mathrm{Re}[G(\mathrm{j}\omega)]=0$ 的关系式求出，也可利用关系式 $\angle G(\mathrm{j}\omega) = n \cdot 90°$（其中 $n$ 为奇数）求出。

（5）必要时画出奈氏图的中间几点。

（6）勾画出大致曲线。

【例 5-2】　绘制 $G(\mathrm{j}\omega) = \dfrac{\mathrm{e}^{\mathrm{j}\omega\tau}}{\mathrm{j}\omega T + 1}$ 的奈氏图。

**解** 因为

$$|G(j\omega)| = \frac{1}{\sqrt{(\omega T)^2 + 1}}$$

$$\angle G(j\omega) = -\tau\omega - \arctan(\omega T)$$

当 $\omega = 0$ 时，$G(j\omega) = 1\angle 0°$，当 $\omega = +\infty$ 时，$G(j\omega) = 0\angle -\infty°$，所以其奈氏图与实轴和虚轴有无穷多个交点，随着频率 $\omega$ 的增大，曲线距离原点越来越近，相角越来越负，如图 5-17 所示。

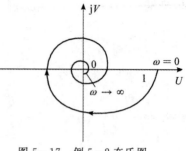

图 5-17　例 5-2 奈氏图

**【例 5-3】** 绘制 $G(j\omega) = \dfrac{1}{j\omega(j\omega+1)(2j\omega+1)}$ 的奈氏图。

**解** 因为

$$|G(j\omega)| = \frac{1}{\omega\,\sqrt{\omega^2+1}\sqrt{(2\omega)^2+1}}$$

$$\angle G(j\omega) = -90° - \arctan\omega - \arctan(2\omega)$$

当 $\omega = 0$ 时，$G(j\omega) = +\infty\angle -90°$，当 $\omega = +\infty$ 时，$G(j\omega) = 0\angle -270°$，由相频特性的表达式可知，其相角范围为 $-90° \sim -270°$，因此必有与负实轴的交点。

解方程：

$$G(j\omega) = -90° - \arctan\omega - \arctan(2\omega) = -180°$$

即

$$\arctan(2\omega) = 90° - \arctan\omega$$

两边取正切，得

$$2\omega = \frac{1}{\omega}$$

即

$$\omega^2 = \frac{1}{2}$$

所以

$$\omega = \sqrt{\frac{1}{2}} = 0.707 \text{ rad/s}$$

为曲线与负实轴交点的频率。

$$|G(j0.707)| = \frac{1}{0.707 \times \sqrt{0.707^2 + 1} \times \sqrt{(2\times 0.707)^2 + 1}} = 0.67$$

为该交点到原点的距离。

其奈氏图如图 5-18 所示，其中 $U$ 表示复平面的实轴，$jV$ 表示虚轴。

机电系统的开环传递函数为

$$G_k(s) = \frac{K(\tau_1 s + 1)(\tau_2 s + 1)\cdots(\tau_m s + 1)}{s^v(T_1 s + 1)(T_2 s + 1)\cdots(T_{n-v} s + 1)}$$

$$= \frac{b_0 s^m + b_1 s^{m-1} + \cdots + b_{m-1} s + b_m}{a_0 s^n + a_1 s^{n-1} + \cdots + a_{n-1} s + a_n}, \ n \geqslant m \tag{5-44}$$

其开环频率特性一般可表示为

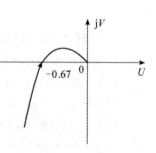

图 5-18　例 5-3 奈氏图

$$G(j\omega) = \frac{K(j\omega\tau_1 + 1)(j\omega\tau_2 + 1)\cdots}{(j\omega)^\lambda(j\omega T_1 + 1)(j\omega T_2 + 1)\cdots} \qquad (5-45)$$

当 $\lambda = 0$ 时，称该系统为 0 型系统；当 $\lambda = 1$ 时，称该系统为 1 型系统；当 $\lambda = 2$ 时，称该系统为 2 型系统；以此类推。

由式(5-45)可见，对于零、极点均不在右半平面的系统，当 $K > 0$，在 $\omega \to 0$ 的低频起始段，有

$$\lim_{\omega \to 0} G_k(j\omega) = \lim_{\omega \to 0} \frac{K}{(j\omega)^v} = \lim_{\omega \to 0} \frac{K}{\omega^v} \angle\left(-v \cdot \frac{\pi}{2}\right) \qquad (5-46)$$

此时，$A(\omega) = \dfrac{K}{\omega^v}$，$\varphi(\omega) = -v\dfrac{\pi}{2}$。显然，低频起始段的幅值和相位均与积分环节的数目 $v$ 有关，即与系统的类型有关。

0 型系统：$A(0) = K$，$\varphi(0) = 0°$，系统的奈氏图始于正实轴的有限值处，即始于 $(K, j0)$ 点。

1 型系统：$A(0) = \infty$，$\varphi(0) = -90°$，系统的奈氏图始于相角为 $-90°$ 的无穷远处。

2 型系统：$A(0) = \infty$，$\varphi(0) = -180°$，系统的奈氏图始于相角为 $-180°$ 的无穷远处。

奈氏图低频段位置如图 5-19 所示。

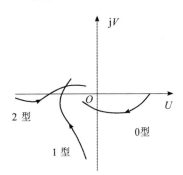

图 5-19　奈氏图低频段位置

同理，在 $\omega \to \infty$ 时的高频终止段，有

$$\lim_{\omega \to \infty} G_k(j\omega) = \lim_{\omega \to \infty} \frac{b_0 s^m}{a_0 s^n}\bigg|_{s=j\omega} = \lim_{\omega \to \infty} \frac{b_0}{a_0 s^{n-m}}\bigg|_{s=j\omega}$$

$$= \lim_{\omega \to \infty} \frac{b_0}{a_0 \omega^{n-m}} \angle\left[-(n-m)\frac{\pi}{2}\right]$$

$$= 0 \angle\left[-(n-m)\frac{\pi}{2}\right] \qquad (5-47)$$

通常机电系统频率特性分母的阶次大于分子的阶次，即 $n > m$，故当 $\omega \to \infty$ 时，奈氏图曲线终止于坐标原点处。若频率特性分母的阶次等于分子的阶次，则当 $\omega \to \infty$ 时，奈氏图曲线终止于坐标实轴上的有限值处。

一般在系统频率特性分母上加极点，使系统相角滞后，而在系统频率特性分子上加零点，使系统相角超前。

令 $\omega$ 从 $-\infty$ 增长到 0，相应得出的奈氏图是与 $\omega$ 从 0 增长到 $+\infty$ 得出的奈氏图关于实轴对称的，例如图 5-20 所示的奈氏图。

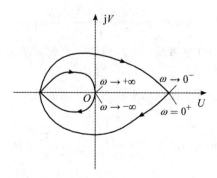

图 5 - 20　$\omega$ 取 $-\infty$ 到 $+\infty$ 的奈氏图

**【例 5 - 4】** 已知控制系统的开环传递函数为

$$G_k(s) = \frac{10}{s(1+0.2s)(1+0.05s)}$$

试绘制系统的极坐标特性曲线。

**解**　系统为 1 型系统，$v=1$，而且 $n=3$，$m=0$，所以有

$$G_k(j0) = \infty \angle -90°$$

$$G_k(j\infty) = 0 \angle -270°$$

由于

$$\begin{aligned} G_k(j\omega) &= \frac{10}{j\omega(1+j0.2\omega)(1+j0.05\omega)} \\ &= \frac{-j10(1-j0.2\omega)(1-j0.05\omega)}{\omega(1+j0.2\omega)(1-j0.2\omega)(1+j0.05\omega)(1-j0.05\omega)} \\ &= \frac{-10 \times [0.25\omega + j(1-0.01\omega^2)]}{\omega[(0.25\omega)^2 + (1-0.01\omega^2)^2]} \end{aligned}$$

令 $\mathrm{Im}[G_k(j\omega)] = 0$，即 $1-0.01\omega^2 = 0$，因此 $\omega = \pm 10$ rad/s，取 $\omega = 10$ rad/s，代入 $\mathrm{Re}[G(j\omega)]$ 中，有

$$\mathrm{Re}[G(j\omega)] = \frac{-10 \times 0.25 \times 10}{10 \times (0.25 \times 10)^2} = -0.4$$

即极坐标特性曲线与实轴的交点为 $(-0.4, j0)$。

令 $\mathrm{Re}[G_k(j\omega)] = 0$，求得 $\omega = \infty$，即曲线仅在终点处与虚轴有交点。系统的幅相频率特性曲线如图 5 - 21 所示。

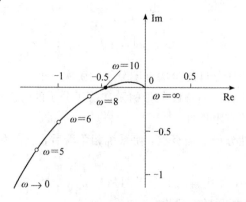

图 5 - 21　例 5 - 4 系统的幅相频率特性曲线

有时为了将无穷远处的部分表示在原点附近，可画逆坐标图，它是在极坐标上画 $\dfrac{1}{G(\mathrm{j}\omega)H(\mathrm{j}\omega)}$ 图，而不是 $G(\mathrm{j}\omega)H(\mathrm{j}\omega)$ 图，$F(\mathrm{j}\omega)$ 的倒数称为逆频率特性函数，记作 $F^{-1}(\mathrm{j}\omega)$，即

$$F^{-1}(\mathrm{j}\omega) = \frac{1}{F(\mathrm{j}\omega)}$$

显然，逆幅频和逆相频特性函数与幅频和相频特性函数之间有如下关系：

$$\begin{cases} |F^{-1}(\mathrm{j}\omega)| = \dfrac{1}{|F(\mathrm{j}\omega)|} \\ \angle F^{-1}(\mathrm{j}\omega) = -\angle F(\mathrm{j}\omega) \end{cases}$$

$[G(\mathrm{j}\omega)H(\mathrm{j}\omega)]^{-1}$ 图像称为逆奈氏图。

## 5.2.3　伯德图(对数坐标)

伯德(Bode)图即对数坐标图，是将幅值对频率的关系和相位对频率的关系分别画在两张图上，用半对数坐标纸绘制，频率坐标按对数分度，幅值和相位坐标则以线性分度。

### 1. 典型环节的伯德图

1) 比例环节

比例环节的传递函数为 $G(s)=K$，其频率特性表达式为 $G(\mathrm{j}\omega)=K=K\mathrm{e}^{\mathrm{j}0^\circ}$，由此可知：

$$L(\omega) = 20\lg K \tag{5-48}$$

$$\varphi(\omega) = 0^\circ \tag{5-49}$$

可见，比例环节的对数幅频特性是一条高度等于 $20\lg K\,\mathrm{dB}$ 的水平线，而对数相频特性为一条与横坐标相重合的直线，如图 5-22 所示。

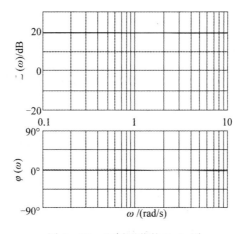

图 5-22　比例环节的 Bode 图

2) 积分环节

积分环节的传递函数为 $G(s)=1/s$，其相应的频率特性表达式为 $G(\mathrm{j}\omega)=\dfrac{1}{\mathrm{j}\omega}=\dfrac{1}{\omega}\mathrm{e}^{-\mathrm{j}90^\circ}$，由此可知：

$$L(\omega) = 20\lg \frac{1}{\omega} = -20\lg\omega \tag{5-50}$$

　　式(5-50)是一个线性方程，在 Bode 图上表现为一条斜线，其斜线斜率为－20 dB/dec。这就意味着积分环节的对数幅频特性是一条通过横轴上 $\omega=1$ rad/s 的点，且斜率为每十倍频程下降 20 dB 的斜线，见图 5-23。需要说明的是，斜率－20 dB/dec 通常用[－20]表示。

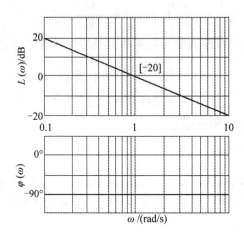

图 5-23　积分环节的 Bode 图

　　积分环节的对数相频特性由下式所描述：

$$\varphi(\omega) = -90° \tag{5-51}$$

式中：不论 $\omega$ 取何值，$\varphi(\omega)$ 恒为－90°，是一条纵坐标为－90°的水平线，如图 5-23 所示。

　　3）微分环节

　　微分环节的传递函数为 $G(s)=s$，其相应的频率特性表达式为 $G(\mathrm{j}\omega)=\mathrm{j}\omega=\omega e^{\mathrm{j}90°}$，由此可得

$$L(\omega) = 20\lg\omega \tag{5-52}$$

　　这说明微分环节的对数幅频特性与积分环节相比只差一个负号，是一条通过横轴上 $\omega=1$ rad/s 的点，且斜率为每十倍频程增加 20 dB 的斜线，通常用[＋20]表示，如图 5-24 所示。微分环节与积分环节的对数幅频特性曲线以零分贝互为镜像。

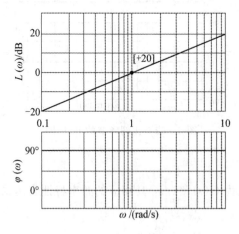

图 5-24　微分环节的 Bode 图

微分环节的对数相频特性由下式所描述:

$$\varphi(\omega) = 90°\qquad\qquad (5-53)$$

式中: 不论 $\omega$ 取何值, $\varphi(\omega)$ 恒为 $90°$, 是一条纵坐标为 $90°$ 的水平线, 如图 $5-24$ 所示。

4) 惯性环节

惯性环节的传递函数为 $G(s) = 1/(Ts+1)$, 其相应的频率特性表达式为

$$G(j\omega) = \frac{1}{1+j\omega T} = \frac{1}{\sqrt{1+\omega^2 T^2}} e^{-j\arctan\omega T}$$

由此可知:

$$L(\omega) = -20\lg\sqrt{1+\omega^2 T^2}\qquad\qquad (5-54)$$

在时间常数 $T$ 已知的情况下, 将 $\omega$ 由 $0\to\infty$ 取值, 并计算出相应的 $L(\omega)$ 值, 即可绘出惯性环节的对数幅频特性曲线, 如图 $5-25$ 所示。这种方法的特点是所绘曲线精确, 但很费时, 工程上一般不采用, 而是用更简便的方法, 即用渐近线分段表示对数幅频特性。渐近线近似法的思路如下: 在低频段, $\omega$ 很小。当 $\omega \ll \dfrac{1}{T}$ 时, 式(5-54)可略去根号内的 $\omega^2 T^2$ 项, 这时对数幅频特性可近似为

$$L(\omega) \approx 0 \text{ dB}$$

这是一条与横坐标 $\omega$ 轴相重合的水平线, 称为低频渐近线。

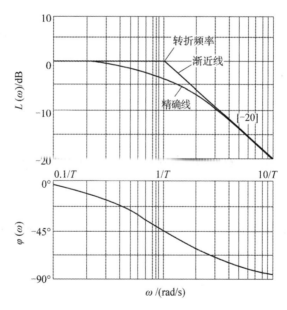

图 $5-25$　惯性环节的 Bode 图

在高频段, $\omega$ 很大。当 $\omega \gg \dfrac{1}{T}$, 即 $\omega T \gg 1$ 时, 式(5-54)可略去根号内的 1, 这时对数幅频特性可近似为

$$L(\omega) \approx -20\lg\omega T\qquad\qquad (5-55)$$

这是一个线性方程, 意味着 $\omega \gg \dfrac{1}{T}$ 的高频段可用一条斜率为 $[-20]$ 的斜线来表示, 称

为高频渐近线。由式(5-55)还可看出，当 $\omega=\dfrac{1}{T}$ 时，$L(\omega)=0$ dB，即高频渐近线在 $\omega=\dfrac{1}{T}$ 时正好与低频渐近线相交，交点处的频率称为转折频率。因此，渐近线由两段曲线组成，以 $\omega=\dfrac{1}{T}$ 为转折点。渐近线与实际的 $L(\omega)$ 曲线之间的最大误差发生在转折频率处，其值约为 3 dB，如图 5-25 所示。

可见，用渐近线代替实际对数幅频特性曲线，其误差并不大，若需要绘制精确的对数幅频特性，可按误差对渐近线加以修正。误差曲线如图 5-26 所示。

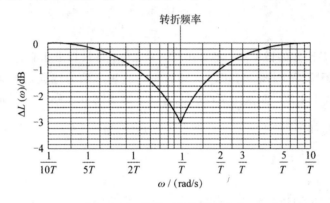

图 5-26　惯性环节的误差曲线

惯性环节的对数相频特性为

$$\varphi(\omega)=-\arctan\omega T \tag{5-56}$$

当 $\omega=0$ 时，$\varphi(\omega)=0°$；当 $\omega=\dfrac{1}{T}$ 时，$\varphi(\omega)=-45°$；当 $\omega=\infty$ 时，$\varphi(\omega)=-90°$。由于相角是 $\omega T$ 的反正切函数，因此对数相频特性关于 $\left(\omega=\dfrac{1}{T},\ \varphi(\omega)-45°\right)$ 这一点是奇对称的，如图 5-25 所示。

顺便指出，惯性环节的对数幅频特性和对数相频特性均是 $\omega$ 和 $T$ 乘积的函数。对于不同时间常数的惯性环节，对数幅频特性和对数相频特性左右移动，但其形状保持不变。

5）一阶微分环节

一阶微分环节的传递函数为 $G(s)=\tau s+1$，其相应的频率特性表达式为

$$G(j\omega)=1+j\omega\tau=\sqrt{1+\omega^2\tau^2}\ e^{j\arctan\omega\tau}$$

由此可得

$$L(\omega)=20\lg\sqrt{1+\omega^2\tau^2} \tag{5-57}$$

可见，一阶微分环节的对数幅频特性与惯性环节相比也是只差一个负号，二者的对数幅频特性曲线也关于零分贝互为镜像。其渐近线由两段组成，低频段斜率为[0]，高频段斜率为[+20]，以 $\omega=\dfrac{1}{\tau}$ 为转折频率。最大误差同样发生在转折频率处，其值约为 3 dB，如图 5-27 所示。

一阶微分环节的对数相频特性为

$$\varphi(\omega)=\arctan\omega T \tag{5-58}$$

当 $\omega = 0$ 时，$\varphi(\omega) = 0°$；当 $\omega = \infty$ 时，$\varphi(\omega) = 90°$。同样与惯性环节的对数相频特性差一个负号，因此关于 $\left(\omega = \dfrac{1}{\tau}, \varphi(\omega) = 45°\right)$ 这一点是奇对称的，如图 5-27 所示。

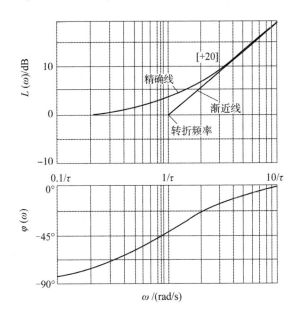

图 5-27　一阶微分环节的 Bode 图

6）振荡环节

振荡环节的传递函数为

$$G(s) = \frac{1}{T^2 s^2 + 2\zeta T s + 1} = \frac{\omega_n^2}{s^2 + 2\zeta \omega_n s + \omega_n^2}$$

其相应的频率特性为

$$G(j\omega) = \frac{\omega_n^2}{\omega_n^2 - \omega^2 + j2\zeta \omega_n \omega} = \frac{1}{1 - \left(\dfrac{\omega}{\omega_n}\right)^2 + j2\zeta \dfrac{\omega}{\omega_n}}$$

由此可得

$$L(\omega) = 20\lg A(\omega) = -20\lg \sqrt{\left[1 - \left(\frac{\omega}{\omega_n}\right)^2\right]^2 + \left(2\zeta \frac{\omega}{\omega_n}\right)^2} \tag{5-59}$$

阻尼比 $\zeta$ 取不同的值，可做出振荡环节的对数幅频特性曲线簇，如图 5-28 所示。但工程上仍然采用渐近线，方法如下：

低频段：当 $\omega \ll \omega_n$，即 $\dfrac{\omega}{\omega_n} \ll 1$ 时，式(5-59)中略去 $\omega/\omega_n$ 项，近似取

$$L(\omega) \approx -20\lg 1 = 0 \text{ dB} \tag{5-60}$$

这是一条与横坐标 $\omega$ 轴重合的水平线。

高频段：当 $\omega \gg \omega_n$，即 $\dfrac{\omega}{\omega_n} \gg 1$ 时，同时略去 1 和 $2\zeta\omega/\omega_n$ 项，近似取

$$L(\omega) \approx -20\lg \left(\frac{\omega}{\omega_n}\right)^2 = 40\lg \left(\frac{\omega}{\omega_n}\right) \text{ dB} \tag{5-61}$$

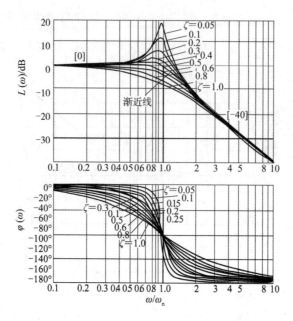

图 5-28　振荡环节的 Bode 图

式(5-61)表明,高频段是一条斜率为−40 的直线,并在转折频率 $\omega_n$ 处与作为低频渐近线的零分贝线衔接。

可见,振荡环节的渐近线是由零分贝线和斜率为[−40]的斜线交接而成的,转折频率为 $\omega=\omega_n$,如图 5-28 所示(图中粗线为渐近特性)。

用渐近线代替准确曲线,在 $\omega=\omega_n$ 附近会导致较大的误差,因为当 $\omega=\omega_n$ 时,由渐近线方程式(5-61)得 $L(\omega)\approx-40\lg 1=0$ dB,而由准确方程式(5-59)得 $L(\omega)=-20\lg(2\zeta)$。两者之差(即误差)与阻尼比 $\zeta$ 有关,只有当 $\zeta=0.5$ 时,误差才等于 0。若 $\zeta$ 在 $0.3\sim0.7$ 之间,误差仍比较小,不超过 3 dB,所得频率特性渐近线不必修正。若 $\zeta$ 超出上述范围,则必须对曲线加以修正。振荡环节对数幅频特性渐近线的误差修正曲线如图 5-29 所示。

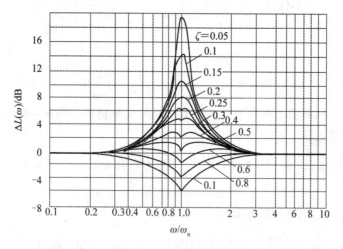

图 5-29　振荡环节对数幅频特性渐近线的误差修正曲线

振荡环节的对数相频特性为

$$\varphi(\omega) = -\arctan \frac{2\zeta \dfrac{\omega}{\omega_n}}{1 - \left(\dfrac{\omega}{\omega_n}\right)^2}$$

对于不同的 $\zeta$ 值,作出的曲线簇如图 5-28 所示。曲线的形状因阻尼比 $\zeta$ 不同而异。但不论 $\zeta$ 取何值,曲线均存在下列关系:

当 $\omega=0$ 时,$\varphi(\omega)=0°$;

当 $\omega=\omega_n$ 时,$\varphi(\omega_n)=-90°$;

当 $\omega\to\infty$ 时,$\varphi(\omega)=-180°$。

由图 5-28 可见,振荡环节的对数相频特性曲线关于 $(\omega=\omega_n, \varphi(\omega_n)=-90°)$ 这一点奇对称。

**7) 二阶微分环节**

二阶微分环节的传递函数为 $G(s)=T^2 s^2+2\zeta Ts+1$,其相应的频率特性为

$$G(j\omega)=(1-T^2\omega^2)+j2\zeta T\omega$$

由此可得

$$L(\omega) = 20\lg \sqrt{(1-T^2\omega^2)^2+(2\zeta T\omega)^2} \tag{5-62}$$

显然,二阶微分环节的对数幅频特性与振荡环节相比只差一个负号,特性曲线与振荡环节互为镜像。转折频率 $\omega_{折}=1/T$,其渐近线由两段组成:当 $\omega<\omega_{折}$ 时,$L(\omega)=0$ dB;当 $\omega>\omega_{折}$ 时,$L(\omega)=40\lg\omega T$,是一条斜率为 [+40] 的斜线,如图 5-30 所示(图中粗线为渐近特性)。

二阶微分环节的对数相频特性为

$$\varphi(\omega)=\arctan \frac{2\zeta T\omega}{1-\omega^2 T^2}$$

对于不同的 $\zeta$ 值,作出的曲线簇如图 5-30 所示。曲线的形状因阻尼比 $\zeta$ 不同而异。但不论 $\zeta$ 取何值,曲线均存在下列关系:

当 $\omega=0$ 时,$\varphi(\omega)=0°$;

当 $\omega=1/T$ 时,$\varphi(1/T)=90°$;

当 $\omega\to\infty$ 时,$\varphi(\omega)=180°$。

由图 5-30 可见,二阶微分环节的对数相频特性曲线关于 $(\omega=1/T, \varphi(\omega)=90°)$ 这一点奇对称。

**8) 延迟环节**

延迟环节的传递函数为 $G(s)=e^{-\tau s}$,其相应的频率特性为 $G(j\omega)=e^{-j\tau\omega}$,则有 $A(\omega)=1$,$\varphi(\omega)=-\tau\omega(\text{rad})=-57.3\tau\omega(°)$,由此可得

$$L(\omega)=20\lg 1 = 0 \text{ dB} \tag{5-63}$$

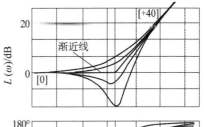
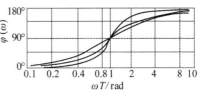

图 5-30　二阶微分环节 Bode 图

因此,延迟环节的对数幅频特性曲线为一条与 0 dB 线重合的直线,而其对数相频特性曲线随 $\omega$ 增大而减小 $(0°\to\infty)$,如图 5-31 所示。

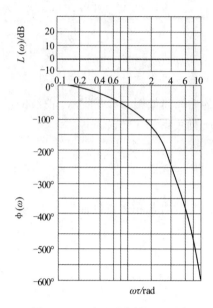

图 5 - 31　延迟环节的 Bode 图

**2. 一般系统的伯德图**

设系统前向通道由两个环节串联而成，环节的传递函数分别为 $G_1(s)$、$G_2(s)$，如图 5 - 32 所示，则系统的开环传递函数为

$$G_k(s) = G_1(s)G_2(s)$$

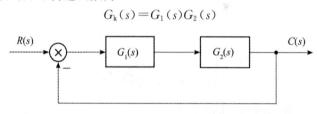

图 5 - 32　系统结构图

相应的开环频率特性为

$$\begin{aligned}
G_k(j\omega) &= G_1(j\omega)G_2(j\omega) \\
&= A_1(\omega)e^{j\varphi_1(\omega)} \times A_2(\omega)e^{j\varphi_2(\omega)} \\
&= A_1(\omega)A_2(\omega)e^{j[\varphi_1(\omega)+\varphi_2(\omega)]}
\end{aligned}$$

由此得到系统的对数幅频特性和相频特性分别为

$$L(\omega) = 20\lg A_1(\omega) + 20\lg A_2(\omega)$$
$$\varphi(\omega) = \varphi_1(\omega) + \varphi_2(\omega)$$

可见，系统的开环对数幅频特性等于各环节对数幅频特性的代数和，系统的开环对数相频特性等于各环节对数相频特性的代数和。

对于一般系统，有

$$G(j\omega) = \frac{k\prod_{i=1}^{\mu}(\tau_i j\omega + 1)\prod_{l=1}^{\eta}[\tau_l^2(j\omega)^2 + 2\zeta_l\tau_l j\omega + 1]}{(j\omega)^{\lambda}\prod_{m=1}^{\rho}(T_m j\omega + 1)\prod_{n=1}^{\sigma}[T_n^2(j\omega)^2 + 2\zeta_n T_n j\omega + 1]}$$

则

$$L(\omega) = 20\lg k + \sum_{i=1}^{\mu} 20\lg\sqrt{(\tau_i\omega)^2+1} + \sum_{l=1}^{\eta} 20\lg\sqrt{[1-(\tau_l\omega)^2+(2\zeta_l\tau_l\omega)^2} -$$

$$20\lambda\lg\omega - \sum_{m=1}^{\rho} 20\lg\sqrt{(T_m\omega)^2+1} - \sum_{n=1}^{\sigma} 20\lg\sqrt{[1-(T_n\omega)^2]^2+(2\zeta_n T_n\omega)^2}$$

可见，系统幅频特性的伯德图可由各典型环节的幅频特性伯德图叠加得到。系统相频特性的伯德图亦可用各典型环节的相频特性伯德图叠加得到。

控制系统一般由多个环节组成，在绘制对数频率特性时，应先将系统的开环传递函数分解成典型环节乘积的形式，再进行绘制。下面介绍两种常见的绘制系统 Bode 图的方法。

1) 环节曲线叠加法

【例 5 - 5】　已知系统的开环传递函数为

$$G(s) = \frac{100(s+2)}{s(s+20)}$$

试绘制其开环对数频率特性。

**解**　将系统开环传递函数表示成时间常数的形式，即

$$G(s) = \frac{100(s+2)}{s(s+20)} = \frac{10\left(\frac{1}{2}s+1\right)}{s\left(\frac{1}{20}s+1\right)}$$

可见，系统由以下四个典型环节组成：

(1) 比例环节 $G_1(s) = 10$：$L_1(\omega) = 20\lg 10 = 20$ dB，是一条高度为 20 dB 的直线；$\varphi_1(\omega) = 0°$，与横坐标轴重合。

(2) 积分环节 $G_2(s) = \frac{1}{s}$：$L_2(\omega) = -20\lg\omega$，是一条过 $\omega=1$ rad/s、$L(\omega)=0$ dB 且斜率为 [ 20]的直线，$\varphi_2(\omega) = -90°$，是一条高度为 −90°的直线。

(3) 一阶微分环节 $G_3(s) = \frac{1}{2}s+1$：$L_3(\omega) = 20\lg\sqrt{\left(\frac{1}{2}\omega\right)^2+1}$，是转折频率为 2 rad/s 的一阶微分环节对数幅频特性曲线；$\varphi_3(\omega) = \arctan\frac{\omega}{2}$，关于($\omega=2$ rad/s，$\varphi(\omega)=45°$)点奇对称。

(4) 惯性环节 $G_4(s) = \frac{1}{\frac{1}{20}s+1}$：$L_4(\omega) = -20\lg\sqrt{\left(\frac{1}{20}\omega\right)^2+1}$，是转折频率为 20 rad/s 的惯性环节对数幅频特性曲线；$\varphi_4(\omega) = -\arctan\frac{\omega}{20}$，关于($\omega=20$ rad/s，$\varphi(\omega)=-45°$)点奇对称。

先将 $L_1(\omega)\sim L_4(\omega)$ 依次画在对数相频特性坐标图上，再把它们叠加起来求得开环对数幅频特性 $L(\omega)$；同样地，先将 $\varphi_1(\omega)\sim\varphi_4(\omega)$ 依次画在对数相频特性坐标图上，再把它们叠加起来求得开环对数相频特性曲线 $\varphi(\omega)$。系统的 Bode 图如图 5 - 33 所示。

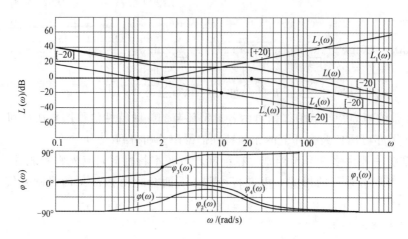

图 5-33 例 5-5 系统 Bode 图

2) 顺序斜率叠加法

由例 5-5 可知，由于开环传递函数是由若干个典型环节串联而成的，而且典型环节的对数幅频特性均为不同斜率的直线或折线，因此叠加后的开环对数幅频特性仍为由不同斜率的线段所组成的折线群。所以，只要能确定低频起始段的位置和斜率，并能确定线段转折频率以及转折后线段斜率的变化量，就可以从低频到高频将整个系统的开环对数幅频特性曲线顺利绘制出来。

(1) 低频渐近线的确定。

惯性、振荡、一阶微分、二阶微分等环节的对数幅频特性，在 $\omega < \omega_{折}$ 时均为 0 dB。所以，系统低频段(最低的转折频率以前)的对数幅频特性只取决于积分环节和比例环节，即

$$L(\omega) = 20\lg K - 20\lg \omega^v = 20\lg K - 20v\lg \omega \qquad (5-64)$$

式(5-64)表明，无论 $v$ 为何值，当 $\omega = 1$ 时，总有

$$L(\omega) = 20\lg K \qquad (5-65)$$

故低频渐近线(或其延长线)在 $\omega = 1$ rad/s 处的高度必定是 $20\lg K$ dB，其中 $K$ 是系统的开环放大倍数。

式(5-64)是线性方程，易知直线的斜率为 $[-20v]$，即低频渐近线的斜率与积分环节的数目 $v$ 有关。因此，低频渐近线为在 $\omega = 1$ rad/s 处，过 $20\lg K$ dB，斜率为 $[-20v]$ 的斜线，如图 5-34 所示。

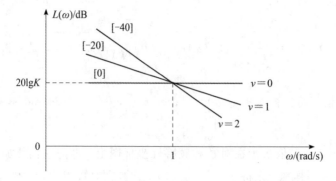

图 5-34 低频段的斜率与 $v$ 的关系

（2）转折斜率及转折后斜率变化量的确定。

惯性环节：转折后斜率变化量为[−20]。

振荡环节：转折后斜率变化量为[−40]。

一阶微分环节：转折后斜率变化量为[+20]。

二阶微分环节：转折后斜率变化量为[+40]。

根据上述特点，可归纳出绘制系统开环对数频率特性的一般步骤和方法：

第一步，将系统开环频率特性 $G_k(j\omega)$ 写成时间常数的形式，且为典型环节频率特性乘积的形式。

第二步，求出各环节的转折频率，并从小到大依次标在对数坐标图的横坐标上。

第三步，按开环放大倍数 $K$ 计算 $20\lg K$ 的分贝值，过（$\omega=1$ rad/s，$L(\omega)=20\lg K$）这一点，绘制斜率为[$-20v$]的直线，此为低频段的渐近线（或延长线）。

第四步，从低频渐近线开始，沿 $\omega$ 轴从左到右，即沿着频率增大的方向，每遇到一个转折频率，对数幅频特性 $L(\omega)$ 就按对应典型环节的特性改变相应的斜率，直到经过全部转折频率为止。

第五步，对应相频特性 $\varphi(\omega)$ 可直接利用相频特性表达式逐点计算而得。

【例 5 − 6】　已知系统的开环传递函数为

$$G_k(s)=\frac{10\times(0.1s+1)}{s(0.25s+1)(0.25s^2+0.4s+1)}$$

试绘制其 Bode 图。

**解**　　　　　$$G_k(s)=\frac{10\times\left(\dfrac{1}{10}s+1\right)}{s\left(\dfrac{1}{4}s+1\right)\left[\left(\dfrac{1}{2}s\right)^2+0.4s+1\right]}$$

由题意知 $v=1$，$K=0$，所以有 $20\lg K=20$ dB。

转折频率依次为 $\omega_1=2$ rad/s，$\omega_2=4$ rad/s，$\omega_3=10$ rad/s。

低频渐近线为过（$\omega=1$ rad/s，20 dB）这一点、斜率为[−20]的斜线。画到 $\omega_1=2$ rad/s 时，斜率变为[−60]；画到 $\omega_2=4$ rad/s 时，斜率变为[−80]，画到 $\omega_3=10$ rad/s 时，斜率再次变为[−60]。至此，就绘制出了系统的开环对数幅频特性渐近线 $L(\omega)$，如图 5 − 35 所示。

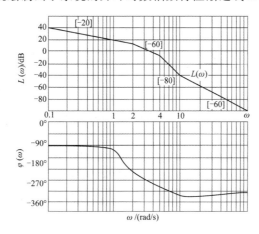

图 5 − 35　例 5 − 6 系统的 Bode 图

系统的开环相频特性表达式为

$$\varphi(\omega)=\arctan 0.1\omega-90^{\circ}-\arctan 0.25\omega-\arctan\frac{0.4\omega}{1-0.25\omega^2}$$

逐点计算结果如表 5-2 所示。

表 5-2　例 5-6 系统的开环相频特性

| $\omega/(\text{rad/s})$ | 0.1 | 0.2 | 0.4 | 1 | 2 | 4 | 10 | 20 | 40 |
|---|---|---|---|---|---|---|---|---|---|
| $\varphi(\omega)/(^{\circ})$ | −93.16 | −96.34 | −102.88 | −126.40 | −195.26 | −235.2 | −283.737 | −280.64 | −276.03 |

根据表 5-2 所给数据绘制的系统开环相频特性曲线如图 5-35 所示。

## 5.2.4　最小相位系统

在 $s$ 右半平面上没有零、极点的传递函数，称为最小相位传递函数；否则，称为非最小相位传递函数。具有最小相位传递函数的系统称为最小相位系统，而具有非最小相位传递函数的系统则称为非最小相位系统。

"最小相位"和"非最小相位"的概念来源于网络理论。网络理论指出：在具有相同幅频特性的一类系统中，当 $\omega$ 由 0 向 ∞ 变化时，最小相位系统的相角变化范围最小，而非最小相位系统的相角变化范围通常要比前者大，故而得名。

对于最小相位系统，知道了系统幅频特性，其相频特性就唯一确定了。表 5-3 示出了最小相位系统幅频特性与相频特性的对应关系。

表 5-3　最小相位系统幅频、相频对应关系

| 环　节 | 幅频/(dB/dec) | 相频/(°) |
|---|---|---|
| $\dfrac{1}{j\omega}$ | $-20\rightarrow-20$ | $-90\rightarrow-90$ |
| $\dfrac{1}{Tj\omega+1}$ | $0\rightarrow-20$ | $0\rightarrow-90$ |
| $\dfrac{1}{T^2(j\omega)^2+2\zeta Tj\omega+1}$ | $0\rightarrow-40$ | $0\rightarrow-180$ |
| $\tau j\omega+1$ | $0\rightarrow20$ | $0\rightarrow90$ |
| $\dfrac{1}{\prod\limits_{i=1}^{n}(T_i j\omega+1)}$ | $0\rightarrow n(-20)$ | $0\rightarrow n(-90)$ |
| $\prod\limits_{i=1}^{m}(\tau_i j\omega+1)$ | $0\rightarrow20m$ | $0\rightarrow m(+90)$ |

对于每一种非最小相位的典型环节，都有一种最小相位环节与之对应，其特点是典型环节中的某个参数的符号相反。

最小相位比例环节 $G(s)=K(K>0)$，简称为比例环节，其幅频和相频特性为

$$A(\omega)=K,\quad\varphi(\omega)=0^{\circ} \tag{5-66}$$

非最小相位比例环节 $G(s)=-K(K>0)$，其幅频和相频特性为

$$A(\omega)=K,\quad\varphi(\omega)=-180^{\circ} \tag{5-67}$$

最小相位惯性环节 $G(s)=\dfrac{1}{1+Ts}(T>0)$，其幅频和相频特性为

$$A(\omega) = \frac{1}{\sqrt{1+T^2\omega^2}}, \ \varphi(\omega) = -\arctan T\omega \qquad (5-68)$$

非最小相位惯性环节 $G(s) = \dfrac{1}{1-Ts}(T>0)$，又称为不稳定惯性环节，其幅频和相频特性为

$$A(\omega) = \frac{1}{\sqrt{1+T^2\omega^2}}, \ \varphi(\omega) = \arctan T\omega \qquad (5-69)$$

由式(5-68)和式(5-69)可知，最小相位惯性环节和非最小相位惯性环节，其幅频特性相同，相频特性符号相反，幅相曲线关于实轴对称；对数幅频曲线相同，对数相频曲线关于 0°线对称。上述特点对于振荡环节和非最小相位(或不稳定)振荡环节、一阶微分环节和非最小相位一阶微分环节、二阶微分环节和非最小相位二阶微分环节均适用。

例如，两个系统的开环传递函数分别为

$$G_1(s) = \frac{1+\tau s}{1+Ts}, \ T>\tau$$

$$G_2(s) = \frac{1-\tau s}{1+Ts}, \ T>\tau$$

显然，$G_1(s)$ 没有位于右半 $s$ 平面上的零、极点，故系统 1 是最小相位系统；而 $G_2(s)$ 则有一个位于右半 $s$ 平面上的零点($z_1 = 1/\tau$)，故系统 2 属于非最小相位系统。

两系统的对数幅频特性和对数相频特性的表达式分别为

$$L_1(\omega) = L_2(\omega) = 20\lg\sqrt{1+\tau^2\omega^2} - 20\lg\sqrt{1+T^2\omega^2}$$

$$\varphi_1(\omega) = \arctan\tau\omega - \arctan\omega T$$

$$\varphi_2(\omega) = \arctan(-\tau\omega) - \arctan\omega T$$

两系统的 Bode 图如图 5-36 所示。可见，两系统的对数幅频特性相同，但相频特性则差异甚大。在 $\omega$ 由 0 到 $\infty$ 变化的整个频率区间内，$\varphi_1(\omega)$ 从 0°开始，经历一个不太大的相角滞后，然后又回到 0°，相角变化范围很小，而系统 2 的相角 $\varphi_2(\omega)$ 从 0°开始，一直变至 $-180°$，显然比 $\psi_1(\omega)$ 的变化范围大得多。

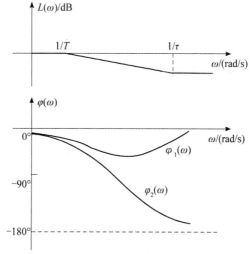

图 5-36　最小相位系统和非最小相位系统的 Bode 图

最小相位系统的相频特性 $\varphi(\omega)$ 与幅频特性 $A(\omega)$ 之间存在着一一对应的关系，当 $\omega \to \infty$ 时，$\varphi(\infty) = -90°(n-m)$。因此，对系统进行校正时，只需画出其对数幅频特性 $L(\omega)$ 即可。对于非最小相位系统，必须分别画出相频特性 $\varphi(\omega)$ 与幅频特性 $L(\omega)$，而且 $\varphi(\infty) \neq -90°(n-m)$。另外，由于延时环节的相频特性 $\varphi(\omega)$ 在 $\omega$ 由 0 到 $\infty$ 变化时由 0° 到 $-\infty$ 变化，因此属于非最小相位系统。

### 5.2.5　由单位脉冲响应求系统的频率特性

已知单位脉冲函数的拉氏变换象函数等于 1，即

$$\mathscr{L}[\delta(t)] = 1$$

其象函数不含 $s$，故单位脉冲函数的傅氏变换象函数也等于 1，即

$$\mathscr{F}[\delta(t)] = 1$$

上式说明单位脉冲 $\delta(t)$ 隐含着幅值相等的各种频率。如果对某系统输入一个单位脉冲，则相当于用等单位强度的所有频率去激发系统。

由于当 $x_i(t) = \delta(t)$ 时，$X_i(j\omega) = 1$，因此系统传递函数等于其输出象函数，即

$$G(j\omega) = \frac{X_o(j\omega)}{X_i(j\omega)} = X_o(j\omega)$$

系统单位脉冲响应的傅氏变换即为系统的频率特性。单位脉冲响应简称为脉冲响应，脉冲响应函数又称为权函数。

为了识别系统的传递函数，可以产生一个近似的单位脉冲信号 $\delta(t)$ 作为系统的输入，系统响应为 $g(t)$，则系统的频率特性按照定义可表示为

$$G(j\omega) = \int_0^\infty g(t) e^{-j\omega t} \, dt \qquad (5-70)$$

对于渐近稳定的系统，系统的单位脉冲响应随时间增长逐渐趋于零。因此，可以对照式 $(5-70)$ 对响应 $g(t)$ 采样足够的点，借助计算机，用多点求和的方法即可近似求出系统的频率特性，即

$$
\begin{aligned}
G(j\omega) &\approx \Delta t \sum_{n=0}^{N-1} g(n\Delta t) e^{-j\omega n \Delta t} \, dt \\
&= \Delta t \sum_{n=0}^{N-1} g(n\Delta t) [\cos(\omega n \Delta t) - j\sin(\omega n \Delta t)] \\
&= \mathrm{Re}(\omega) + j\mathrm{Im}(\omega) \qquad (5-71)
\end{aligned}
$$

则系统幅频特性可由式 $(5-71)$ 求得，即

$$|G(j\omega)| = \sqrt{\mathrm{Re}^2(\omega) + \mathrm{Im}^2(\omega)} \qquad (5-72)$$

系统相频特性也可由式 $(5-71)$ 求得，即

$$\angle G(j\omega) = \arctan \frac{\mathrm{Im}(\omega)}{\mathrm{Re}(\omega)} \qquad (5-73)$$

### 5.2.6　对数幅相频率特性

对数幅相特性图（Nichols 图）是描述系统频率特性的第 4 种图示法。该图纵坐标表示频率特性的对数幅值，以分贝为单位；横坐标表示频率特性的相位角。对数幅相特性图以频率 $\omega$ 作为参变量，用一条曲线完整地表示了系统的频率特性。一些基本环节的对数幅相

特性图如图 5 - 37 所示。

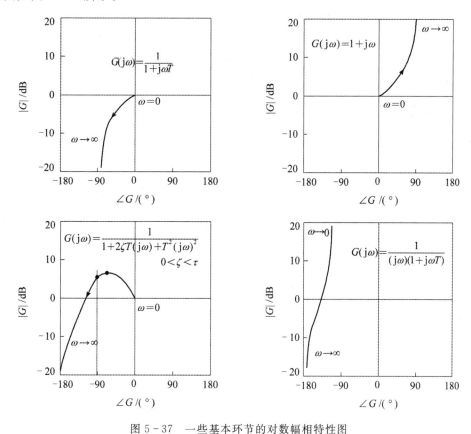

图 5 - 37　一些基本环节的对数幅相特性图

用对数幅相特性图很容易将伯德图上的幅频曲线和相频曲线合并成一条来绘制。对数幅相特性图有以下特点：

（1）由于系统增益的改变不影响相频特性，因此系统增益改变时，对数幅相特性图只是简单地向上平移（增益增大）或向下平移（增益减小），而曲线形状保持不变。

（2）$G(j\omega)$ 和 $1/G(j\omega)$ 的对数幅相特性图相对于原点中心对称，即幅值和相位均相差一个负号。

（3）利用对数幅相特性图，很容易由开环频率特性求闭环频率特性，可以尽快确定闭环系统的稳定性，方便地解决系统的校正问题。

## 5.3　频率域稳定性判据

前面章节介绍了判断系统稳定性的代数判据和根轨迹法。本节介绍另一种重要且经常使用的方法——奈奎斯特（Nyquist）稳定判据（也称奈氏判据）。该判据是由 H. Nyquist 于 1932 年提出的稳定判据，在 1940 年后得到了广泛的应用。这一判据是利用开环系统幅相频率特性（奈氏图）来判断闭环系统的稳定性。因此，它不同于代数判据，可认为是一种几何判据。

应用 Nyquist 判据不需要求取闭环系统的特征根，而是应用分析法或频率特性试验法获得开环频率特性曲线，进而分析闭环系统的稳定性。这种方法在工程上获得了广泛的应用，其原因：一是当系统某些环节的传递函数无法用分析法列写时，可通过试验来直接获得这些环节的频率曲线，也可通过试验得到整个系统的开环频率特性曲线，进而就可分析闭环系统的稳定性；二是 Nyquist 判据还能确定系统的稳定裕度，即相对稳定性，并可进一步寻找改善系统动态性能（包括稳定性）的途径。

### 5.3.1　数学基础

Nyquist 稳定判据的理论基础是复变函数理论中的辐角定理，又称映射定理。

#### 1. 辅助函数

对于图 5-38 所示的控制系统结构，易知系统的开环传递函数为

$$G_k(s) = G(s)H(s) = \frac{M_k(s)}{N_k(s)} \tag{5-74}$$

式中：$N_k(s)$ 和 $M_k(s)$ 分别为 $s$ 的 $n$ 阶和 $m$ 阶多项式，$n \geqslant m$，且 $N_k(s)$ 为开环特征多项式。

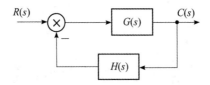

图 5-38　控制系统结构图

系统的闭环传递函数为

$$\Phi(s) = \frac{G(s)}{1 + G_k(s)} = \frac{G(s)N_k(s)}{N_k(s) + M_k(s)} = \frac{G(s)N_k(s)}{N_b(s)} \tag{5-75}$$

式中：$N_b(s)$ 为闭环特征多项式。

设辅助函数为

$$F(s) = 1 + G_k(s) = \frac{N_k(s) + M_k(s)}{N_k(s)} = \frac{N_b(s)}{N_k(s)} \tag{5-76}$$

由式（5-76）可知：第一，辅助函数 $F(s)$ 的极点等于系统的开环极点，而 $F(s)$ 的零点等于系统的闭环极点；第二，$F(s)$ 的零、极点个数相等；第三，$F(s)$ 与开环传递函数 $G_k(s)$ 只差常数 1。

#### 2. 映射定理

在式（5-76）中，$s$ 为复变量，以 $s$ 复平面上的 $s = \sigma + j\omega$ 来表示；$F(s)$ 为复变函数，以 $F(s)$ 复平面上的 $F(s) = u + jv$ 来表示。

由复变函数理论可知，若对于 $s$ 平面上除了有限奇点（不解析的点）之外的任一点 $s$，复变函数 $F(s)$ 为解析函数（即单值、连续的正则函数），那么对于 $s$ 平面上的每一点，在 $F(s)$ 平面上必有一个对应的映射点，如图 5-39 所示。因此，如果在 $s$ 平面上作一条封闭曲线 $\Gamma$，并使其不通过 $F(s)$ 的任一奇点，则在 $F(s)$ 平面上必有一条对应的映射曲线 $\Gamma'$，如图 5-40 所示。

这里关注的重点不是映射曲线的形状，而是它包围坐标原点的次数和运动方向，因为二者与系统的稳定性密切相关。

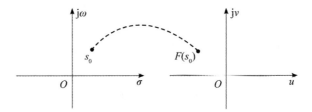

图 5 - 39　点映射关系

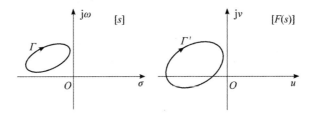

图 5 - 40　$s$ 平面与 $F(s)$ 平面的映射关系

由式 (5 - 76) 可知，$F(s)$ 在 $s$ 平面上的零点对应 $F(s)$ 平面上的原点，而 $F(s)$ 在 $s$ 平面上的极点对应 $F(s)$ 平面上的无穷远处。当 $s$ 绕 $F(s)$ 的零点顺时针旋转一周时，对应在 $F(s)$ 平面上则为绕原点顺时针旋转一周；当 $s$ 绕 $F(s)$ 的极点顺时针旋转一周时，对应在 $F(s)$ 平面上则是绕无穷远处顺时针旋转一周，而对于原点则为逆时针旋转一周。

**映射定理**　设 $s$ 平面上不通过 $F(s)$ 任何奇点的封闭曲线 $\Gamma$ 包围 $s$ 平面上 $F(s)$ 的 $z$ 个零点和 $p$ 个极点。当 $s$ 以顺时针方向沿着封闭曲线 $\Gamma$ 移动一周时，在 $F(s)$ 平面上相对应于封闭曲线 $\Gamma$ 的映射曲线 $\Gamma'$ 将以顺时针方向围绕原点旋转 $N$ 圈，$N = z - p$；或 $\Gamma'$ 以逆时针方向围绕原点旋转 $N$ 圈，$N = z - p$，如图 5 - 41 所示。

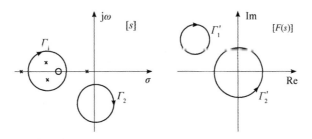

图 5 - 41　映射定理

## 5.3.2　奈氏判据

由于 $F(s)$ 的零点等于系统的闭环极点，而系统稳定的充要条件是特征根均位于 $s$ 左半平面上，即 $F(s)$ 的零点都位于 $s$ 左半平面上，因此，需要检验 $F(s)$ 是否具有位于 $s$ 右半平面的零点。为此，选择一条包围整个 $s$ 右半平面的按顺时针方向运动的封闭曲线 $\Gamma$，称为奈氏回线，如图 5 - 42 所示。

$\Gamma$ 曲线由以下三段组成：

(1) 正虚轴 $s = j\omega$：$\omega = 0 \rightarrow \infty$。

（2）半径为无限大的右半圆：$s = R \cdot e^{j\theta}$，$R \to \infty$，$\theta = 90° \to -90°$。

（3）负虚轴 $s = j\omega$：$\omega = -\infty \to 0$。

设 $F(s)$ 在右半 $s$ 平面有 $z$ 个零点和 $p$ 个极点，根据映射定理，当 $s$ 沿着奈氏回线顺时针移动一周时，在 $F(s)$ 平面上的映射曲线 $\Gamma'$ 将按顺时针方向绕原点旋转 $N = z - p$ 圈。

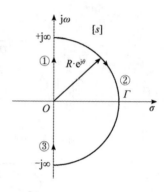

图 5-42　$s$ 平面上的奈氏回线

已知系统稳定的充要条件是 $z = 0$。因此，当 $s$ 沿奈氏回线顺时针移动一周时，在 $F(s)$ 平面上的 $\Gamma'$ 若围绕原点顺时针旋转 $N = -p$ 圈（即逆时针旋转 $p$ 圈），则系统稳定，否则系统不稳定。

由于 $G_k(s) = F(s) - 1$，因此 $F(s)$ 的 $\Gamma'$ 曲线围绕原点运动相当于 $G_k(j\omega)$ 的封闭曲线绕 $(-1, j0)$ 点运动。对应于三段奈氏回线，映射曲线 $G_k(j\omega)$ 如下：

（1）$\omega = 0 \to +\infty$。

（2）半径 $R \to \infty$，而开环传递函数的分母阶次 $n$ 大于或等于分子阶次 $m$，所以 $G_k(\infty)$ 为零或常数。这表明，$s$ 平面上半径为无穷大的右半圆映射到 $G_k(s)$ 平面上为原点或 $(K, j0)$ 点，这对于 $G_k(j\omega)$ 曲线是否包围 $(-1, j0)$ 点无影响。

（3）$\omega = -\infty \to 0$。显然，$G_k(s) = G(s)H(s)$ 的封闭曲线即为 $\omega = -\infty \to +\infty$ 时的奈奎斯特曲线。

$F(s)$ 的极点等于开环极点，所以 $p$ 就是开环极点在 $s$ 右半平面上的个数。因此，若 $s$ 沿着奈氏回线顺时针移动一周，在 $G_k(s)$ 平面上的奈奎斯特曲线绕 $(-1, j0)$ 点顺时针旋转 $N = -p$ 圈，且 $G_k(s)$ 在 $s$ 右半平面的极点恰好为 $p$，则系统稳定。

**奈氏判据**　设 $G_k(s)$ 在 $s$ 右半平面的极点数为 $p$，则闭环系统稳定的充要条件是：在 $G_k(s)$ 平面上的幅相特性曲线 $G_k(j\omega)$ 及其镜像当 $\omega$ 由 $-\infty$ 到 $+\infty$ 变化时，将逆时针绕 $(-1, j0)$ 点旋转 $p$ 圈，即

$$N = p \tag{5-77}$$

当系统开环传递函数 $G_k(s)$ 在 $s$ 平面的原点及虚轴上没有极点时，奈奎斯特判据叙述如下：

（1）若系统开环稳定，则 $p = 0$。若 $G_k(j\omega)$ 曲线及其镜像不包围 $(-1, j0)$ 点，则闭环系统稳定，否则不稳定。

（2）若系统开环不稳定，则 $p \neq 0$。若 $G_k(j\omega)$ 曲线及其镜像逆时针包围 $(-1, j0)$ 点 $p$ 圈，则闭环系统稳定，否则不稳定。

（3）若闭环系统不稳定，则系统在 $s$ 右半平面的特征根数目为

$$z = p - N \tag{5-78}$$

式中：$N$ 为开环幅相特性曲线 $G_k(j\omega)$ 及其镜像以逆时针包围 $(-1, j0)$ 点的圈数。

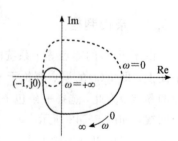

图 5-43　例 5-7 的极坐标图

【**例 5-7**】 已知单位反馈系统，开环极点均在 $s$ 平面的左半平面，开环频率特性极坐标图如图 5-43 所示，试判断闭环系统的稳定性。

**解**　系统开环稳定，即 $p=0$，从图中看到，$\omega$ 由 $-\infty$ 趋于 $+\infty$ 变化时，$G(\mathrm{j}\omega)H(\mathrm{j}\omega)$ 曲线不包围 $(-1,\mathrm{j}0)$ 点，即 $N=0$，$z=p-N=0$，所以，闭环系统是稳定的。

**【例 5-8】**　已知单位反馈系统的开环传递函数为

$$G(s)=\frac{K}{Ts-1}$$

试判断闭环系统的稳定性。

**解**　系统开环频率特性为

$$G(\mathrm{j}\omega)=\frac{K}{\mathrm{j}\omega T-1}=-\frac{K}{1+(\omega T)^2}-\mathrm{j}\,\frac{K\omega T}{1+(\omega T)^2}$$

作出 $\omega=0\to+\infty$ 变化时 $G(\mathrm{j}\omega)H(\mathrm{j}\omega)$ 曲线，如图 5-44 所示，镜像对称得 $\omega$ 由 $-\infty$ 到 0 变化时 $G(\mathrm{j}\omega)H(\mathrm{j}\omega)$ 曲线，如图 5-44 虚线所示。

系统开环不稳定，有一个位于 $s$ 平面的右极点，即 $p=1$。

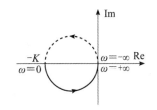

图 5-44　例 5-8 的极坐标图

从 $G(\mathrm{j}\omega)H(\mathrm{j}\omega)$ 曲线可看出，当 $K>1$ 时，Nyquist 曲线逆时针包围 $(-1,\mathrm{j}0)$ 点一圈，即 $N=1$，$z=N-p=0$，则闭环系统是稳定的；当 $K<1$ 时，Nyquist 曲线不包围 $(-1,\mathrm{j}0)$ 点，$N=0$，$z=N-p=1$，则闭环系统不稳定，闭环系统有一个右极点。

### 5.3.3　奈氏判据在开环传递函数中有积分环节时的应用

若系统开环传递函数为

$$G_\mathrm{k}(s)=\frac{K\prod\limits_{j=1}^{m}(s-z_j)}{s^v\prod\limits_{i=1}^{n-v}(s-p_i)}$$

则 $G_\mathrm{k}(s)$ 在原点具有 $v$ 重极点，而 $F(s)$ 的极点等于 $G_\mathrm{k}(s)$ 的极点。所以，$F(s)$ 在原点具有 $v$ 重极点。这时，奈氏回线经过原点即经过了 $F(s)$ 不解析的点，故不能直接应用图 5-45 所示的奈氏回线。这时对奈氏回线稍作改动，就可以既不经过原点又能包围右半 $s$ 平面。具体方法是：以原点为圆心作一半径为无穷小 $\varepsilon$ 的右半圆逆时针绕过原点，如图 5-45 所示。修正后的奈氏回线由四段组成：

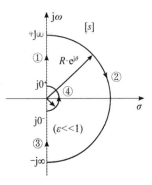

图 5-45　修正的奈氏回线

① 由 $\mathrm{j}0^+$ 沿正虚轴到 $+\mathrm{j}\infty$。

② 半径为无限大的右半圆：$s=R\cdot e^{\mathrm{j}\theta}$，$R\to\infty$，$\theta=90°\to-90°$。

③ 由 $-\mathrm{j}\infty$ 到 $\mathrm{j}0^-$ 的负虚轴。

④ 半径为无穷小的右半圆：$s=\varepsilon\cdot e^{\mathrm{j}\varphi}$，$\varepsilon\to0$，$\varphi=90°\to-90°$。

对应于上述四段奈氏回线，在 $G_\mathrm{k}(s)$ 平面上的映射曲线（即奈奎斯特曲线）为

① $\omega=0^+\to+\infty$。

② $G_\mathrm{k}(s)$ 平面上的原点或 $(K,\mathrm{j}0)$ 点。

③ $\omega = -\infty \rightarrow 0^-$。

④ $\omega = 0^- \rightarrow 0^+$，映射在 $G_k(s)$ 平面上就是沿着半径为无穷大的圆弧按顺时针方向从 $v\dfrac{\pi}{2} \rightarrow (0°) \rightarrow -v\dfrac{\pi}{2}$，如图 5-46 所示。

因此，在开环幅相特性曲线 $G_k(j\omega)$ 及其镜像曲线上补一个无穷大圆弧，即从镜像曲线终点 $\omega = 0^-$ 顺时针补一个半径为无穷大、转角为 $v\pi$ 的大圆弧，与 $G_k(j\omega)$ 曲线的起点 $\omega = 0^+$ 连接，再应用奈氏判据，条件不变。

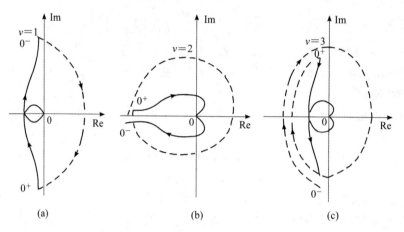

图 5-46　含有积分环节的 $G_k(j\omega)$ 曲线及其镜像

【例 5-9】　某系统的开环幅相特性曲线 $G_k(j\omega)$ 如图 5-47 中的曲线①所示，系统为 1 型。已知系统开环稳定，即 $p=0$。试判断其闭环系统的稳定性。

**解**　先绘制 $G_k(j\omega)$ 的镜像曲线，如图 5-47 中的曲线②所示；再补大圆弧，如图 5-47 中的曲线③所示。可见，$G_k(j\omega)$ 曲线及其镜像不包围 $(-1, j0)$ 点，即 $N=0$，则 $z=p-N=0$，即 $p=N$，故闭环系统稳定。

【例 5-10】　已知系统的开环传递函数为

$$G(s)H(s) = \dfrac{K}{s(T_1 s + 1)(T_2 s + 1)}$$

试判断闭环系统的稳定性。

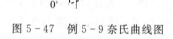

图 5-47　例 5-9 奈氏曲线图

**解**　系统的开环频率特性为

$$G(j\omega)H(j\omega) = \dfrac{K}{j\omega(1 + j\omega T_1)(1 + j\omega T_2)}$$

$$= \dfrac{-K(T_1 + T_2)}{[1 + (\omega T_1)^2][1 + (\omega T_2)^2]} - j\dfrac{K(1 - T_1 T_2 \omega^2)}{\omega[1 + (\omega T_1)^2][1 + (\omega T_2)^2]}$$

作出 $\omega = 0^+ \rightarrow +\infty$ 变化时 $G(j\omega)H(j\omega)$ 的曲线，如图 5-48 中的曲线①所示；根据镜像对称得 $\omega = -\infty \rightarrow 0^-$ 变化时 $G(j\omega)H(j\omega)$ 的曲线，如图 5-48 中的曲线②所示；从 $\omega = 0^-$ 到 $\omega = 0^+$ 以无限大为半径顺时针转过 $\pi$，得封闭曲线（或辅助圆），如图 5-48 中的曲线③所示。

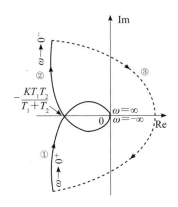

图 5-48　例 5-10 系统奈氏曲线图

从图 5-48 中可看出，在 $\omega$ 由 $-\infty$ 到 $+\infty$ 变化的过程中，当 $\dfrac{KT_1T_2}{T_1+T_2}>1$ 时，$G(\mathrm{j}\omega)H(\mathrm{j}\omega)$ 曲线顺时针包围 $(-1,\mathrm{j}0)$ 点两圈，即 $N=-2$，而开环系统稳定，即 $p=0$，所以闭环系统右极点个数：

$$z=p-N=2$$

闭环系统不稳定，有两个闭环右极点。

当 $\dfrac{KT_1T_2}{T_1+T_2}<1$ 时，$G(\mathrm{j}\omega)H(\mathrm{j}\omega)$ 曲线不包围 $(-1,\mathrm{j}0)$ 点，闭环系统稳定。

当 $K_{临}=\dfrac{T_1+T_2}{T_1T_2}$ 时，$G(\mathrm{j}\omega)H(\mathrm{j}\omega)$ 曲线穿越 $(-1,\mathrm{j}0)$ 点，系统处于临界状态。临界放大倍数：

$$K_{临}=\dfrac{T_1+T_2}{T_1T_2}$$

【例 5-11】　某系统的开环幅相特性曲线 $G_k(\mathrm{j}\omega)$ 如图 5-49 中的曲线①所示，系统为 2 型。已知系统开环稳定，即 $p=0$。试判断其闭环系统的稳定性。

**解**　先绘制 $G_k(\mathrm{j}\omega)$ 的镜像曲线，如图 5-49 中的曲线②所示；再补大圆弧，如图 5-49 中的曲线③所示。可见，$G_k(\mathrm{j}\omega)$ 曲线及其镜像顺时针包围 $(-1,\mathrm{j}0)$ 点两周，即 $N=-2$，则 $z=p-N=2$，故闭环系统不稳定，且有两个位于右半 $s$ 平面的根。

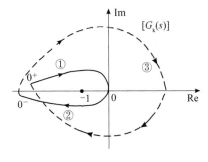

图 5-49　例 5-11 奈氏曲线

顺便指出，在利用极坐标图判别闭环系统的稳定性时，为简便起见，往往只要画出 $\omega=0\to+\infty$ 变化的幅相特性曲线就可作出判断。由于频率变化范围缩小为原来的一半，因

此前述的有关公式及图形需作适当修改，闭环系统稳定的充要条件即式(5-77)应修改为

$$N' = \frac{p}{2} \qquad (5-79)$$

闭环不稳定的系统，其在右半 $s$ 平面上的极点数即式(5-78)应修改为

$$z = p - 2N' \qquad (5-80)$$

为判断 $G_k(j\omega)$ 曲线是否包围 $(-1, j0)$ 点，只绘出开环幅相特性曲线 $G_k(j\omega)$ 是不够的，因为这时 $G_k(j\omega)$ 曲线是开口的。为组成封闭曲线，可从坐标原点沿着实轴向 $\omega=0$ 处作一条辅助线。若开环传递函数 $G_k(s)$ 中含有积分环节，则需要补画一半的大圆弧，即负转 $v\frac{\pi}{2}$，再判断闭环系统的稳定性，如图 5-50 所示。

在使用 $\omega=0 \to +\infty$ 变化的幅相特性曲线进行稳定性判断时，有时会遇到如图 5-51 所示的情况。此时，$G_k(j\omega)$ 曲线只逆时针包围 $(-1, j0)$ 点半圈，可记作 $N'=0.5$，而 $p=1$，所以有 $N'=\frac{p}{2}$，闭环系统稳定。

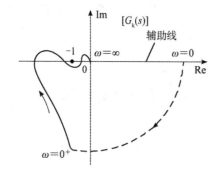

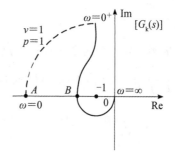

图 5-50　在极坐标图上加辅助线　　　5-51　系统开环半闭环曲线

应用 Nyquist 稳定判据判别闭环系统的稳定性，就是看系统的开环频率特性曲线对 $(-1, j0)$ 点的环绕情况，也就是看系统开环频率特性曲线对负实轴上 $(-1, -\infty)$ 区段的穿越情况。当开环频率特性曲线逆时针方向包围 $(-1, j0)$ 点时，$G(j\omega)H(j\omega)$ 必然从上而下穿过负实轴的 $(-1, -\infty)$ 区段一次，因为这种穿越伴随着相角的增加，故称之为正穿越，记作 $N_+$，如图 5-52 所示。反之，若 $G(j\omega)H(j\omega)$ 按顺时针方向包围 $(-1, j0)$ 点，则 $G(j\omega)H(j\omega)$ 必然由下而上穿过负实轴的 $(-1, -\infty)$ 区段一次，这种穿越伴随着相角的减小，称之为负穿越，记作 $N_-$，如图 5-52 所示。若 $G(j\omega)H(j\omega)$ 轨迹起始或终止于 $(-1, j0)$ 点以左的负实轴，则称为半次穿越，如图 5-53 所示。

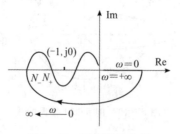

图 5-52　频率特性曲线

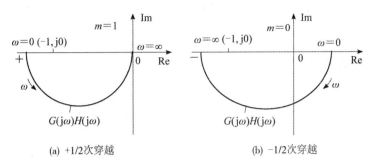

(a) +1/2次穿越　　　　　　　　　　　(b) -1/2次穿越

图 5 - 53　频率特性曲线

由此，Nyquist 判据可描述为：当 $\omega$ 由 $-\infty$ 到 $+\infty$ 变化时，若系统开环频率特性曲线在负实轴上 $(-1, -\infty)$ 区段的正穿越次数 $N_+$ 与负穿越次数 $N_-$ 之差等于开环系统右极点个数 $p$，则闭环系统稳定，即

$$N_+ - N_- = p \tag{5-81}$$

【例 5 - 12】　已知系统的开环传递函数为

$$G(s)H(s) = \frac{K}{s(T_1 s + 1)(T_2 s - 1)}$$

应用 Nyquist 判据判别闭环系统的稳定性。

**解**　系统的幅频特性为

$$A(\omega) = \frac{K}{\omega \sqrt{(1+\omega^2 T_1^2)(1+\omega^2 T_2^2)}}$$

相频特性为

$$\varphi(\omega) = \left(-\frac{\pi}{2} - \arctan T_1 \omega\right) + \left(-\pi + \arctan T_2 \omega\right)$$

$$= -\frac{3\pi}{2} - \arctan T_1 \omega + \arctan T_2 \omega$$

$$= \begin{cases} > -\frac{3}{2}\pi, & T_2 > T_1 \\ < -\frac{3}{2}\pi, & T_2 < T_1 \end{cases}$$

当 $\omega = 0^+$ 时，$A(0^+) = \infty$，$\varphi(0^+) = -270°$，系统的奈氏图如图 5 - 54 所示。

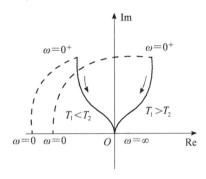

图 5 - 54　例 5 - 12 系统的奈氏图

由图 5-54 可知，Nyquist 曲线顺时针包围（-1，j0 ）点半次，而 $p=1$，系统闭环不稳定。

### 5.3.4　对数稳定性判据

对数频率特性的稳定判据实际上是奈奎斯特稳定判据的另一种形式，即利用系统的开环对数频率特性曲线（Bode 图）来判别闭环系统的稳定性，而 Bode 图又可通过实验获得，因此在工程上获得了广泛的应用。

系统开环幅相特性（Nyquist 曲线）与系统开环对数频率特性（Bode 图）之间存在着一定的对应关系。

（1）Nyquist 图中幅值 $|G(j\omega)H(j\omega)|=1$ 的单位圆与 Bode 图中的零分贝线相对应。

（2）Nyquist 图中单位圆以外，即 $|G(j\omega)H(j\omega)|>1$ 的部分，与 Bode 图中零分贝线以上部分相对应；单位圆以内，即 $0<|G(j\omega)H(j\omega)|<1$ 的部分，与零分贝线以下部分相对应。

（3）Nyquist 图中的负实轴与 Bode 图相频特性图中的 $-\pi$ 线相对应。

（4）Nyquist 图中发生在负实轴上（ $-\infty$ ， $-1$ ）区段的正、负穿越，在 Bode 图中映射成为在对数幅频特性曲线 $L(\omega)>0$ dB 的频段内，沿频率 $\omega$ 增加方向，相频特性曲线 $\varphi(\omega)$ 从下向上穿越的 $-\pi$ 线（称为正穿越）和从上向下穿越的 $-\pi$ 线（称为负穿越）。

（5）Nyquist 图与 Bode 图的对应关系如图 5-55 所示。

综上所述，采用对数频率特性曲线（Bode 图）时，奈奎斯特稳定判据可表述为：设系统开环传递函数 $G_k(s)$ 在 $s$ 右半平面的极点数为 $p$，当 $\omega$ 由 0 到 $+\infty$ 变化时，在开环对数幅频特性曲线 $L(\omega)>0$ dB 的频段内，相频特性曲线 $\varphi(\omega)$ 对 $-\pi$ 线的正穿越与负穿越次数之差为 $p/2$，则闭环系统稳定，否则不稳定。

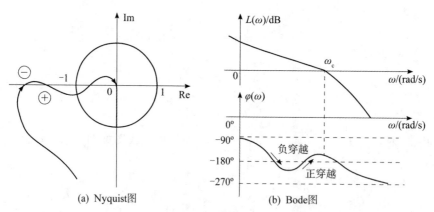

(a) Nyquist图　　　　　　　　(b) Bode图

图 5-55　Nyquist 图与 Bode 图的对应关系

【例 5-13】　已知系统的开环传递函数为

$$G(s)H(s)=\frac{10K}{s^2(s+1)}$$

试判断闭环系统的稳定性。

**解**　作出系统的开环极坐标图，如图 5-56(a)所示，辅助圆如图中虚线所示。系统的对数频率特性曲线（Bode 图）如图 5-56(b)所示，极坐标图中的辅助圆其幅值为无穷大，相角 0°到−180°对应于图 5−56(b)中虚线。

由图 5−56 可知，$N_+ - N_- = -1$，开环系统稳定，$p=0$，故闭环系统不稳定，闭环系统右极点个数 $z = 2(p - N) = 2$。从图中可以看出，不论 $K$ 如何变化，开环频率特性上的穿越次数都不变化，系统总是不稳定的，表明系统为结构不稳定系统。

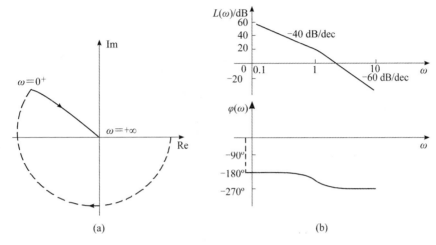

图 5−56 例 5−13 系统的开环频率特性

## 5.4 频域稳定裕度

由奈奎斯特稳定判据可知，若系统开环传递函数没有右半 $s$ 平面的极点，且闭环系统是稳定的，那么开环系统的 Nyquist 曲线在$(-1, j0)$点的右侧且离$(-1, j0)$点越远，则闭环系统的稳定程度越高；反之，开环系统的 Nyquist 曲线离$(-1, j0)$越近，则闭环系统的稳定程度越低。这就是通常所说的相对稳定性，即稳定裕度。它通过奈氏曲线对$(-1, j0)$点的靠近程度来度量，其定量表示为幅值裕度 $h_g$ 和相角裕度 $\gamma$。

图 5−57 为稳定系统的 Nyquist 曲线图，图 5−58 为相对应的 Bode 图。

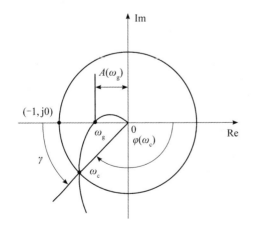

图 5−57 稳定系统的 Nyquist 曲线图

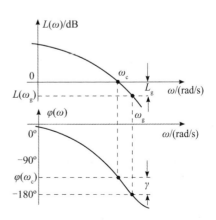

图 5−58 稳定裕度在 Bode 图上的表示

### 5.4.1　相角裕度

为了表示系统相角变化对系统稳定性的影响,引入了相角裕度的概念。在图 5-57 中,$G_k(j\omega)$ 曲线与单位圆相交点的频率为 $\omega_c$,称为幅值穿越频率,又称为截止频率或剪切频率。此时,$|G_k(j\omega_c)|=1$,相角为 $\varphi(\omega_c)$。

相角裕度是指幅相频率特性的幅值 $|G_k(j\omega)|=1$ 时的向量与负实轴的夹角,用 $\gamma$ 表示,见图 5-57。按定义有

$$\gamma = 180° - \varphi(\omega_c) \tag{5-82}$$

通常情况下,对于稳定系统,$\gamma > 0$;对于不稳定系统,$\gamma < 0$。为使最小相位系统稳定,相角裕度必须为正值。

对于相角裕度,同样也可在对数频率特性上确定,图 5-57 中的截止频率 $\omega_c$ 在 Bode 图中对应幅频特性上幅值为零分贝的频率,即对数幅频特性 $L(\omega)$ 与横轴交点处的频率,如图 5-58 所示,则相角裕度就是对数相频特性上对应截止频率 $\omega_c$ 处的相角与 $-\pi$ 线的差值。

相角裕度的物理意义:稳定系统在截止频率 $\omega_c$ 处相角滞后增大 $\gamma$ 度,系统将处于临界稳定;若超过 $\gamma$ 度,则系统不稳定。或者说,相角裕度表示在不破坏系统稳定的条件下,尚允许增大的开环频率特性的滞后相角。

### 5.4.2　幅值裕度

幅值裕度用于表示 $G_k(j\omega)$ 曲线在负实轴上相对于 $(-1,j0)$ 点的靠近程度。$G_k(j\omega)$ 曲线与负实轴相交点的频率为 $\omega_g$,称作相位穿越频率。此时,$\omega_g$ 处的相角 $\varphi(\omega_g)=-180°$,幅值为 $A(\omega_g)$,如图 5-57 所示。开环频率特性幅值 $A(\omega_g)$ 的倒数称为幅值裕度,用 $h_g$ 表示,即

$$h_g = \frac{1}{A(\omega_g)} \tag{5-83}$$

对于幅值裕度,也可在对数频率特性曲线上确定,图 5-57 中的相位穿越频率 $\omega_g$ 在 Bode 图中对应相角为 $-180°$ 的频率,如图 5-58 所示。这时幅值裕度用分贝数 $L_g$ 来表示,即

$$L_g = 20\lg h_g = -20\lg A(\omega_g) \tag{5-84}$$

幅值裕度的物理意义:稳定系统在相位穿越频率 $\omega_g$ 处幅值增大 $h_g$ 倍或 $L(\omega)$ 曲线上升 $L_g$ 分贝,系统将处于临界稳定状态;若大于 $h_g$ 倍,则闭环系统不稳定。或者说,幅值裕度表示在不破坏系统稳定的条件下,开环频率特性的幅值尚允许增大的倍数。

幅值裕度和相角裕度通常作为设计和分析系统的频域指标,一般系统要求 $\gamma = 30° \sim 60°$,$h_g \geqslant 2$,即 $L_g \geqslant 6$ dB。

**【例 5-14】** 已知某单位反馈系统的开环传递函数为

$$G_k(s) = \frac{K}{s(s+1)(0.2s+1)}$$

试分别计算 $K=2$ 和 $K=20$ 时系统的幅值裕度 $L_g$ 和相角裕度 $\gamma$。

**解**　系统为 1 型系统,转折频率分别为 $\omega_1 = 1$ rad/s 和 $\omega_2 = 5$ rad/s。

（1）$K=2$ 时，$20\lg K=6$ dB，开环对数频率特性曲线如图 5-59(a)所示。由渐近法知 $\dfrac{2}{\omega_{c1}\cdot\omega_{c1}\cdot1}\approx1$，所以 $\omega_{c1}=\sqrt{2}$ rad/s，故有

$$\gamma_1-180°\quad90°-\arctan\omega_{c1}-\arctan\frac{\omega_{c1}}{5}$$

$$=90°-\arctan1.414-\arctan0.2828$$

$$=90°-54.7°-15.8°=19.5°$$

又因为

$$\varphi(\omega_{g})=-90°-\arctan\omega_{g}-\arctan\frac{\omega_{g}}{5}=-180°$$

所以解得 $\omega_{g}=2.24$ rad/s，从而有

$$L_1(\omega_{g})=6-20\lg\omega_{g}-20\lg\omega_{g}=-8 \text{ dB}$$

即

$$L_{g1}=-L_1(\omega_{g})=8 \text{ dB}$$

系统为最小相位系统，所以闭环系统稳定。

（2）$K=20$ 时，$20\lg K=26$ dB，开环对数频率特性曲线如图 5-59(b)所示。

由渐近法知 $\dfrac{20}{\omega_{c2}\cdot\omega_{c2}\cdot1}\approx1$，所以 $\omega_{c2}=\sqrt{20}$ rad/s=4.47 rad/s，从而有

$$\gamma_2=180°-90°-\arctan\omega_{c2}-\arctan\frac{\omega_{c2}}{5}$$

$$=90°-\arctan4.47-\arctan\frac{4.47}{5}=90°-77.4°-41.8°=-29.2°$$

而 $\omega_{g}$ 仍为 2.24 rad/s，则有

$$L_2(\omega_{g})=26-20\lg\omega_{g}-20\lg\omega_{g}=12 \text{ dB}$$

即

$$L_{g2}=-L_2(\omega_{g})=-12 \text{ dB}$$

所以闭环系统不稳定。

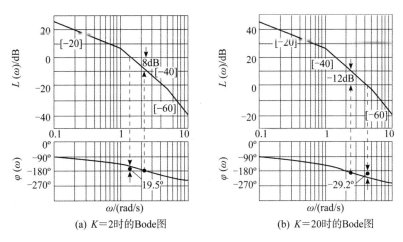

图 5-59　例 5-14 系统 Bode 图

以上结果表明，系统在 $K=2$ 时，$L_g>0$，$\gamma>0$，闭环系统稳定；在 $K=20$ 时，$L_g<0$，$\gamma<0$，闭环系统不稳定。显然，开环放大倍数 $K$ 越小，闭环系统的稳定裕度越大，但同时将导致系统稳态误差加大，系统的动态过程也不令人满意。

**【例 5 - 15】** 已知闭环直流调速系统的动态结构框图如图 5 - 60 所示，系统的开环传递函数为

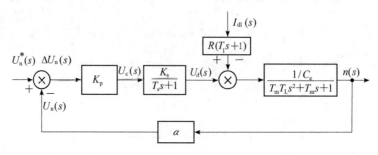

图 5 - 60　例 5 - 15 闭环直流调速系统的动态结构框图

$$G_k(s) = \frac{K}{(T_s s + 1)(T_m T_1 s^2 + T_m s + 1)}$$

式中，$K = K_p K_s \alpha / C_e$，电枢回路电磁时间常数 $T_m = \dfrac{GD^2 R}{375 C_e C_m}$ s。已知 $T_s = 0.001\,67$ s，$T_1 = 0.017$ s，$T_m = 0.075$ s，$R = 1.0\ \Omega$，$K_s = 44$，$C_e = 0.1925(\mathrm{V \cdot min})/r$，系统运动部分的飞轮惯量 $GD^2 = 10\ \mathrm{N \cdot m^2}$。根据稳态性能指标 $D = 10$，$s \leqslant 0.05$ 计算，系统的开环放大系数应有 $K \geqslant 53.3$，试判别这个系统的稳定性。

**解**　根据已知可得 $T_m \geqslant 4T_1$，因此开环传递函数分母中的二次项可以分解成两个一次项之积，即

$$T_m T_1 s^2 + T_m s + 1 = 0.001\,275 s^2 + 0.075 s + 1 = (0.049 s + 1)(0.026 s + 1)$$

根据例 3 - 17 稳态参数的计算结果，闭环系统的开环放大系数取为

$$K = K_p K_s \alpha / C_e = \frac{21 \times 44 \times 0.011\,58}{0.1925} = 55.58$$

于是系统的开环传递函数为

$$G_k(s) = \frac{55.58}{(0.049 s + 1)(0.026 s + 1)(0.001\,67 s + 1)}$$

闭环直流调速系统的伯德图如图 5 - 61 所示。

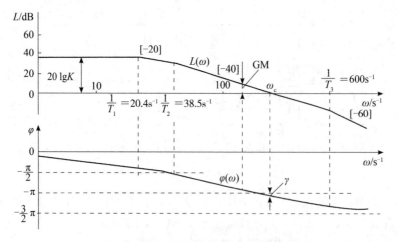

图 5 - 61　闭环直流调速系统的伯德图

图 5-61 中，三个转折频率分别为

$$\omega_1 = \frac{1}{T_1} = \frac{1}{0.049} = 20.4 \text{ s}^{-1}$$

$$\omega_2 = \frac{1}{T_2} = \frac{1}{0.026} = 38.5 \text{ s}^{-1}$$

$$\omega_3 = \frac{1}{T_3} = \frac{1}{0.001\ 67} = 600 \text{ s}^{-1}$$

而

$$20\lg K = 20\lg 55.58 = 34.9 \text{ dB}$$

由图 5-61 可见，相角裕度 $\gamma$ 和幅值裕度 $L_g$ 都是负值，所以该闭环系统不稳定。这与例 3-17 中用代数判据得到的结论是一致的。

# 5.5　闭环控制系统的频率响应

反馈控制系统的闭环传递函数为

$$\Phi(s) = \frac{G(s)}{1 + G(s)H(s)} = \frac{1}{H(s)} \cdot \frac{G(s)H(s)}{1 + G(s)H(s)}$$

其中，$H(s)$ 为主反馈通道的传递函数，一般为常数。在 $H(s)$ 为常数的情况下，闭环频率特性的形状不受影响。因此，研究闭环系统频域指标时，只需针对单位反馈系统进行。作用在控制系统的信号除了控制输入外，常伴随输入端和输出端的多种确定性扰动和随机噪声，因而闭环系统的频域性能指标应该反映控制系统跟踪控制输入信号和抑制干扰信号的能力。

## 5.5.1　控制系统的频带宽度

### 1. 带宽的定义

设 $\Phi(j\omega)$ 为系统闭环频率特性，当闭环幅频特性下降到频率为零时的分贝值以下3 dB，即 $0.707|\Phi(j0)|$ dB 时，对应的频率称为带宽频率，记为 $\omega_b$，即当 $\omega > \omega_b$ 时，有

$$20\lg|\Phi(j\omega)| < 20\lg|\Phi(j0)| - 3 \qquad (5-85)$$

而频率范围 $(0, \omega_b)$ 称为系统的带宽，如图 5-62 所示。带宽定义表明，对高于带宽频率的正弦输入信号，系统输出将呈现较大的衰减。对于 1 型和 1 型以上的开环系统，由于 $|\Phi(j0)| = 1$，$20\lg|\Phi(j0)| = 0$，因此

$$20\lg|\Phi(j\omega)| < -3 \text{ dB}, \quad \omega > \omega_b \qquad (5-86)$$

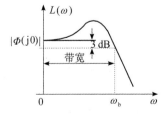

图 5-62　系统带宽频率与宽度

　　带宽是频域中一项非常重要的性能指标。对于一阶和二阶系统，带宽和系统参数具有解析关系。

### 2. 系统带宽的选择

　　设一阶系统的闭环传递函数为

$$\Phi(s) = \frac{1}{Ts+1}$$

因为开环系统为 1 型，$\Phi(j0)=1$，所以按带宽的定义：

$$20\lg|\Phi(j\omega_b)| = 20\lg\frac{1}{\sqrt{1+T^2\omega_b^2}} = 20\lg\frac{1}{\sqrt{2}}$$

可求得带宽频率：

$$\omega_b = \frac{1}{T} \tag{5-87}$$

　　对于二阶系统，闭环传递函数为

$$\Phi(s) = \frac{\omega_n^2}{s^2+2\zeta\omega_n s+\omega_n^2}$$

系统频幅特性：

$$|\Phi(j\omega)| = \frac{1}{\sqrt{\left(1-\dfrac{\omega^2}{\omega_n^2}\right)^2+4\zeta^2\dfrac{\omega^2}{\omega_n^2}}}$$

　　因为 $|\Phi(j0)|=1$，所以由带宽定义得

$$\sqrt{\left(1-\frac{\omega_b^2}{\omega_n^2}\right)^2+4\zeta^2\frac{\omega_b^2}{\omega_n^2}} = \sqrt{2}$$

于是

$$\omega_b = \omega_n\left[(1-2\zeta^2)+\sqrt{(1-2\zeta^2)^2+1}\right]^{\frac{1}{2}} \tag{5-88}$$

　　由式(5-87)知，一阶系统的带宽和时间常数 $T$ 成反比。由式(5-88)知，二阶系统的带宽和自然频率 $\omega_n$ 成正比。

　　令 $A=\left(\dfrac{\omega_b}{\omega_n}\right)^2$，由于 $\dfrac{dA}{d\zeta} = \dfrac{-4\zeta}{\sqrt{(1-2\zeta^2)^2+1}}\left[\sqrt{(1-2\zeta^2)^2+1}+(1-2\zeta^2)\right]<0$，$A$ 为 $\zeta$ 的减函数，因此 $\omega_b$ 为 $\zeta$ 的减函数，即 $\omega_b$ 与阻尼比 $\zeta$ 成反比。根据第 3 章中一阶系统和二阶系统的上升时间、过渡过程时间与参数的关系可知，系统的单位阶跃响应的速度和宽带成正比。对于任意阶次的控制系统，这一关系仍然成立。

　　设两个控制系统存在以下关系：

$$\Phi_1(s) = \Phi_2\left(\frac{s}{\lambda}\right) \tag{5-89}$$

其中，$\lambda$ 为任意正常数。两个系统的闭环频率特性亦有

$$\Phi_1(j\omega) = \Phi_2\left(j\frac{\omega}{\lambda}\right)$$

　　当对数幅频特性 $20\lg|\Phi_1(j\omega)|$ 和 $20\lg\left|\Phi_2\left(j\dfrac{\omega}{\lambda}\right)\right|$ 的横坐标分别取 $\omega$ 和 $\dfrac{\omega}{\lambda}$ 时，其对数幅频特性曲线具有相同的形状，按带宽定义可得

$$\omega_{b1} = \lambda \omega_{b2}$$

即系统 $\Phi_1(s)$ 的带宽为系统 $\Phi_2(s)$ 的带宽的 $\lambda$ 倍。设两个系统的单位阶跃响应分别为 $h_1(t)$ 和 $h_2(t)$，按拉氏变换，有

$$\frac{1}{s}\Phi_1(s) = \int_0^\infty h_1(t)\mathrm{e}^{-st}\mathrm{d}t = \frac{1}{\lambda} \cdot \frac{1}{\frac{s}{\lambda}}\Phi_2\left(\frac{s}{\lambda}\right) = \int_0^\infty h_2(\lambda t)\mathrm{e}^{-st}\mathrm{d}t$$

即
$$h_1(t) = h_2(\lambda t) \qquad\qquad (5-90)$$

由时域性能指标可知，系统 $\Phi_1(s)$ 的上升时间和过渡过程时间为 $\Phi_2(s)$ 的 $\frac{1}{\lambda}$ 倍，即当系统的带宽扩大 $\lambda$ 倍时，系统的相应速度加快 $\lambda$ 倍。鉴于系统复现输入信号的能力取决于系统的幅频特性和相频特性，对于输入端信号，带宽增大，则跟踪控制信号的能力增强，而抑制输入端高频干扰的能力则减弱，因此系统宽带的选择在设计中应折中考虑，不能一味求大。

## 5.5.2　闭环频率特性及特征量

对于单位反馈系统，其闭环传递函数为

$$\Phi(s) = \frac{G_k(s)}{1 + G_k(s)}$$

对应的闭环频率特性为

$$\Phi(\mathrm{j}\omega) = \frac{G_k(\mathrm{j}\omega)}{1 + G_k(\mathrm{j}\omega)} = M(\omega)\mathrm{e}^{\mathrm{j}\alpha(\omega)} \qquad\qquad (5-91)$$

式(5-91)描述了开环频率特性和闭环频率特性之间的关系。如果已知 $G_k(\mathrm{j}\omega)$ 曲线上的一点，就可由式(5-91)确定闭环频率特性曲线上的一点。用这种方法逐点绘制闭环频率特性曲线，显然既烦琐又很费时间。为此，过去工程上用图解法绘制闭环频率特性曲线的工作，现在已由计算机中的 MATLAB 软件来代替，从而大大提高了绘图的效率和精度。另一方面，已知开环幅频特性，也可以用等幅值轨迹($M$ 圆)和等相角轨迹($N$ 圆)定性地估计闭环频率特性。

一般系统的闭环频率特性如图 5-63 所示。图中，$M(0)$ 为频率特性的零频幅值；$\omega_b$ 为频率特性的带宽频率，它是系统的幅值为零频幅值的 0.707 倍时的频率，$0\sim\omega_b$ 通常称为系统的频带宽度；$\omega_r$ 为频率特性的谐振频率，当 $0 \leqslant \zeta \leqslant 0.707$ 时，系统的频率特性会在 $\omega = \omega_r$ 处产生谐振峰值 $M_r$，$M_r = \dfrac{M_m}{M(0)}$；$\omega_m$ 为复现频率，即允许误差范围内的最高工作频率，相应地，$0\sim\omega_m$ 称为复现带宽。

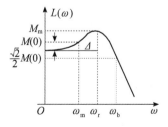

图 5-63　系统的闭环频率特性

需要指出，系统的频带宽度反映了系统复现输入信号的能力。频带宽度越宽，暂态响应的速度越快，调节时间也就越短。但是，频带宽度越宽，系统抗高频干扰的能力越低。因此，在设计系统时，对于频带宽度的确定，必须兼顾到系统的响应速度和抗高频干扰的要求。

设单位反馈系统的开环传递函数为

$$G_k(s) = \frac{KG_0(s)}{s^v} \tag{5-92}$$

式中：$G_0(s)$ 不含有积分和比例环节，且 $\lim_{s \to 0} G_0(s) = 1$。因此，系统的闭环传递函数为

$$\Phi(s) = \frac{KG_0(s)}{s^v + KG_0(s)} \tag{5-93}$$

当 $v=0$ 时，闭环幅频特性的零频幅值为

$$M(0) = \lim_{\omega \to 0} \left| \frac{KG_0(j\omega)}{(j\omega)^v + KG_0(j\omega)} \right| = \frac{K}{1+K} < 1 \tag{5-94}$$

当 $v>0$ 时，闭环幅频特性的零频幅值为

$$M(0) = \lim_{\omega \to 0} \left| \frac{KG_0(j\omega)}{(j\omega)^v + KG_0(j\omega)} \right| = 1 \tag{5-95}$$

0 型系统与 1 型及 1 型以上系统的零频幅值的差异反映了它们跟随阶跃输入时有无稳态误差，前者有稳态误差，而后者没有稳态误差。

### 5.5.3 频率域性能指标与时域性能指标

#### 1. 系统频域指标

1）开环频域指标

$\gamma$：相角裕度。

$\omega_c$：截止频率，单位为 rad/s。$\omega_c$ 是系统快速性性能指标。

2）闭环频域指标

对于图 5-63 所示系统的闭环频率特性曲线，给出如下闭环频域指标：

$\omega_r$：谐振频率。

$M_r$：谐振峰值。

$\omega_m$：复现频率，即在允许误差范围内的最高工作频率，相应地，$\omega_m$ 也称为复现带宽。

$\omega_b$：带宽频率，相应地，$\omega_b$ 一般也称为系统带宽。

其中，$M_r$ 是系统相对稳定性性能指标；$\omega_b$ 是系统快速性性能指标。

系统时域指标的物理意义明确、直观，但不能直接应用于频域的分析和综合。闭环系统频域指标 $\omega_b$ 虽然能反映系统的跟踪速度和抗干扰能力，但由于需要通过闭环频率特性加以确定，因此在校正元件的形式和参数尚需确定时显得较为不便。鉴于系统开环频域指标相角裕度 $\gamma$ 和截止频率 $\omega_c$ 可以利用已知的开环对数频率特性曲线确定，且由前面分析知，$\gamma$ 和 $\omega_c$ 的大小在很大程度上决定了系统的性能，因此工程上常用 $\gamma$ 和 $\omega_c$ 来估算系统的时域性能指标。

#### 2. 系统闭环和开环频域指标的关系

系统开环指标截止频率 $\omega_c$ 与闭环指标带宽频率 $\omega_b$ 有着密切的关系。如果两个系统的

稳定程度相仿，则 $\omega_c$ 大的系统，$\omega_b$ 也大，$\omega_c$ 小的系统，$\omega_b$ 也大。因此 $\omega_c$ 和系统响应速度存在正比关系，$\omega_c$ 可用来衡量系统的响应速度。鉴于闭环振荡性指标谐振峰值 $M_r$ 和开环指标相角裕度 $\gamma$ 都能表征系统的稳定程度，故下面建立 $M_r$ 和 $\gamma$ 的近似关系。

设系统开环相频特性可以表示为

$$\varphi(\omega) = -180° + \gamma(\omega) \qquad (5-96)$$

其中，$\gamma(\omega)$ 表示相角相对于 $-180°$ 的相移。因此开环频率特性可以表示为

$$G(j\omega) = A(\omega)e^{-j[180°-\gamma(\omega)]} = A(\omega)[-\cos\gamma(\omega) - j\sin\gamma(\omega)] \qquad (5-97)$$

闭环幅频特性：

$$\begin{aligned} M(\omega) &= \left| \frac{G(j\omega)}{1+G(j\omega)} \right| = \frac{A(\omega)}{[1+A^2(\omega)-2A(\omega)\cos\gamma(\omega)]^{\frac{1}{2}}} \\ &= \frac{1}{\sqrt{\left[\dfrac{1}{A(\omega)}-\cos\gamma(\omega)\right]^2 + \sin^2\gamma(\omega)}} \end{aligned} \qquad (5-98)$$

一般情况下，在 $M(\omega)$ 的极大值附近 $\gamma(\omega)$ 变化较小，且使 $M(\omega)$ 为极值的谐振频率 $\omega_r$ 常位于 $\omega_c$ 附近，即有

$$\cos\gamma(\omega_r) \approx \cos\gamma(\omega_c) = \cos\gamma \qquad (5-99)$$

由式 (5-98) 可知，令 $\dfrac{dM(\omega)}{dA(\omega)}=0$，得 $A(\omega)=\dfrac{1}{\cos\gamma(\omega)}$，相应地，$M(\omega)$ 为极值，故谐振峰值为

$$M_r = M(\omega_r) = \left| \frac{1}{\sin\gamma(\omega_r)} \right| \approx \frac{1}{|\sin\gamma|} \qquad (5-100)$$

由于 $\cos\gamma(\omega_r) \leqslant 1$，因此在闭环幅频特性的峰值处对应的开环幅值 $A(\omega_r) \geqslant 1$，而 $A(\omega_c)=1$，显然 $\omega_r \leqslant \omega_c$。因此随着相角裕度 $\gamma$ 的减小，$\omega_r - \omega_c$ 减小，当 $\gamma=0$ 时，$\omega_r = \omega_c$。由此可知，$\gamma$ 较小时，式 (5-100) 的近似程度较高。控制系统的设计中，一般先根据控制要求提出闭环频域指标 $\omega_b$ 和 $M_r$，再由式 (5-100) 确定相角裕度 $\gamma$ 并选择合适的截止频率 $\omega_c$，然后根据 $\gamma$ 和 $\omega_c$ 选择校正网络的结构并确定参数。

**3. 开环频域指标与时域指标的关系**

1) 二阶系统

典型二阶系统的开环传递函数为

$$G_k(s) = \frac{\omega_n^2}{s(s+2\zeta\omega_n)}$$

其相应的开环频率特性为

$$G_k(j\omega) = \frac{\omega_n^2}{j\omega(j\omega+2\zeta\omega_n)} \qquad (5-101)$$

(1) $\gamma$ 与 $\sigma\%$ 的关系。系统的开环幅频特性和相频特性分别为

$$A(\omega) = \frac{\omega_n^2}{\omega\sqrt{\omega^2+(2\zeta\omega_n)^2}} \qquad (5-102)$$

$$\varphi(\omega) = -90° - \arctan\frac{\omega}{2\zeta\omega_n} \qquad (5-103)$$

在 $\omega=\omega_c$ 时，$A(\omega_c)=|G_k(j\omega_c)|=1$，即

$$A(\omega_c) = \frac{\omega_n^2}{\omega_c \sqrt{\omega_c^2 + (2\zeta\omega_c)^2}} = 1$$

解得

$$\omega_c = \omega_n \sqrt{\sqrt{4\zeta^4 + 1} - 2\zeta^2} \tag{5-104}$$

此时，可求得

$$\gamma = 180° + \varphi(\omega_c) = 90° - \arctan\frac{\omega_c}{2\zeta\omega_n} = \arctan\frac{2\zeta\omega_n}{\omega_c} \tag{5-105}$$

将式(5-104)代入式(5-105)得

$$\gamma = \arctan\frac{2\zeta}{\sqrt{\sqrt{4\zeta^4 + 1} - 2\zeta^2}} \tag{5-106}$$

从而得到 $\gamma$ 与 $\zeta$ 的关系，其关系曲线如图 5-64 所示。

在时域分析中，有

$$\sigma\% = e^{-\frac{\zeta\pi}{\sqrt{1-\zeta^2}}} \times 100\% \tag{5-107}$$

为了便于比较，将式(5-107)的关系也绘于图 5-64 中。

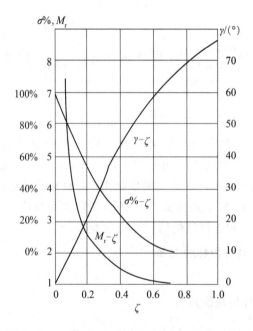

图 5-64　二阶系统 $\sigma\%$、$\gamma$、$M_r$ 与 $\zeta$ 的关系曲线

由图 5-64 可明显看出，$\gamma$ 越大，$\sigma\%$ 越小；$\gamma$ 越小，$\sigma\%$ 越大。为使二阶系统不至于振荡得太剧烈以及调节时间太长，一般希望

$$30° \leqslant \gamma \leqslant 60°$$

(2) $\gamma$、$\omega_c$ 与 $t_s$ 的关系。在时域分析中，有

$$t_s = \frac{4}{\zeta\omega_n} \tag{5-108}$$

将式(5-104)代入式(5-108)得

$$\omega_c t_s = \frac{4}{\zeta}\sqrt{\sqrt{4\zeta^4 + 1} - 2\zeta^2} \tag{5-109}$$

由式(5-106)和式(5-109)可得

$$\omega_{c}t_{s}=\frac{8}{\tan\gamma} \tag{5-110}$$

**【例 5 - 16】** 设一单位反馈系统的开环传递函数为

$$G(s)=\frac{K}{s(Ts+1)}$$

若已知单位速度信号输入下的稳态误差 $e_{ss}(\infty)=\frac{1}{9}$，相角裕度 $\gamma=60°$，试确定系统时域指标 $\sigma\%$ 和 $t_s$。

**解**　因为该系统为 1 型系统，单位速度输入下的稳态误差为 $\frac{1}{K}$，由题设条件得 $K=9$。由 $\gamma=60°$，查图 5-65 得阻尼比 $\zeta=0.62$，因此超调量：

$$\sigma\%=e^{-\pi\zeta/\sqrt{1-\zeta^{2}}}\times100\%=8.4\%$$

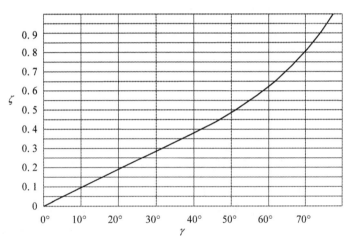

图 5-65　典型二阶系统的 $\gamma$-$\zeta$ 曲线

由于

$$\frac{K}{T}=\omega_{n}^{2}, \frac{1}{T}=2\zeta\omega_{n}, \omega_{n}=2K\zeta=11.16$$

因此调节时间为

$$t_{s}=\frac{3.5}{\zeta\omega_{n}}=0.506, \Delta=5\%$$

　2）高阶系统

对于高阶系统，开环频域指标与时域指标之间没有准确的关系式。但是大多数实际系统中，开环频域指标 $\gamma$ 和 $\omega_c$ 能反映暂态过程的基本性能。为了说明开环频域指标与时域指标的近似关系，下面介绍两个经验公式：

$$\sigma\%=\left[0.16+0.4\left(\frac{1}{\sin\gamma}-1\right)\right]\times100\%, 35°\leqslant\gamma\leqslant90° \tag{5-111}$$

$$t_{s}=\frac{k\pi}{\omega_{c}} \tag{5-112}$$

式中：

$$k = 2 + 1.5\left(\frac{1}{\sin\gamma} - 1\right) + 2.5\left(\frac{1}{\sin\gamma} - 1\right)^2, \quad 35° \leqslant \gamma \leqslant 90° \quad (5-113)$$

将式(5-111)和式(5-112)表示的关系绘成曲线,如图5-66所示。由式(5-111)可知,超调量$\sigma\%$随相角裕度$\gamma$的减小而增大。由式(5-112)可知,调节时间$t_s$随$\gamma$的减小而增大,但随$\omega_c$的增大而减小。

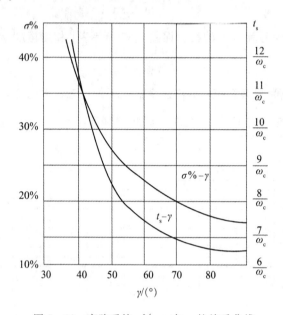

图5-66　高阶系统$\sigma\%$、$t_s$与$\gamma$的关系曲线

应用上述经验公式估算高阶系统的时域指标一般偏于保守,即实际性能比估算结果要好。对控制系统进行初步设计时,使用经验公式可以保证系统达到性能指标的要求且留有一定的余地,然后进一步应用 MATLAB 软件包进行验证。应用 MATLAB 软件包可以方便地获得闭环系统对数频率特性和系统时间响应,便于统筹兼顾系统的频域性能和时域性能。

**4. 闭环频域指标与时域指标的关系**

1) 二阶系统

典型二阶系统的闭环传递函数为

$$\Phi(s) = \frac{\omega_n^2}{s^2 + 2\zeta\omega_n s + \omega_n^2} \quad (5-114)$$

其相应的闭环频率特性为

$$\Phi(j\omega) = \frac{\omega_n^2}{(j\omega)^2 + 2\zeta\omega_n(j\omega) + \omega_n^2} = \frac{\omega_n^2}{(\omega_n^2 - \omega^2) + j2\zeta\omega_n\omega} \quad (5-115)$$

(1) $M_r$ 与 $\sigma\%$ 的关系。

典型二阶系统的闭环幅频特性为

$$M(\omega) = \frac{\omega_n^2}{\sqrt{(\omega_n^2 - \omega^2)^2 + (2\zeta\omega_n\omega)^2}} \quad (5-116)$$

其谐振频率为

$$\omega_r = \omega_n\sqrt{1-2\zeta^2}, 0 < \zeta \leqslant 0.707 \qquad (5-117)$$

其幅频特性峰值(即谐振峰值)为

$$M_r = \frac{1}{2\zeta\sqrt{1-2\zeta^2}}, 0 < \zeta \leqslant 0.707 \qquad (5-118)$$

当 $\zeta > 0.707$ 时，$\omega_r$ 为虚数，说明不存在谐振峰值，幅频特性单调衰减；当 $\zeta = 0.707$ 时，$\omega_r = 0$，$M_r = 1$；当 $\zeta < 0.707$ 时，$\omega_r > 0$，$M_r > 1$；当 $\zeta \to 0$ 时，$\omega_r \to \omega_n$，$M_r \to \infty$。

将式(5-118)表示的 $M_r$ 与 $\zeta$ 的关系也绘制于图 5-64 中。从图 5-64 中可明显看出，$M_r$ 和 $\sigma\%$ 的曲线随着 $\zeta$ 的增大同时呈下降趋势，即系统的阻尼性能越好。如果谐振峰值较高，则系统动态过程超调大，收敛慢，平稳性及快速性都差。

(2) $M_r$、$\omega_r$、$\omega_b$ 与 $t_s$ 的关系。

在带宽频率 $\omega_b$ 处，典型二阶系统闭环频率特性的幅值为

$$M(\omega_b) = \frac{\omega_n^2}{\sqrt{(\omega_n^2 - \omega_b^2)^2 + (2\zeta\omega_n\omega_b)^2}} = 0.707$$

解得

$$\omega_b = \omega_n\sqrt{1-2\zeta^2 + \sqrt{2-4\zeta^2 + 4\zeta^4}} \qquad (5-119)$$

$$t_s = \frac{4}{\zeta\omega_b}\sqrt{1-2\zeta^2 + \sqrt{2-4\zeta^2 + 4\zeta^4}} \qquad (5-120)$$

又因为 $\omega_r = \omega_n\sqrt{1-2\zeta^2}$，所以有

$$t_s = \frac{4}{\zeta\omega_r}\sqrt{1-2\zeta^2} \qquad (5-121)$$

2) 高阶系统

对于高阶系统，难以找出闭环频域指标和时域指标之间的确切关系。但如果高阶系统存在一对共轭复数闭环主导极点，则可近似采用针对二阶系统建立的关系。

通过大量的系统研究，归纳出以下两个近似的数学关系式，即

$$\sigma\% = [0.16 + 0.4(M_r - 1)] \times 100\%, 1 \leqslant M_r \leqslant 1.8 \qquad (5-122)$$

$$t_s = \frac{k\pi}{\omega_c} \qquad (5-123)$$

式中：

$$k = 2 + 1.5(M_r - 1) + 2.5(M_r - 1)^2, 1 \leqslant M_r \leqslant 1.8 \qquad (5-124)$$

式 (5-122)表明，高阶系统的 $\sigma\%$ 随着 $M_r$ 的增大而增大。式 (5-123)则表明，调节时间 $t_s$ 随 $M_r$ 增大而增大，且随 $\omega_c$ 增大而减小。

## 5.5.4　开环对数频率特性与时域响应关系

系统开环频率特性的求取比闭环频率特性的求取方便，而且对于最小相位系统，对数幅频特性和相频特性之间有着确定的对应关系，那么，能否由开环对数频率特性来分析和设计系统的动态响应和稳态性能呢？

开环对数频率特性与时域响应的关系通常分为三个频段加以分析，下面介绍"三频段"的概念。

### 1. 低频段

低频段通常指 $L(\omega)=20\lg|G(j\omega)|$ 的渐近线在第一个转折频率以前的频段。由系统开环对数频率特性的绘制方法可知，低频段的斜率由开环传递函数中积分环节的数目 $v$ 决定，而高度则由系统的开环放大倍数 $K$ 来决定。

由第 3 章的分析可知，系统的稳态误差 $e_{ss}$ 与 $K$、$v$ 有关。因此，根据开环对数幅频特性的低频段可确定系统的稳态误差。下面讨论由给定的开环对数幅频特性曲线来确定系统的静态误差系数和求稳态误差的方法。

若用 $\lambda$ 表示对数幅频特性低频段的斜率，则有

$$v=\frac{\lambda}{-20} \qquad (5-125)$$

若用 $L_1$ 表示 $\omega=1$ rad/s 时的对数幅频特性值，即 $L_1=L(1)=20\lg K$，则有

$$K=10^{\frac{L_1}{20}} \qquad (5-126)$$

#### 1）0 型系统

图 5-67 所示为 0 型系统的 Bode 图，$\lambda=[0]$，高度为 $L_1=20\lg K$，所以 $K=10^{\frac{L_1}{20}}$。此时，$K_p=K$，$K_v=K_a=0$，因此，在单位阶跃输入信号下有 $e_{ss}=\dfrac{1}{1+K}$。

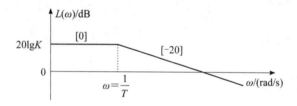

图 5-67　0 型系统的对数幅频特性

#### 2）1 型系统

图 5-68 所示为 1 型系统的 Bode 图，$\lambda=[-20]$，低频段对数幅频特性为

$$L(\omega)\approx20\lg\frac{K}{\omega}=20\lg K-20\lg\omega$$

当 $\omega=K$ 时，$L(\omega)=0$，用 $\omega_v$ 表示，即 $\omega_v=K$。此时分为以下两种情况：

（1）$\omega_1>K$：$[-20]$ 斜率线与 $\omega$ 轴的交点是 $\omega_v=K=\omega_c$，如图 5-68(a) 所示。

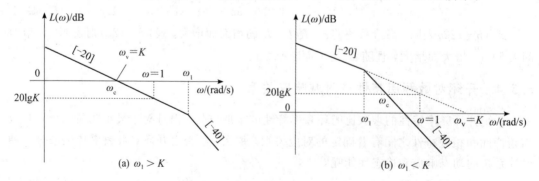

(a) $\omega_1>K$ 　　　　　　　　　　　(b) $\omega_1<K$

图 5-68　1 型系统的对数幅频特性

（2）$\omega_1 < K$：[−20]斜率线与 $\omega$ 轴无交点，其延长线与 $\omega$ 轴的交点是 $\omega_v = K$，如图 5-68(b)所示。

1 型系统时，$K_p = \infty$，$K_v = K$，$K_a = 0$。因此，在单位阶跃输入信号下，$e_{ss} = 0$；在单位斜坡输入信号下，$e_{ss} = \dfrac{1}{K}$。

3）2 型系统

图 5-69 所示为 2 型系统的 Bode 图，$\lambda = [−40]$，低频段对数幅频特性为

$$L(\omega) \approx 20\lg\frac{K}{\omega^2} = 20\lg K - 40\lg\omega$$

当 $\omega = \sqrt{K}$ 时，$L(\omega) = 0$，用 $\omega_a$ 表示，即 $\omega_a = \sqrt{K}$。此时也分为两种情况：

（1）$\omega_1 > \sqrt{K}$：[−40]斜率线与 $\omega$ 轴的交点是 $\omega_a = \sqrt{K} = \omega_c$，如图 5-69(a)所示。

（2）$\omega_1 < \sqrt{K}$：[−40]斜率线与 $\omega$ 轴无交点，其延长线与 $\omega$ 轴的交点是 $\omega_a = \sqrt{K}$，如图 5-69(b)所示。

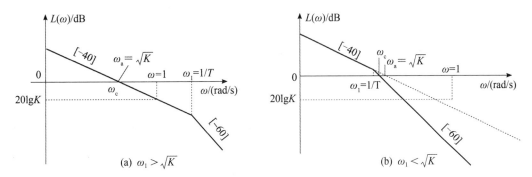

图 5-69　2 型系统的对数幅频特性

2 型系统时，$K_p = K_v = \infty$，$K_a = K$。因此，在单位阶跃和单位斜坡输入信号下，$e_{ss} = 0$；在单位抛物线输入信号下，$e_{ss} = \dfrac{1}{K}$。

综上所述，根据系统开环对数幅频特性曲线的低频段，可以确定开环传递函数中积分环节的数目 $v$ 和系统的开环放大倍数，求得系统稳态误差 $e_{ss}$。低频段的斜率愈小，对应系统开环传递函数中积分环节的数目愈多，则在闭环系统稳定的条件下，其稳态误差愈小，动态响应的跟踪精度愈高。在阶跃信号输入下使 $e_{ss} = 0$ 的条件是低频段必须具有负斜率。

**2. 中频段**

中频段是指开环对数幅频特性曲线在截止频率 $\omega_c$ 附近（零分贝附近）的区段。由开环频域指标与时域指标的关系可知，超调量 $\sigma\%$ 只与 $\gamma$ 有关，调节时间 $t_s$ 与 $\omega_c$、$\gamma$ 都有关系，而 $\omega_c$ 和 $\gamma$ 都由开环对数频率特性曲线的中频段所决定，所以说中频段集中反映了闭环系统动态响应的平稳性和快速性。

在最小相位系统中，开环对数幅频特性曲线 $L(\omega)$ 与相频特性曲线 $\varphi(\omega)$ 一一对应。因此，$\gamma$ 取决于对数幅频特性曲线 $L(\omega)$ 的形状，而且开环截止频率 $\omega_c$ 的大小决定系统的快速性，$\omega_c$ 愈大，系统过渡过程时间愈短。

反映中频段形状的三个参数为截止频率 $\omega_c$、中频段的斜率和中频段的宽度。下面对开

环对数幅频特性曲线 $L(\omega)$ 中频段的斜率和宽度分两种情况进行分析。

（1）中频段斜率为 $[-20]$，且占据的频率区域较宽，如图 5-70 所示，则系统的相频特性为

$$\varphi(\omega) = -180° + \arctan\frac{\omega}{\omega_1} - \arctan\frac{\omega}{\omega_2}$$

相角裕度为

$$\gamma = 180° + \varphi(\omega_c) = \arctan\frac{\omega_c}{\omega_1} - \arctan\frac{\omega_c}{\omega_2}$$

可见，中频段愈宽，即 $\omega_2$ 比 $\omega_1$ 大得愈多，则系统的相角裕度 $\gamma$ 愈大，即系统的平稳性愈好。

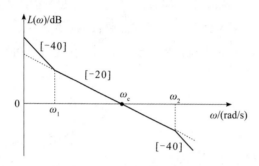

图 5-70　对数幅频特性

（2）中频段斜率为 $[-40]$，且占据的频率区域较宽，如图 5-71 所示，则系统的相频特性为

$$\varphi(\omega) = -90° - \arctan\frac{\omega}{\omega_1} + \arctan\frac{\omega}{\omega_2}$$

相角裕度为

$$\gamma = 180° + \varphi(\omega_c) = 90° - \arctan\frac{\omega_c}{\omega_1} + \arctan\frac{\omega_c}{\omega_2}$$

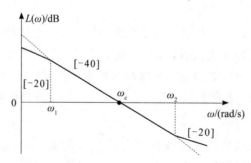

图 5-71　对数幅频特性

可见，中频段愈宽，即 $\omega_2$ 比 $\omega_1$ 大得愈多，则系统的相角裕度 $\gamma$ 愈接近于 $0°$，系统将处于临界稳定状态，动态响应持续振荡。

可以推断，中频段斜率再陡一些，则闭环系统将难以稳定。因此，为使系统稳定，且有足够的稳定裕度，一般希望截止频率 $\omega_c$ 位于开环对数幅频特性斜率为 $[-20]$ 的线段上，且中频段要有足够的宽度；或位于开环对数幅频特性斜率为 $[-40]$ 的线段上，但中频段较

窄。在上述情况下，应尽量增大截止频率 $\omega_c$，以提高动态响应的快速性。

**3. 高频段**

高频段指开环对数幅频特性在中频段以后的频段。由于这部分特性是由系统中一些时间常数很小的环节决定的，因此高频段的形状主要影响时域响应的起始段。因为高频段远离截止频率 $\omega_c$，所以对系统的动态特性影响不大。故在分析时，将高频段作近似处理，即把多个小惯性环节等效为一个小惯性环节来代替，而且等效小惯性环节的时间常数等于被代替的多个小惯性环节的时间常数之和。

另外，从系统抗干扰能力来看，高频段开环幅值一般较低，即 $L(\omega)=20\lg|G_k(j\omega)|\ll 0$，则 $G_k(j\omega)\ll 1$，因此对单位反馈系统有

$$|\Phi(j\omega)|=\frac{|G_k(j\omega)|}{|1+G_k(j\omega)|}\approx|G_k(j\omega)|$$

显然，在高频时闭环幅频特性近似等于开环幅频特性。因此，开环对数幅频特性 $L(\omega)$ 在高频段的幅值直接反映了系统对高频干扰信号的抑制能力。高频部分的幅值愈低，系统的抗干扰能力愈强。

由以上分析可知，为使系统满足一定的稳态和动态要求，对开环对数幅频特性的形状有如下要求：低频段要有一定的高度和斜率；中频段的斜率最好为 $[-20]$，且具有足够的宽度，$\omega_c$ 应尽量大；高频段采用迅速衰减的特性，以抑制不必要的高频干扰。三频段的划分并没有很严格的确定性准则，但是三频段的概念为直接运用开环频率特性判别稳定的闭环系统动静态性能指出了原则和方向。

## 5.6　机械系统动刚度的概念

一个典型的由质量块、弹簧、阻尼构成的机械系统中，质量块在输入力 $f(t)$ 作用下产生的输出位移为 $y(t)$，由例 3-3 知，其传递函数为

$$G(s)=\frac{Y(s)}{F(s)}=\frac{1}{ms^2+Ds+k}=\frac{\dfrac{1}{k}}{\dfrac{1}{\omega_n^2}s^2+2\zeta\dfrac{1}{\omega_n}s+1}\qquad(5-127)$$

系统的频率特性为

$$G(j\omega)=\frac{Y(j\omega)}{F(j\omega)}=\frac{\dfrac{1}{k}}{\left(1-\dfrac{\omega^2}{\omega_n^2}\right)+j\dfrac{2\zeta\omega}{\omega_n}}\qquad(5-128)$$

该式反映了动态作用力 $f(t)$ 与系统动态变形 $y(t)$ 之间的关系，如图 5-72 所示。

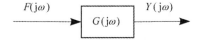

图 5-72　系统在力的作用下产生变形示例

如果将力看成弹性体相对位移与弹性刚度相乘，则 $G(j\omega)$ 表示的是机械结构的动柔度 $\lambda(j\omega)$，也就是它的动刚度 $K(j\omega)$ 的倒数，即

$$G(j\omega) = \lambda(j\omega) = \frac{1}{K(j\omega)} \qquad (5-129)$$

当 $\omega = 0$ 时，有

$$K(j\omega)\Big|_{\omega=0} = \frac{1}{G(j\omega)}\Big|_{\omega=0} = k \qquad (5-130)$$

即该机械结构的静刚度为 $k$。

当 $\omega \neq 0$ 时，可以写出动刚度 $K(j\omega)$ 的幅值为

$$|K(j\omega)| = \sqrt{\left(1 - \frac{\omega^2}{\omega_n^2}\right)^2 + \left(\frac{2\zeta\omega}{\omega_n}\right)^2} \cdot k \qquad (5-131)$$

其动刚度曲线如图 5-73 所示。对二阶系统幅频特性 $|G(j\omega)|$ 求偏导等于零，即

$$\frac{\partial |G(j\omega)|}{\partial \omega} = 0$$

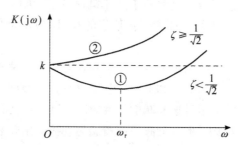

图 5-73　动刚度曲线机械系统动刚度的概念

可求出二阶系统的谐振频率，即

$$\omega_r = \omega_n \sqrt{1 - 2\zeta^2}, \ 0 \leqslant \zeta \leqslant 0.707 \qquad (5-132)$$

可见，二阶系统只有当 $0 \leqslant \zeta \leqslant 0.707$ 时才有谐振峰。

将式(5-132)代入幅频特性，可求出二阶系统的谐振峰值为

$$M_r = |G(j\omega_r)| = \frac{\dfrac{1}{k}}{2\zeta\sqrt{1-\zeta^2}} \qquad (5-133)$$

此时，动柔度最大，而动刚度 $|K(j\omega)|$ 则有最小值：

$$|K(j\omega)|_{\min} = 2\zeta\sqrt{1-\zeta^2} \cdot k \qquad (5-134)$$

由式(5-132)和式(5-134)可知，当 $\zeta \ll 1$ 时，$\omega_r \to \omega_n$，系统的最小动刚度幅值近似为

$$|K(j\omega)|_{\min} \approx 2\zeta k \qquad (5-135)$$

由此可以看出，增加机械结构的阻尼比，能有效提高系统的动刚度。上述频率特性、机械阻尼、动刚度等的概念及其分析可推广到高阶系统，具有普遍意义，并在工程实践中得到了应用。

因为 $20\lg\dfrac{\sqrt{2}}{2} \approx -3$ dB，由 $|G(j\omega)| = \dfrac{\sqrt{2}}{2}|G(j0)|$，得二阶系统截止频率为

$$\omega_b = \omega_n \sqrt{\sqrt{4\zeta^4 - 4\zeta^2 + 2} - (2\zeta^2 - 1)}, \ 0 \leqslant \zeta \leqslant 0.707 \qquad (5-136)$$

## 5.7 线性系统频域的 MATLAB 分析

系统的频率响应是在正弦信号作用下系统的稳态输出响应。对于线性定常系统，输出响应和输入是同频率的，仅仅是幅值和相位不同。设系统的传递函数为 $G(s)$，其频率特性 $G(j\omega) = G(s)|_{s=j\omega}$。

### 5.7.1 正弦信号作用下的输出信号

对系统：

$$G(s) = \frac{2}{s^2 + 2s + 3}$$

在输入信号 $r(t) = \sin t$ 和 $r(t) = \sin 3t$ 下，可由 MATLAB 求出系统的输出信号：

```
>> num = 2;
>> den = [1 2 3];
>> G = tf(num, den);
>> t = 0:0.1:6 * pi;
>> U = sin(t);
>> y = lsim(G, U, t);
>> plot(t, u, ty)
```

由图 5-74 可以看出，正弦信号作用下的输出信号也为正弦信号，仅仅是幅值和相位不同。

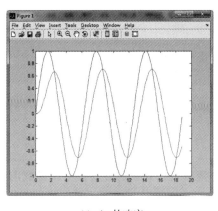 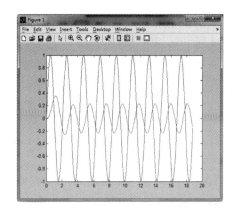

(a) $\sin t$ 的响应                    (b) $\sin 3t$ 的响应

图 5-74 正弦响应曲线

### 5.7.2 频率响应的计算方法

已知系统的传递函数模型为 $G(s) = \dfrac{b_1 s^m + b_2 s^{m-1} + \cdots + b_m s + b_{m+1}}{a_1 s^n + a_2 s^{n-1} + \cdots + a_n s + b_{n+1}}$，则该系统的频率响应为

$$G(j\omega) = \frac{b_1 (j\omega)^m + b_2 (j\omega)^{m-1} + \cdots + b_m (j\omega) + b_{m+1}}{a_1 (j\omega)^n + a_2 (j\omega)^{n-1} + \cdots + a_n (j\omega) + b_{n+1}} \tag{5-137}$$

可以由下面的语句来实现。如果有一个频率向量 $w$，则

$$Gw = polyval(num, sqrt(-1) * w)./polyval(den, sqrt(-1) * w);$$

其中，num 和 den 分别为系统的分子、分母多项式的系数向量。

### 5.7.3 频率响应曲线的绘制

MATLAB 提供了多种求取并绘制系统频率响应曲线的函数。常用的频域分析函数如下：

bode：用于绘制频率响应伯德图；

nyquist：用于绘制频率响应奈奎斯特图；

nichols：用于绘制频率响应尼柯尔斯图；

freqresp：用于求取频率响应数据；

margin：用于绘制幅值裕量与相位裕量；

pzmap：用于绘制零极点图。

**1. Bode 图**

绘制伯德图的函数是 bode()，其调用格式为

$$[mag, phase, w] = bode(num, den, w)$$

式中，num/den$=G(s)$，num 和 den 分别是开环传递函数 $G(s)$ 的分子和分母多项式的系数行列式；频率 $w$ 的自动选择范围为 $0.1 \sim 1000$ rad/s。若人为选择频率范围，则可应用 logspace() 函数，其格式为

$$w = logspace(a, b, n)$$

式中：$a$ 表示最小频率 $10^a$；$b$ 表示最大频率 $10^b$；$n$ 表示 $10^a \sim 10^b$ 之间的频率点数。例如：

```
>> w=logspace(-1, 3, 200)
>> w=logspace(-1, 3, 200);        %确定频率范围及点数
>> [mag, phase, w]=bode(num, den, w);
>> semilogx(w, 20 * log10(mag)); grid
>> xlabel('Frequency[rad/sec]'); ylabel('20 * log(mag)[dB]')
```

若采用自动频率范围，则上述 MATLAB 命令可简化为

```
>>bode(num, den)
```

此处注意在 MATLAB 中调用函数时，省略左边变量表达式，则可直接绘出函数图像。

例如：

$$G(s) = \frac{5(0.1s+1)}{s(0.5s+1)\left(\frac{1}{50^2}s^2+\frac{0.6}{50}s+1\right)}$$

绘制其 Bode 图的 MATLAB 程序如下：

```
>> num=5 * [0.1, 1];
>> f1=[1, 0]; f2=[0.5, 1];
>> f3=[1/2500, 0.6/50, 1];
>> den= conv(f1, conv(f2, f3));
>> bode(num, den)
```

Bode 图如图 5-75 所示。

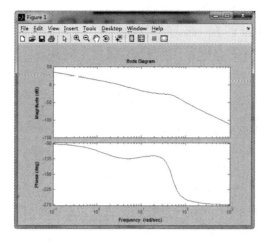

图 5 - 75 Bode 图

**2. Nyquist 图**

频率特性中的 Nyquist 图是 Nyquist 稳定判据的基础。反馈控制系统稳定的充分必要条件为 Nyquist 曲线逆时针包围(-1, j0)点的次数等于系统开环右极点个数。

调用 MATLAB 中的 nyquist()函数,可很容易地绘出 Nyquist 曲线,其调用格式为

$$[re, im, w] = nyquist(num, den, w)$$

式中:num/den=$G(s)$;$w$ 为用户提供的频率范围;re 为极坐标的实部;im 为极坐标的虚部。此时实轴和虚轴范围都是自动确定的,若用户不指定频率 $w$ 的范围,则为 nyquist(num, den)。当命令包含左端变量,即[re, im, w]=nyquist(num, den)或[re, im, w]=nyquist(num, den, w)时,系统频率响应表示成矩阵 re、im 和 $w$,在屏幕上不产生图形。

例如:

$$G(s) = \frac{1}{s^2 + 2s + 2}$$

绘制其 Nyquist 图的 MATLAB 程序如下:

```
≫ num = [1];  den=[1, 2, 2];
≫ nyquist(num, den)
```

Nyquist 曲线如图 5 - 76 所示。

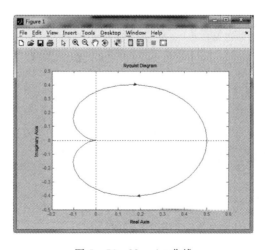

图 5 - 76 Nyquist 曲线

注意，当使用 nyquist()函数时，会发现 Nyquist 图看起来很怪或者信息不完整，在这种情况下，读者可不必顾及自动坐标，而利用轴函数 axis( )和绘图函数 plot( )绘出在一定区域内的曲线，或用放大镜工具放大，以便进行稳定性分析。

例如：

$$G(s) = \frac{1000}{s^3 + 8s^2 + 17s + 10}$$

绘制其 Nyquist 图的 MATLAB 程序如下：

```
≫ num =[1000]；den=[1, 8, 17, 10]
≫ nyquist(num, den);grid
```

Nyquist 曲线如图 5 - 77(a)所示。从图中可以看出，在(−1, j0)点附近，Nyquist 图不清楚，可用放大镜对得出的 Nyquist 图进行局部放大，或利用 MATLAB 命令：

```
≫ v=[−10, 0, −1.5, 1.5]；
≫ axis(v)；
```

则得图 5 - 77(b)。

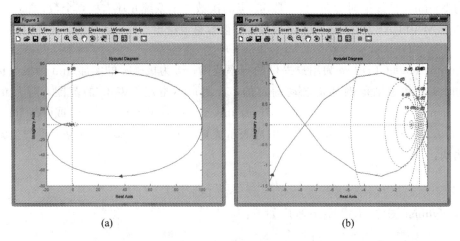

(a)                                     (b)

图 5 - 77   Nyquist 局部图

例如，系统的开环传递函数为

$$G(s) = \frac{10\,(s+2)^2}{(s+1)(s^2 - 2s + 9)}$$

MATLAB 程序如下：

```
≫ num=10 * [1, 4, 4]；
≫ den=conv([1, 1], [1, −2, 9])；
≫ nyquist(num, den)；
≫ grid
```

若规定实轴、虚轴范围为(−10, 10)，(−10, 10)，则

```
≫ num=10 * [1, 4, 4]；
≫ den=conv([1, 1], [1, −2, 9])；
≫ nyquist(num, den)；
≫ axis([−10, 10, −10, 10])
```

响应曲线如图 5 - 78 所示。

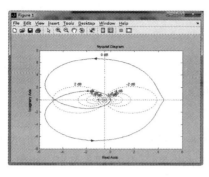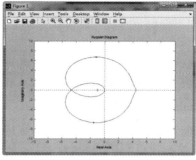

图 5 - 78　响应曲线

注意：在画奈氏图时，如果 MATLAB 运行中出现被零除的情况，则此时可通过输入 Axis 命令来修正错误的奈氏图。

上面仅考虑了系统的绝对稳定性，而系统稳定的幅值裕量和相角裕量（即相对稳定性）仍然是必须重视的。在 MATLAB 中，可采用裕量函数 margin()来求取相对稳定性，其调用格式为

$$[G_m, P_m, w_{cg}, w_{cp}] = \text{margin}(\text{mag}, \text{phase}, w)$$

式中：$G_m$ 为增益裕量；$P_m$ 为相角裕量；$w_{cg}$ 为穿越 $-180°$ 线所对应的频率；$w_{cp}$ 为幅值等于 0 dB 时所对应的频率。

注意，裕量函数要与 bode()函数联合起来计算增益裕量和相角裕量。系统的相对稳定性也可从 Nyquist 图中得到。

例如：

$$G(s) = \frac{0.5}{s^3 + 2s^2 + s + 0.5}$$

MATLAB 程序如下：

```
≫ num=[0.5]; den=[1, 2, 1, 0.5];
≫ w=logspace(-1, 1, 200);
≫ [mag, phase, w]=bode(num, den, w);
≫ margin(mag, phase, w)
```

系统的 Bode 图及相对稳定裕量如图 5 - 79 所示。

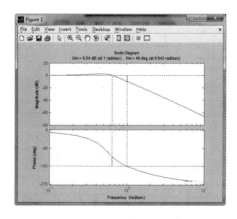

图 5 - 79　Bode 图及相对稳定裕量

Bode 图的绘制如 Nyquist 图，当系统以传递函数给出时，则 Bode 图的形式如下：

　　Bode( num, den)

当包含左方变量时，有

　　[mag, phase, $w$]＝bode(num, den, $w$)

系统频率响应变成 mag(幅值 dB)、phase(相位)、$w$(频率)3 个矩阵。

**3. Nichols(尼柯尔斯)图**

用于控制系统设计和分析的另一种频域图是 Nichols 图。Nichols 图可由 MATLAB 中的 nichols()函数产生。在一般情况下，它同时绘出 Nichols 线图，否则应使用 ngrid()函数来绘出标准 Nichols 线图。其调用格式为

　　[mag, phase, $w$] ＝ nichols( num, den, $w$)

注意：使用上述调用函数时，必须与 plot()函数配合使用才能产生 Nichols 图。要想直接绘出 Nichols 图，可略去上式等号的左边部分，直接调用 nichols()函数，也可调用 ngrid()函数绘出 Nichols 线图。

例如：

$$G(s)=\frac{1}{s(s+1)(0.2s+1)}$$

MATLAB 程序如下：

```
>> num=[1]; den=[0.2, 1.2, 1, 0];
>> w=logspace(-1, 1, 400);
>> nichols( num, den, w);
>> ngrid
```

Nichols 图如图 5－80 所示。

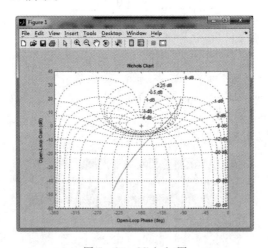

图 5－80　Nichols 图

# 5.8　本 章 小 结

（1）频率特性是线性定常系统在正弦函数作用下，稳态输出与输入之比和频率之间的函数关系。频率特性是系统的一种数学模型，它既反映出系统的静态性能，又反映出系统

的动态性能。

（2）频率特性是传递函数的一种特殊形式。将系统传递函数中的复数 $s$ 换成纯虚数 $j\omega$，即可得出系统的频率特性。

（3）系统频率特性的四种图形为一般坐标图、极坐标图、伯德图及对数幅相特性图。系统开环对数频率特性（Bode 图）可根据典型环节的频率特性的特点绘制。

（4）若系统开环传递函数的极点和零点均位于 $s$ 平面的左半平面，则该系统称为最小相位系统；反之，若系统的传递函数具有位于右半平面的零点和极点或有延迟环节，则该系统称为非最小相位系统。

对于最小相位系统，幅频和相频特性之间存在唯一的对应关系，即根据对数幅频特性，可以唯一地确定相频特性和传递函数；对非最小相位系统，则不然。

（5）频率特性法是一种图解法，用频率法研究和分析控制系统时，可免去许多复杂而困难的数学运算。对于难以用解析方法求得频率特性曲线的系统，可以改用实验方法测得其频率特性，这是频率法的突出优点之一。

（6）奈奎斯特稳定判据是用频率法分析和设计控制系统的基础。利用奈氏判据，可用开环频率特性判别闭环系统的稳定性。同时，可用相角裕度和幅值裕度来反映系统的相对稳定性。

（7）开环对数频率特性曲线（Bode 图）是控制工程设计的重要工具。开环对数幅频特性 $L(\omega)$ 低频段的斜率表征了系统的类型，其高度则表征了系统开环放大倍数的大小；$L(\omega)$ 中频段的斜率、宽度以及截止频率 $\omega_c$ 则表征了系统的动态性能；$L(\omega)$ 高频段表征了系统的抗高频干扰能力。利用三频段的概念可以分析系统时域响应的动态和稳态性能，并可分析系统参数对系统性能的影响。

（8）由闭环频率特性可定性或定量分析系统的时域响应。

（9）利用开环频率特性和闭环频率特性的某些特征量，均可对系统的时域性能指标作出间接评估。其中，开环频域指标是相角裕度 $\gamma$ 和截止频率 $\omega_c$；闭环频域指标是谐振峰值 $M_r$、谐振频率 $\omega_r$ 以及系统带宽 $\omega_b$，它们与时域指标 $\sigma\%$、$t_s$ 之间有密切的关系。这种关系对于二阶系统是确切的，而对于高阶系统是近似的，但在工程设计中已完全满足要求。

（10）质量-弹簧-阻尼构成的机械系统的质量块在输入力 $f(t)$ 的作用下的输出位移为 $y(t)$，其传递函数为 $G(s)=\dfrac{Y(s)}{F(s)}$，则系统的频率特性 $G(j\omega)$ 表示的是机械结构的动柔度 $\lambda(j\omega)$，其倒数表示动刚度 $K(j\omega)$。增加机械结构的阻尼比，能有效提高系统的动刚度。

（11）借助 MATLAB 工具所提供的多种求取并绘制系统频率响应曲线的函数，可以用计算机绘制系统的 Bode 图、Nyquist 图和 Nichols 图，并求取系统的幅值裕量和相角裕量。

# 习　题

5-1　设单位反馈系统的开环传递函数为 $G(s)=\dfrac{10}{s+2}$，试求下列输入信号作用下系统的稳态输出：

（1）$r(t)=\sin(t+30°)$；　　　　　　（2）$r(t)=\sin t-2\cos(2t-45°)$。

5-2  若系统的单位阶跃响应为

$$c(t) = 1 - 1.8e^{-4t} + 0.8e^{-9t}, \quad t \geq 0$$

试确定系统的频率特性。

5-3  已知系统的开环传递函数为

$$G(s) = \frac{K(-T_2 s + 1)}{s(T_1 s + 1)}, \quad K, \ T_1, \ T_2 > 0$$

当取 $\omega = 1$ 时，$\angle G(j\omega) = -180°$，$|G(j\omega)| = 0.5$。当输入为单位速度信号时，系统的稳态误差为 $0.1$，试写出系统开环频率特性的表达式。

5-4  设系统结构图如题 5-4 图所示，试确定输入信号 $r(t) = \sin(t + 30°) - \cos(2t - 45°)$ 作用下系统的稳态误差 $e_{ss}(t)$。

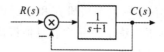

题 5-4 图  系统结构图

5-5  已知典型二阶系统的开环传递函数为

$$G(s) = \frac{\omega_n^2}{s(s + 2\zeta\omega_n)}$$

当 $r(t) = 2\sin t$ 时，系统的稳态输出 $c_{ss}(t) = 2\sin(t - 45°)$，试确定系统参数 $\omega_n$、$\zeta$。

5-6  已知系统的开环传递函数为

$$G_k(s) = \frac{K(\tau s + 1)}{s^2(Ts + 1)}, \quad K, \ \tau, \ T > 0$$

试分析并绘制 $\tau > T$ 和 $\tau < T$ 情况下的概略开环幅相特性曲线。

5-7  已知系统的开环传递函数为

$$G_k(s) = \frac{10}{s(2s + 1)(s^2 + 0.5s + 1)}$$

试概略绘制开环幅相特性曲线。

5-8  已知单位反馈系统的开环传递函数，试绘制其开环极坐标图和开环对数频率特性曲线。

(1) $G(s) = \dfrac{100}{s(s + 5)(s + 10)}$;

(2) $G(s) = \dfrac{10(10s + 1)}{s^2(0.1s + 1)(2s + 1)}$;

(3) $G(s) = \dfrac{10}{(0.5s + 1)(s^2 + 0.6s + 1)}$;

(4) $G(s) = \dfrac{10}{s(0.1s + 1)} e^{-0.8s}$.

5-9  绘制下列传递函数对应的对数幅频渐近特性曲线：

(1) $G(s) = \dfrac{2}{(2s + 1)(8s + 1)}$;

(2) $G(s) = \dfrac{8\left(\dfrac{s}{0.1}+1\right)}{s(s^2+s+1)\left(\dfrac{s}{2}+1\right)}$;

(3) $G(s) = \dfrac{200}{s^2(s+1)(10s+1)}$;

(4) $G(s) = \dfrac{100}{s(s^2+s+1)(6s+1)}$。

5-10　已知下列系统的开环传递函数(参数 $K$，$T$，$T_i > 0$，$i=1, 2, \cdots, 6$)：

(1) $G(s) = \dfrac{K}{(T_1 s+1)(T_2 s+1)(T_3 s+1)}$;

(2) $G(s) = \dfrac{K}{s(T_1 s+1)(T_2 s+1)}$;

(3) $G(s) = \dfrac{K}{s^2(Ts+1)}$;

(4) $G(s) = \dfrac{K(T_1 s+1)}{s^2(T_2 s+1)}$;

(5) $G(s) = \dfrac{K}{s^3}$;

(6) $G(s) = \dfrac{K(T_1 s+1)(T_2 s+1)}{s^3}$;

(7) $G(s) = \dfrac{K(T_5 s+1)(T_6 s+1)}{s(T_1 s+1)(T_2 s+1)(T_3 s+1)(T_4 s+1)}$;

(8) $G(s) = \dfrac{K}{Ts-1}$;

(9) $G(s) = \dfrac{-K}{-Ts+1}$;

(10) $G(s) = \dfrac{K}{s(Ts-1)}$。

其系统开环幅相曲线分别如题 5-10 图(a)～(j)所示。试根据奈氏判据判定各系统的闭环稳定性。若系统闭环不稳定，试确定其位于 $s$ 右半平面的闭环极点数。

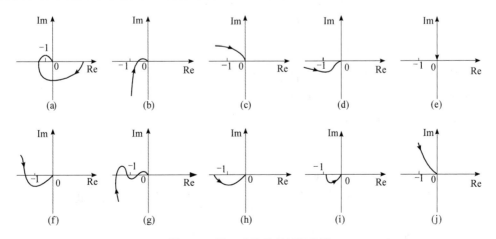

题 5-10 图　系统开环幅相曲线

5-11 已知系统的开环幅相特性曲线如题 5-11 图所示，试判断系统的闭环稳定性。

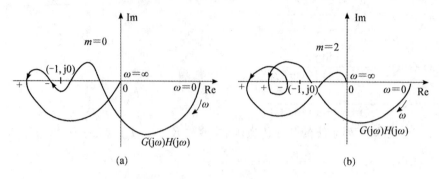

题 5-11 图　系统的开环幅相特性曲线

5-12 已知系统的开环 Bode 图如题 5-12 图所示，试判断系统的闭环稳定性。

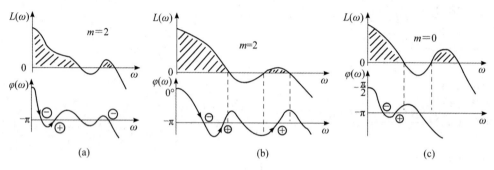

题 5-12 图　系统的开环 Bode 图

5-13 设系统的开环传递函数如下：

$$G(s) = \frac{K}{s(s+1)(0.02s+1)}$$

(1) 试绘制系统的 Bode 图；

(2) 确定使系统截止频率 $\omega_c = 5$ rad/s 时的 $K$ 值；

(3) 确定使系统相角裕度 $\gamma = 30°$ 时的 $K$ 值。

5-14 试用奈氏判据判断题 5-6 系统的闭环稳定性。

5-15 已知系统的开环传递函数为

$$G(s)H(s) = \frac{K(10s+1)}{s^2(0.1s+1)(0.01s+1)}$$

(1) 试确定 $K=1$ 时闭环系统的稳定性；

(2) 确定闭环系统稳定时 $K$ 的取值范围。

5-16 设单位反馈控制系统的开环传递函数为

$$G(s) = \frac{5s^2 e^{-\tau s}}{(s+1)^4}$$

试确定闭环系统稳定时延迟时间 $\tau$ 的范围。

5-17 对典型二阶系统，已知参数 $\omega_n = 3$ rad/s，$\zeta = 0.7$，试确定截止频率 $\omega_c$ 和相角裕度 $\gamma$。

5-18 对于典型二阶系统，已知 $\sigma\% = 15\%$，$t_s = 3$ s，$\Delta = 2\%$，试计算相角裕度 $\gamma$。

5-19　求题 5-9 中各系统的相角裕度,并判断其稳定性。

5-20　已知某单位负反馈控制系统的开环传递函数为

$$G_k(s) = \frac{20(s+1)}{s(s+5)(s^2+2s+10)}$$

试确定该系统的相角裕度和幅值裕度。

5-21　已知单位反馈系统的开环传递函数为

$$G_k(s) = \frac{48(s+1)}{s(8s+1)(0.05s+1)}$$

试按 $\gamma$ 和 $\omega_c$ 之值估算系统的时域指标 $\sigma\%$ 和 $t_s$。

5-22　已知单位反馈系统的开环传递函数为

$$G_k(s) = \frac{14}{s(0.1s+1)}$$

试求开环频率特性的 $\gamma$ 和 $\omega_c$ 值以及闭环频率特性的 $M_r$、$\omega_b$ 值,并分别用两组特征量计算出系统的时域指标 $\sigma\%$ 和 $t_s$。

# 第6章 控制系统的综合与校正

系统分析是指在系统结构和参数已知的情况下,建立系统模型,利用控制系统分析工具,如时域法、根轨迹法、频率法来分析系统的稳定性,计算动态、静态性能指标,并研究系统性能、结构、参数等之间的关系。

系统设计则是按控制系统运行所期望的性能指标要求,合理地选择控制方案、系统的结构形式,综合确定其参数和选择元器件,通过仿真和实验,建立起能同时满足动态、静态性能指标的实际系统。

设计控制系统时首先根据实际生产的要求选择受控对象,如温度控制系统选温箱、调速系统选电机等;然后确定控制器,完成测量、放大、比较、执行等任务。实际生产会对系统各方面的性能提出要求,如时域指标 $\sigma\%$、$t_s$、$K_v$、$K_p$、$K_a$ 等,频域指标 $M_0$、$M_r$、$\omega_b$、$\omega_c$、$\gamma$、$K_g$ 等。当把受控对象和控制器组合起来以后,除了 $K$ 可作适当调整外,其他都有自身的静态、动态特性,称之为不可变部分。设计的第三步是确定控制方式,如开环、闭环、复合控制等。设计的第四步是分析系统性能(时域、复域、频域均可),若满足要求,则设计结束。但一般情况下这样一次成功的概率很小,这时可在允许范围内调整 $K$。$K$ 增大会使 $e_{ss}$ 减小,但系统的稳定性会降低,此时若仍不满足要求,则只能设法通过其他途径改进,下面引入附加装置——校正装置。

## 6.1 系统校正的基本概念

给系统附加一些具有某些典型环节的电网络、模拟运算部件及测量元件等,使系统结构或参数发生变化,有效改善系统性能指标,称为系统校正。图 6-1 中给原系统 $G_o(s)$ 的前方加入了校正环节(或称控制器)$G_c(s)$。

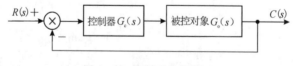

图 6-1 控制系统的校正

### 6.1.1 系统的性能指标

系统的性能指标是指使运行的控制系统达到期望的技术参数的具体量值。性能指标一般可分为如下几个:

(1)时域性能指标:包括瞬态性能指标和稳态性能指标。

(2)频域性能指标:反映频域特性的指标,包括低频段宽度、中频段宽度和高频段转折角频率等。

（3）综合性能指标：主要包括系统控制精度、阻尼程度和系统响应速度。

**1. 二阶系统频域指标与时域指标的关系**

一个控制系统的性能指标往往用二阶系统来比对衡量。二阶系统频域指标与时域指标的关系如下：

$$M_r = \frac{1}{2\zeta\sqrt{1-\zeta^2}}, \ 0 < \zeta \leqslant 0.707 \qquad (6-1)$$

$$\omega_r = \omega_n\sqrt{1-2\zeta}, \ 0 < \zeta \leqslant 0.707 \qquad (6-2)$$

$$\gamma = \arctan\frac{2\zeta}{\sqrt{\sqrt{1+4\zeta^4}-2\zeta^2}} \qquad (6-3)$$

$$\omega_b = \omega_n\sqrt{\sqrt{2-4\zeta^2+4\zeta^4}+1-2\zeta^2} \qquad (6-4)$$

$$\omega_c = \omega_n\sqrt{\sqrt{1+4\zeta^4}-2\zeta^2} \qquad (6-5)$$

$$\gamma = \arctan\frac{2\zeta}{\sqrt{\sqrt{1+4\zeta^4}-2\zeta^2}} \qquad (6-6)$$

$$\sigma\% = e^{-\frac{\zeta\pi}{\sqrt{1-\zeta^2}}} \times 100\% \qquad (6-7)$$

$$t_s = \frac{4}{\zeta\omega_n} \qquad (6-8)$$

$$\omega_c t_s = \frac{8}{\tan\gamma}\omega \qquad (6-9)$$

**2. 高阶系统频域指标与时域指标的关系**

高阶系统频域指标与时域指标的关系如下：

$$M_r = \frac{1}{\sin\gamma} \qquad (6-10)$$

$$\sigma\% = [0.16 + 0.4(M_r - 1)] \times 100\%, \ 1 \leqslant M_r \leqslant 1.8 \qquad (6-11)$$

$$t_s = \frac{k\pi}{\omega_c} \qquad (6-12)$$

式中：$k = 2 + 1.5(M_r - 1) + 2.5(M_r - 1)^2$，$1 \leqslant M_r \leqslant 1.8$。

## 6.1.2 系统的校正方式

按照校正装置在系统中的连接方式，控制系统常用的校正方式可分为串联校正、并联（反馈）校正和复合控制三种。

**1. 串联校正**

串联校正一般将校正装置串接于系统前向通道之中，如图 6 - 2 所示。图中，$G_c(s)$ 是校正装置的传递函数，$G(s)$ 为广义传递函数。

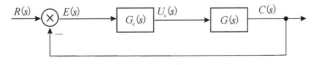

图 6 - 2　串联校正

**2. 并联(反馈)校正**

并联(反馈)校正一般将校正装置接于系统局部反馈通道之中,如图6-3所示。

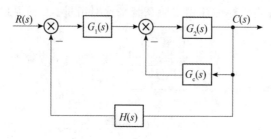

图6-3  并联(反馈)校正

**3. 复合控制**

复合控制有给定补偿和扰动补偿两种方式,如图6-4所示。

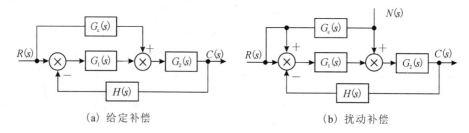

(a) 给定补偿                    (b) 扰动补偿

图6-4  复合控制

## 6.1.3  基本控制规律

控制规律是指校正环节(控制器)的控制规律,如比例(P)、微分(D)、积分(I)等基本控制规律或这些基本控制规律的某些组合,如PD(比例-微分)、PI(比例-积分)、PID(比例-积分-微分)等。利用它们的相位超前或滞后、幅值增加等作用可以实现对被控对象的有效控制。

**1. 比例(P)控制规律**

具有比例控制规律的控制器,称为比例(P)控制器,如图6-1中的$G_c(s)=K_p$,称为比例控制器增益。

比例控制器实质上是一个具有可调增益的放大器。在信号变换过程中,比例控制器只改变信号的增益而不影响其相位。在串联校正中,加大控制器增益$K_p$,可以提高系统的开环增益,减小系统的稳态误差,从而提高系统的控制精度,但会降低系统的相对稳定性,甚至可能造成闭环系统不稳定。因此,在系统校正设计中,很少单独使用比例控制规律。

**2. 比例-微分(PD)控制规律**

具有比例-微分控制规律的控制器,称为比例-微分(PD)控制器,如图6-5中的$G_c(s)=K_p(1+T_d s)$,$G_o(s)=1/(Js^2)$。其中,$K_p$为比例系数,$T_d$为微分时间常数,$K_p$和$T_d$都是可调的参数,$J$为某一正数。

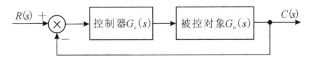

图 6 - 5　控制系统的校正

PD 控制器中的微分控制规律能反映输入信号的变化趋势,产生有效的早期修正信号,以增加系统的阻尼程度,从而改善系统的稳定性。在串联校正中,可使系统增加一个 $1/T_d$ 的开环零点,使系统的相角裕量增加,因而有助于系统动态性能的改善。

【例 6 - 1】　设比例-微分控制系统如图 6 - 5 所示,试分析 PD 控制器对系统性能的影响。

**解**　无 PD 控制器时,系统的特征方程为

$$Js^2 + 1 = 0$$

比对二阶系统标准特征方程 $s^2 + 2\zeta\omega_n s + \omega_n^2 = 0$,得到系统的阻尼比 $\zeta$ 等于零,系统处于临界稳定状态,即实际上是不稳定状态。

当系统接入 PD 控制器后,系统的特征方程变为

$$Js^2 + K_p T_d s + K_p = 0$$

比对二阶系统标准特征方程,阻尼比 $\zeta = \dfrac{T_d}{2}\sqrt{\dfrac{K_p}{J}} > 0$,因此闭环系统是稳定的。

需要注意的是,因为微分控制作用只对动态过程起作用,对稳态过程没有影响,且对系统噪声非常敏感,所以单一的微分控制器在任何情况下都不宜与被控对象串联起来单独使用。通常微分控制器总是与比例控制器或比例-积分控制器结合起来,构成组合的 PD 或 PID 控制器,应用于实际的控制系统。

**3. 积分(I)控制规律**

具有积分控制规律的控制器,称为积分(I)控制器,如图 6 - 2 中的 $G_c(s) = 1/(K_i s)$,其中 $K_i$ 为可调比例系数。由于积分控制器的积分作用,当输入信号消失后,输出信号有可能是一个不为零的常量。

在串联校正时,采用积分控制器可以提高系统的型别(1 型系统、2 型系统等),有利于增强系统的稳态性能,但积分控制使系统增加了一个位于原点的开环极点,使信号产生了 $90°$ 的相角滞后,对系统的稳定性不利。因此,在控制系统的校正设计中,通常不宜采用单一的积分控制器。

**4. 比例-积分(PI)控制规律**

具有比例-积分控制规律的控制器,称为比例-积分(PI)控制器,如图 6 - 2 中的 $G_c(s) = K_p[1 + 1/(T_i s)]$, $G(s) = K/[s(Ts + 1)]$,其中 $K_p$ 为可调比例系数,$T_i$ 为可调积分时间常数,$K$ 为广义对象增益。

在串联校正中,PI 控制器相当于在系统中增加了一个位于原点的开环极点,同时也增加了一个位于 $s$ 左半平面的开环零点。增加的极点可以提高系统的型别,以消除或减小系统的稳态误差,改善系统的稳态性能,而增加的负实零点则用来减小系统的阻尼程度,缓和 PI 控制器极点对系统稳定性及动态过程产生的不利影响。只要积分时间常数 $T_i$ 足够大,PI 控制器对系统稳定性的不利影响可大为减弱。在实际控制系统中,PI 控制器主要用

来改善系统的稳态性能。

**【例 6 - 2】** 设比例-积分控制系统如图 6 - 6 所示，试分析 PI 控制器对系统稳态性能的改善作用。

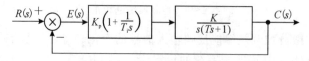

图 6 - 6　比例-积分控制系统

**解**　串入 PI 控制器(校正环节)后，系统的开环传递函数为

$$G(s) = \frac{KK_p(T_i s + 1)}{T_i s^2 (Ts + 1)}$$

可见，系统由原来的 1 型系统提高到 2 型系统。若系统的输入信号为单位斜坡函数，则无 PI 控制器时，系统的稳态误差为 $1/K$；串入 PI 控制器后，稳态误差为零。这表明 1 型系统采用 PI 控制器后，可以消除系统对斜坡输入信号的稳态误差，控制准确度大为改善。

采用 PI 控制器后，系统的特征方程为

$$TT_i s^3 + T_i s^2 + KK_p T_i s + KK_p = 0$$

式中，参数 $T$、$T_i$、$K$、$K_p$ 都是正数。由劳斯判据可知，$T_i \cdot KK_p T_i > TT_i \cdot KK_p$，即调整 PI 控制器的积分时间常数 $T_i$，使之大于被控对象的时间常数 $T$，可以保证闭环系统的稳定性。

**5. 比例-积分-微分(PID)控制规律**

具有比例-积分-微分控制规律的控制器，称为比例-积分-微分(PID)控制器，图 6 - 2 中的 $G_c(s) = K_p [1 + 1/(T_i s) + T_d s]$。

若 $4T_d/T_i < 1$，则

$$G_c(s) = \frac{K_p}{T_i} \cdot \frac{(T_1 s + 1)(T_2 s + 1)}{s}$$

式中：

$$T_1 = \frac{T_i}{2} \left(1 + \sqrt{1 - \frac{4T_d}{T_i}}\right), \quad T_2 = \frac{T_i}{2} \left(1 - \sqrt{1 - \frac{4T_d}{T_i}}\right)$$

可见，当利用 PID 控制器进行串联校正时，除可使系统的类型提高一级外，还将提供两个负实零点。与 PI 控制器相比，PID 控制器除了同样具有提高系统的稳态性能的优点外，还提供了一个负实零点，从而在提高系统的动态性能方面具有更大的优越性。因此，在工业过程控制系统中广泛使用 PID 控制器。PID 控制器各部分参数的选择将在现场调试时最后确定。

# 6.2　常用校正装置及其特性

## 6.2.1　超前校正装置

相位超前校正装置可用如图 6 - 7 所示的电网络实现。图 6 - 7 是由无源阻容元件组成

的。设此网络输入信号源的内阻为零，输出端的负载阻抗为无穷大，则此相位超前校正装置的传递函数为

$$G_c(s) = \frac{U_o(s)}{U_i(s)} = \frac{R_2}{\dfrac{R_1}{R_1 Cs + 1} + R_2} = \alpha\,\frac{1 + Ts}{1 + \alpha Ts} \tag{6-13}$$

式中，$\alpha = R_2/(R_1 + R_2) < 1$，$T = R_1 C$。

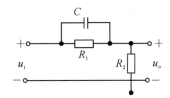

图 6 - 7　无源校正装置

由式(6-13)可知，在采用相位超前校正装置时，系统的开环增益会有 $\alpha$(或 $1/K$)倍的衰减，为此，用放大倍数 $\alpha$(或 $1/K$)的附加放大器予以补偿。经补偿后，其频率特性为

$$G_c(j\omega) = \frac{1 + jT\omega}{1 + j\alpha T\omega} \tag{6-14}$$

则其相频特性为 $\varphi_c(\omega) = \arctan\omega T - \arctan\alpha\omega T$。

根据三角函数公式，可写成

$$\varphi_c(\omega) = \arctan\frac{(1 - \alpha)T\omega}{1 + \alpha T^2\omega^2} \tag{6-15}$$

可由 $\dfrac{\mathrm{d}\varphi_c}{\mathrm{d}\omega} = 0$ 的条件，求出最大超前相角的频率为

$$\omega_m = \frac{1}{\sqrt{\alpha}\,T} \tag{6-16}$$

式(6-16)也可写成

$$\omega_m = \frac{1}{\sqrt{\alpha}\,T} = \sqrt{\frac{1}{T}\frac{1}{\alpha T}} = \sqrt{\omega_1\omega_2}$$

即说明 $\omega_m$ 为 $\omega_1$ 和 $\omega_2$ 的几何中点。将式(6-16)代入式(6-15)可得到最大超前相角为

$$\varphi_m = \arctan\frac{1 - \alpha}{2\sqrt{\alpha}} \tag{6-17}$$

其正弦形式为

$$\sin\varphi_m = \frac{\tan\varphi_m}{\sqrt{1 + \tan^2\varphi_m}} = \frac{1 - \alpha}{1 + \alpha} \tag{6-18}$$

由式(6-18)可得

$$\alpha = \frac{1 - \sin\varphi_m}{1 + \sin\varphi_m} \tag{6-19}$$

画出其伯德图如图 6-8 所示，程序如下：

```
bode([10 1],[1 1])
```

其幅频特性具有正斜率段，相频特性具有正相移。正相移表明，校正网络在正弦信号作用下的正弦稳态输出信号在相位上超前于输入信号，所以称为超前校正装置或超前网络。

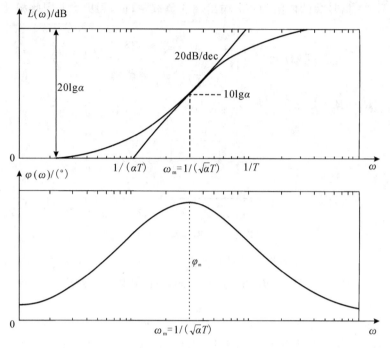

图 6 - 8　相位超前校正装置的伯德图

另外，容易看出在 $\omega_m$ 点有 $L_c(\omega_c) = 20\lg \dfrac{1}{\sqrt{\alpha}} = 10\lg \dfrac{1}{\alpha}$。在选择 $\alpha$ 的数值时，需要考虑系统的高频噪声。超前校正装置是一个高通滤波器，而噪声的一个重要特点是其频率要高于控制信号的频率，$\alpha$ 值过小对抑制系统噪声不利。为了保持较高的系统信噪比，一般实际中选用的 $\alpha$ 不小于 $0.05$，此时 $\varphi_m \approx 60°$。

超前校正的主要作用是产生超前角，可以用它部分地补偿被校正对象在截止频率 $\omega_c$ 附近的相角滞后，以提高系统的相角裕度，改善系统的动态性能。6.1 节所讲的 PD 控制器也是一种超前校正装置。

## 6.2.2　滞后校正装置

相位滞后校正装置可用如图 6 - 9 所示的电气网络实现，该图是由 RC 无源网络实现的。假设输入信号源的内阻为零，输出负载阻抗为无穷大，则此相位滞后校正装置的传递函数是

$$G_c(s) = \frac{U_o(s)}{U_i(s)} = \frac{1 + R_2 Cs}{1 + \dfrac{(R_1 + R_2)}{R_2} R_2 Cs} = \frac{1 + Ts}{1 + \beta Ts} \qquad (6-20)$$

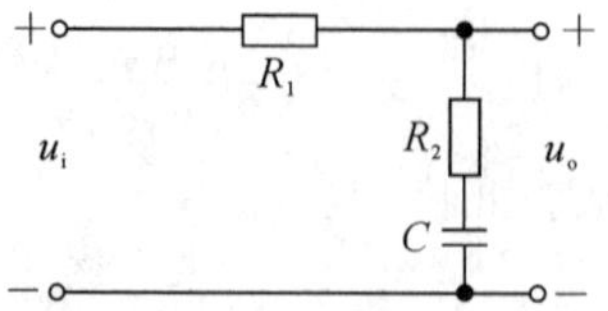

图 6 - 9　无源校正网络校正装置

式中，$\beta = (R_1 + R_2)/R_2 > 1$，$T = R_2 C$。

相位滞后校正装置的频率特性为

$$G_c(j\omega) = \frac{1 + jT\omega}{1 + j\beta T\omega} \tag{6-21}$$

相位滞后校正装置的幅频特性为

$$G_c(j\omega) = \frac{j\omega T + 1}{j\beta\omega T + 1} = \sqrt{\frac{1 + (\omega T)^2}{1 + (\beta\omega T)^2}} \angle (\arctan\omega T - \arctan\beta\omega T)$$

其伯德图如图 6 - 10 所示，程序如下：

```
bode([1 1],[10 1])
```

由于传递函数分母的时间常数大于分子的时间常数，所以其幅频特性具有负斜率段，相频特性出现负相移。负相移表明，校正网络在正弦信号作用下的正弦稳态输出信号在相位上滞后于输入信号，所以称为滞后校正装置或滞后网络。

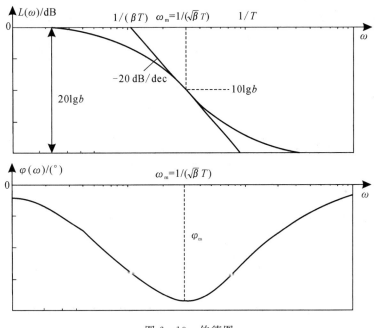

图 6 - 10 伯德图

与相位超前校正装置类似，滞后网络的相角可用下式计算：

$$\varphi_c(\omega) = \arctan\frac{(\beta - 1)T\omega}{1 + \beta T^2\omega^2} \tag{6-22}$$

最大滞后相角的频率为

$$\omega_m = \frac{1}{\sqrt{\beta}T} \tag{6-23}$$

$\omega_m$ 是频率特性的两个交接频率的几何中心。将式(6 - 23)代入式(6 - 22)可得

$$\varphi_m = \arctan\frac{\beta - 1}{2\sqrt{\beta}}$$

或

$$\varphi_{\mathrm{m}} = \arcsin \frac{1-\beta}{1+\beta} \qquad (6-24)$$

图 6 - 10 表明相位滞后校正网络实际是一低通滤波器，它对低频信号基本没有衰减作用，但能削弱高频噪声，$\beta$ 值愈大，抑制噪声的能力愈强。通常选择 $\beta=10$ 较为适宜。

采用相位滞后校正装置改善系统的暂态性能，主要是利用其高频幅值衰减特性，以降低系统的开环截止频率，提高系统的相角裕度。因此，应力求避免使最大滞后相角发生在校正后系统的开环对数频率特性的截止频率 $\omega_{\mathrm{c}}$ 附近，以免对暂态响应产生不良影响。一般可取

$$\frac{1}{T} = \frac{1}{10}\omega_{\mathrm{c}} \sim \frac{1}{4}\omega_{\mathrm{c}} \qquad (6-25)$$

### 6.2.3　滞后-超前校正

相位滞后-超前校正装置可用如图 6 - 11 所示的电网络实现，该图是由 $RC$ 无源网络实现的。假设输入信号源的内阻为零，输出负载阻抗为无穷大，则其传递函数为

$$G_{\mathrm{c}}(s) = \frac{U_{\mathrm{o}}(s)}{U_{\mathrm{i}}(s)} = \frac{(R_1 C_1 s + 1)(R_2 C_2 s + 1)}{R_1 R_2 C_1 C_2 s^2 + (R_1 C_1 + R_2 C_2 + R_1 C_2)s + 1} \qquad (6-26)$$

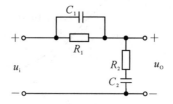

图 6 - 11　无源校正网络的相位滞后-超前校正装置

若适当选择参量，使式(6 - 26)具有两个不相等的负实数极点，即令 $T_1 = R_1 C_1$，$T_2 = R_2 C_2$，$\beta T_1 + T_2/\beta = R_1 C_1 + R_2 C_2 + R_1 C_2$，$\beta > 1$，且使 $T_1 > T_2$，则式(6 - 26)可改写为

$$G_{\mathrm{c}}(s) = \frac{U_{\mathrm{o}}(s)}{U_{\mathrm{i}}(s)} = \frac{T_1 s + 1}{\beta T_1 s + 1} \cdot \frac{T_2 s + 1}{T_2 s/\beta + 1} \qquad (6-27)$$

滞后-超前网络的频率特性为

$$G_{\mathrm{c}}(\mathrm{j}\omega) = \frac{(1 + \mathrm{j}T_1 \omega)(1 + \mathrm{j}T_2 \omega)}{(1 + \mathrm{j}T_1 \omega)(1 + \mathrm{j}T_2 \omega/\beta)} \qquad (6-28)$$

相位滞后-超前校正装置的幅频特性为

$$G_{\mathrm{c}}(\mathrm{j}\omega) = \frac{\omega T_1 s + 1}{\beta \omega T_1 s + 1} \frac{\omega T_2 s + 1}{\omega \dfrac{T_2}{\beta} s + 1} \qquad (6-29)$$

则

$$G_{\mathrm{c}}(\mathrm{j}\omega) = \sqrt{\frac{1+(\omega T_1)^2}{1+(\beta T_1)^2} \frac{1+(\omega T_2)^2}{1+(\dfrac{\omega T_2}{\beta})^2}} \angle \left( \arctan \omega T_1 - \arctan \beta \omega T_1 + \arctan \omega T_2 - \arctan \omega \frac{T_2}{\beta} \right)$$

$$(6-30)$$

其伯德图如图 6 - 12 所示，程序如下：

```
bode(conv([100 1], [10 1]), conv([1000 1], [1 1]))
```

在 $\omega$ 由 0 增至 $\omega_1$ 的频带中，此网络有滞后的相角特性；在 $\omega$ 由 $\omega_1$ 增至 $\infty$ 的频带中，此网络有超前的相角特性；在 $\omega=\omega_1$ 处，相角为零。$\omega_1$ 可由下式求出：

$$\omega_1 = 1/\sqrt{T_1 T_2} \tag{6-31}$$

可见，滞后‑超前校正装置就是滞后装置和超前装置的组合。

超前校正装置可增加频带宽度，提高快速性，但损失增益，不利于稳态精度；滞后校正装置则可提高平稳性及稳态精度，但降低了快速性。若采用滞后‑超前校正装置，则可全面提高系统的控制性能。PID 控制器是一种滞后‑超前校正装置。

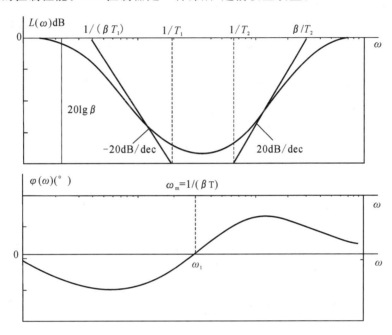

图 6‑12　相位滞后‑超前校正装置的伯德图

## 6.3　频率法校正

### 6.3.1　串联超前校正

利用超前网络或 PD 控制器进行串联校正的基本原理是利用超前网络或 PD 控制器的相角超前特性。只要正确地将超前网络的转折频率 $1/T$ 和 $1/(\alpha T)$ 选在待校正系统截止频率的两旁，并适当选择参数 $\alpha$ 和 $T$，就可以使已校正系统的截止频率和相角裕度满足性能指标的要求，从而改善闭环系统的动态性能。闭环系统的稳态性能要求可通过选择已校正系统的开环增益来保证。用频率法设计超前网络的步骤如下：

（1）根据稳态误差要求，确定开环增益 $K$。

（2）根据已确定的开环增益 $K$，绘制原系统的对数频率特性曲线 $L_0(\omega)$、$\varphi_0(\omega)$，计算其稳定裕度 $\gamma_0$、$L_{g0}$。

（3）确定校正后系统的截止频率 $\omega_c'$ 和网络的 $\alpha$ 值。

① 若事先已对校正后系统的截止频率 $\omega_c'$ 提出了要求，则可按要求值选定 $\omega_c'$。然后在

Bode 图上查得原系统的 $L_0(\omega'_c)$ 值。取 $\omega_m = \omega'_c$，使超前网络的对数幅频值 $L_c(\omega_m) = 10\lg\dfrac{1}{\alpha}$（正值）与 $L_0(\omega'_c)$（负值）之和为 0，即令 $L_0(\omega'_c) + 10\lg\dfrac{1}{\alpha} = 0$，进而求出超前网络的 $\alpha$ 值。

② 若事先未提出对校正后系统截止频率 $\omega'_c$ 的要求，则可从给出的相角裕度 $\gamma$ 要求出发，通过以下的经验公式求得超前网络的最大超前角 $\varphi_m$：

$$\varphi_m = \gamma - \gamma_0 + \Delta \tag{6-32}$$

式中，$\varphi_m$ 为超前网络的最大超前角；$\gamma$ 为校正后系统所要求的相角裕度；$\gamma_0$ 为校正前系统的相角裕度；$\Delta$ 为校正网络引入后使截止频率右移（增大）而导致相角裕度减小的补偿量，$\Delta$ 值的大小视原系统在 $\omega_c$ 附近的相频特性形状而定，一般取 $\Delta = 5° \sim 10°$ 即可满足要求。

求出超前网络的最大超前角 $\varphi_m$ 以后，就可根据式（6-19）计算出 $\alpha$ 值；然后在未校正系统的 $L_0(\omega)$ 特性曲线上查出其幅值等于 $-10\lg(1/\alpha)$ 所对应的频率，这就是校正后系统的截止频率 $\omega'_c$，且 $\omega_m = \omega'_c$。

（4）确定校正网络的传递函数。

根据步骤（3）所求得的 $\omega_m$ 和 $\alpha$ 值，可求出时间常数为

$$T = \frac{1}{\omega_m \sqrt{\alpha}} \tag{6-33}$$

即可写出校正网络的传递函数为

$$G_c(s) = \frac{Ts+1}{\alpha Ts+1} \tag{6-34}$$

（5）绘制校正网络和校正后系统的对数频率特性曲线 $L_c(\omega)$、$\varphi_c(\omega)$、$L(\omega)$、$\varphi(\omega)$。

（6）校验校正后系统是否满足给定指标的要求。若校验结果证实系统经校正后已全部满足性能指标的要求，则设计工作结束；反之，若校验结果发现系统校正后仍不满足要求，则需再重选一次 $\varphi_m$ 和 $\omega'_c$，重新计算，直至完全满足给定的指标要求为止。

（7）根据超前网络的参数 $\alpha$ 和 $T$ 的值，确定网络各电气元件的数值。

【例 6-3】 设控制系统如图 6-13 所示。若要求系统在单位斜坡输入信号作用时，稳态误差 $e_{ss} \leqslant 0.1$，相角裕度 $\gamma \geqslant 45°$，幅值裕度 $L_g \geqslant 10$ dB，试设计串联无源超前网络。

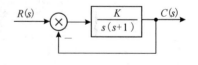

图 6-13　系统结构图

解 （1）因为系统为 1 型系统，$K_v = K$，所以 $K \geqslant 10$，取 $K = 10$，则待校正系统的开环传递函数为

$$G_0(s) = \frac{10}{s(s+1)} \tag{6-35}$$

相应的 Bode 图如图 6-14 中的曲线 $L_0(\omega)$、$\varphi_0(\omega)$ 所示。

（2）由图 6-14 可知，原系统的截止频率 $\omega_c = 3.16$ rad/s，相角裕度 $\gamma_0 = 17.6°$，幅值裕度 $L_g = \infty$。显然，$\gamma_0 = 17.6°$ 与题目要求的 $\gamma \geqslant 45°$ 相差甚远。为了在不减小 $K$ 值的前提下获得 $45°$ 的相角裕度，必须在系统中串入超前校正网络。

（3）确定校正后系统的截止频率 $\omega'_c$ 和网络的 $\alpha$ 值。

根据题目对相角裕度的要求，采用经验公式（6-32）求得网络的 $\varphi_m$ 值为

$$\varphi_m = \gamma - \gamma_0 + \Delta = 45° - 17.6° + 7.6° = 35°$$

再按式（6-19）求得网络的 $\alpha$ 值如下：

$$\alpha = \frac{1-\sin35^\circ}{1+\sin35^\circ} = 0.27$$

故有

$$-10\lg\frac{1}{\alpha} = -10\lg\frac{1}{0.27} = -5.7 \text{ dB}$$

从图 6 - 14 所示的原系统 $L_0(\omega)$ 曲线上查得幅值为 $-5.6$ dB 时所对应的频率为 4.3 rad/s，故选校正后系统的截止频率 $\omega'_c = 4.3$ rad/s，且有 $\omega_m = \omega'_c = 4.3$。

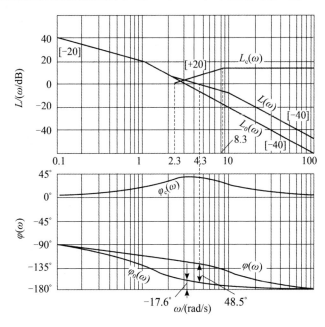

图 6 - 14　例 6 - 3 系统校正前、后的 Bode 图

（4）确定校正网络的传递函数。根据式（6 - 33）算出网络的时间常数为

$$T = \frac{1}{\omega_m\sqrt{\alpha}} = \frac{1}{4.3\times\sqrt{0.27}} = 0.45$$

取 $\omega_1 = \frac{1}{T} = 2.2$ rad/s。

而

$$\alpha T = 0.27\times0.45 = 0.12$$

取 $\omega_2 = \frac{1}{\alpha T} = 8.3$ rad/s。

故采用无源超前校正网络时，需考虑补偿校正损失，$K' = \frac{1}{\alpha} = 3.7$，则校正网络的传递函数应为

$$G_c(s) = \frac{0.45s+1}{0.12s+1}$$

所以，校正后系统的开环传递函数为

$$G_k(s) = \frac{10(0.45s+1)}{s(s+1)(0.12s+1)}$$

（5）根据求得的校正网络传递函数和校正后系统的开环传递函数，绘制校正网络和校正后系统的对数频率特性曲线 $L_c(\omega)$、$\varphi_c(\omega)$、$L(\omega)$、$\varphi(\omega)$，如图 6 - 14 所示。

（6）校验校正后系统是否满足给定指标的要求。

由图 6 - 14 可见，校正后系统的截止频率由 3.16 rad/s 增大至 4.3 rad/s，从而提高了系统的响应速度。由 $\omega_c'=4.3$ rad/s 可算出校正后系统的相角裕度为

$$\gamma=180°+\varphi(\omega_c')$$
$$=180°-90°+\arctan 0.45\times 4.3-\arctan 4.3-\arctan 0.12\times 4.3$$
$$=48.5°>45°$$

故已满足题目的要求。此外，校正后系统的幅值裕度仍然是 $L_g=\infty$，也已满足要求。

（7）校正网络的实现，具体如下：

$$\alpha=\frac{R_2}{R_1+R_2}=0.27$$
$$T=R_1C=0.45$$

若选 $C=2.2$ $\mu$F，可算得 $R_1=205$ kΩ，$R_2=75.8$ kΩ。选用标准值 $R_1=200$ kΩ，$R_2=75$ kΩ。

注意，串联超前校正利用超前校正装置的相位超前特性，增大了系统的相角裕度，使系统的超调量减小；同时，还增大了系统的截止频率，从而使系统的调节时间减小。但对提高系统的稳态精度作用不大，而且还使系统的抗高频干扰能力有所降低。一般地，串联超前校正适合于稳态精度已满足要求，而且噪声信号也很小，但超调量和调节时间不满足要求的系统。

## 6.3.2　串联滞后校正

利用滞后网络或 PI 控制器进行串联校正的基本原理是利用滞后网络或 PI 控制器的高频衰减特性，使已校正系统的截止频率下降，从而使系统获得足够的相角裕度。因此，滞后网络的最大滞后角应力求避免发生在系统截止频率附近。在系统响应速度要求不高而抑制噪声电平性能要求较高的情况下，可考虑采用串联滞后校正。用频率法设计滞后网络的步骤如下：

（1）根据稳态误差要求，确定开环增益 $K$。

（2）根据已确定的开环增益 $K$，绘制原系统的对数频率特性曲线 $L_0(\omega)$、$\varphi_0(\omega)$，计算其稳定裕度 $\gamma_0$、$L_{g0}$。

（3）确定校正后系统的截止频率 $\omega_c'$。

① 若事先已对校正后系统的截止频率 $\omega_c'$ 提出要求，则可按要求值选定 $\omega_c'$。

② 若事先未提出对校正后系统截止频率 $\omega_c'$ 的要求，则可从给出的相角裕度 $\gamma$ 要求出发，按下述经验公式求出一个新的相角裕度 $\gamma(\omega_c')$，并以此作为求 $\omega_c'$ 的依据。

$$\gamma(\omega_c') = \gamma+\Delta \tag{6-36}$$

式中，$\gamma(\omega_c')$ 为原系统在新的截止频率 $\omega_c'$ 处应有的相角裕度，它是既考虑题目的要求，又考虑到滞后网络的副作用而提出的新相角裕度；$\gamma$ 为设计要求达到的相角裕度；$\Delta$ 为补偿滞后校正装置的副作用而增添的相角裕量，一般取 $5°\sim 15°$。

根据 $\gamma(\omega_c')$ 值，在原系统的相频特性曲线上查找到对应于 $\gamma(\omega_c')$ 值的频率，并以该点的

频率作为校正后系统的新截止频率 $\omega_c'$。

(4) 求滞后网络的 $\beta$ 值。找到原系统在 $\omega_c'$ 处的对数幅频值 $L_0(\omega_c')$，并由下式求出网络的 $\beta$ 值：

$$L(\omega_c') - 20\lg\beta = 0 \qquad (6-37)$$

(5) 确定校正网络的传递函数。选取校正网络的第二个转折频率为

$$\omega_2 = \frac{1}{T} \approx \left(\frac{1}{10} \sim \frac{1}{5}\right)\omega_c' \qquad (6-38)$$

由此可计算出 $T$ 和 $\beta T$ 的值，即可求得网络的传递函数为

$$G_c(s) = \frac{Ts+1}{\beta Ts+1} \qquad (6-39)$$

(6) 绘制校正网络和校正后系统的对数频率特性曲线 $L_c(\omega)$、$\varphi_c(\omega)$、$L(\omega)$、$\varphi(\omega)$。

(7) 校验校正后系统是否满足给定指标的要求。若未达到要求，可进一步左移 $\omega_c'$ 后重新计算，直至完全满足给定的指标要求为止。

(8) 根据滞后网络的参数 $\beta$ 和 $T$ 的值，确定网络各电气元件的数值。

【例 6-4】　设控制系统如图 6-15 所示。若要求校正后系统的静态速度误差系数 $K_v = 30$，相角裕度 $\gamma \geqslant 40°$，幅值裕度 $L_g \geqslant 10$ dB，截止频率不小于 2.3 rad/s，试设计串联校正装置。

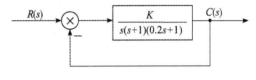

图 6-15　系统结构图

**解**　(1) 确定开环增益 $K$。系统为 1 型系统，则有

$$K = K_v = 30$$

所以，待校正系统的开环传递函数为

$$G_0(s) = \frac{30}{s(0.1s+1)(0.2s+1)}$$

相应的 Bode 图如图 6-16 中的曲线 $L_0(\omega)$、$\varphi_0(\omega)$ 所示。

(2) 由图 6-16 可知，原系统的截止频率 $\omega_c = 12$ rad/s，相角裕度 $\gamma_0 = -27.6°$，相位穿越频率 $\omega_g = 7.07$ rad/s，幅值裕度 $L_g = -6.02$ dB，说明待校正系统是不稳定的。若采用超前校正，经计算，当 $\alpha = 0.01$ 时相角裕度 $\gamma$ 仍不满 $30°$，但需补偿放大倍数 100 倍，所以超前校正难以奏效。现采用滞后校正。

(3) 根据题目给出的 $\gamma \geqslant 40°$ 的要求，并取 $\Delta = 6°$，则由式(6-36)得

$$\gamma(\omega_c') = \gamma + \Delta = 46°$$

由校正前系统的相频特性曲线 $\varphi_0(\omega)$ 知，在 $\omega = 2.7$ rad/s 附近，$\varphi_0(\omega) = -134°$，即相角裕度 $\gamma = 46°$，故初选 $\omega_c' = 2.7$ rad/s。

(4) 求滞后网络的 $\beta$ 值。

未校正系统在 $\omega_c' = 2.7$ rad/s 处的对数幅频值 $L_0(\omega_c') = 21$ dB，由式(6-37)知

$$21 - 20\lg\beta = 0$$

解得

$$\beta \approx 11$$

(5) 求校正网络的传递函数。按式(6-38)选

$$\omega_2 = \frac{1}{T} = \frac{1}{10} \times 2.7 = 0.27 \text{ rad/s}$$

故得

$$T = 3.7 \text{ s}, \quad \beta T = 40.7 \text{ s}$$

取 $\omega_1 = \frac{1}{\beta T} = 0.025 \text{ rad/s}$。

滞后校正装置的传递函数为

$$G_c(s) = \frac{3.7s+1}{40.7s+1}$$

所以，校正后系统的开环传递函数为

$$G_k(s) = \frac{30(3.7s+1)}{s(0.1s+1)(0.2s+1)(40.7s+1)}$$

（6）根据求得的校正网络传递函数和校正后系统的开环传递函数，绘制校正网络和校正后系统的对数频率特性曲线 $L_c(\omega)$、$\varphi_c(\omega)$、$L(\omega)$、$\varphi(\omega)$，如图 6-16 所示。

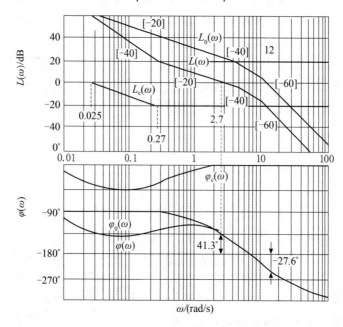

图 6-16　例 6-4 系统校正前后的 Bode 图

（7）校验校正后系统是否满足给定指标的要求。

由 $\omega_c' = 2.7 \text{ rad/s}$ 可算出校正后系统的相角裕度为

$$\gamma = 180° + \varphi(\omega_c')$$
$$= 180° - 90° + \arctan 3.7 \times 2.7 - \arctan 0.27 - \arctan 0.54 - \arctan 40.7 \times 2.7$$
$$= 41.3° > 40°$$

故已满足题目的要求。此外，当 $\varphi'(\omega) = -\pi$ 时，$\omega_g \approx 7.07 \text{ rad/s}$，所以幅值裕度 $L_g = |L(7.07)| = 12 \text{ dB} > 10 \text{ dB}$，因此，也已满足要求。

（8）校正网络的实现，具体如下：

$$T = R_2 C$$

$$\beta = \frac{R_1 + R_2}{R_2}$$

若选 $R_2 = 200 \text{ k}\Omega$，则算得 $R_1 = 2 \text{ M}\Omega$，$C = 18.5 \ \mu\text{F}$，选用标准值 $C = 22 \ \mu\text{F}$。

注意，串联滞后校正是利用滞后校正装置的高频幅值衰减特性，以牺牲快速性换取稳定裕度的提高，使系统的超调量减小；同时，还使系统的抗高频干扰能力有所增强。另外，当未校正系统具有较好的动态特性而稳态精度不够时，用滞后校正加一个放大倍数为 $\beta$ 的放大器，即

$$G_c(s) = \beta \frac{Ts+1}{\beta Ts+1}$$

则其幅频特性的形状不变，只上移了 $20\lg\beta$ 分贝，对系统的相角裕度 $\gamma$ 和截止频率 $\omega_c$ 没有任何影响，但可以使开环放大倍数 $K$ 增大 $\beta$ 倍，从而提高系统的稳态精度。一般地，串联滞后校正适合于对快速性要求不高而对抗高频干扰能力要求较高的系统。

### 6.3.3　串联滞后-超前校正

这种校正方法兼有滞后校正和超前校正的优点，即校正后系统的响应速度较快，超调量较小，抑制高频噪声的性能也较好。当待校正系统不稳定，且要求校正后系统的响应速度、相角裕度和稳态精度较高时，以采用串联滞后-超前校正为宜。其基本原理是利用滞后-超前网络的超前部分来增大系统的相角裕度，同时利用滞后部分来改善系统的稳态性能。串联滞后-超前校正的设计步骤如下：

(1) 根据稳态误差要求，确定开环增益 $K$。

(2) 根据已确定的开环增益 $K$，绘制原系统的对数频率特性曲线 $L_0(\omega)$、$\varphi_0(\omega)$，计算其稳定裕度 $\gamma_0$、$L_{g0}$。

(3) 在待校正系统的对数幅频特性曲线上，选择斜率从 $[-20]$ 变为 $[-40]$ 的转折频率作为校正网络超前部分的第一个转折频率 $\omega_3 = 1/T_2$。

$\omega_3$ 的这种选法可以降低校正后系统的阶次，且可以保证中频区斜率为期望的 $[-20]$，并占据较宽的频带。

(4) 根据响应速度要求，选择系统的截止频率 $\omega_c'$ 和校正网络衰减因子 $\beta$ 值。要保证校正后系统的截止频率为所选的 $\omega_c'$，下列等式应成立：

$$20\lg\beta + L(\omega_c') + 20\lg\left(\frac{\omega_c'}{\omega_3}\right) = 0$$

即有

$$20\lg\beta = L(\omega_c') + 20\lg\left(\frac{\omega_c'}{\omega_3}\right) \tag{6-40}$$

其中，$L(\omega_c') + 20\lg(\omega_c'/\omega_3)$ 可由待校正系统的对数幅频特性上的 $[-20]$ 延长线在 $\omega_c'$ 处的数值确定。因此，由式 $(6-40)$ 可以求出 $\beta$ 值。

(5) 确定滞后部分的转折频率。一般在下列范围内选取滞后部分的第二个转折频率：

$$\omega_2 = \frac{1}{T_1} \approx \left(\frac{1}{10} \sim \frac{1}{5}\right)\omega_c' \tag{6-41}$$

再根据已求得的 $\beta$ 值，就可确定滞后部分的第一个转折频率 $\omega_1 = 1/(\beta T_1)$。

(6) 确定超前部分的转折频率。超前部分的第一个转折频率 $\omega_3 = 1/T_2$ 已选定，第二个

转折频率 $\omega_4 = \beta / T_2$。

（7）校验校正后系统的各项性能指标。

**【例 6 - 5】** 设系统的开环传递函数为 $G_0(s) = \dfrac{K}{s(0.5s+1)(0.167s+1)}$，要求设计滞后-超前校正装置，使系统满足如下性能指标：速度误差系数 $K_v \geqslant 180$，相角裕度 $\gamma \geqslant 45°$，动态过程调节时间不超过 3 s。

**解** （1）确定开环增益：系统为 1 型系统，由题意取

$$K = K_v = 180$$

所以，待校正系统的开环传递函数为

$$G_0(s) = \frac{180}{s(0.5s+1)(0.167s+1)}$$

相应的 Bode 图如图 6 - 17 中的曲线 $L_0(\omega)$、$\varphi_0(\omega)$ 所示。

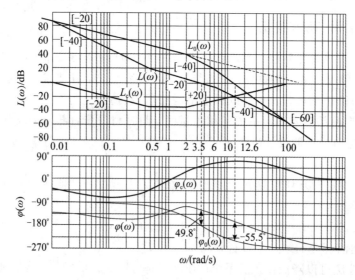

图 6 - 17　例 6 - 5 系统校正前后的 Bode 图

（2）由图 6 - 17 可知，原系统的截止频率 $\omega_c = 12.6$ rad/s，相角裕度 $\gamma_0 = -55.5°$，说明待校正系统是不稳定的。

（3）选取校正网络超前部分的第一个转折频率为

$$\omega_3 = \frac{1}{T_2} = 2 \text{ rad/s}$$

（4）选择系统的截止频率 $\omega_c'$ 和校正网络衰减因子 $\beta$ 值。根据 $\gamma \geqslant 45°$ 和 $t_s \leqslant 3$ s 的指标要求，利用式（6 - 11）和式（6 - 13）可算出

$$\omega_c \geqslant \frac{\pi[2 + 1.5 \times (1.414 - 1) + 2.5 \times (1.414 - 1)^2]}{3} = 3.2 \text{ rad/s}$$

故 $\omega_c'$ 应在 3.2～6 rad/s 范围内选取。由于[−20]斜率线的中频区应占据一定的宽度，故选 $\omega_c' = 3.5$ rad/s，相应地 $L(\omega_c') + 20\lg(\omega_c'/\omega_3) = 34$ dB。由式（6 - 40）可算出 $\beta = 50$。

（5）确定滞后部分的转折频率：

$$\omega_2 = \frac{1}{T_1} = \frac{1}{7}\omega_c' = 0.5 \text{ rad/s}$$

$$\omega_1 = \frac{1}{\beta T_1} = 0.01 \text{ rad/s}$$

（6）确定超前部分的转折频率：

$$\omega_3 = \frac{1}{T_2} = 2 \text{ rad/s}$$

$$\omega_4 = \frac{\beta}{T_2} = 100 \text{ rad/s}$$

（7）校验校正后系统的各项性能指标，具体如下：

滞后-超前校正装置的传递函数为

$$G_c(s) = \frac{2s+1}{100s+1} \cdot \frac{0.5s+1}{0.01s+1}$$

所以，校正后系统的开环传递函数为

$$G_k(s) = \frac{180(2s+1)}{s(0.01s+1)(0.167s+1)(100s+1)}$$

由 $\omega_c' = 3.5 \text{ rad/s}$ 可算出校正后系统的相角裕度为

$\gamma = 180° + \varphi(\omega_c')$

　$= 180° - 90° + \arctan 2 \times 3.5 - \arctan 0.01 \times 3.5 - \arctan 0.167 \times 3.5 - \arctan 100 \times 3.5$

　$= 49.6° > 45°$

系统的调节时间为

$$t_s = \frac{\pi[2 + 1.5 \times (1.31-1) + 2.5 \times (1.31-1)^2]}{3.5} = 2.4 \text{ s} < 3 \text{ s}$$

故完全满足指标要求。

## 6.3.4　综合法校正（期望值校正）

综合法校正是将性能指标转化为系统期望的开环对数幅频特性，再与待校正系统的开环对数幅频特性相比较，从而确定校正装置的形式和参数。该方法只适用于最小相位系统。

**1. 典型的期望对数幅频特性**

校正后系统的幅频特性应该具有以下特点：

（1）低频段：$K$ 应充分大，且具有负的斜率，保证稳态误差的要求。

（2）中频段：宜取 $[-20]$ 的斜率且具有足够的中频宽度，截止频率 $\omega_c$ 适当，保证动态性能的要求。

（3）高频段：应有较大的幅值衰减，抗高频干扰能力较强。

**2. 综合法校正的设计步骤**

（1）绘制未校正系统的对数幅频特性曲线 $L_0(\omega)$，并检验原系统的性能指标。为简化设计过程，通常按照满足系统稳态性能的要求来绘制 $L_0(\omega)$ 曲线。

（2）根据性能指标的要求，绘制系统的期望对数幅频特性曲线 $L(\omega)$。

① 低频段按稳态误差确定开环增益 $K$ 和积分环节的数目 $v$。

② 中频段按超调量 $\sigma\%$ 和调节时间 $t_s$ 确定 $\omega_c'$ 和 $\omega_3$。

③ 高频段无特殊要求可保持原系统的斜率不变。

④ 低中频连接段与中频的交点频率 $\omega_2$ 不能靠近 $\omega'_c$，可取 $\omega_2 = (0.1 \sim 0.2)\omega'_c$。

（3）确定串联校正装置的传递函数。

将期望对数幅频特性减去未校正系统的对数幅频特性，可求得串联校正装置的对数幅频特性，进而即可求得串联校正装置的传递函数。

（4）校验校正后系统的性能指标是否满足要求。

（5）确定串联校正装置的结构参数。

**【例 6-6】** 设单位反馈系统的开环传递函数为

$$G(s) = \frac{K}{s(0.12s+1)(0.02s+1)}$$

试采用串联综合校正方法设计校正装置，使系统满足：$K_v \geqslant 70(1/s)$，$\gamma(\omega_c) \geqslant 45°$，$\omega_c \geqslant 13$ (rad/s)。

**解** 对本例可按如下步骤求解。

（1）取 $K = 70 \text{ s}^{-1}$，画未校正系统对数幅频特性 $L(\omega)$，如图 6-18 所示。图中，$\omega_3 = 8.3\text{rad/s}$，$\omega_5 = 50\text{rad/s}$，求得未校正系统的截止频率 $\omega_c = 24 \text{ rad/s}$。

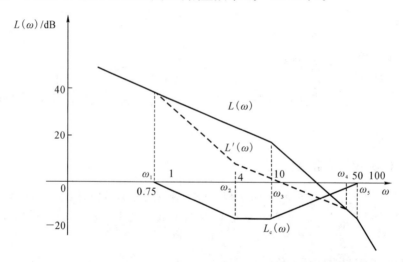

图 6-18　例 6-6 的系统特性

（2）绘出期望特性 $L'(\omega)$。其主要参数如下：

低频段：与 $L(\omega)$ 的低频段重合，1 型系统，斜率为 $-20 \text{ dB/dec}$。$\omega = 1$ 时，有

$$L'(\omega) = 20\lg K = 37 \text{ dB}$$

中频及衔接段：取 $\omega'_c = 13$，过该点作斜率为 $-20 \text{ dB/dec}$ 的直线，交 $L(\omega)$ 于 $\omega_4 = 45$ 处。适当地取中频宽 $\omega_2 = 4$，见图 6-18。在中频段与过 $\omega_2$ 的横轴垂线的交点上，作 $-40 \text{ dB/dec}$ 斜率直线，交期望特性低频段于 $\omega_1 = 0.75$ 处。

高频及衔接段：当 $\omega \geqslant \omega_4$ 时，取期望特性高频段与未校正系统高频特性 $L(\omega)$ 一致。

因此，期望特性的各个转折点频率为

$$\omega_1 = 0.75, \quad \omega_2 = 4, \quad \omega_4 = 45, \quad \omega_5 = 50$$

（3）将期望特性 $L'(\omega)$ 与原有特性 $L(\omega)$ 相减，得到串联校正装置 $L_c(\omega)$ 的传递函数为

$$G_c(s) = \frac{(0.25s+1)(0.12s+1)}{(1.33s+1)(0.022s+1)}$$

绘出校正装置的幅频特性 $L_c(\omega)$，如图 6-18 所示。这个校正装置可以用 $RC$ 相位滞后-超前网络实现。

(4) 验算性能指标。校正后系统的传递函数为

$$G'(s) = \frac{70 \times (0.25s+1)}{s(1.33s+1)(0.02s+1)(0.022s+1)}$$

直接算得 $\gamma(\omega_c) = 45.6°$，$\omega_c = 13 \text{ rad/s}$，对应的性能指标为 $\delta\% = 32\%$，$t_s = 0.73 \text{ s}$。完全满足设计要求。

应当指出，在按系统期望特性的设计中，可能会使校正装置的传递函数具有相当复杂的形式。实际上，为了便于工程实现，通常总希望串联校正环节的对数幅频特性的转折点适当减少，转折点少表明其传递函数环节少，当然，这样的校正环节也就容易实现。因此，在设计系统的校正环节时，一般总是设法先从最简单的校正形式进行试探，只有发现应用最简单的形式不能满足指标要求时，才考虑采用复杂形式。另外，这种方法基于系统的开环幅频特性，故仅适用于最小相位系统。

# 6.4　频率法反馈校正

在控制系统设计中，为了改善系统的性能，除采用串联校正外，反馈校正也是较常用的校正方法。实用中采用局部反馈校正较多，它可以改善反馈环节所包围的不可变部分的性能，减弱参数变化对控制系统性能的影响。系统采用反馈校正后，除了可以得到与串联校正相同的校正效果外，还可以获得某些改善系统性能的特殊功能。

## 6.4.1　反馈校正对系统特性的影响

设反馈校正系统如图 6-19 所示，未校正系统前向通道由 $G_1(s)$ 和 $G_2(s)$ 两部分组成。反馈校正装置 $G_c(s)$ 包围了 $G_2(s)$，并形成了局部闭环。设局部闭环的传递函数为 $G_2'(s)$，则

$$G_2'(s) = \frac{G_2(s)}{1+G_2(s)G_c(s)}$$

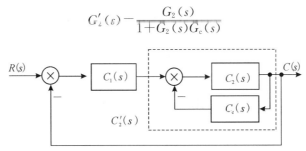

图 6-19　带反馈校正的系统结构图

相应的频率特性为

$$G_2'(j\omega) = \frac{G_2(j\omega)}{1+G_2(j\omega)G_c(j\omega)}$$

当满足

$$|G_2(j\omega)G_c(j\omega)| \ll 1$$

时，有

$$G'_2(j\omega) \approx G_2(j\omega) \tag{6-42}$$

此时，局部闭环的频率特性 $G'_2(j\omega)$ 与 $G_c(j\omega)$ 无关，即反馈校正装置不起作用。当满足

$$|G_2(j\omega)G_c(j\omega)| \gg 1 \tag{6-43}$$

时，有

$$G'_2(j\omega) \approx \frac{1}{G_c(j\omega)} \tag{6-44}$$

即局部闭环的频率特性 $G'_2(j\omega)$ 为 $G_c(j\omega)$ 的倒数，而与 $G_2(j\omega)$ 无关。因此，适当选择校正装置的结构与参数，就能使开环频率特性发生所希望的变化，从而满足性能指标的要求。

### 6.4.2　综合法反馈校正

设含反馈校正的控制系统如图 6-20 所示。由图可见，待校正系统的开环传递函数为

$$G_0(s) = G_1(s)G_2(s)G_3(s) \tag{6-45}$$

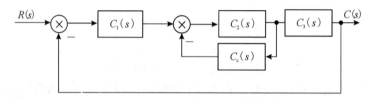

图 6-20　反馈校正控制系统

已校正系统的开环传递函数为

$$G_k(s) = \frac{G_1(s)G_2(s)G_3(s)}{1+G_2(s)G_c(s)} = \frac{G_0(s)}{1+G_2(s)G_c(s)} \tag{6-46}$$

在对数频率特性图上，若满足

$$20\lg|G_2(j\omega)G_c(j\omega)| < 0 \tag{6-47}$$

则有

$$20\lg|G_k(j\omega)| \approx 20\lg|G_0(j\omega)| \tag{6-48}$$

这表明在 $20\lg|G_2(j\omega)G_c(j\omega)| < 0$ 的频率范围内，已校正系统的开环幅频特性近似等于未校正系统的开环幅频特性，反馈校正装置不起作用。

若满足

$$20\lg|G_2(j\omega)G_c(j\omega)| > 0 \tag{6-49}$$

则有

$$20\lg|G_k(j\omega)| \approx 20\lg|G_0(j\omega)| - 20\lg|G_2(j\omega)G_c(j\omega)| \tag{6-50}$$

即

$$20\lg|G_2(j\omega)G_c(j\omega)| \approx 20\lg|G_0(j\omega)| - 20\lg|G_k(j\omega)| \tag{6-51}$$

这表明在 $20\lg|G_2(j\omega)G_c(j\omega)| > 0$ 的频率范围内，未校正系统的开环幅频特性减去按性能指标要求求出的期望开环幅频特性，可以获得近似的 $20\lg|G_2(j\omega)G_c(j\omega)|$，由此求得 $G_2(s)G_c(s)$。由于 $G_2(s)$ 是已知的，因此反馈校正装置 $G_c(s)$ 可立即求得。

在反馈校正过程中，应当注意三点：一是在 $20\lg|G_2(j\omega)G_c(j\omega)| > 0$ 的校正频段内，应使

$$20\lg|G_0(\mathrm{j}\omega)| > 20\lg|G_k(\mathrm{j}\omega)| \qquad (6-52)$$

式(6-52)大得越多，则校正精度越高，这一要求通常均能满足；二是局部反馈回路必须稳定；三是在 $20\lg|G_2(\mathrm{j}\omega)\,G_c(\mathrm{j}\omega)|=0$ 附近误差较大，而且由于截止频率 $\omega_c$ 附近对系统的稳定性和动态性能指标影响最大，因此应使 $20\lg|G_2(\mathrm{j}\omega)\,G_c(\mathrm{j}\omega)|=0$ 点远离截止频率 $\omega_c$ 点。

综合法反馈校正的设计步骤如下：

(1) 按稳态性能指标要求，绘制待校正系统的开环对数幅频特性曲线，即

$$L_0(\omega)=20\lg|G_0(\mathrm{j}\omega)|$$

(2) 按给定性能指标要求，绘制期望开环对数幅频特性曲线，即

$$L(\omega)=20\lg|G_k(\mathrm{j}\omega)|$$

(3) 由 $L(\omega)<L_0(\omega)$ 找出 $G_c(s)$ 起作用的频段，并在该频段内求得

$$L_c(\omega)=20\lg|G_2(\mathrm{j}\omega)G_c(\mathrm{j}\omega)|=L_0(\omega)-L(\omega)$$

由于当 $20\lg|G_2(\mathrm{j}\omega)G_c(\mathrm{j}\omega)|<0$ 时，$G_c(s)$ 不起作用，因此此时 $L_c(\omega)$ 曲线可任取。通常为使校正装置简单，可将校正装置起作用频段中的 $L_c(\omega)$ 曲线延伸到校正装置不起作用的频段中。

(4) 检验局部反馈回路的稳定性，并在期望开环截止频率 $\omega_c'$ 附近检查 $L_c(\omega)>0$ 的程度。

(5) 由 $G_2(s)G_c(s)$ 确定 $G_c(s)$。

(6) 校验校正后系统的性能指标是否满足要求。

(7) 考虑 $G_c(s)$ 的工程实现。

必须指出，以上设计步骤与综合法串联校正的设计过程一样，仅适用于最小相位系统。

【例 6-7】　设系统结构图如图 6-21 所示。试设计反馈校正装置 $G_c(s)$，使系统满足下列性能指标：超调量 $\sigma\%\leqslant30\%$，调节时间 $t_s\leqslant0.5$ s。

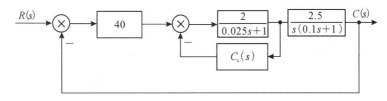

图 6-21　系统结构图

**解**　(1) 待校正系统的开环传递函数为

$$G_0(s)=\frac{200}{s(0.1s+1)(0.025s+1)}$$

相应的对数幅频特性如图 6-22 中的 $L_0(\omega)$ 曲线所示，并求得 $\omega_c\approx43$ rad/s，$\gamma=-37°$，系统不稳定。

(2) 绘制期望对数幅频特性曲线。

根据 $\sigma\%\leqslant30\%$，利用式(6-11)和式(6-12)将 $\sigma\%$ 和 $t_s$ 转换为相应的频域指标，求得 $\gamma\geqslant48°$，取 $\gamma=50°$，则 $M_r=1.3$，故有

$$\omega_c'\geqslant\frac{\pi[2+1.5\times(M_r-1)+2.5\times(M_r-1)^2]}{t_s}=16.8$$

取 $\omega_c' = 18 \ \mathrm{rad/s}$，并取 $\omega_2 = 0.1\omega_c' = 1.8 \ \mathrm{rad/s}$，从 $\omega_2$ 向左作斜率为 [$-40$] 的线段交 $L_0(\omega)$ 曲线于 $\omega_1 = 0.15 \ \mathrm{rad/s}$。为简单起见，$L(\omega)$ 曲线中频段斜率为 [$-20$] 的线段一直延长交 $L_0(\omega)$ 曲线于 $\omega_3 \approx 63 \ \mathrm{rad/s}$。期望对数幅频特性如图 6-22 中的 $L(\omega)$ 曲线所示。

因此，在 $0.15 < \omega < 63$ 的范围内，$L(\omega) < L_0(\omega)$，则 $G_c(s)$ 起作用，并由 $L_c(\omega) = L_0(\omega) - L(\omega)$ 求得 $L_c(\omega)$。在 $\omega < 0.5$ 及 $\omega > 63$ 的范围内，$L(\omega) = L_0(\omega)$，所以 $L_c(\omega)$ 曲线两边延伸即可。$L_c(\omega)$ 曲线如图 6-22 所示。

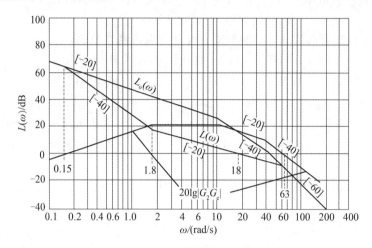

图 6-22 例 6-7 系统校正前后的 Bode 图

（3）根据 $L_c(\omega)$ 求得

$$G_2(s)G_c(s) = \frac{K_1 s}{\left(\dfrac{s}{1.8}+1\right)\left(\dfrac{s}{10}+1\right)\left(\dfrac{s}{40}+1\right)}$$

其中，$K_1 = 1/0.15 = 6.7$。

（4）检验局部反馈回路的稳定性，并在期望开环截止频率 $\omega_c'$ 附近检查 $L_c(\omega) > 0$ 的程度。

局部反馈回路的开环对数幅频特性为 $L_c(\omega)$，当 $\omega = \omega_3 = 63 \ \mathrm{rad/s}$ 时，有

$$\gamma_2 = 180° + 90° - \arctan\frac{63}{1.8} - \arctan\frac{63}{10} - \arctan\frac{63}{40} = 43°$$

所以局部反馈回路稳定。当 $\omega = \omega_c' = 18 \ \mathrm{rad/s}$ 时，有

$$L_c(\omega) = 20\lg\frac{6.7 \times 18}{\dfrac{18}{1.8} \times \dfrac{18}{10} \times 1} = 20\lg 6.7 = 16.5 \ \mathrm{dB}$$

基本满足 $20\lg|G_2(\mathrm{j}\omega)G_c(\mathrm{j}\omega)| \gg 0$ 的要求，表明近似程度较高。

（5）求取反馈校正装置的传递函数 $G_c(s)$，即

$$G_c(s) = \frac{G_2(s)G_c(s)}{G_2(s)} = \frac{1.34s^2}{0.56s+1}$$

（6）验算设计指标要求。由于近似条件能较好地满足，因此可直接用期望特性来验算。

$$G_k(s) = \frac{200\left(\dfrac{s}{1.8}+1\right)}{s\left(\dfrac{s}{0.15}+1\right)\left(\dfrac{s}{63}+1\right)^2} = \frac{200 \times (0.56s+1)}{s(6.7s+1)(0.016s+1)^2}$$

$$\gamma' = 90° + \arctan\frac{18}{1.8} - \arctan\frac{18}{0.15} - 2\arctan\frac{18}{63} = 52.9°$$

$$M_r = \frac{1}{\sin\gamma'} = 1.25$$

则 $\sigma\% - [0.16 + 0.4(M_r - 1)] - 26\% < 30\%$，满足指标要求，而且

$$t_s = \frac{\pi[2 + 1.5(M_r - 1) + 2.5(M_r - 1)^2]}{\omega'_c} = 0.44 < 0.5 \text{ s}$$

也满足指标要求。

（7）由于 $G_c(s) = \dfrac{1.34s^2}{0.56s + 1}$ 有两个纯微分环节，不易实现，因此可将原结构图略作调整，如图 6 - 23 所示。

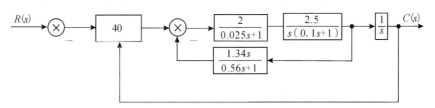

图 6 - 23　例 6 - 7 系统结构图的实现

## 6.5　确定 PID 参数的其他方法

除了借助伯德图的系统频域综合设计方法外，下面介绍为使系统闭环极点落在希望的位置，依靠解析的方法确定 PID 参数，以及针对受控对象数学模型比较复杂，借助于实验的方法确定 PID 参数。

PID 校正传递函数应为

$$G_j(s) = K_P + \frac{K_I}{s} + K_D s = \frac{K_D s^2 + K_P s + K_I}{s} \tag{6-53}$$

这里有三个待定系数。

设系统固有开环传递函数为

$$G_0(s) = \frac{n_0(s)}{d_0(s)} \tag{6-54}$$

系统的闭环特征方程为

$$1 + G_j(s)G_0(s) = 0 \tag{6-55}$$

或

$$sd_0(s) + (K_D s^2 + K_P s + K_I)n_0(s) = 0 \tag{6-56}$$

通过对三个系数赋不同的值，可改变闭环系统全部或部分极点位置，从而改变系统的动态性能。

由于 PID 调节器只有三个任意赋值的系数，因此一般只能对固有传递函数是一阶和二阶的系统进行极点位置的任意配置。对于一阶系统，采用局部的 PI 或 PD 校正即可实现任意极点配置。

设一阶系统开环固有传递函数和校正环节传递函数分别为

$$G_0(s) = \frac{1}{s+a} \tag{6-57}$$

$$G_j(s) = \frac{K_P s + K_I}{s} \tag{6-58}$$

则系统闭环传递函数为

$$\frac{X_o(s)}{X_i(s)} = \frac{G_j(s)G_0(s)}{1+G_j(s)G_0(s)} = \frac{K_P s + K_I}{s^2 + (K_P+a)s + K_I} \tag{6-59}$$

为了使该系统校正后的阻尼比为 $\zeta$，无阻尼自振角频率为 $\omega_n$，选择

$$K_I = \omega_n^2 \tag{6-60}$$

$$K_P = 2\zeta\omega_n - a \tag{6-61}$$

对于二阶系统，一般应采用完整的 PID 校正才能实现任意极点配置。设二阶系统开环固有传递函数和校正环节传递函数分别为

$$G_0(s) = \frac{1}{s^2 + a_1 s + a_0} \tag{6-62}$$

$$G_j(s) = \frac{K_D s^2 + K_P s + K_I}{s} \tag{6-63}$$

则系统闭环传递函数为

$$\begin{aligned}
\frac{X_o(s)}{X_i(s)} &= \frac{G_j(s)G_0(s)}{1+G_j(s)G_0(s)} \\
&= \frac{K_D s^2 + K_P s + K_I}{s^3 + (K_D+a_1)s^2 + (K_P+a_0)s + K_I}
\end{aligned} \tag{6-64}$$

假设得到的闭环传递函数三阶特征多项式可分解为

$$(s+\beta)(s^2+2\zeta\omega_n s+\omega_n^2) = s^3 + (2\zeta\omega_n+\beta)s^2 + (2\zeta\omega_n\beta+\omega_n^2)s + \beta\omega_n^2$$

令对应项系数相等，有

$$K_D = 2\zeta\omega_n + \beta - a_1$$

$$K_P = 2\zeta\omega_n\beta + \omega_n^2 - a_0$$

$$K_I = \beta\omega_n^2$$

对于固有传递函数高于二阶的高阶系统，PID 校正不可能做到全部闭环极点的任意配置，但可以控制部分极点，以达到系统预期的性能指标。根据相位裕量的定义，有

$$G_j(j\omega_c)G_0(j\omega_c) = 1\angle(-180° + \gamma)$$

则有

$$|G_j(j\omega_c)| = \frac{1}{|G_0(j\omega_c)|}$$

$$\theta = \angle G_j(j\omega_c) = -180° + \gamma - \angle G_0(j\omega_c)$$

则

$$K_P + j\left(K_D\omega_c - \frac{K_I}{\omega_c}\right) = |G_j(j\omega_c)|(\cos\theta + j\sin\theta) \tag{6-65}$$

$$K_P = \frac{\cos\theta}{|G_0(j\omega_c)|} \tag{6-66}$$

$$K_D\omega_c - \frac{K_I}{\omega_c} = \frac{\sin\theta}{|G_0(j\omega_c)|} \tag{6-67}$$

由式(6-66)可独立地解出比例增益 $K_P$，而式(6-65)包含两个未知参数 $K_P$ 和 $K_I$，不是唯一解。通常由稳态误差要求，通过开环放大倍数，先确定积分增益 $K_I$，然后计算出微分增益 $K_D$。同时通过数字仿真，反复试探，最后确定 $K_P$、$K_D$ 和 $K_I$ 三个参数。

【**例 6-8**】　设单位反馈的受控对象的传递函数为 $G_0(s)=\dfrac{4}{s(s+1)(s+2)}$，试设计 PID 控制器，实现系统截止频率 $\omega_c=1.7$ rad/s，相角裕量 $\gamma=50°$。

　　**解**　　　　　　　　$G_0(j1.7)=0.454\angle-189.9°$

$$\theta=\angle G_j(j\omega_c)=-180°+50°+189.9°=59.9°$$

$$K_P=\frac{\cos 59.9°}{0.454}=1.10$$

输入引起的系统误差象函数表达式为

$$E(s)=\frac{s^2(s+1)(s+2)}{s^4+3s^3+2(2K_D+1)s^2+4K_Ps+4K_I}X_I(s)$$

令单位加速度输入的稳态误差 $e_{ss}=2.5$，利用上式，可得

$$K_I=0.2,\ K_D=\frac{\sin 59.9°}{1.7\times 0.454}+\frac{0.2}{1.7^2}=1.19$$

即 PID 控制器传递函数为

$$G_j(s)=K_P+\frac{K_I}{s}+K_Ds=\frac{K_Ds^2+K_Ps+K_I}{s}$$

$$=1.1+\frac{0.2}{s}+1.19s=\frac{1.19s^2+1.1s+0.2}{s}$$

# 6.6　系统综合校正中的 MATLAB 应用

MATLAB 为控制系统的校正与设计提供了方便的工具。比如，在校正前后，经常要用到阶跃响应曲线、Bode 图以及 margin() 函数等，而且加入或改变校正装置的参数，可以清楚、直观地看到校正环节对系统性能的影响。

## 6.6.1　超前校正

超前校正可使已校正系统的截止频率和相角裕度满足要求，从而改善闭环系统的动态性能。

【**例 6-9**】　已知一单位反馈系统的开环传递函数为 $G(s)=\dfrac{K}{s(s+1)}$，试设计超前校正装置 $G_c(s)$，使系统满足如下指标：

(1) 在单位斜坡输入下的稳态误差 $e_{ss}\leqslant 0.1$；

(2) 相角裕度 $\gamma>45°$；

(3) 幅值裕度 $L_g\geqslant 10$ dB。

　　**解**　MATLAB 程序如下：

```
％example6-9
％为满足静态性能，K=10，作原系统的伯德图
```

```
n0=10；
d0=[1, 1, 0]；
sys0=tf(n0, d0)；
margin(sys0)；
[gm0, pm0, wg0, wp0]=margin(sys0)
gm0=Inf
pm0=17.9642
wg0=Inf
wp0=3.0842
```

%由结果可知原系统的截止频率为 3.0842 rad/s，相角裕度为 17.9642°<45°，
%不满足系统要求

%设计超前校正网络 $G_c(s)=\dfrac{Ts+1}{aTs+1}$，a<1

%计算期望的超前角 phim，phim=45−17.96=27.04°，取 phim=36°
%计算 a

```
phim=36 * pi/180；
a=(1−sin(phim))/(1+sin(phim))
a=0.2596
```

%计算截止频率 ωc′

```
[mag, phase, w]=bode(sys0)；
[mu, pu]=bode(sys0, w)；
adb=20 * lg10(mu)；
am=10 * lg10(a)；
wc=spline(adb, w, am)
wc=4.3741
```

%计算 T，T=1aωc′

```
T=1/sqrt(a)/wc
T=0.4487
```

%得到校正环节

```
nc=[T, 1]；
dc=[a * T, 1]；
sysc=tf(nc, dc)
Transferfunction：
```

$$\frac{0.4487s+1}{0.1165s+1}$$

%求校正后的系统

```
sys=sys0 * sysc
Transferfunction：
```

$$\frac{4.487s+10}{0.1165s^3+1.116s^2+s}$$

```
holdon
margin(sys)
[gm, pm, wg, wp]=margin(sys)
gm=Inf
pm=48.8776
wg=Inf
wp=4.3741
```

由计算结果可知，校正后系统的截止频率为 4.3741 rad/s，相角裕度为 48.8776°＞
45°，幅值裕度 Gm_dB＝∞＞10 dB，校正后的系统满足性能指标要求。校正前后的系统
Bode 图如图 6-24 所示。

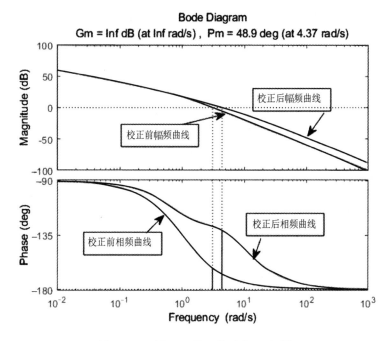

图 6-24　例 6-9 校正前后的 Bode 图

## 6.6.2　滞后校正

滞后校正可减小未校正系统的中、高频幅值，以降低系统截止频率，从而提高相角裕
度，改善系统动态性能；或保持原系统已满足要求的动态性能基本不变，用以提高系统的
开环增益，减小系统的稳态误差，改善系统的稳态性能。

【例 6-10】　已知控制系统的开环传递函数为

$$G_k(s)=\frac{K}{s(0.1s+1)(0.2s+1)}$$

试设计滞后校正装置 $G_c(s)$，使系统满足如下指标：

(1) $K_v=30$；

(2) 相角裕度 $\gamma>40°$；

(3) 幅值裕度 $L_g\geqslant10$ dB。

**解**　MATLAB 程序如下：

```
%example6 - 10
%根据稳态性能指标要求，取 K＝30。绘制原系统 Bode 图，并计算相角裕度和
%幅值裕度
ng＝30；
dg＝conv([1, 0], conv([0.1, 1], [0.2, 1]));
sys0＝tf(n0, d0);
bode(sys0);
[gm0, pm0, wg0, wp0]＝margin(sys0)
Warning：Theclosedloopsystemisunstable.
gm0＝0.5000
pm0＝－17.2390
wg0＝7.0711
wp0＝9.7714
```

%相角裕度 pm0＝－17.2390°＜45°，幅值裕度 Gm0_dB＝20＊lg(gm0)＝
%－6.02dB＜10dB，不满足系统性能要求

%需加滞后校正环节 $G_c(s)=\dfrac{Ts+1}{\beta Ts+1}$，$\beta>1$

```
%计算截止频率 ωc′
gama＝41；
gama1＝gama＋5；
[mu, pu, w]＝bode(sys0)
wc＝spline(pu, w′, (gama1-180))
wc＝2.7368
%计算 β
na＝polyval(ng, j＊wc);
da＝polyval(dg, j＊wc);
g＝na/da;
g1＝abs(g);
h＝20＊log10(g1);
beta＝10^(h/20);
beta＝9.2746
%计算校正环节
T＝10/wc;
sysc＝tf([T, 1], [beta＊T, 1])
Transferfunction：
3.654s＋1
————————————————————————
33.89s＋1
%求校正后的系统，并计算性能指标
sys＝sys0＊sysc
Transferfunction：
```

$$\frac{109.6s+30}{0.6778s\hat{\ }4+10.19s\hat{\ }3+34.19s\hat{\ }2+s}$$

```
holdon
bode(sys)
[gm, pm, wg, wp]=margin(sys)
gm=4.2968
pm=40.7812
wg=6.8071
wp=2.7470
```

由计算结果可知，校正后系统相角裕度为 40.7812°＞40°，幅值裕度 Gm＿dB＝l20g(gm)＝12.7 dB＞10 dB，满足设计要求。校正前后系统的 Bode 图如图 6 - 25 所示。

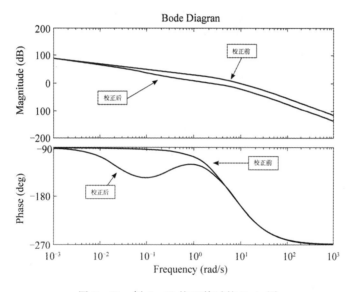

图 6 - 25　例 6 - 10 校正前后的 Bode 图

### 6.6.3　PID 校正

PID 控制规律的传递函数为

$$K_{P}\Big(1+\frac{1}{T_{I}s}+T_{D}s\Big)=\frac{K_{P}(T_{I}T_{D}s^{2}+T_{I}s+1)}{T_{I}s}$$

它使原系统增加两个负实数零点和一个位于坐标原点的开环极点，可提高系统的稳态性能，改善系统的动态性能。下面举例说明其在校正中的应用。

**【例 6 - 11】** 已知系统的开环传递函数为

$$G_{k}(s)=\frac{K}{s(1+0.5s)(1+0.1s)}$$

试设计 PID 校正装置，使系统 $K_{v}\geqslant10$，$\gamma\geqslant50°$，$\omega_{c}'\geqslant4$ rad/s。

**解**　MATLAB 程序如下：

```
%example6-11
%求原系统的性能指标
```

%根据系统要求取 10

num＝10；

den＝conv([1, 0], conv([0.5, 1], [0.1, 1]))；

sys0＝tf(num, den)；

gridon

margin(sys0)

[gm0, pm0, wg0, wp0]＝margin(sys0)

gm0＝1.2000

pm0＝3.9431

wg0＝4.4721

wp0＝4.0776

%由计算可知相角裕度 pm0＝3.9413°＜50°，不满足系统要求

%设计 PID 校正装置，根据系统要求，取 $K_P=1$，$T_I=10$，$T_D=0.5$，则 PID 传递

%函数为 $\dfrac{5s^2+10s+1}{10s}$

numc＝[5, 10, 1]；

denc＝[10, 0]；

sysc＝tf(numc, denc)

Transferfunction：

5s^2＋10s＋1

——————————————————————————

10s

%求校正后系统的性能指标

sys＝sys0 * sysc

Transferfunction：

50s^2＋100s＋10

——————————————————————————

0.5s^4＋6s^3＋10s^2

holdon

margin(sys)

[gm, pm, wg, wp]＝margin(sys)

gm＝Inf

pm＝51.8447

wg＝Inf

wp＝7.8440

由计算结果可知，校正后系统的相角裕度为 $51.8447°＞50°$，截止频率为 $7.84＞4$，满足性能指标要求。校正前后系统的 Bode 图如图 6-26 所示。该系统校正前后的情况也可通过系统闭环阶跃响应充分体现，如图 6-27 所示。

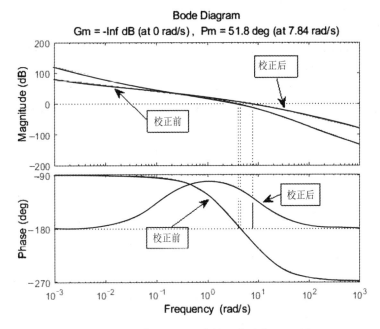

图 6-26 例 6-11 系统校正前后的 Bode 图

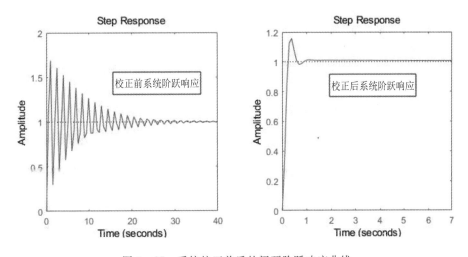

图 6-27 系统校正前后的闭环阶跃响应曲线

# 6.7 本章小结

(1) 为改善控制系统的性能,常附加校正装置,它是解决动态性能和稳态性能相互矛盾的有效方法。按照校正装置在系统中连接方式的不同,控制系统常用的校正方式可分为串联校正、反馈校正和复合控制三种类型。

(2) 串联校正方式是控制系统设计中最常用的一种。串联校正分为超前校正、滞后校正、滞后-超前校正三种形式。串联校正装置既可用 RC 无源网络来实现,又可用运算放大器组成的有源网络来实现。串联校正的设计方法较多，但最常用的是采用伯德图的频率特性设计法。此外，计算机辅助设计(CAD)亦日趋成熟，越来越受到人们的关注和欢迎。无论采用何种方法设计校正装置，实质上均表现为修改描述系统运动规律的数学模型。

（3）串联校正装置的高质量设计，是以充分了解校正网络的特性为前提的。

① 超前校正的优点是在新的截止频率 $\omega_c'$ 附近提供较大的正相角，从而提高了相角裕度，使超调量减小；同时又使得 $\omega_c$ 增大，对快速性有利。超前校正主要用于改善系统的动态性能。

② 滞后校正的优点是在降低截止频率 $\omega_c$ 的基础上，获得较好的相角裕度；在维持 $\gamma$ 值不变的情况下，就可大大提高开环放大倍数，以改善系统的稳态性能。

③ 滞后-超前校正同时兼有上述两种校正的优点，适用于高质量控制系统的校正。

（4）期望对数频率特性设计法是工程上较常用的设计方法，它以时域指标 $\sigma\%$、$t_s$ 为依据。可根据需要将系统设计成典型二阶、三阶或四阶期望特性。其优点是方法简单，使用灵活，但只适用于最小相位系统的设计。

（5）反馈校正的本质是在某个频率区间内，以反馈通道传递函数的倒数特性来代替原系统中不希望的特性，以达到改善控制性能的目的。反馈校正还可减弱被包围部分特性参数变化对系统性能的不良影响。

# 习　题

6-1　何谓控制系统的校正？

6-2　常用校正方式有哪些？校正规律有哪些？校正装置有哪些，分别有何特点？

6-3　试比较串联校正和反馈校正的优缺点。

6-4　PD、PI、PID 各有何特点？

6-5　试画出 $G_0(s)=\dfrac{2500}{s(s+10)}$ 和 $G_0(s)=\dfrac{250}{s(s+10)}\dfrac{0.05s+1}{0.0047s+1}$ 的伯德图，分析两种情况下的 $\omega_c$ 及相位裕度，从而说明近似比例-微分校正的作用。

6-6　某单位反馈系统的开环传递函数为 $G_0(s)=\dfrac{K}{s(s+1)(0.1s+1)}$。

（1）设该系统谐振峰值 $M_r=1.4$，其相角裕度为多少？

（2）确定 $K$ 值，使其增益裕度为 0 dB，此时 $M_r$ 为多少？

6-7　要求对题 6-7 图所示系统进行串联校正，以使速度偏差系数 $K_v=20s^{-1}$，相角裕度 $\gamma\geqslant50°$。试画出校正后的系统方块图。

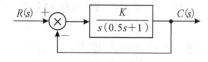

题 6-7 图　某控制系统

6-8　设某单位反馈系统的开环传递函数为 $G_0(s)=\dfrac{500K}{s(s+5)}$，试设计超前校正装置 $G_c(s)$，使校正后系统满足：当 $r=t$ 时，系统速度误差系数 $K_v=100s^{-1}$，相角裕度 $\gamma\geqslant50°$。

6 - 9　设单位反馈的控制系统，其开环传递函数为 $G(s)=\dfrac{K}{s(0.2s+1)(s+1)}$，试设计滞后校正装置 $G_c(s)$，使校正后系统满足：静态速度误差系数 $K_v=8/s$，相角裕量 $\gamma \geqslant 40°$。

6 - 10　设有一单位反馈系统，其开环传递函数为 $G(s)=\dfrac{K}{s(0.4s+1)(s+1)}$，试设计一滞后-超前校正装置 $G_c(s)$，使系统满足：

(1) 相角裕度 $\gamma \geqslant 50°$；

(2) 静态速度误差系数 $K_v=10/s$；

(3) 幅值裕度 $20\lg K_g \geqslant 10$ dB。

6 - 11　设单位反馈系统的开环传递函数为 $G(s)=\dfrac{4}{s(s+2)}$，试设计一超前校正装置，使校正后系统的静态误差系数 $K_v=20/s$，相角裕度 $\gamma \geqslant 50°$，增益裕量 $20\lg K_g=10$ dB。

6 - 12　设单位反馈的受控对象 $G_0(s)=\dfrac{K}{s(s+1)(s+2)}$，试设计 PID 控制器，实现系统截止频率 $\omega_c=1.7$ rad/s，相角裕量 $\gamma \geqslant 50°$，单位加速度输入稳态误差 $e_{ss}=0.025$。

6 - 13　已知一单位反馈控制系统具有最小相位性质，其固定不变部分传递函数 $G_0(s)$ 和串联校正装置传递函数 $G_c(s)$ 所对应的对数幅频特性曲线分别如题 6 - 13 图(a)、(b)和(c)中的 $L_0$ 和 $L_c$ 所示。要求：

(1) 写出校正后各系统的开环传递函数；

(2) 分析各 $G_c(s)$ 对系统的作用，并比较其优缺点。

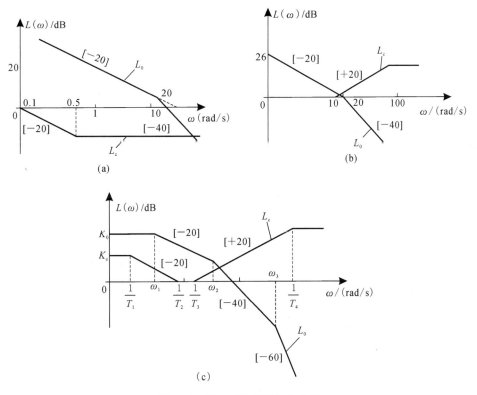

题 6 - 13 图　对数幅频特性曲线

6-14　题6-14图为三种推荐的稳定系统的串联校正网络特性，它们均由最小相位环节组成。若控制系统为单位反馈系统，则其开环传递函数为 $G(s) = \dfrac{400}{s^2(0.01s+1)}$。

试问：

(1) 这些校正网络特性中哪一种可使已校正系统的稳定程度最好？

(2) 为了将12 Hz的正弦噪声削弱为原来的1/10左右，应采用哪种校正网络特性？

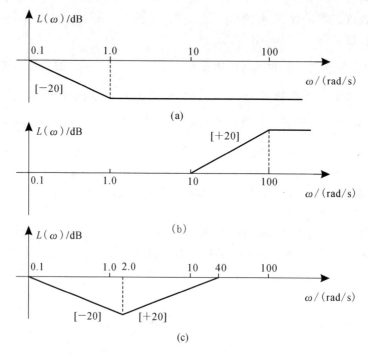

题6-14图　串联校正网络特性

6-15　采用了反馈校正的系统结构图如题6-15图所示。试分析比较校正前、后系统的相角裕度。

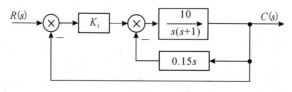

题6-15图　系统结构图

6-16　设控制系统结构图如题6-16图所示，图中：

$$G_1(s) = K_1 = 200$$

$$G_2(s) = \frac{10}{(0.01s+1)(0.1s+1)}$$

$$G_3(s) = \frac{0.1}{s}$$

若要求校正后系统在单位斜坡信号输入下的稳态误差 $e_{ss} = 1/200$，相角裕度 $\gamma \geqslant 45°$，试确

定反馈校正装置 $G_c(s)$ 的形式与参数。

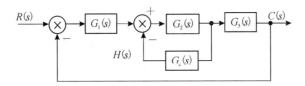

题 6 - 16 图　控制系统结构图

6 - 17　某最小相位系统校正前后开环幅频特性曲线分别如题 6 - 17 图中①、②所示。
试计算校正前后的相角裕量以及校正网络的传递函数。

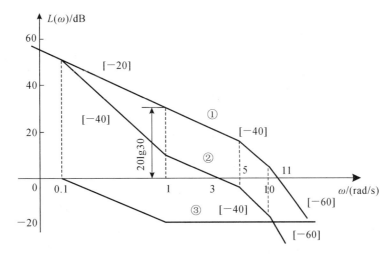

题 6 - 17 图　某最小相位系统校正前后开环幅频特性曲线

# 第 7 章　离散系统与计算机控制系统

随着计算机技术的广泛应用,常规的模拟控制器已被计算机逐渐替代,因而计算机成为控制系统的一个关键组成部分,这种有计算机参与的系统称为计算机控制系统。计算机控制是以自动控制理论与计算机技术为基础的。使用计算机作为控制器具有很多优点,可以避免模拟控制器实现时的许多困难;因其具有很强的计算、比较及存储信息的能力,因此它可以实现过去的连续控制难以实现的更为复杂的控制规律,如非线性控制、逻辑控制、自适应控制和自学习控制等。在计算机控制器中,精度和器件漂移的问题得到了有效解决,还可获得友好的用户界面。

本章主要讨论计算机控制系统的基本组成、基本的离散系统理论和常用的计算机控制设计方法。

## 7.1　计算机控制系统概述

在计算机控制系统中,为了实现对生产过程的控制,必须把现场各种测试参数,如温度、压力、流量等连续变化的物理量,转换为计算机可识别的数字量输入到计算机内,并进行处理。处理结果又必须转换为电压或电流,以推动执行机构工作。在输入、输出过程中,往往需要处理模拟、离散、数字等几种不同的信号。

### 1. 模拟信号

模拟信号就是在连续时间内都有定义的信号,其幅值可连续,也可不连续,幅值连续为模拟信号,如图 7 - 1(a)所示,幅值量化后的信号如图 7 - 1(b)所示,这类连续函数所表示的信号称作模拟信号,如正弦、矩形、斜坡等函数。

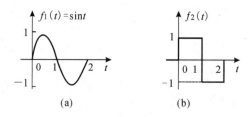

图 7 - 1　模拟信号形式

### 2. 离散信号

离散时间信号是仅在一些离散的时间点才有定义的信号。需要注意的是,其余时间无定义(不一定是 0)。幅值连续的离散信号又称取样信号(见图 7 - 2(a)),幅值量化后的离散信号又称数字信号(见图 7 - 2(b))。离散信号只是在一系列时间点上的取值的序列,也称数值序列。它的图像是坐标平面中的一系列点。

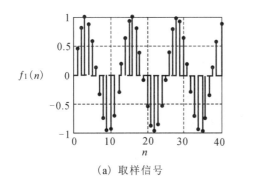

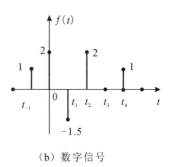

（a）取样信号              （b）数字信号

图 7 - 2   离散信号

### 3. 数字信号

数字信号是经过量化的离散信号，即幅度取值被限制在有限个数值之内。也就是说，数字信号不仅在时间上取离散点，在幅值上也取离散点。要注意的是，离散信号并不等同于数字信号。数字信号是经过量化了的离散信号。因此，离散信号的精度可以是无限的，而数字信号的精度是有限的。有着无限精度的离散信号又叫抽样信号。所以离散信号包括了数字信号和抽样信号。

## 7.1.1   计算机控制系统的基本组成

典型的控制系统由被控对象、测量变送器、控制器、执行器等构成。当控制器由模拟电路或模拟仪表实现时，称为模拟控制系统；当控制器由计算机实现时，则称为计算机控制系统。由于计算机内部使用数字量进行数据的存储、运算与处理，而控制系统的输入、输出多为连续模拟信号，因此计算机控制系统中首先要解决的是计算机与被控对象间的信号转换问题。实现这一功能的器件是多路开关、采样-保持器、模拟转换器、数/模转换器和保持器。

计算机控制系统一般由反馈装置（传感器、变送器）、模/数（A/D）转换器、计算机、数/模（D/A）转换器、执行机构、被控对象等组成，如图 7 - 3 所示。

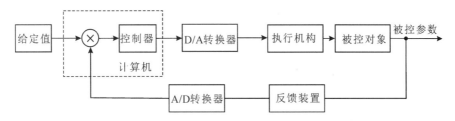

图 7 - 3   计算机控制系统的组成

图 7 - 3 所示为计算机参与控制过程的系统框图。反馈装置中，传感器将被控过程中的参量变化情况转换成相应的可传递信号，如将温度变换为相应的电压信号，将流量变换为相应的脉冲信号等。这里的电压信号和脉冲信号是可传递的信号。变送器将传感器送来的可传递信号进一步转换成便于仪表互连的标准模拟信号。模/数转换器将模拟信号转换成与之对应的二进制数字信号。模/数转换完成后，数字信号进入控制计算机处理。此外，被

控过程中的一些开关量信号可直接转换成数字信号，并送入计算机进行处理。

　　计算机是整个控制系统的核心，在接到数字信号后，计算机根据预先编制的程序对数字信号进行运算处理，再将运算处理结果以数字信号形式，作为控制信号送至数/模转换器，完成数据的处理工作。

　　接到数字信号形式的控制指令后，数/模转换器将数字控制信号转换成模拟控制信号，并将其送至相应的执行机构。执行器将模拟控制信号再转换成相应的机械控制动作（如角位移、线位移等）形成机械动作输出，或转换成相应的变化量形成其他特征量输出。操作设备在执行机构的驱动下进行相应的控制操作，对被控过程施加作用，最终完成对被控过程的控制。计算机给出的开关量信号也可直接用于被控过程的开关量控制。

　　图 7-3 所示的是典型的计算机控制系统的组成。应实际需要，计算机控制系统可能会有一些其他形式。

　　例如，被控过程中仅需要开关量信号就可完成控制的系统，就无须变送器、模/数转换器、数/模转换器与执行机构，可以直接通过被控过程中开关量控制完成相应的操作。

## 7.1.2　计算机控制系统内部信号流的处理

　　外界的数据（信号）进入计算机时，已经被转换成了二进制数，在机内均以二进制数据流传递、处理。图 7-4 所示为计算机控制系统内部信号流的处理过程。

图 7-4　计算机控制系统内部信号流的处理

　　图 7-4 中，$e(t)$、$e^*(t)$、$e(kT)$、$u(kT)$、$u^*(t)$、$u(t)$ 分别表示偏差、偏差采样量、偏差离散量、输入离散量、输入采样量、输入模拟量等。$e(t)$ 和 $e^*(t)$ 的计算式分别为

$$e(t) = x(t) - y_f(t) \tag{7-1}$$

$$e^*(t) = \begin{cases} e(t), & t = kT, \ k = 0, 1, 2, \cdots \\ 0, & \text{其他} \end{cases} \tag{7-2}$$

　　$e(kT)$ 是经过量化的偏差信号，是时间和幅值均离散的数字信号。转换的精度取决于 A/D 转换器的位数，当位数足够多时，转换可以达到足够高的精度。模拟偏差信号 $e(t)$ 可由 A/D 转换器经过时间离散、幅值离散转换成 $e(kT)$ 数字偏差信号，它是一个时间序列。

　　$u(kT)$ 是计算机按一定控制算法计算出的数字控制信号。一般情况下，$u(kT)$ 是 $e(kT)$，$e(kT-T)$，$\cdots$，$u(kT-T)$，$u(kT-2T)$，$\cdots$ 的函数，记为

$$u(kT) = f[e(kT), e(kT-T), \cdots, u(kT-T), u(kT-2T), \cdots]$$

$$\tag{7-3}$$

函数关系 $f(*)$ 是由控制算法决定的。

　　$u(t)$ 是模拟控制信号。$u(kT)$ 先经过 D/A 转换器转成离散模拟量 $u^*(t)$（离散模拟量是一系列脉冲，不能直接控制被控对象），进一步经过保持器作时间外推即转成模拟量 $u(t)$。从 $u(kT)$ 变成 $u(t)$ 可由 D/A 转换器完成。

　　图 7-4 显示的信号的主要处理过程中，采样和量化由 A/D 转换器完成，运算在计算

机的中央处理器内进行，而计算机输出信号经 D/A 转换器通常在采样间隔内保持恒定不变。

# 7.2　信号采样与保持

离散信号实际上是用脉冲序列或数字序列表示的信号。它是利用开关(开关的闭合时间为 $\tau$，且 $\tau$ 远小于 $T$，$T$ 称为采样周期，单位为秒(s))对连续的模拟信号采集而得到的。这个过程叫作采样，实现采样的装置称为采样器，又称采样开关。反之，把采样后的离散信号恢复为连续信号的过程称为信号复现。实际系统中，采样开关多为电子开关。

## 7.2.1　采样过程的数学描述

因采样得到的信号是一系列离散序列，为了方便研究，下面用数学的方法来描述。

### 1. 时域描述

图 7 - 5(a)所示的连续信号经过图(b)所示的采样开关的采样后，会得到图(c)所示的采样信号。

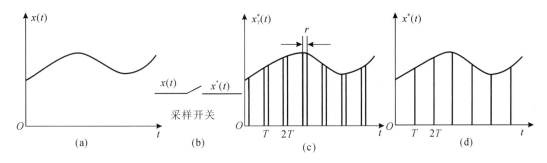

图 7 - 5　模拟量采样过程

采样器好像一个幅值调制器，$\delta_T(t)$ 是调幅器的载波。它是以 $T$ 为周期的单位理想脉冲序列。$\delta_T(t)$ 的数学表达式为

$$\delta_T(t) = \sum_{k=-\infty}^{\infty} \delta(t-kT) \tag{7-4}$$

当载波 $\delta_T(t)$ 被输入连续信号 $e(t)$ 调幅后，其输出信号为 $e^*(t)$。调制信号 $e(t)$ 决定 $e^*(t)$ 的幅值，载波信号 $\delta_T(t)$ 决定采样时刻，其调制过程可表示为

$$e^*(t) = e(t)\delta_T(t) = e(t)\sum_{k=-\infty}^{\infty} \delta(t-kT) \tag{7-5}$$

通常在控制系统中，认为 $t<0$ 时信号 $e(t)=0$(实际上是成立的)，所以

$$e^*(t) = e(t)\sum_{n=0}^{\infty} \delta(t-kT) = \sum_{n=0}^{\infty} e(kT)\delta(t-kT) \tag{7-6}$$

它成为一个新的冲激序列，在 $t=kT$ 时刻的冲激冲量为 $e(kT)$，而 $\delta(t-kT)$ 就表示冲激发生的时刻。以上分析说明，理想采样器的工作过程是把输入的连续信号 $e(t)$ 转成一串冲激 $e^*(t)$，每个冲激在 $t=kT$ 时刻的面积或强度等于 $e(kT)$。

对式(7-6)进行拉氏变换,得到

$$\mathscr{L}\left[e^*(t)\right] \stackrel{\text{def}}{=} E^*(s) = \sum_{n=0}^{\infty} e(kT) \mathrm{e}^{-kTs} \tag{7-7}$$

**2. 频域描述**

$E^*(s)$还可以用另一种形式表达,由于单位脉冲序列$\delta_T(t)$为周期函数,因此可以展开成傅里叶级数,即

$$\delta_T(t) = \sum_{k=-\infty}^{\infty} \delta(t-kT) = \sum_{k=-\infty}^{\infty} c_k \mathrm{e}^{\mathrm{j}k\omega_s t} \tag{7-8}$$

式中:

$$\omega_s = 2\pi/T = 2\pi f_s \tag{7-9}$$

$f_s = 1/T$称为采样频率;$\omega_s$称为采样角频率;$c_k$称为傅氏级数的系数,即

$$c_k = \frac{1}{T} \int_{-T/2}^{T/2} \delta_T(t) \mathrm{e}^{-\mathrm{j}k\omega_s t} \mathrm{d}t = \frac{1}{T} \int_{0-}^{0+} \delta(t) \mathrm{e}^{-\mathrm{j}k\omega_s t} \mathrm{d}t = \frac{1}{T} \tag{7-10}$$

由式(7-6)得

$$E^*(s) = \frac{1}{T} \sum_{k=-\infty}^{\infty} E(s-\mathrm{j}k\omega_s) \tag{7-11}$$

考虑到$s=\mathrm{j}\omega$,则有

$$E^*(\mathrm{j}\omega) = \frac{1}{T} \sum_{k=-\infty}^{\infty} E(\mathrm{j}\omega - \mathrm{j}k\omega_s) = \frac{1}{T} \sum_{k=-\infty}^{\infty} E[\mathrm{j}(\omega - k\omega_s)] \tag{7-12}$$

由式(7-11)可见,$E^*(s)$是$s$的周期函数。如果$s_i$是$E(s)$的极点,则$s_i - \mathrm{j}k\omega_s$都是$E^*(s)$的极点。这就是说,$E^*(s)$有无穷多个极点。通常也称$E^*(\mathrm{j}\omega)$为$e^*(t)$的频谱,如图7-6所示。

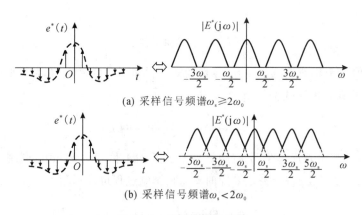

(a) 采样信号频谱$\omega_s \geqslant 2\omega_0$

(b) 采样信号频谱$\omega_s < 2\omega_0$

图7-6　采样信号及频谱

**3. 采样信号频谱**

图7-6中,$\omega_0$为模拟输入信号$e(t)$具有的上限频率。图7-6(a)和(b)分别为$\omega_s \geqslant 2\omega_0$和$\omega_s < 2\omega_0$两种情况下采样信号$e^*(t)$的频谱曲线。可见:

(1) 理想采样后信号$e^*(t)$的频谱$E^*(\mathrm{j}\omega)$是由与$E(\mathrm{j}\omega)$相似的主分量及每经$\omega_s$重复一次的辅分量组成的。

（2）$E^*(j\omega)$ 与采样周期 $T$ 有关。

香农（Shanon）和奈奎斯特（Nyquist）曾指出，一个采样后的离散信号能恢复为原连续信号的条件是采样频率要高于信号中最高频率的 2 倍。

**采样定理**　如果连续信号 $e(t)$ 的上限频率是 $\omega_0$，则当采样角频率 $\omega_s \geqslant 2\omega_0$ 时，此信号完全可由其等周期采样点上的值所唯一确定。这时应用插值公式：

$$e(t) = \sum_{k=-\infty}^{\infty} e(kT)\,\frac{\dfrac{\sin\omega_s(t-kT)}{2}}{\dfrac{\omega_s(t-kT)}{2}} \tag{7-13}$$

就能由采样信号计算出原来的连续信号 $e(t)$。一般把 $\omega_N = \dfrac{\omega_s}{2}$ 称为奈奎斯特频率。

从图 7-6(a) 和 (b) 中可以看出，当奈奎斯特频率 $\omega_N < \omega_0$ 时，频谱 $|E^*(j\omega)|$ 的曲线要发生频率混叠，它就不能完全保存原 $|E(j\omega)|$ 的曲线形状；如果奈奎斯特频率 $\omega_N > \omega_0$，则 $|E(j\omega)|$ 曲线形状完全被 $|E^*(j\omega)|$ 所保存，换句话说，这时由 $e^*(t)$ 能完全恢复出 $e(t)$。

采样周期 $T$ 应满足采样定理的要求，否则会出现混叠现象。在控制系统中，夹杂噪声的信号通常包含很高的频率，由于设备限制，有时难以采用较高的采样频率，而对系统有用的信号主要是低频信号，则在信号采样之前可先通过一个前置低通滤波器来滤掉高频噪声分量。

## 7.2.2　采样定理

### 1. 采样定理

在设计离散系统时，香农采样定理是必须严格遵守的一条准则，因为它指明了从采样信号中不失真地复现原连续信号理论上所必需的最小采样周期 $T$。

香农采样定理指出：如果采样器的输入信号 $e(t)$ 具有有限带宽，并且有直到 $\omega_0$ 的频率分量，则使信号 $e(t)$ 不失真地从采样信号 $e^*(t)$ 中恢复的采样周期 $T$ 必须满足：

$$T \leqslant \frac{2\pi}{2\omega_0} \tag{7-14}$$

采样定理表达式(7-14) 与 $\omega_s \geqslant 2\omega_0$ 是等价的。由图 7-6 可见，在满足香农采样定理的条件下，要想不失真地复现采样器的输入信号，需要采用理想低通滤波器。

**注意**　香农采样定理只是给出了一个选择采样周期 $T$ 或采样频率 $f_s$ 的指导原则，它给出的是由采样脉冲序列无失真地再现原连续信号所允许的最大采样周期或最低采样频率。在控制工程中，一般总是取 $\omega_s > 2\omega_0$，而不取 $\omega_s = 2\omega_0$ 的情形。

### 2. 采样周期

采样定理给出了采样周期选择的基本原则，并未给出选择采样周期的具体计算公式。显然，采样周期 $T$ 选得越小，即采样角频率 $\omega_s$ 越高，获得的控制工程的信息就越多，控制效果也会越好。但是，采样周期 $T$ 选得过小，将增加计算量，势必添加计算负担，造成实现复杂。采样周期 $T$ 小到一定程度后，再减小就没有实际意义了。反之，采样周期 $T$ 选得过大，又会给控制过程带来较大的误差，降低系统的动态性能，甚至有可能导致整个控制系统失去稳定。

在一般控制系统中，计算机所能提供的运算速度，对于采样周期的选择来说，可选余地较大。工程实践表明，对于不同物理量来说，合理的采样周期也会不同。表 7 - 1 给出了几种物理量采样周期 $T$ 的参考选值。但是，对于快速随动系统，采样周期 $T$ 的选择更加重要。采样周期的选取在很大程度上取决于系统的性能指标。

表 7 - 1　采样周期 $T$ 的选择

| 控制过程 | 采样周期 $T/s$ |
|---|---|
| 流量 | 1 |
| 压力 | 5 |
| 液面 | 5 |
| 温度 | 20 |
| 成分 | 20 |

从频域性能指标来看，控制系统的闭环频率响应通常具有低通滤波特性，当随动系统的输入信号频率高于其闭环幅频特性的谐振频率 $\omega_r$ 时，通过系统的信号将会很快衰减，因此可认为通过系统的控制信号的最高频率分量为 $\omega_r$。在随动系统中，一般认为开环系统的截止频率 $\omega_c$ 与闭环系统的谐振频率 $\omega_r$ 相当接近，近似有 $\omega_c = \omega_r$，故在控制信号的频率分量中，超过 $\omega_c$ 的分量通过系统后将大幅度衰减。工程实践表明，随动系统的采样角频率可近似取为

$$\omega_s = 10\omega_c \tag{7 - 15}$$

或者

$$T = \frac{1}{40}t_s \tag{7 - 16}$$

应当指出，采样周期选择合适，是连续信号 $e(t)$ 可以从采样信号 $e^*(t)$ 中完全复现的前提。然而，理想的滤波器实际上并不存在，因此只能用特性接近理想滤波器的低通滤波器来代替，零阶保持器是常用的低通滤波器之一。

### 3. 量化及量化误差

量化是指把经采样后时间上已经离散的模拟信号变换为一系列数码，它是由 A/D 转换器完成的。量化后的数据才可以被计算机处理。即使在十分理想的数字系统中，量化处理后也不能包含全部信息。这是因为无论是计算机还是 D/A(A/D) 转换器，都只能在一定精度下用有限的字长来表示数，所以一个模拟信号的量化只能用一个二进制数逼近，这就出现了误差，这种误差叫量化误差。量化误差是量化过程中的固有误差，包括截尾误差和舍入误差。

截尾误差是指通过量化器后小于一个量化单位的值均被舍去而造成的误差。舍入误差是指量化后，小于半个量化单位的值舍去，大于半个量化单位的值进位而造成的误差。大多数 A/D 转换器采用舍入误差方式。

## 7.2.3　信号保持器的特性

用数字计算机作为系统的信息处理机构时,处理结果的输出如同原始信息的获取一样,一般也有两种方式:一种是直接数字输出,如屏幕显示、打印输出或将数字以二进制形式送到相应的寄存器;另一种是把数字转换为连续信号,使用的转换装置称为保持器。从数学上说,保持器的任务是解决各采样点之间的插值问题。常用的保持器有零阶保持器、一阶保持器等。

在工程实践中,普遍采用数学模型相对简单的零阶保持器(Zero Order Holder,ZOH)。零阶保持器的传递函数为

$$G_h(s) = \frac{1}{s} - \frac{e^{-T_s}}{s} = \frac{1 - e^{-T_s}}{s} \tag{7-17}$$

零阶保持器具有如下特性:

零阶保持器实际上是一个具有低通特性的滤波器。图 7-7 所示为零阶保持器输入波形 $u(t)$ 和输出波形 $u^*(t)$。由图 7-7 可以看出,它是采样的逆过程。通常实现保持作用的电路称为保持器。保持器通过外推方法,依据过去时刻的离散值,外推出采样点之间的数值。零阶保持器因其简单,故经常被采用。

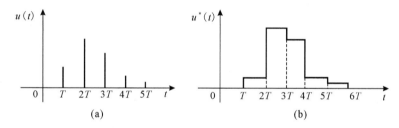

图 7-7　零阶保持器的输入和输出波形

零阶保持器把 $kT$ 时刻的信号一直保持(外推)到 $kT+T$ 时刻的瞬间,其外推公式为

$$u(t) = u(kT), \quad kT \leqslant t < (k+1)T \tag{7-18}$$

式中,$u(kT)$ 是零阶保持器的输入,而 $u(t)$ 则为零阶保持器的输出。零阶保持器的单位脉冲响应为

$$g_0(t) = 1(t) - 1(t - T) \tag{7-19}$$

由式(7-19)可求得零阶保持的传递函数为

$$G_0(s) = \mathscr{L}[g_0(t)] = \frac{1 - e^{-sT}}{s} \tag{7-20}$$

频率特性函数为

$$G_0(j\omega) = \frac{1 - e^{-j\omega T}}{j\omega} = T \frac{\sin \frac{\omega T}{2}}{\frac{\omega T}{2}} e^{-j\frac{\omega T}{2}} \tag{7-21}$$

其幅频特性为

$$|G_0(j\omega)| = \left| T \frac{\sin \frac{\omega T}{2}}{\frac{\omega T}{2}} \right| \tag{7-22}$$

相频特性为

$$\angle G_0(j\omega) = -\frac{\omega T}{2} \quad\quad (7-23)$$

因此，零阶保持器是具有低通特性和相角滞后特性的一个环节。图 7-8 为零阶保持器的幅频特性和相频特性。

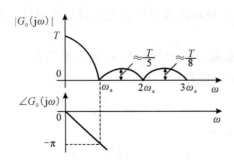

图 7-8　零阶保持器的幅频特性和相频特性

# 7.3　z 变 换 理 论

## 7.3.1　z 变换的定义

z 变换是拉氏变换的一种变形，是由采样函数的拉氏变换演变而来的。连续信号 $e(t)$ 的拉氏变换式 $E(s)$ 是复变量 $s$ 的有理函数。在一定条件下，计算机控制系统中的采样可假设为理想采样。将连续信号 $e(t)$ 通过采样周期为 $T$ 的理想采样后可得到采样信号 $e^*(t)$，它是一组理想加权脉冲序列，每一个采样时刻的脉冲强度等于该采样时刻的连续函数值，其表达式为

$$e^*(t) = \sum_{k=0}^{\infty} e(kT) \cdot \delta(t-kT) \quad\quad (7-24)$$

对式(7-24)进行拉氏变换得

$$E^*(s) = \mathcal{L}[e^*(t)] = \sum_{k=0}^{\infty} e(kT) \cdot e^{-kTs} \quad\quad (7-25)$$

式(7-25)中含有无穷多项，且每一项中含有 $e^{-kTs}$，它是 $s$ 的超越函数，而不是有理函数。为了运算方便，引入新的变量 $z$，令 $z=e^{Ts}$，则式(7-25)可改写为

$$E(z) = \sum_{k=0}^{\infty} e(kT) \cdot z^{-k} \quad\quad (7-26)$$

式中，$E(z)$ 称为 $e^*(t)$ 的 $z$ 变换，记作 $\mathcal{Z}[e^*(t)]=E(z)$。

因为 z 变换只对采样点上的信号起作用，所以也可写为 $\mathcal{Z}[e(t)]=E(z)$。

将式(7-26)展开：

$$E(z) = e(0)z^{-0} + e(1)z^{-1} + e(2)z^{-2} + \cdots + e(m)z^{-m} + \cdots \quad\quad (7-27)$$

由此可看出，采样函数的 z 变换是变量 z 的幂级数（也称罗朗级数）。其一般项 $e(kT) \cdot z^{-k}$ 的物理意义是 $e(kT)$ 表征采样脉冲的幅值；z 的幂次表征采样脉冲出现的时刻。

因此，其既包含了量值信息 $e(kT)$，又包含了时间信息 $z^{-k}$。

### 7.3.2　$z$ 变换的求取

求任意函数 $e(t)$ 的 $z$ 变换，通常分三步进行：

(1) $e(t)$ 被理想采样器采样，给出离散采样函数 $e^*(t)$。

(2) 求 $e^*(t)$ 的拉氏变换，给出 $E^*(s) = \mathscr{L}[e^*(t)] = \sum_{k=0}^{\infty} e(kT) \cdot \mathrm{e}^{-kTs}$。

(3) 在 $E^*(s)$ 中用 $z$ 替换 $\mathrm{e}^{Ts}$，给出 $E(z) = \sum_{k=0}^{\infty} e(kT) \cdot z^{-k}$。

由此得到无穷级数，再由无穷级数求出等价的封闭式函数。计算 $z$ 变换的方法有多种：级数求和法、部分分式展开法、留数计算法等。

#### 1. 级数求和法

级数求和法是根据 $z$ 变换的定义式求函数 $e(t)$ 的 $z$ 变换。严格来说，时间函数或级数可以是任何函数，但是只有当 $E(z)$ 表达式的无穷级数收敛时，它才可表示为封闭形式。下面通过典型信号的 $z$ 变换式来说明如何应用级数求和法计算 $z$ 变换。

**【例 7 - 1】** 求单位阶跃函数的 $z$ 变换。

**解**　设 $e(t) = 1$，求 $z$ 变换 $E(z)$。

由定义可得

$$E(z) = \sum_{k=0}^{\infty} 1(kT) \cdot z^{-k} = 1 + z^{-1} + z^{-2} + z^{-3} + \cdots \qquad (7-28)$$

这是一个公比为 $z^{-1}$ 的等比级数，当 $|z^{-1}| < 1$，即 $|z| > 1$ 时，级数收敛，则式(7 - 28)可写成闭合形式：

$$E(z) = \frac{1}{1 - z^{-1}} = \frac{z}{z - 1} \qquad (7-29)$$

**【例 7 - 2】** 求单位理想脉冲序列的 $z$ 变换。

**解**　设 $e(t) = \delta_T(t) = \sum_{k=0}^{\infty} \delta(t - kT)$，求得 $z$ 变换 $E(z)$：

$$E(z) = \sum_{k=0}^{\infty} 1(kT) \cdot z^{-k} = 1 + z^{-1} + z^{-2} + z^{-3} + \cdots = \frac{z}{z - 1} \qquad (7-30)$$

其中，$|z| > 1$。

比较式(7 - 29)和式(7 - 30)可以看出，对于不同的 $e(t)$，可以得到相同的 $E(z)$。这是由于阶跃信号采样后 $e^*(t)$ 与理想脉冲串是一样的。综上，$z$ 变换只是对采样点上的信息有效，只要 $e^*(t)$ 相同，$E(z)$ 就相同，但采样前的 $e(t)$ 可以是不同的。

**【例 7 - 3】** 求单位斜坡信号的 $z$ 变换。

**解**　设 $e(t) = t$，求得 $z$ 变换 $E(z)$：

$$E(z) = \sum_{k=0}^{\infty} (kT) \cdot z^{-k}$$

因为 $\sum_{k=0}^{\infty} z^{-k} = \dfrac{z}{z - 1}$，所以对其两边求导，并将和式与导数交换得

$$\sum_{k=0}^{\infty} (-k) \cdot z^{-k-1} = \frac{-1}{(z-1)^2}$$

两边同乘以 $-Tz$ 得单位斜坡信号的 $z$ 变换：

$$E(z) = \sum_{k=0}^{\infty} (kT) \cdot z^{-k} = \frac{Tz}{(z-1)^2}, \quad |z| > 1 \tag{7-31}$$

**【例 7 - 4】** 求指数函数的 $z$ 变换。

**解** 设 $e(t) = e^{-at}$，$a$ 为实常数，求得 $z$ 变换 $E(z)$：

$$E(z) = \sum_{k=0}^{\infty} e^{-akT} z^{-k} = 1 + e^{-aT} z^{-1} + e^{-2aT} z^{-2} + e^{-3aT} z^{-3} + \cdots \tag{7-32}$$

这是一个公比为 $e^{-aT} z^{-1}$ 的等比级数，当 $|e^{-aT} z^{-1}| < 1$ 时，级数收敛，则式(7-32)可写成闭合形式：

$$E(z) = \frac{1}{1 - e^{-aT} z^{-1}} = \frac{z}{z - e^{-aT}} \tag{7-33}$$

由上述分析可见，用级数求和法求取已知函数 $z$ 变换的缺点在于需将无穷级数写成闭合形式，这在某种情况下要求有较高的技巧。但另一方面，函数 $z$ 变换的无穷级数形式有其鲜明的物理含义，这又是 $z$ 变换无穷级数表达形式的优点。

### 2. 部分分式展开法

用部分分式展开法求 $z$ 变换是利用已知时间函数 $e(t)$ 的拉氏变换 $E(s)$，求该时间函数 $e(t)$ 的 $z$ 变换。它通过 $s$ 域和时间域之间的关系来建立 $s$ 域和 $z$ 域之间的关系。其解法的具体步骤是：已知 $E(s)$，将之分解成部分分式之和，查变换表，求时间函数 $e(t) = \mathscr{L}^{-1}[E(s)]$，利用式(7-26)或查 $z$ 变换表求出 $E(z)$。

设连续时间函数 $e(t)$ 的拉氏变换 $E(s)$ 为有理分式函数，即

$$E(s) = \frac{M(s)}{N(s)} \tag{7-34}$$

式中，$M(s)$ 和 $N(s)$ 分别为复变量 $s$ 的有理多项式。当 $E(s)$ 没有重根，即 $E(s)$ 没有重极点时，可将 $E(s)$ 展开成部分分式和的形式，即

$$E(s) = \sum_{i=1}^{n} \frac{A_i}{s - p_i} \tag{7-35}$$

式中，$p_i$ 为拉氏变换式 $E(s)$ 的第 $i$ 个极点，即 $N(s)$ 的零点；$A_i$ 为第 $i$ 项系数，可用待定系数法求得，即当 $N(s)$ 已分解为因式乘积时，有

$$A_i = (s - p_i) \left. \frac{M(s)}{N(s)} \right|_{s = p_i} \tag{7-36}$$

或者当 $N(s)$ 未分解为因式乘积时，有

$$A_i = \left. \frac{M(s)}{N'(s)} \right|_{s = p_i} \tag{7-37}$$

式中，$N'(s)$ 是 $N(s)$ 对 $s$ 的导数。

由拉氏变换知道，与 $A_i/(s - p_i)$ 相对应的时间函数为 $A_i e^{p_i t}$。根据式(7-33)便可求得与 $A_i/(s - p_i)$ 项对应的 $z$ 变换为

$$\frac{A_i}{1 - e^{p_i T} z^{-1}} = \frac{A_i z}{z - e^{p_i T}}$$

因此，函数 $e(t)$ 的 $z$ 变换便可由 $E(s)$ 求得，并可写作

$$E(z) = \mathcal{Z}[E(s)] = \sum_{i=1}^{n} \frac{A_i}{1-\mathrm{e}^{p_i T} z^{-1}} = \sum_{i=1}^{n} \frac{A_i z}{z - \mathrm{e}^{p_i T}} \qquad (7-38)$$

需要注意的是，不能直接在 $E(s)$ 中将 $s = \dfrac{1}{T}\ln z$ 代入来求得 $E(z)$，因为 $z$ 变换是对连续信号采样后进行变换得到的。

工程上已经根据拉氏变换的定义将一些常见的典型时域函数转换成该函数对应的拉氏变换式和 $z$ 变换式，见附录。因此，也可以在将时域函数 $E(t)$ 或传递函数 $G(s)$ 分解成若干典型函数组合形式的基础上，通过查表方式，求出 $E(t)$ 的拉氏变换式和 $z$ 变换式。

下面举例说明部分分式展开法。

**【例 7 - 5】**　已知 $E(s) = \dfrac{a}{s(s+a)}$，求它的 $z$ 变换 $E(z)$。

**解**　先对 $E(s)$ 进行部分分式分解：

$$E(s) = \frac{a}{s(s+a)} = \frac{1}{s} - \frac{1}{s+a}$$

查表得

$$E_1(z) = \mathcal{Z}\left[\frac{1}{s}\right] = \frac{1}{1-z^{-1}} = \frac{z}{z-1}$$

$$E_2(z) = \mathcal{Z}\left[\frac{1}{s+a}\right] = \frac{1}{1-\mathrm{e}^{-aT}z^{-1}} = \frac{z}{z-\mathrm{e}^{-aT}}$$

$$E(z) = \mathcal{Z}[E(s)] = \frac{z}{z-1} - \frac{1}{1-\mathrm{e}^{-aT}z^{-1}} = \frac{z(1-\mathrm{e}^{-aT})}{(z-1)(z-\mathrm{e}^{-aT})}$$

$$= \frac{z(1-\mathrm{e}^{-aT})}{z^2 - (1+\mathrm{e}^{-aT})z + \mathrm{e}^{-aT}}$$

**3. 留数计算法**

若已知连续时间函数 $e(t)$ 的拉氏变换式 $E(s)$ 及其全部极点 $p_i(i=1,2,\cdots,n)$，则 $e(t)$ 的 $z$ 变换还可以通过下列留数计算求得，即

$$E(z) = \sum_{i=1}^{n} \mathrm{Res}\left[E(p_i)\frac{z}{z-\mathrm{e}^{p_i T}}\right]$$

$$= \sum_{i=1}^{n}\left\{\frac{1}{(r_i-1)!} \cdot \frac{\mathrm{d}^{r_i-1}}{\mathrm{d}s^{r_i-1}}\left[(s-p_i)^{r_i}E(s)\frac{z}{z-\mathrm{e}^{sT}}\right]\right\}_{s=p_i} \qquad (7-39)$$

式中：$n$ 为全部极点数与重极点数之差；$r_i$ 为极点 $s=p_i$ 的重数；$T$ 为采样周期。

因此，在已知连续函数 $e(t)$ 的拉氏变换式 $E(s)$ 全部极点 $p_i$ 的条件下，可采用式 $(7-39)$ 求 $e(t)$ 的 $z$ 变换式。

**【例 7 - 6】**　已知控制系统的传递函数为 $E(s) = \dfrac{1}{(s+1)(s+4)}$，求其 $z$ 变换式。

**解**　由传递函数求出的极点为

$$s_1 = -1, r_1 = 1$$
$$s_2 = -4, r_2 = 1$$

因此

$$E(z) = (s+1)\frac{1}{(s+1)(s+4)} \cdot \frac{z}{z-\mathrm{e}^{sT}}\Big|_{s=-1} + (s+4)\frac{1}{(s+1)(s+4)} \cdot \frac{z}{z-\mathrm{e}^{sT}}\Big|_{s=-4}$$

$$= \frac{z}{3(z-\mathrm{e}^{-T})} - \frac{z}{3(z-\mathrm{e}^{-4T})}$$

**【例 7 - 7】** 求连续时间函数 $e(t) = \begin{cases} 0 & , t<0 \\ t\mathrm{e}^{-aT} & , t \geqslant 0 \end{cases}$ 对应的 $z$ 变换式。

**解** $e(t)$ 的拉氏变换为 $E(s) = 1/(s+a)^2$，则

$$s_{1,2} = -a, \ r_{1,2} = 2$$

用式(7-39)对它进行变换后，得

$$E(z) = \frac{1}{(2-1)!} \cdot \frac{\mathrm{d}}{\mathrm{d}s}\left[(s-a)^2\frac{1}{(s+a)^2}\frac{z}{z-\mathrm{e}^{sT}}\right]_{s=-a} = \frac{T \cdot z\mathrm{e}^{sT}}{(z-\mathrm{e}^{sT})^2}\Big|_{s=-a} = \frac{Tz\mathrm{e}^{aT}}{(z-\mathrm{e}^{aT})^2}$$

### 7.3.3　$z$ 变换的基本性质

与拉氏变换类似，在 $z$ 变换中有一些基本定理，它们可以使 $z$ 变换变得简单和方便。

**1. 线性定理**

若已知 $e_1(t)$ 和 $e_2(t)$ 的 $z$ 变换分别为 $E_1(z)$ 和 $E_2(z)$，且 $a_1$ 和 $a_2$ 为常数，则

$$\mathscr{Z}[a_1e_1(t) \pm a_2e_2(t)] = a_1E_1(z) \pm a_2E_2(z) \tag{7-40}$$

**2. 右移位定理**

若 $\mathscr{Z}[e(t)] = E(z)$，则

$$\mathscr{Z}[e(t-nT)] = z^{-n}E(z) \tag{7-41}$$

其中：$n$ 为正整数。

**说明** 该定理表明，$t$ 域中的采样信号 $e^*(t)$ 时间上延迟 $k$ 步，则对应于在 $z$ 域中 $e^*(t)$ 的 $z$ 变换 $E(z)$ 乘以 $k$ 步延迟因子 $z^{-k}$。

**3. 左移位定理**

若 $\mathscr{Z}[e(t)] = E(z)$，则

$$\mathscr{Z}[e(t+nT)] = z^n\{E(z) - e(0) - e(T)z^{-1} - e(2T)z^{-2} - \cdots - e[(n-1)T]z^{-(n-1)}\}$$

$$= z^n\left[E(z) - \sum_{k=0}^{n-1}e(kT)z^{-k}\right] \tag{7-42}$$

式中：$n$ 为正整数。

**说明** 该定理表明，超前 $k$ 步信号 $e(t+kT)$ 的 $z$ 变换不是简单地将 $e(t)$ 的 $z$ 变换 $E(z)$ 乘以 $k$ 步超前因子 $z^k$，而是必须减去 $z^k\{e(0)+e(T)z^{-1}+e(2T)z^{-2}+\cdots+e[(k-1)T]z-(k-1)\}$，这是因为 $e^*(t+kT)$ 的第一个采样值为 $e(kT)$（即 $t=0$ 时的采样值），而 $e^*(t)$ 的第一个采样值为 $e(0)$。只有当 $e^*(t)$ 的前 $k$ 步采样值 $e(0)$，$e(T)$，$e(2T)$，$\cdots$，$e[(k-1)T]$ 均为零时，才和延迟 $k$ 步信号 $e(t-kT)$ 的 $z$ 变换有相似的表达式。

**【例 7 - 8】** 求被延迟一个采样周期 $T$ 的单位阶跃函数的 $z$ 变换。

**解** 应用右移位定理有

$$\mathscr{Z}[1(t-T)] = z^{-1}\mathscr{Z}[1(t)] = z^{-1}\frac{z}{z-1} = \frac{1}{z-1}$$

#### 4. 复位移定理

若函数 $e(t)$ 有 $z$ 变换 $E(z)$，则

$$\mathscr{L}\left[e^{\mp at}e(t)\right] = E\left[ze^{\pm at}\right] \tag{7-43}$$

式中，$a$ 是常数。

该定理表明，在 $t$ 域中原函数 $e(t)$ 乘以指数因子 $e^{\mp at}$，则在 $s$ 域中象函数 $F(s)$ 位移 $\pm a$，而在 $z$ 域中 $z$ 变换 $F(z)$ 的变量 $z$ 乘以比例因子 $e^{\pm aT}$。

#### 5. 初值定理

若 $\mathscr{L}[e(t)] = E(z)$，且极限 $\lim\limits_{z\to\infty}E(z)$ 存在，则当 $t=0$ 时的采样信号 $e^*(t)$ 的初值 $e(0)$ 取决于 $\lim\limits_{z\to\infty}E(z)$ 的极限值，即

$$e(0) = \lim_{n\to 0}E(nT) = \lim_{z\to\infty}E(z) \tag{7-44}$$

#### 6. 终值定理

若 $\mathscr{L}[e(t)] = E(z)$，且 $(1-z^{-1})E(z)$ 在单位圆上和单位圆外无极点（该条件确保 $e^*(t)$ 存在有界终值），则有

$$e(\infty) = \lim_{n\to\infty}E(nT) = \lim_{z\to 1}(z-1)E(z) = \lim_{z\to 1}(1-z^{-1})E(z) \tag{7-45}$$

根据初值定理和终值定理，可以直接由 $z$ 变换式 $E(z)$ 获得相应的采样时间序列 $e(kT)$ 的初值和终值。

【例 7-9】　已知 $z$ 变换为 $E(z) = \dfrac{1}{(1-z^{-1})(1-az^{-1})}$，其中 $|a|<1$。求序列 $e(kT)$ 的初值和终值。

**解**　（1）由初值定理得 $e(kT)$ 的初值为

$$e(0) = \lim_{z\to\infty}\frac{1}{(1-z^{-1})(1-az^{-1})} = 1$$

（2）因 $(1-z^{-1})E(z) = \dfrac{1}{(1-az^{-1})}$，极点 $|a|<1$，在单位圆内，故可以利用终值定理求终值，即

$$e(\infty) = \lim_{z\to\infty}e(kT) = \lim_{z\to 1}(1-z^{-1})E(z) = \lim_{z\to 1}\frac{1}{1-az^{-1}} = \frac{1}{1-a}$$

### 7.3.4　$z$ 反变换

与 $z$ 变换相反，$z$ 反变换是将 $z$ 域函数 $E(z)$ 变换为时间序列 $e(k)$ 或采样信号 $e^*(t)$。这里需指出，$z$ 反变换直接求得的只是时间序列信号 $e(k)$，而不是采样信号 $e^*(t)$，更不是连续信号 $e(t)$。$E(z)$ 与采样序列 $e(k)$ 唯一相对应。当事先已知 $E(z)$ 对应的采样周期 $T$ 时，就可以按照已知的采样周期 $T$，确定所求得的时间序列 $e(k)$ 的每个序列值出现的时间 $kT$，这样就可以获得相应的采样信号 $e^*(t)$，即 $e^*(t) = \sum\limits_{k=0}^{\infty}e(kT)\delta(t-kT)$。$z$ 变换和 $z$ 反变换用于计算机控制系统的分析与设计时，采样周期通常是事先给定的。

求 $z$ 反变换的方法有很多，常用的基本方法有如下三种：长除法、部分分式展开法和

留数计算法。

### 1. 长除法

通常 $E(z)$ 是 $z$ 的有理函数，可表示为两个 $z$ 的多项式之比：

$$E(z) = \frac{b_0 z^m + b_1 z^{m-1} + b_2 z^{m-2} + \cdots + b_m}{a_0 z^n + a_1 z^{n-1} + a_2 z^{n-2} + \cdots + a_n}, \quad m \geqslant n \tag{7-46}$$

用式(7-46)中的分子除以分母，并将商按 $z^{-1}$ 的升幂排列：

$$E(z) = c_0 + c_1 z^{-1} + c_2 z^{-2} + \cdots + c_k z^{-k} + \cdots = \sum_{k=0}^{\infty} c_k z^{-k} \tag{7-47}$$

式(7-47)恰为 $z$ 变换的定义式，其系数 $c_k(k=0, 1, 2, \cdots)$ 就是 $e(t)$ 在采样时刻 $t=kT$ 时的值 $e(kT)$。此法在实际中应用较为方便，通常计算有限 $n$ 项就够了，缺点是要得到 $e(kT)$ 的一般表达式较为困难。

【例 7 - 10】 已知 $E(z) = \dfrac{10z}{(z-1)(z-2)} = 1$，试求其 $z$ 反变换。

**解**

$$E(z) = \frac{10z}{(z-1)(z-2)} = \frac{10z^{-1}}{1 - 3z^{-1} + 2z^{-2}}$$

$$
\require{enclose}
\begin{array}{r}
10z^{-1} + 30z^{-2} + 70z^{-3} + \cdots \\
1 - 3z^{-1} + 2z^{-2} \enclose{longdiv}{10z^{-1} \phantom{+30z^{-2}+70z^{-3}}} \\
\underline{10z^{-1} - 30z^{-2} + 20z^{-3}} \\
30z^{-2} - 20z^{-3} \\
\underline{30z^{-2} - 90z^{-3} + 60z^{-4}} \\
70z^{-3} - 60z^{-4} \\
\underline{70z^{-3} - 210z^{-4} + 140z^{-5}} \\
150z^{-4} - 140z^{-5} \\
\vdots
\end{array}
$$

$$E(z) = 10z^{-1} + 30z^{-2} + 70z^{-3} + \cdots$$

$$e^*(t) = 0 + 10\delta(t-T) + 30\delta(t-2T) + 70\delta(t-3T) + \cdots$$

【例 7 - 11】 已知 $\dfrac{(1-\mathrm{e}^{-aT})z}{(z-1)(z-\mathrm{e}^{-aT})}$，试求其 $z$ 反变换。

**解** $\quad E(z) = \dfrac{(1-\mathrm{e}^{-aT})z}{(z-1)(z-\mathrm{e}^{-aT})} = \dfrac{(1-\mathrm{e}^{-aT})z^{-1}}{1-(1-\mathrm{e}^{-aT})z^{-1}+\mathrm{e}^{-at}z^{-2}}$

应用长除法可得

$$E(z) = (1-\mathrm{e}^{-aT})z^{-1} + (1-\mathrm{e}^{-2aT})z^{-2} + (1-\mathrm{e}^{-3aT})z^{-3} + \cdots$$

所以

$$e^*(t) = (1-\mathrm{e}^{-aT})\delta(t-T) + (1-\mathrm{e}^{-2aT})\delta(t-2T) + (1-\mathrm{e}^{-3aT})\delta(t-T) + \cdots$$

### 2. 部分分式展开法

$z$ 变换函数 $E(z)$ 可用部分分式展开的方法将其变成分式和的形式，然后在附录中找出展开式中每一项所对应的时间函数 $e(t)$，并将其转变为采样信号 $e^*(t)$。

在进行部分分式展开时，$z$ 变换和拉氏变换稍有不同。参照附录可以看到，所有 $z$ 变换函数 $E(z)$ 在其分子上都有因子 $z$。因此，可以先把 $E(z)$ 除以 $z$，并将 $E(z)/z$ 展成部分分式，然后将所得结果的每一项都乘以 $z$，即得 $E(z)$ 的部分分式展开式。下面按 $E(z)$ 的特征方程有无重根两种情况来进行分析。

1）特征方程无重根

【例 7 - 12】　给定 $z$ 变换 $E(z) = \dfrac{(1-\mathrm{e}^{-aT})z}{(z-1)(z-\mathrm{e}^{-aT})}$，式中 $a$ 是常数，用部分分式法求 $E(z)$ 的 $z$ 反变换 $e^*(t)$。

**解**　$E(z)$ 的特征方程式为

$$(z-1)(z-\mathrm{e}^{-aT})=0$$

解之得

$$z_1=1, \quad z_2=\mathrm{e}^{-aT}$$

将 $E(z)/z$ 展成部分分式：

$$\frac{E(z)}{z}=\frac{A_1}{z-1}=\frac{A_2}{z-\mathrm{e}^{-aT}}$$

可得

$$A_1=(z-z_1)\frac{E(z)}{z}\bigg|_{z=z_1}=\frac{1-\mathrm{e}^{-aT}}{z-\mathrm{e}^{-aT}}\bigg|_{z=1}=1$$

$$A_2=(z-z_2)\frac{E(z)}{z}\bigg|_{z=z_2}=\frac{1-\mathrm{e}^{-aT}}{z-1}\bigg|_{z=\mathrm{e}^{-aT}}=-1$$

所以

$$E(z)=\frac{z}{z-1}-\frac{z}{z-\mathrm{e}^{-aT}}$$

查 $z$ 变换表得

$$e(kT)=1-\mathrm{e}^{-akT}$$

所以采样函数为

$$e^*(t)=\sum_{k=0}^{\infty}(1-\mathrm{e}^{-akT})\delta(t-kT)$$

2）特征方程有重根

【例 7 - 13】　已知 $z$ 变换 $E(z)=\dfrac{-3z^2+z}{z^2-2z+1}$，求其 $z$ 反变换。

**解**　$E(z)$ 的特征方程式为

$$z^2-2z+1=0$$

解得 $z_{1,2}=1$ 为两重根。设

$$\frac{E(z)}{z}=\frac{A_1}{(z-1)^2}+\frac{A_2}{z-1}$$

可得

$$A_1=(z-1)^2\frac{E(z)}{z}\bigg|_{z=1}=(z-1)^2\frac{z(-3z+1)}{z(z-1)^2}\bigg|_{z=1}=-2$$

为求 $A_2$，先将方程两边同乘$(z-1)^2$，得

$$(z-1)^2 \frac{E(z)}{z} = A_1 + (z-1)A_2$$

再将上式两端对 $z$ 求导，得

$$A_2 = \frac{\mathrm{d}}{\mathrm{d}z}\Big[(z-1)^2 \frac{E(z)}{z}\Big]_{z=1} = \frac{\mathrm{d}}{\mathrm{d}z}(-3z+1)\Big|_{z=1} = -3$$

所以

$$\frac{E(z)}{z} = -\frac{2}{(z-1)^2} - \frac{3}{z-1}$$

故

$$E(z) = -\frac{2z}{(z-1)^2} - \frac{3z}{z-1}$$

查表得

$$e(t) = -2t - 3 \cdot 1(t)$$

采样函数为

$$e^*(t) = \sum_{k=0}^{\infty} \big[-2kT - 3 \cdot 1(kT)\big]\delta(t-kT)$$

### 3. 留数计算法

对 $z$ 变换定义式 $E(z) = \sum\limits_{k=0}^{\infty} e(kT)z^{-k}$，两端同乘 $z^{m-1}$（$m$ 为正整数）得

$$E(z)z^{m-1} = \sum_{k=0}^{\infty} e(kT)z^{m-k-1} \tag{7-48}$$

式(7-48)两边取沿封闭曲线 $\Gamma$ 逆时针的积分，$\Gamma$ 为包围 $E(z)z^{m-1}$ 的所有极点的封闭曲线，则

$$\oint_{\Gamma} E(z)z^{m-1}\mathrm{d}z = \oint_{\Gamma} \Big[\sum_{k=0}^{\infty} e(kT)z^{m-k-1}\Big]\mathrm{d}z$$

互换积分与和式次序：

$$\oint_{\Gamma} E(z)z^{m-1}\mathrm{d}z = \sum_{k=0}^{\infty} e(kT)\Big[\oint_{\Gamma} z^{m-k-1}\mathrm{d}z\Big] \tag{7-49}$$

根据复变函数柯西定理知

$$\oint_{\Gamma} z^{n-1}\mathrm{d}z = \begin{cases} 2\pi\mathrm{j}, & n=0 \\ 0, & n\neq 0 \end{cases}$$

这样式(7-49)的右边只存在 $m=k$ 一项，其余项均为零，于是式(7-49)变成

$$\oint_{\Gamma} E(z)z^{k-1}\mathrm{d}z = 2\pi\mathrm{j}e(kT)$$

所以

$$e(kT) = \frac{1}{2\pi\mathrm{j}}\oint_{\Gamma} E(z)z^{k-1}\mathrm{d}z \tag{7-50}$$

式(7-50)就是 $z$ 的反变换公式。由于 $\Gamma$ 内包围了 $E(z)z^{m-1}$ 的所有极点，因此根据复变函数的留数理论，式(7-50)右端的积分又等于 $\Gamma$ 内所包含各极点留数之和，即

$$e(kT) = \sum_{i=1}^{n} \big[E(z)z^{k-1}\big] \text{ 在 } \Gamma \text{ 内极点的留数}$$

或写作

$$e(kT) = \sum_{i=1}^{n} \mathrm{Res}\,[E(z)z^{k-1}]_{z=z_i}$$

式中，$n$ 是 $E(z)z^{k-1}$ 的极点数，$\mathrm{Res}\,[E(z)z^{k-1}]_{z=z_i}$ 表示 $E(z)z^{k-1}$ 在 $E(z)$ 极点 $z_i$ 上的留数。

当 $z_i$ 为非重极点时，有

$$\mathrm{Res}\,[E(z)z^{k-1}]_{z=z_i} = \lim_{z\to z_i}(z-z_i)E(z)z^{k-1}$$

当 $z_i$ 为 $r_i$ 重极点时，有

$$\mathrm{Res}\,[E(z)z^{k-1}]_{z=z_i} = \lim_{z\to z_i}\frac{1}{(r_i-1)!}\frac{\mathrm{d}^{r_i-1}}{\mathrm{d}z^{r_i-1}}[(z-z_i)^{r_i}E(z)z^{k-1}]$$

【例 7 - 14】　已知 $z$ 变换：

$$E(z) = \frac{(1-\mathrm{e}^{-aT})z}{(z-1)(z-\mathrm{e}^{-aT})}$$

试用留数计算法计算其 $z$ 反变换。

**解**　$E(z)$ 的两个极点是 $z_1=1$，$z_2=\mathrm{e}^{-aT}$，则

$$\begin{aligned}
e(kT) &= \sum_{i=1}^{2}\mathrm{Res}\left[\frac{(1-\mathrm{e}^{-aT})z}{(z-1)(z-\mathrm{e}^{-aT})}z^{k-1}\right] \\
&= \frac{(1-\mathrm{e}^{-aT})z^k}{(z-1)(z-\mathrm{e}^{-aT})}(z-1)\bigg|_{z=1} + \frac{(1-\mathrm{e}^{-aT})z^k}{(z-1)(z-\mathrm{e}^{-aT})}(z-\mathrm{e}^{-aT})\bigg|_{z=\mathrm{e}^{-aT}} \\
&= 1 - \mathrm{e}^{-akT}
\end{aligned}$$

采样函数为

$$e^*(kt) = \sum_{k=0}^{\infty}(1-\mathrm{e}^{-akT})\delta(t-kT)$$

【例 7 - 15】　已知 $z$ 变换：

$$E(z) = \frac{(1-z)z}{(z-0.5)^2}$$

试用留数计算法计算其 $z$ 反变换。

**解**　$E(z)$ 的两个极点是 $z_{1,2}=0.5$，则

$$\begin{aligned}
e(kT) &= \mathrm{Res}\left[\frac{(1-z)z}{(z-0.5)^2}z^{k-1}\right]_{z_{1,2}=0.5} \\
&= \frac{1}{(2-1)!}\lim_{z_{1,2}=0.5}\frac{\mathrm{d}}{\mathrm{d}z}\left[(z-0.5)^2\frac{(1-z)z}{(z-0.5)^2}z^{k-1}\right] \\
&= \lim_{z_{1,2}=0.5}[kz^{k-1}-(k+1)z^k] \\
&= (k-1)0.5^k
\end{aligned}$$

采样函数为

$$e^*(kT) = \sum_{k=0}^{\infty}0.5^k(k-1)\delta(t-kT)$$

**说明**　用留数计算法求出的 $z$ 反变换式是闭合形式。

## 7.3.5　$z$ 变换的应用

用 $z$ 变换求解差分方程与连续系统中用拉氏变换求解微分方程类似，即在给定初始条

件下，采用 $z$ 变换的方法，先求出差分方程的以 $z$ 为变量的代数方程，再通过逆 $z$ 变换，求出它的时间响应。

差分方程解的形式与微分方程解的形式相似。非齐次差分方程全解是由通解加特解组成的。通解表示方程描述的离散系统在输入为零的情况下（即无外界作用）由系统非零初始值所引起的自由运动，它反映系统本身所固有的动态特性；特解表示方程描述的离散系统在外界输入作用下所产生的强迫运动，它既与系统本身的动态特性有关，又与外界输入作用有关，但与系统的初始值无关。

用 $z$ 变换求解差分方程的一般步骤如下：

（1）利用初始条件，运用 $z$ 变换法，将差分方程变为以 $z$ 为变量的代数方程：

$$X(z)=\frac{b_0 z^m+b_1 z^{m-1}+\cdots+b_{m-1}z+b_m}{a_0 z^n+a_1 z^{n-1}+\cdots+a_{n-1}z+a_n} \tag{7-51}$$

（2）根据 $x(kT)=\mathscr{L}^{-1}\{X(z)\}$，运用逆 $z$ 变换法，求解它的时间响应 $x(kT)$。

【例 7-16】 已知 $x(n+2)+3x(n+1)+2x(n)=0$ 的初始条件为 $x(0)=0$，$x(1)=1$，试求其时间响应式。

**解** 根据左移位定理，其差分方程的 $z$ 变换式为

$$z^2 X(z)-z^2 x(0)-zx(1)+3zX(z)-3zx(0)+2X(z)=0$$

整理后得

$$X(z)=\frac{(z^2+3z)\cdot x(0)+z\cdot x(1)}{z^2+3z+2}$$

代入初始条件得

$$X(z)=\frac{z}{z^2+3z+2}=\frac{z}{(z+1)(z+2)}$$

运用部分分式得

$$X(z)=\frac{z}{z+1}-\frac{z}{z+2}$$

查表得

$$\mathscr{L}^{-1}[a^n]=\frac{z}{z-a}$$

所以

$$\mathscr{L}^{-1}\left[\frac{z}{z-(-1)}\right]=(-1)^n,\ \mathscr{L}^{-1}\left[\frac{z}{z-(-2)}\right]=(-2)^n$$

即时间响应为

$$x(n)=(-1)^n-(-2)^n,\qquad n=0,1,2,\cdots$$

【例 7-17】 用 $z$ 变换方法求差分方程：

$$y(k+2)-1.2y(k+1)+0.32y(k)=1.2u(k+1)$$

已知 $y(0)=1$，$y(1)=2.4$，$x(0)=1$，$u(k)=1(k)$ 为单位序列。

**解** 对差分方程等号两边进行 $z$ 变换，得

$$z^2 Y(z)-z^2 y(0)-zy(1)-1.2zY(z)+1.2zy(0)+0.32Y(z)=1.2zU(z)-1.2zu(0)$$

合并同类项得

$$(z^2-1.2z+0.32)Y(z)=1.2zU(z)+(z^2-1.2z)y(0)+zy(1)-1.2zu(0)$$

将初始值代入整理得

$$Y(z)=\frac{1.2z}{z^2-1.2z+0.32}U(z)+\frac{z^2}{z^2-1.2z+0.32}$$

又因 $U(z)=\mathscr{Z}[1(k)]=\dfrac{z}{z-1}$，故

$$Y(z)=\frac{1.2z^2}{(z^2-1.2z+0.32)(z-1)}+\frac{z^2}{z^2-1.2z+0.32}$$

$$=\frac{z^3+0.2z^2}{(z-0.8)(z-0.4)(z-1)}$$

上式有三个单极点：$0.8,0.4,1$。采用留数计算法可得

$$y(k)=\sum_{i=1}^{3}\mathrm{Res}[Y(z)z^{k-1}]$$

$$=\lim_{z\to0.8}\left[\frac{(z^2+0.2z)z^k}{(z-0.4)(z-1)}\right]+\lim_{z\to0.8}\left[\frac{(z^2+0.2z)z^k}{(z-0.8)(z-1)}\right]+\lim_{z\to0.8}\left[\frac{(z^2+0.2z)z^k}{(z-0.8)(z-0.4)}\right]$$

$$=-10\times0.8^k+0.4^k+10\times1^k \quad,\quad k\geqslant0$$

# 7.4　离散系统的数学模型

连续控制系统与离散控制系统在本质上有许多不同的性质。当采样周期比较小(时间上的离散效应可忽略)以及计算机转换和运算字长比较长(幅值上的量化效应可忽略)时，可以采用连续系统的分析和设计方法来研究计算机控制系统的问题；然而，当采样周期较大(选取较大的采样周期可降低对计算机的要求)以及量化效应不可忽略时，必须用专门的理论来分析和设计控制系统。

计算机控制系统中包含数字环节，即使典型的数字控制系统，对时变非线性的数字环节进行严格分析也十分困难。若忽略数字信号的量化效应，则计算机控制系统可看成采样控制系统。现建立一种表达法来研究采样控制系统。首先把执行器、控制对象用传递函数 $G(s)$ 来表示，A/D 转换器表示为一个理想的采样器，D/A 转换器表示为一个采样器后接零阶保持器的理想采样-保持电路，计算机则表示成一个能把一种冲激调制信号变换成另一种冲激调制信号的系统，计算机中实现的算法用 $D(z)$ 表示，于是计算机控制系统变成如图 7-9 所示的采样控制系统。采样控制系统中既包含连续信号，也包含采样信号，连续环节由零阶保持器 $G_0(s)$ 和 $G(s)$ 组成。

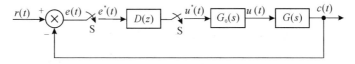

图 7-9　采样控制系统示意图

在采样控制系统中，如果将其中的连续环节离散化，那么整个系统便成为纯粹的离散系统。因此计算机控制系统理论主要包括离散系统理论、采样系统理论及数字系统理论。

离散系统理论是计算机控制系统的理论基础，研究的是对离散系统进行分析和设计的各种方法，主要包括差分方程及 $z$ 变换理论、离散系统的性能分析、离散状态空间理论、以 $z$ 传递函数作为数学模型的离散化设计方法、基于 $z$ 传递函数及离散状态空间模型的极点配置设计方法、最优化设计方法等。

下面主要研究基本的离散系统建模、分析和设计方法。为表示信号的离散性，不妨用 $e(kT)$ 和 $u(kT)$ 代替 $e^*(t)$ 和 $u^*(t)$ 表示采样信号。

## 7.4.1　线性定常系统的差分方程

大多数计算机控制系统可以用线性离散系统的数学模型来描述。对于单输入-单输出线性时不变离散系统，常用线性常系数差分方程或脉冲传递函数来表示。离散系统的线性常系数差分方程和脉冲传递函数分别与连续系统的线性常系数微分方程和传递函数在结构、性质和运算规则上有相似性。对于多变量、时变和非线性系统，用状态空间方法处理比较方便。

线性常系数差分方程是描述线性时不变离散系统的时域表达式。

### 1. 线性常系数差分方程的表达式

对于单输入-单输出线性时不变离散系统，输入 $u(kT)$ 和输出 $y(kT)$ 之间的关系可以用下列线性常系数差分方程来表示：

$$y(kT) + a_1 y(kT - T) + \cdots + a_n y(kT - nT)$$
$$= b_0 u(kT) + b_1 u(kT - T) + \cdots + b_m u(kT - mT) \qquad (7-52)$$

为书写简便，有时可省略常值 $T$，将 $kT$ 记为 $k$。式（7-52）也可以写成如下紧缩的形式：

$$y(kT) + \sum_{i=1}^{n} a_i y(kT - iT) = \sum_{i=0}^{m} b_i u(kT - iT) \qquad (7-53)$$

如果引入后移算子 $q^{-1}$，即

$$q^{-1} y(kT) = y(kT - T) \qquad (7-54)$$

则式（7-53）可以写成下列多项式的形式：

$$A(q^{-1}) y(kT) = B(q^{-1}) u(kT) \qquad (7-55)$$

式中：

$$A(q^{-1}) = 1 + a_1 q^{-1} + \cdots + a_n q^{-n}$$
$$B(q^{-1}) = b_0 + b_1 q^{-1} + \cdots + b_m q^{-m}$$

式（7-52）、式（7-53）和式（7-55）称为 $n$ 阶线性常系数差分方程。如果式（7-52）右端各阶差分项的系数 $b_i(i=0,1,\cdots,m)$ 全为零，则式（7-52）称为齐次差分方程。齐次差分方程与连续系统中的齐次微分方程类似，表征了线性离散系统在没有外界作用的情况下系统的自由运动，反映了系统本身的物理特性。如果式（7-52）右端各阶差分项的系数不全为零，即差分方程中包含输入作用，则式（7-52）称为非齐次差分方程。

### 2. 线性常系数差分方程的解法

线性常系数差分方程的解法主要有迭代法、古典法和变换法。

1）迭代法

迭代法是指如果已知差分方程和输入序列，并且给出输出序列的初始值，就可以利用差分方程的迭代关系逐步计算出所需的输出序列。迭代法的优点是便于计算机运算，缺点是不能得到完整的数学解析式。

**【例 7-18】** 已知差分方程 $y(kT)+y(kT-2T)=u(kT)+2u(kT-T)$ 的输入序列为

$$u(kT)=\begin{cases} k, & k\geqslant 0 \\ 0, & k<0 \end{cases}$$，初始条件为 $y(0)=y(T)=0$，试用迭代法求解差分方程。

**解**　逐步以 $k=2, 3, 4\cdots$ 代入差分方程，则有

$$y(2T)+y(2T-2T)=u(2T)+2u(2T-T)$$
$$y(2T)=-0+2+2\times 1=4$$
$$y(3T)+y(3T-2T)=u(3T)+2u(3T-T)$$
$$y(3T)=-0+3+2\times 2=7$$
$$y(4T)+y(4T-2T)=u(4T)+2u(4T-T)$$
$$y(4T)=-4+4+2\times 3=6$$
$$\vdots$$

即　　　　$y(0)=0, y(T)=0, y(2T)=4, y(3T)=7, y(4T)=6, \cdots$

利用迭代法可以得到任意 $kT$ 时刻的输出序列 $y(kT)$。

2）古典法

线性常系数差分方程的全解 $y(kT)$ 由齐次方程的通解 $y_1(kT)$ 和非齐次方程的特解 $y_2(kT)$ 两部分组成，即

$$y(kT)=y_1(kT)+y_2(kT) \tag{7-56}$$

其中，特解 $y_2(kT)$ 可用试探法求出。

与式(7-52)对应的齐次方程为

$$y(kT)+a_1 y(kT-T)+\cdots+a_n y(kT-nT)=0 \tag{7-57}$$

通解具有 $Aq^k$ 的形式，代入式(7-57)，有

$$Aq^k+a_1 Aq^{k-1}+\cdots+a_n Aq^{k-n}=0 \tag{7-58}$$

由于 $Aq^k\neq 0$，对式(7-58)两边乘以 $q^n$，除以 $Aq^k$，可得

$$q^n+a_1 q^{n-1}+\cdots+a_n=0 \tag{7-59}$$

式(7-59)称为式(7-52)的特征方程。设 $q_i(i=1, 2, \cdots, n)$ 为特征方程的根，根据特征根 $q_i$ 的不同情况，齐次方程的通解形式也不同。如果特征根各不相同（无重根），即当 $i\neq j$ 时，$q_i\neq q_j$，$i, j=1, 2, \cdots, n$，则差分方程的通解为

$$y_1(kT)=A_1 q_1^k+A_2 q_2^k+\cdots+A_n q_n^k=\sum_{i=1}^{n} A_i q_i^k \tag{7-60}$$

式中，$A_i(i=1, 2, \cdots, n)$ 为待定系数，由 $y(kT)$ 的 $n$ 个初始条件确定。

在有重根的情况下，通解的形式将有所不同。假设 $q_i$ 是特征方程的 $l$ 重根，那么在通解中相应于 $q_i$ 的部分将有 $l$ 项，即

$$A_1 k^{l-1} q_i^k+A_2 k^{l-2} q_i^k+\cdots+A_l q_i^k=\sum_{j=1}^{l} A_j k^{l-j} q_i^k \tag{7-61}$$

综上所述，如果假设 $n$ 阶差分方程的特征方程具有 $r$ 个不同的根 $q_i(i=1, 2, \cdots, r)$，$q_i$ 的阶数为 $l_i(l_i=1$ 时为单根$)$，$\sum\limits_{i=1}^{r} l_i = n$，则差分方程的通解为

$$y_1(kT) = \sum_{i=1}^{r} \sum_{j=1}^{l_i} A_{ij} k^{l_i-j} q_i^k \qquad (7-62)$$

式中，$A_{ij}(i=1, 2, \cdots, r; j=1, 2, \cdots, l_i)$ 为待定系数，由 $y(kT)$ 的 $n$ 个初始条件确定。

特解可用试探法求出。与几种典型输入信号对应的特解形式如表 7-2 所示。

**表 7-2　典型输入信号对应的特解形式**

| 输入信号 $u(kT)$ | | | 输出响应的特解 $y_2(kT)$ |
|---|---|---|---|
| $k^m$ | | | $B_1 k^m + B_2 k^{m-1} + \cdots + B_{m+1}$ |
| $a^k$ | 不是差分方程的特征根 | | $Ba^k$ |
| | $a$ 是差分方程的特征根之一 | 相异根 | $B_1 ka^k + B_2 a^k$ |
| | | $m-1$ 次重根 | $B_1 k^{m-1} a^k + B_2 k^{m-2} a^k + \cdots + B_m a^k$ |

差分方程的古典解法步骤可归纳如下：

（1）求齐次差分方程 $y_1(kT)$。

（2）求非齐次差分方程的一个特解 $y_2(kT)$。

（3）差分方程的全解为 $y(kT)=y_1(kT)+y_2(kT)$。

（4）利用 $n$ 个已知的初始条件或用迭代法求出的初始条件确定通解中的 $n$ 个特定系数。

**【例 7-19】** 二阶差分方程：

$$y(kT+2T)-3y(kT+T)+2y(kT)=3^k, \quad y(0)=y(T)=0$$

试用古典法求解差分方程。

**解**　特征方程为

$$q^2-3q+2=(q-1)(q-2)=0$$

其特征根为 $q_1=1$ 和 $q_2=2$。这时 $n=r=2$，$l_1=l_2=1$。

齐次方程的通解为

$$y_1(kT)=A_1+A_2 \times 2^k$$

设差分方程的特解为 $y_2(kT)=B \times 3^k$，代入差分方程得

$$B(3^{k+2}-3 \times 3^{k+1}+2 \times 3^k)=3^k$$

求出 $B=\dfrac{1}{2}$。

差分方程的全解为

$$y(kT)=A_1+A_2 \times 2^k+\frac{1}{2} \times 3^k$$

代入初始条件，得

$$\begin{cases} A_1+A_2+\dfrac{1}{2}=0 \\[2mm] A_1+2A_2+\dfrac{3}{2}=0 \end{cases}$$

求出 $A_1=\dfrac{1}{2}$ 和 $A_2=-1$。因而非齐次差分方程的全解为

$$y(kT)=\frac{1}{2}-2^k+\frac{1}{2}\times 3^k,\ k\geqslant 0$$

【例 7 - 20】　考虑三阶差分方程：
$$y(kT+3T)-5y(kT+2T)+8y(kT+T)-4y(4T)=0$$
初始条件为 $y(0)=-1$，$y(T)=0$，$y(2T)=1$，试用古典法求解差分方程。

**解**　特征方程为
$$q^3-5q^2+8q-4=(q-2)^2(q-1)=0$$
其特征根为 $q_1=2$(二重根)和 $q_2=1$。这时 $n=3$，$r=2$，$l_1=2$，$l_2=1$。

齐次方程的通解为
$$y_1(kT)=A_1k\times 2^k+A_2\times 2^k+A_3$$
该差分方程是一个齐次方程，因此齐次方程的通解也是差分方程的全解，即
$$y(kT)=A_1k\times 2^k+A_2\times 2^k+A_3$$
代入初始条件，得
$$\begin{cases}A_2+A_3=-1\\2A_1+2A_2+A_3=0\\8A_1+4A_2+A_3=1\end{cases}$$
求出 $A_1=-0.5$，$A_2=2$ 和 $A_3=-3$。因而差分方程的全解为
$$y(kT)=2^{k+1}-k\times 2^{k-1}-3,\quad k\geqslant 0$$

3）变换法

与微分方程的古典法类似，差分方程的古典法也比较麻烦。在连续系统中引入拉氏变换以后使得求解复杂的微分问题变成了简单的代数运算。在求解差分方程时，同样可以采用变换法，因为 $z$ 变换后，求解差分方程变得相对简便。

### 7.4.2　脉冲传递函数

前几章使用数学描述工具——传递函数对线性系统进行了分析设计。由于离散系统的信号是不连续的，那么可否同样使用传递函数呢？显然，连续和离散是不同的。不过，受此启发，可以找到类似的另一函数——脉冲传递函数，即 $z$ 传递函数。

**1. 脉冲传递函数的定义**

传递函数是在零初始条件下输出信号的拉氏变换与输入信号的拉氏变换之比。类似地，有定义：如果系统的初始条件为零，输入信号为 $r(t)$，经采样后 $r^*(t)$ 的 $z$ 变换为 $R(z)$，连续部分输出为 $c(t)$，采样后 $c^*(t)$ 的 $z$ 变换为 $C(z)$，传递函数定义为输出采样信号的 $z$ 变换与输入采样信号的 $z$ 变换之比，用 $G(z)$ 表示：

$$G(z)=\frac{\mathscr{Z}[c(kT)]}{\mathscr{Z}[r(kT)]}=\frac{C(z)}{R(z)}\tag{7-63}$$

脉冲传递函数又称为 $z$ 传递函数。在连续系统中，传递函数 $G(s)$ 反映了系统的物理特性，$G(s)$ 仅取决于线性连续系统的结构参数。同样在离散系统中，脉冲传递函数 $G(z)$ 也反

映了系统的物理特性，$G(z)$仅取决于线性离散系统的结构参数。用脉冲传递函数描述线性离散系统的一般框图如图 7 - 10 所示。

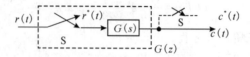

图 7 - 10　线性离散系统的一般框图

**2. 脉冲传递函数的获取**

由式(7 - 63)可知，若已知系统的 $z$ 传递函数 $G(z)$ 及输入信号的 $z$ 变换 $R(z)$，则输出的采样信号为 $c^*(t) = \mathscr{Z}^{-1}[C(z)] = \mathscr{Z}^{-1}[G(z)R(z)]$。

因此，求解 $c^*(t)$ 的关键就在于求出系统的 $z$ 变换传递函数 $G(z)$。但对于大多数实际系统来说，其输出往往是连续信号 $c(t)$，而不是采样信号 $c^*(t)$。在这种情况下，可在输出端虚设一个采样开关，如图 7 - 10 中的细虚线所示。

输出端采样开关与输入端采样开关一样，以周期 $T$ 同步工作。若系统的实际输出 $c(t)$ 比较平滑，在采样点处无跳变，则可用 $c^*(t)$ 来近似描述系统的实际输出 $c(t)$。

常用脉冲传递函数的获取包括差分方程、单位脉冲响应、传递函数等的获取。

*1) 已知离散系统的差分方程求脉冲传递函数*

设线性定常系统的差分方程为

$$y(kT+nT) + a_1 y(kT+nT-T) + \cdots + a_n y(kT)$$
$$= b_0 u(kT+mT) + b_1 u(kT+nT-T) + \cdots + b_m u(kT) \qquad (7-64)$$

式(7 - 64)为线性定常系数的差分方程，当考虑初始条件为零时，两边取 $z$ 变换：

$$\mathscr{Z}[y(kT+nT)] + a_1\mathscr{Z}[y(kT+nT-T)] + \cdots + a_n\mathscr{Z}[y(kT)]$$
$$= b_0\mathscr{Z}[u(kT+mT)] + b_1\mathscr{Z}[u(kT+nT-T)] + \cdots + b_m\mathscr{Z}[u(kT)]$$

$$(7-65)$$

再考虑到 $z$ 变换的超前滞后性质，整理可得脉冲传递函数为

$$G(z) = \frac{Y(z)}{U(z)} = \frac{b_0 z^m + b_1 z^{m-1} + b_2 z^{m-2} + \cdots + b_{m-1} z^1 + b_m}{z^n + a_1 z^{n-1} + a_2 z^{n-2} + \cdots + a_{n-1} z^1 + a_n} \qquad (7-66)$$

由式(7 - 66)可求出系统的极点、零点，从而确定系统的性能。

在初始条件为零时，对脉冲传递函数进行 $z$ 反变换，可得到系统的差分方程，即脉冲传递函数与差分方程之间可以相互转换。

**【例 7 - 21】**　设线性离散系统的差分方程为

$$y(kT+3T) + 2y(kT+2T) + y(kT+T) = u(kT+T) + 1.5u(kT)$$

求系统的脉冲传递函数。

**解**　在零初始条件下，对差分方程作 $z$ 变换，得

$$Y(z)(z^3+2z^2+z) = U(z)(z+1.5)$$

系统的脉冲传递函数为

$$G(z) = \frac{Y(z)}{U(z)} = \frac{z+1.5}{z^3+2z^2+z}$$

【例 7 - 22】　设线性离散系统的脉冲传递函数为

$$G(z) = \frac{z^2 + 3z + 1}{z^3 + 2z^2 + 5z + 2}$$

求系统的差分方程。

**解**　由

$$G(z) = \frac{Y(z)}{U(z)} = \frac{z^{-1} + 3z^{-2} + z^{-3}}{1 + 2z^{-1} + 5z^{-2} + 2z^{-3}}$$

可得

$$Y(z)(1 + 2z^{-1} + 5z^{-2} + 2z^{-3}) = U(z)(z^{-1} + 3z^{-2} + z^{-3})$$

对上式作 $z$ 反变换，利用滞后性质，可得差分方程为

$$y(kT) + 2y(kT - T) + 5y(kT - 2T) + 2y(kT - 3T)$$
$$= u(kT - T) + 3u(kT - 2T) + u(kT - 3T)$$

【例 7 - 23】　已知 $u(t)$ 为连续信号，试由数值积分方法近似求其积分 $y(t) = \int_0^t u(t)\mathrm{d}t$，并写出数值积分环节的脉冲传递函数。

**解**　可以用 3 种数值积分方法由 $u(t)$ 的采样值求其积分：前向矩形、后向矩形及梯形积分，其差分方程分别为

$$y(kT) - y(kT - T) = Tu(kT - T)$$
$$y(kT) - y(kT - T) = Tu(kT)$$
$$y(kT) - y(kT - T) = \frac{T}{2}[u(kT) + u(kT - T)]$$

分别对上式两端取 $z$ 变换，整理后可得 3 种数值积分的脉冲传递函数：

前向矩形积分：

$$G_1(z) = \frac{Y(z)}{U(z)} = \frac{Tz^{-1}}{1 - z^{-1}} = \frac{T}{z - 1} \tag{7 - 67}$$

后向矩形积分：

$$G_2(z) = \frac{Y(z)}{U(z)} = \frac{T}{1 - z^{-1}} = \frac{Tz}{z - 1} \tag{7 - 68}$$

梯形积分：

$$G_3(z) = \frac{Y(z)}{U(z)} = \frac{T}{2}\frac{1 + z^{-1}}{1 - z^{-1}} = \frac{T}{2}\frac{z + 1}{z - 1} \tag{7 - 69}$$

将式(7 - 67)～式(7 - 69)与连续积分的传递函数：

$$G(s) = \frac{Y(s)}{U(s)} = \frac{1}{s} \tag{7 - 70}$$

做比较可知，用不同的表达式代替 $G(s)$ 中的 $s$，即可将连续环节用不同的离散环节近似实现，即

前向矩阵积分：

$$G_1(z) = \frac{1}{s}\bigg|_{s = \frac{z - 1}{T}} = \frac{T}{z - 1} \tag{7 - 71}$$

后向矩阵积分：

$$G_2(z) = \frac{1}{s}\Big|_{s=\frac{z-1}{Tz}} = \frac{Tz}{z-1} \tag{7-72}$$

梯形积分：

$$G_3(z) = \frac{1}{s}\Big|_{s=\frac{2}{T}\frac{z-1}{z+1}} = \frac{T}{2}\frac{z+1}{z-1} \tag{7-73}$$

2）已知离散系统的单位脉冲响应求脉冲传递函数

首先分析脉冲传递函数 $G(z)$ 和系统的单位脉冲响应 $h(kT)$ 之间的关系。所谓系统的单位脉冲响应，是指输入为单位脉冲序列 $\{\delta(kT)\}$ 时系统的输出响应，即 $u(kT) = \delta(kT)$，$y(kT) = h(kT)$。对 $u(kT)$ 作 $z$ 变换，得到 $U(z) = 1$，将其代入式（7-66），得

$$Y(z) = G(z)U(z) = G(z) = \sum_{k=0}^{\infty} h(kT)z^{-k} \tag{7-74}$$

因而，系统的脉冲传递函数和单位脉冲响应是一对 $z$ 变换（如图 7-11 所示），即

$$G(z) = \mathscr{Z}[h(kT)] \tag{7-75}$$

$$h(kT) = \mathscr{Z}^{-1}[G(z)] \tag{7-76}$$

如果已知系统的单位脉冲响应 $h(kT)$，则根据式（7-75）即可求得系统的脉冲传递函数 $G(z)$。反过来，如果已知系统的脉冲传递函数 $G(z)$，则根据式（7-76）可求得系统的单位脉冲响应 $h(kT)$。

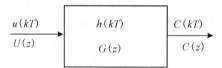

图 7-11　离散系统的脉冲传递函数

根据以上结论，可以进一步得到离散系统的输入、输出序列和单位脉冲响应序列之间的关系。如果离散系统的输入、输出序列分别为 $u(kT)$ 和 $c(kT)$，对应地，$z$ 变换分别为 $U(z)$ 和 $C(z)$，系统的脉冲传递函数为 $G(z)$，则

$$C(z) = G(z)U(z) \tag{7-77}$$

由 $z$ 变换的卷积定理，得

$$c(kT) = h(kT) * u(kT) = \sum_{i=0}^{\infty} h(iT)u(kT - iT) \tag{7-78}$$

3）已知连续系统的传递函数求离散化后的脉冲传递函数

（1）对连续系统的传递函数 $G(s)$ 取拉氏反变换，求出连续系统的单位冲激响应 $h(t) = \mathscr{L}^{-1}[G(s)]$。

（2）按采样周期 $T$ 对 $h(t)$ 采样，得到 $h(kT)$，作为相应离散化后系统的单位脉冲响应。

（3）对 $h(kT)$ 取 $z$ 变换，得到离散化后系统的脉冲传递函数，$G(z) = \mathscr{Z}[h(kT)]$。

这里用到了 $h(t)$ 与 $G(s)$ 是一对拉氏变换对，$h(kT)$ 与 $G(z)$ 是一对 $z$ 变换对的关系。将以上过程记作：

$$G(z) = \mathscr{Z}\{\mathscr{L}^{-1}[G(s)]\} \stackrel{\text{def}}{=} \mathscr{Z}\{\mathscr{L}^{-1}[G(s)]\} \tag{7-79}$$

图 7-12 是对连续系统 $G(s)$ 离散化的示意图。可见，由 $G(s)$ 求 $G(z)$，就是由连续系统的传递函数 $G(s)$ 求其 $z$ 变换 $G(z)$ 的过程。该方法求得的离散系统 $G(z)$ 的单位脉冲响应与连续系统 $G(s)$ 的单位冲激响应在采样点的值相等。所以把这种直接由 $G(s)$ 求其 $z$ 变换 $G(z)$ 的离散化方法称为冲激响应不变法。

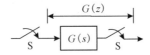

图 7-12　利用冲激响应不变法离散化

**【例 7-24】** 已知连续系统的传递函数为 $G(z) = \dfrac{k}{s+a}$，试求其离散化后的脉冲传递函数。

**解**　连续系统的单位脉冲响应函数为 $h(t) = \mathscr{L}^{-1}[G(s)] = K\mathrm{e}^{-at}$，对 $h(t)$ 采样得 $h(kT) = K\mathrm{e}^{-akT}$，作为离散化后系统的单位脉冲响应，则离散化后系统的脉冲传递函数为

$$G(z) = \mathscr{Z}[h(kT)] = \frac{Kz}{z - \mathrm{e}^{-aT}}$$

**3. 零阶保持器的连续对象的脉冲传递函数**

假设在 $G(s)$ 前带有一个零阶保持器（ZOH），如图 7-13 所示。这就是控制信号经 D/A 转换器转换成模拟量控制被控对象的情形。

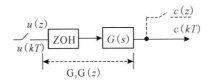

图 7-13　零阶保持器的广义对象离散化

现在求带有零阶保持器的连续对象离散化后的脉冲传递函数。因零阶保持器的传递函数为

$$G_0(s) = \frac{1 - \mathrm{e}^{-Ts}}{s} \qquad (7-80)$$

连续对象的传递函数为 $G(s)$，由于二者之间无采样开关，因此先求两个串联环节的传递函数，然后离散化：

$$G_\mathrm{d}(z) = \mathscr{Z}[G_0(s)G(s)] = \mathscr{Z}\left[\frac{1 - \mathrm{e}^{-Ts}}{s}G(s)\right] = (1 - z^{-1})\mathscr{Z}\left[\frac{G(s)}{s}\right] \qquad (7-81)$$

由式（7-81）可见，对带零阶保持器的连续对象进行离散化可以看作用冲激响应不变法离散化传递函数为 $G_0(s)G(s) = \dfrac{1 - \mathrm{e}^{-Ts}}{s}G(s)$ 的广义对象（带有零阶保持器的对象称为广义对象），广义对象的脉冲传递函数一般记作 $G_0G(z)$。

由式（7-76）可以归纳出求带零阶保持器的广义对象的脉冲传递函数的步骤如下：

（1）确定 $\dfrac{G(s)}{s}$ 所对应的时间函数 $\mathscr{L}^{-1}\left[\dfrac{G(s)}{s}\right]$，并将其离散化。

(2) 对离散时间序列作 $z$ 变换。

(3) 乘以 $(1-z^{-1})$ 即得到 $G_0G(z)$。

以上计算步骤说明，带零阶保持器的广义对象离散化后脉冲传递函数等于广义对象在单位阶跃信号作用下输出的 $z$ 变换与在滞后一步的单位阶跃信号作用下输出的 $z$ 变换之差。

【例 7 - 25】 求带零阶保持器的广义对象在单位阶跃序列 $u(kT)=l(kT)$ 作用下的输出。

**解** 输入单位阶跃序列的 $z$ 变换为 $U(z)=\dfrac{1}{1-z^{-1}}$。由于 $G_0G(z)=\dfrac{Y(z)}{U(z)}$，因此可得输出序列的 $z$ 变换为

$$Y(z)=U(z)G_0G(z)=\frac{1}{1-z^{-1}}(1-z^{-1})\mathscr{Z}\left[\frac{G(s)}{s}\right]=\mathscr{Z}\left[\frac{G(s)}{s}\right] \qquad (7-82)$$

式(7 - 82)说明，带有零阶保持器的广义对象 $G_0G(z)$ 在单位阶跃序列 $l(kT)$ 作用下的输出，与连续对象 $G(s)$ 在单位阶跃信号 $l(t)$ 作用下的输出在采样点的值相等。

【例 7 - 26】 已知控制对象的传递函数为 $G(s)=\dfrac{a}{s+a}$，求带零阶保持器的广义对象的脉冲传递函数 $G_0G(z)$。

**解**
$$\frac{G(s)}{s}=\frac{1}{s}-\frac{1}{s+a}$$

$$\mathscr{L}^{-1}\left[\frac{G(s)}{s}\right]=1-\mathrm{e}^{-at}$$

$$\mathscr{Z}\left\{\mathscr{L}^{-1}\left[\frac{G(s)}{s}\right]\right\}=\mathscr{Z}\left[1-\mathrm{e}^{-akT}\right]=\frac{z}{z-1}-\frac{z}{z-\mathrm{e}^{-aT}}=\frac{z(1-\mathrm{e}^{-aT})}{(z-1)(z-\mathrm{e}^{-aT})}$$

$$G_0G(z)=(1-z^{-1})\mathscr{Z}\left\{\mathscr{L}^{-1}\left[\frac{G(s)}{s}\right]\right\}=\frac{1-\mathrm{e}^{-aT}}{z-\mathrm{e}^{-aT}}$$

#### 4. 系统的脉冲传递函数

实际系统常常是由一些子系统组成的，子系统之间又以一定的方式相互联系。最基本的联系方式有三种：串联、并联和反馈。

下面首先介绍一些写法。记 $G(z)=\mathscr{Z}\left[G(s)\right]$，表示利用冲激不变法得到的与 $G(s)$ 相对应的脉冲传递函数 $G(z)$；记 $G(z)=\mathscr{Z}\left[G_1(s)G_2(s)\right]\stackrel{\text{def}}{=\!=}G_1G_2(z)$，表示传递函数 $G_1(s)$、$G_2(s)$ 乘积的单位冲激响应经采样后的 $z$ 变换。

1) 串联系统的脉冲传递函数

两个子系统串联的情况如图 7 - 14 所示。图 7 - 14(a)表示两个离散系统串联，此时串联系统的(开环)脉冲传递函数为

$$G(z)=G_1(z)G_2(z) \qquad (7-83)$$

图 7 - 14(b)表示串联的两个连续系统之间带有采样开关，等价于两个连续系统分别离散化后再串联，此时串联系统的开环脉冲传递函数为

$$G(z)=\mathscr{Z}\left[G_1(s)\right]\mathscr{Z}\left[G_2(s)\right]=G_1(z)G_2(z) \qquad (7-84)$$

图 7 - 14(c)表示两个连续系统串联后离散化，此时串联系统的开环脉冲传递函数为

$$G(z)=\mathscr{Z}\left[G_1(s)G_2(s)\right]=G_1G_2(z) \qquad (7-85)$$

**注意** 　 一般 $G_1 G_2(z) \neq G_1(z) G_2(z)$。

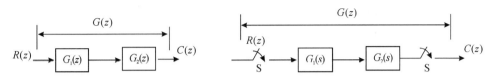

(a) 离散系统串联 　　　　　　　　　(b) 连续系统之间带采样开关

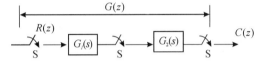

(c) 连续系统串联后离散化

图 7 - 14 　 串联系统的脉冲传递函数

**【例 7 - 27】** 　 设图 7 - 14(b) 和 (c) 中 $G_1(s) = \dfrac{1}{s}$，$G_2(s) = \dfrac{1}{s+a}$，试求其脉冲传递函数 $G(z)$。

**解** 　 对图 7 - 14(b) 中的情况，有

$$G(z) = G_1(z) G_2(z) = \mathscr{Z}[G_1(s)] \mathscr{Z}[G_2(s)] = \frac{z}{z-1} \frac{z}{z-\mathrm{e}^{-aT}} = \frac{z^2}{(z-1)(z-\mathrm{e}^{-aT})}$$

而对于图 7 - 14(c) 中的情况，有

$$G_1(s) G_2(s) = \frac{1}{s(s+a)}$$

$$G(z) = G_1 G_2(z) = \mathscr{Z}[G_1(s) G_2(s)] = \frac{1}{a} \mathscr{Z}\left(\frac{1}{s} - \frac{1}{s+a}\right) = \frac{1}{a}\left(\frac{z}{z-1} - \frac{z}{z-\mathrm{e}^{-aT}}\right)$$

$$= \frac{z(1-\mathrm{e}^{-aT})}{a(z-1)(z-\mathrm{e}^{-aT})}$$

2) 并联系统的脉冲传递函数

图 7 - 15(a) 是两个离散系统并联，则并联系统的开环脉冲传递函数为

$$G(z) = G_1(z) + G_2(z) \tag{7-86}$$

图 7 - 15(b) 和 (c) 是两个连续系统并联，并联系统的开环脉冲传递函数都是

$$G(z) = \mathscr{Z}[G_1(s)] + \mathscr{Z}[G_2(s)] = G_1(z) + G_2(z) \tag{7-87}$$

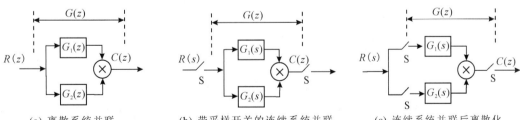

(a) 离散系统并联 　　　　(b) 带采样开关的连续系统并联 　　　　(c) 连续系统并联后离散化

图 7 - 15 　 并联系统脉冲传递函数

并联环节所构成的系统脉冲传递函数相对简单。

3) 反馈（闭环）系统的脉冲传递函数

设线性离散反馈系统如图 7-16 所示。由图 7-16 可以得到

$$C(z) = E(z)\mathscr{Z}[G_1(s)] = E(z)G_1(z)$$

$$E(z) = \mathscr{Z}[U(s)] - E(z)\mathscr{Z}[G_1(s)G_2(s)] = U(z) - E(z)G_1G_2(z)$$

$$E(z) = \frac{1}{1+G_1G_2(z)}U(z)$$

$$C(z) = \frac{G_1(z)}{1+G_1G_2(z)}U(z)$$

$$G_c(z) = \frac{G_1(z)}{1+G_1G_2(z)}$$

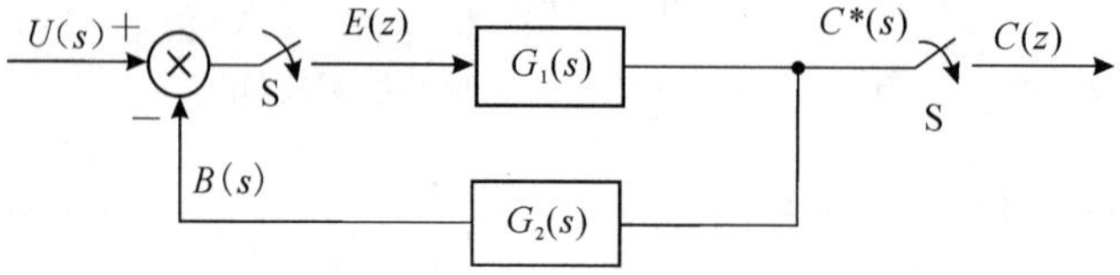

图 7-16　线性离散闭环系统

因此，线性离散闭环系统的脉冲传递函数为

$$G_c(z) = \frac{G_1(z)}{1+G_1G_2(z)}$$

对如图 7-17 所示的线性离散闭环系统，有

$$C(z) = E_2(z)\mathscr{Z}[G_2(s)] = E_2(z)G_2(z)$$

$$E_2(z) = \mathscr{Z}[U(s)G_1(s)] - E_2(z)\mathscr{Z}[G_2(s)G_3(s)G_1(s)]$$

$$= UG_1(z) - E_2(z)G_1G_2G_3(z)$$

因此有

$$E_2(z) = \frac{UG_1(z)}{1+G_1G_2G_3(z)}$$

$$C(z) = \frac{G_2(z)}{1+G_1G_2G_3(z)}UG_1(z)$$

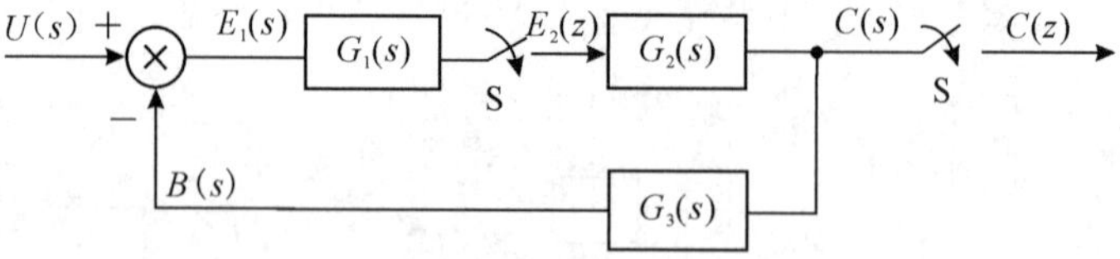

图 7-17　线性离散闭环系统

从上述例子的推导过程可以看出，闭环脉冲传递函数 $G_c(z)$ 或输出量的 z 变换 $C(z)$ 的推导步骤大致可分为以下 3 步：

（1）在主通道上建立输出 $C(z)$ 与中间变量 $E(z)$ 的关系。

（2）在闭环回路中建立中间变量 $E(z)$ 与输入 $U(z)$ 或 $U(s)$ 的关系。

（3）消去中间变量 $E(z)$，建立 $C(z)$ 与 $U(z)$ 或 $U(s)$ 的关系。

线性离散系统的闭环脉冲传递函数 $G_c(z)$ 或输出量的 $z$ 变换 $C(z)$ 的分子部分与前向通道上的各个环节有关,分母部分与闭环回路中的各个环节有关。采样开关的位置对分子、分母部分都有影响,不仅闭环脉冲传递函数的形式不同,而且会有不能写出闭环脉冲传递函数的情况,此时只能写出输出量的 $z$ 变换表达式。图 7-18 给出的 4 个闭环系统例子可以说明这一点。这也是离散系统与连续系统的区别。

利用脉冲传递函数可以分析离散系统的瞬态响应,其方法如下:

(1) 求出 $G(z) = \dfrac{C(z)}{U(z)}$ 或 $C(z) = G(z)U(z)$。

(2) 做 $z$ 反变换得出 $c(kT) = \mathscr{Z}^{-1}[C(z)]$。

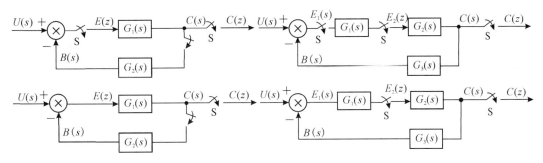

图 7-18　线性离散闭环系统及其脉冲传递函数或输出量的 $z$ 变换 $C(z)$

# 7.5　离散系统的稳定性与稳态误差分析

## 7.5.1　离散系统稳定的充要条件

与连续系统一样,离散系统同样也有稳定性问题。连续系统中,对线性定常系统,通常用 $s$ 域($s$ 平面)研究系统的稳定性等问题,而离散系统中,用 $z$ 域研究系统的稳定性。因为 $z$ 变换是从 $s$ 变换推广而来的,所以首先应从 $s$ 域和 $z$ 域的关系开始研究。

**1. $s$ 域到 $z$ 域的变换**

根据 $z$ 变换的定义有

$$z = e^{sT}$$

其中,$T$ 为采样周期,值为 $T = 2\pi/\omega_s$,$\omega_s$ 为采样角频率;$s$ 是复数,$s = \sigma + j\omega$。所以

$$z = e^{sT} = e^{(\sigma + j\omega)T} = e^{\sigma T} e^{j\omega T} = e^{\sigma T}(\cos\omega T + j\sin\omega T) \tag{7-88}$$

$$|z| = e^{\sigma T}, \quad \angle z = \omega T \tag{7-89}$$

式(7-88)建立了 $s$ 平面和 $z$ 平面的联系,即复 $s$ 平面与复 $z$ 平面之间的映射关系。

$\sigma = 0$ 在 $s$ 平面相当于虚轴;在 $z$ 平面,由式(7-89)可知,$|z| = e^{\sigma T} = 1$ 是以原点为圆心的单位圆。也就是说,在 $s$ 平面当 $\omega$ 从 $-\infty$ 变到 $+\infty$ 时,映射到 $z$ 平面的轨迹是以原点为圆心的单位圆,只是 $z$ 平面上相应的点已经沿着单位圆转过无穷圈。这是因为 $z$ 是采样角频率 $\omega_s$ 的周期函数,当 $s$ 平面上 $\sigma$ 不变,角频率 $\omega$ 由 0 变到 $\infty$ 时,$z$ 的模不变,只是相角作周期性变化。

$\sigma < 0$ 在 $s$ 平面为位于左半平面的点，与之对应的点位于 $z$ 平面上以原点为圆心的单位圆内，即

$$|z| = e^{-\sigma T}, \quad |z| < 1$$

$\sigma > 0$ 在 $s$ 平面为位于右半平面的点，与之对应的点位于 $z$ 平面上以原点为圆心的单位圆外，即

$$|z| = e^{\sigma T}, \quad |z| > 1$$

$\sigma = \omega = 0$ 为 $s$ 平面的原点，映射到 $z$ 平面，相应的点为 $z = 1$。

注意，上述结论是根据式(7-88)从 $s$ 平面到 $z$ 平面的映射得到的。当考虑从 $z$ 平面到 $s$ 平面的映射时，就不是唯一的，是多值变换。

### 2. 离散系统的稳定性及稳定条件

由连续系统控制理论可知，线性时不变连续系统稳定的充要条件是：系统特征方程的所有特征根(即系统传递函数的所有极点)都分布在左半 $s$ 平面；或者说，系统所有特征根具有负实部，$\sigma_i < 0$。

$s$ 的左半平面是系统特征根(或极点)分布的稳定区域，$s$ 平面的虚轴是稳定边界，如图 7-19(a) 所示。

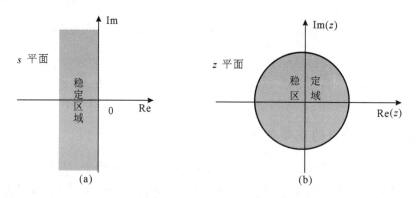

图 7-19　$s$ 平面与 $z$ 平面的映射

### 3. 开环增益对系统稳定性的影响

**【例 7-28】**　当 $K$ 变化时，分析对象 $G(z) = \dfrac{K(0.368z + 0.264)}{(z-1)(z-0.368)}$ 的稳定性。

**解**　由题意可得，系统的闭环特征方程：

$$z^2 + (0.368K - 1.368)z + 0.368 + 0.264 = 0$$

对其作双线性变换得特征方程为

$$0.632K\omega^2 + (1.264 - 0.528K)\omega + 2.736 - 0.104K = 0$$

要使该系统稳定，必须保证上面方程各系数为正，即

$$0.632K > 0$$
$$1.264 - 0.528K > 0$$
$$2.736 - 0.104K > 0$$

由上式可知，当 $0 < K < 2.4$ 时，该系统稳定。

上述结果表明，$K$ 增大时系统可能就变得不稳定，即增大 $K$ 对系统稳定不利。

**4. 采样周期对系统稳定性的影响**

【例 7-29】　用零阶保持器联系对象 $G_0 = \dfrac{K}{s(s+1)}$ 与控制器，采样周期为 $T_s$，讨论系统的稳定性。

**解**　系统的广义脉冲传递函数为

$$G(z) = \mathscr{Z}\left[\frac{1-\mathrm{e}^{-T_s s}}{s} \cdot \frac{K}{s(s+1)}\right]$$

$$= K(1-z^{-1})\left[\frac{T_s z}{(z-1)^2} - \frac{z}{z-1} + \frac{z}{z-\mathrm{e}^{-T_s}}\right]$$

$$= \frac{K[z(T_s + \mathrm{e}^{-T_s} - 1) + 1 - \mathrm{e}^{-T_s} - T_s \mathrm{e}^{-T_s}]}{(z-1)(z-\mathrm{e}^{-T_s})}$$

特征方程为

$$(z-1)(z-\mathrm{e}^{-T_s}) + K[(z(T_s + \mathrm{e}^{-T_s} - 1) + 1 - \mathrm{e}^{-T_s} - T_s \mathrm{e}^{-T_s})] = 0$$

整理后得

$$z^2 + (KT_s - K + K\mathrm{e}^{-T_s} - 1 - \mathrm{e}^{-T_s})z + (K - K\mathrm{e}^{-T_s} - KT_s \mathrm{e}^{-T_s} + \mathrm{e}^{-T_s}) = 0$$

当 $T_s = 2$ 时，特征方程为

$$z^2 + (1.135K - 1.135)z + (0.595K + 0.135) = 0$$

对上式作双线性变换，得

$$1.73\omega_2 + (1.73 - 1.19K)\omega + (2.27 - 0.54K) = 0$$

要使系统稳定，上式各项系数必须大于 0，即 $0 < K < 1.45$。当 $T_s = 0.5$ 时，可以算出，要使系统稳定，$K$ 应满足 $0 < K < 4.36$。

由上述分析可得出，$T_s$ 从 1 s 增大到 2 s，临界开环比例系数从原来的 2.4 减小到 1.45，而当 $T_s$ 减小到 0.5 s 时，临界开环比例系数增大到 4.36。

这说明增大采样周期对系统稳定不利，而减小采样周期对稳定有利，当 $T_s \to 0$ 时，采样系统就成为连续系统。这就说明，稳定的连续系统经采样构成数字系统后不一定稳定。

## 7.5.2　劳斯稳定判据

对于线性离散系统，不能直接应用劳斯判据，因为它只能判断系统特征根是否在 $s$ 平面的左半部。因此采用一种变换方法，使 $z$ 平面上的单位圆映射为新坐标系的虚轴。这种坐标变换称为双线性变换，亦称为 $w$ 变换。

设

$$z = \frac{w+1}{w-1} \quad \text{或} \quad w = \frac{z+1}{z-1} \tag{7-90}$$

$z$ 是定义在 $z$ 平面上的复数，$w$ 是定义在 $w$ 平面上的复数。若 $z = x + \mathrm{j}y$，$w = u + \mathrm{j}v$，有

$$w = u + \mathrm{j}v = \frac{1+x+\mathrm{j}y}{x-1+\mathrm{j}y} = \frac{(x^2+y^2)-1}{(x-1)^2+y^2} - \mathrm{j}\frac{2y}{(x-1)^2+y^2}$$

因为对于 $w$ 平面上的轴，实数 $u = 0$，$x^2 + y^2 - 1 = 0$，所以，$x^2 + y^2 = 1$ 就是 $z$ 平面上

以原点为圆心的单位圆方程，$x^2+y^2<1$ 为 $z$ 平面的单位圆内，对应于 $w$ 平面的左半部（$u<0$），$x^2+y^2>1$ 为 $z$ 平面的单位圆外，对应于 $w$ 平面的右半部（$u>0$），如图 7-20 所示。

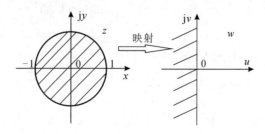

图 7-20　$s$ 平面与 $z$ 平面的映射

因此，$z=\dfrac{w+1}{w-1}$ 代入闭环离散系统的特征方程，进行变换后得到 $P(w)=D(z)\Big|_{z=\frac{w+1}{w-1}}=0$，即可应用劳斯判据。所以，在离散系统中用劳斯判据判别稳定性的步骤如下：

（1）求出离散系统的特征方程 $D(z)=1+GH(z)=0$。

（2）将 $z=\dfrac{w+1}{w-1}$ 代入 $D(z)=0$ 中整理得到 $P(w)=0$。

（3）应用劳斯判据判断 $P(w)=0$ 的根是否都位于 $w$ 平面的左半部。

【例 7-30】　某离散系统的闭环特征方程为 $z^3-1.5z^2-0.25z+0.4=0$，试判其稳定性。

解　将 $z=\dfrac{r+1}{r-1}$ 代入特征方程，得

$$\left(\frac{r+1}{r-1}\right)^3-1.5\left(\frac{r+1}{r-1}\right)^2-0.25\left(\frac{r+1}{r-1}\right)+0.4=0$$

即　　　　　　　　　　$-0.35r^3+0.55r^2+5.95r+1.85=0$

特征方程式的系数不同号，根据劳斯稳定判据可知，该系统不稳定。

【例 7-31】　试判别闭环特征方程 $D(z)=45z^3-117z^2+119z-39=0$ 代表的离散系统的稳定性。

解　将 $z=\dfrac{w+1}{w-1}$ 代入 $D(z)=0$ 整理得

$$P(w)=w^3+2w^2+2w^3+40=0$$

$$
\begin{array}{c|cc}
w^3 & 1 & 2 \\
w^2 & 2 & 40 \\
w^1 & -18 & \\
w^0 & 40 &
\end{array}
$$

因为第一列 $w^1$ 行为负号，所以系统不稳定，且有两个根位于单位圆外。

### 7.5.3　朱利稳定判据

根据离散系统的闭环特征方程的系数判别特征根是否严格位于 $z$ 平面上的单位圆内，是直接在 $z$ 域内应用的稳定性判别（代数判据）。

设 $n$ 阶离散系统的特征方程为

$$\Delta(z) = a_n z^n + a_{n-1} z^{n-1} + \cdots + a_1 z + a_0 = 0, \ a_n > 0 \qquad (7-91)$$

首先，利用特征方程的系数，按照下面的方法构造 $(2n-3) \times (n+1)$ 的朱利表，如表 7-3 所示。

**表 7-3　朱利表的构造形式**

| 行数 | $z^0$ | $z^1$ | $z^2$ | $z^3$ | $\cdots$ | $z^{n-k}$ | $\cdots$ | $z^{n-1}$ | $z^n$ |
|---|---|---|---|---|---|---|---|---|---|
| 1 | $a_0$ | $a_1$ | $a_2$ | $a_3$ | $\cdots$ | $a_{n-k}$ | $\cdots$ | $a_{n-1}$ | $a_n$ |
| 2 | $a_n$ | $a_{n-1}$ | $a_{n-2}$ | $a_{n-3}$ | $\cdots$ | $a_k$ | $\cdots$ | $a_1$ | $a_0$ |
| 3 | $b_0$ | $b_1$ | $b_2$ | $b_3$ | $\cdots$ | $b_{n-k}$ | $\cdots$ | $b_{n-1}$ | |
| 4 | $b_{n-1}$ | $b_{n-2}$ | $b_{n-3}$ | $b_{n-4}$ | $\cdots$ | $b_k$ | $\cdots$ | $b_0$ | |
| 5 | $c_0$ | $c_1$ | $c_2$ | $c_3$ | $\cdots$ | $c_{n-2}$ | | | |
| 6 | $c_{n-2}$ | $c_{n-3}$ | $c_{n-4}$ | $c_{n-5}$ | $\cdots$ | $c_0$ | | | |
| $\vdots$ | $\vdots$ | $\vdots$ | $\vdots$ | | | | | | |
| $2n-3$ | $q_0$ | $q_1$ | $q_2$ | | | | | | |

朱利表的构造方法如下：

(1) 特征方程系数从低次幂到高次幂顺序排列为第 1 行。

(2) $2k+2$（偶数）行是将 $2k+1$（奇数）行倒序排列而成的。

(3) 从第 3 行起，表中的系数采用以下公式计算：

$$b_k = \begin{vmatrix} a_0 & a_{n-k} \\ a_n & a_k \end{vmatrix}, \quad k = 0, 1, \cdots, n-1$$

$$c_k = \begin{vmatrix} b_0 & b_{n-k-1} \\ b_{n-1} & b_k \end{vmatrix}, \quad k = 0, 1, \cdots, n-2$$

$$\vdots$$

(4) 如此继续，直到最末行系数为三个元素为止。

**朱利稳定判据**　特征方程式 $\Delta(z) = 0$ 的根全部严格位于 $z$ 平面上单位圆内的充要条件是：

(1) $\Delta(1) > 0$。

(2) $(-1)^n \Delta(-1) > 0$。

(3) 下列 $n-1$ 个约束条件成立：

$$|a_0| < |a_n|, \ |b_0| > |b_{n-1}|, \ |c_0| > |c_{n-2}|, \cdots, |q_0| > |q_2|$$

只有当上述条件均满足时，离散系统才是稳定的，否则系统不稳定。

**【例 7-32】**　已知离散系统的闭环特征方程为

$$\Delta(z) = z^3 - 3z^2 + 2.25z - 0.5 = 0$$

试用朱利判据判别系统的稳定性。

**解**　(1) 列出朱利表。

由于 $n=3$，因此朱利表为 3 行、4 列，如表 7-4 所示。

表 7 - 4　朱利表的构造形式

| 行数 | $z^0$ | $z^1$ | $z^2$ | $z^3$ |
|---|---|---|---|---|
| 1 | $-0.5$ | 2.25 | $-3$ | 1 |
| 2 | 1 | $-3$ | 2.25 | $-0.5$ |
| 3 | $b_0$ | $b_1$ | $b_2$ | |

（2）计算朱利表中的元素。

对于本例，只需计算：

$$b_0 = \begin{vmatrix} -0.5 & 1 \\ 1 & -0.5 \end{vmatrix} = -0.75$$

$$b_1 = \begin{vmatrix} -0.5 & -3 \\ 1 & 2.25 \end{vmatrix} = 1.875$$

$$b_2 = \begin{vmatrix} -0.5 & 2.25 \\ 1 & -3 \end{vmatrix} = -0.75$$

（3）根据朱利判据判定系统的稳定性：

$$\Delta(1) = 1^3 - 3 \cdot 1^2 + 2.25 \cdot 1 - 0.5 = -0.25 < 0$$

$$(-1)^3 \Delta(-1) = (-1)[(-1)^3 - 3 \cdot (-1)^2 + 2.25 \cdot (-1) - 0.5] = 6.75 > 0$$

$$|a_0| < a_3, \quad a_0 = -0.5, \quad a_3 = 1$$

$$|b_0| = |b_2|, \quad b_0 = b_2 = 0.75$$

由于不满足 $\Delta(1) > 0$，$|b_0| > |b_2|$ 条件，因此系统不稳定。

实际上，对特征方程分解因式有：

$$\Delta(z) = (z - 0.5)^2 (z - 2) = 0$$

即特征根为 $z = 2$，在单位圆外。这说明系统不稳定。

【例 7 - 33】　已知二阶离散系统的特征方程为

$$\Delta(z) = z^2 + a_1 z + a_0 = 0$$

试判断其代表的系统的稳定性。

　　解　根据朱利稳定判据，系统稳定的充要条件为

$$\Delta(1) > 0$$

$$\Delta(-1) > 0$$

$$|a_0| < 1 \quad 或 \quad |\Delta(0)| < 1$$

【例 7 - 34】　已知采样系统结构图如图 7 - 21 所示，采样周期 $T = 1$ s，试求使系统稳定的 $K$ 值范围。

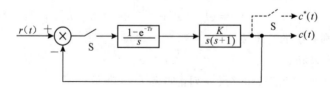

图 7 - 21　线性离散系统

**解**　系统的开环脉冲传递函数为

$$G(z)=(1-z^{-1})\mathscr{Z}\left[\frac{K}{s^2(s+1)}\right]=K\frac{0.368z+0.264}{z^2-1.368z+0.368}$$

系统的闭环特征方程为

$$\Delta(z)=1+G(z)=z^2+(0.368K-1.368)z+(0.368+0.264K)=0$$

代入二阶离散系统稳定的充要条件：

$$|\Delta(0)|=|0.368+0.264K|<1$$

$$-1<0.368+0.264K<1 \quad \Rightarrow \quad -5.18<K<2.39$$

$$\Delta(1)=1+(0.368K-1.368)+(0.368+0.264K)>0$$

$$0.632K>0 \quad \Rightarrow \quad K>0$$

$$\Delta(-1)=1-(0.368K-1.368)+(0.368+0.264K)>0$$

$$-0.104K+2.736>0 \quad \Rightarrow \quad K<26.3$$

取以上三个条件的交集，得到系统稳定的 $K$ 值范围为：$0<K<2.39$。

## 7.5.4　离散系统的稳态误差分析

控制系统的一个重要性能是它以最小的稳态误差来跟踪输入信号。在连续控制系统中采用典型信号（阶跃、斜坡、抛物线等）作用下系统响应的稳态误差作为其控制性能的评价，同样的思路可以推广到离散控制系统中。连续系统中稳态误差用拉斯变换的终值定理来计算，而在离散系统中，同样可以使用 $z$ 变换的终值定理来计算。因为离散系统的脉冲传递函数与采样开关的配置有关，所以其稳态误差的计算没有统一的公式，只能采用计算终值——$\lim\limits_{n\to\infty}e(nT)$ 的方法求得。只要离散系统是稳定的，就可用 $z$ 变换的终值定理求出采样时刻的稳态误差。

如图 7-22 所示，离散控制系统的误差传递函数为

$$\Phi_e(z)=\frac{E(z)}{R(z)}=\frac{1}{1+GH(z)}$$

所以

$$E(z)=\frac{R(z)}{1+GH(z)}$$

若系统为单位反馈，则有

$$\Phi_e(z)=\frac{E(z)}{R(z)}=\frac{1}{1+G(z)}$$

所以

$$E(z)=\frac{R(z)}{1+G(z)}$$

根据 $z$ 变换的终值定理：

$$e(\infty)=\lim_{n\to\infty}e(nT)=\lim_{z\to1}(z-1)E(z)$$

设

$$GH(z)=\frac{K_1\prod\limits_{j=1}^{m}(z-z_j)}{(z-1)^v\prod\limits_{i=1}^{n-v}(z-p_i)}$$

式中，$v=0，1，2，\cdots$ 时称为 0 型，1 型，2 型，$\cdots$ 离散系统。

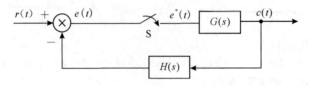

图 7-22　离散控制系统框图

（1）单位阶跃输入时的稳态误差。

因为

$$R(z)=\frac{z}{z-1}$$

所以

$$e(\infty)=\lim_{z\to 1}(z-1)\frac{z}{1+G(z)}\cdot\frac{1}{z-1}=\lim_{z\to 1}\frac{z}{1+G(z)}=\frac{1}{1+G(1)}$$

令 $K_p=\lim_{z\to 1}[1+G(z)]=1+G(1)$ 为静态位置误差系数，则

$$e(\infty)=\frac{1}{K_p}$$

0 型：$K_p=1+\dfrac{K_1\displaystyle\prod_{j=1}^{m}(1-z_j)}{\displaystyle\prod_{i=1}^{n}(1-p_i)}$，$e(\infty)=\dfrac{1}{K_p}\neq 0$。

1 型及 1 型以上：$K_p=\infty$，$e(\infty)=0$。

（2）单位斜坡输入时的稳态误差。

因为

$$R(z)=\frac{zT}{(z-1)^2}$$

所以

$$e(\infty)=\lim_{z\to 1}\frac{zT}{(z-1)[1+G(z)]}=\frac{T}{\lim_{z\to 1}(z-1)[1+G(z)]}$$

$$=\frac{T}{\lim_{z\to 1}(z-1)+\lim_{z\to 1}(z-1)G(z)}=\frac{T}{\lim_{z\to 1}(z-1)G(z)}$$

令 $K_v=\dfrac{1}{T}\lim_{z\to 1}(z-1)G(z)$ 为静态速度误差系数，则

$$e(\infty)=\frac{1}{K_v}$$

0 型：$K_v=0$，$e(\infty)=\infty$。

1 型：$K_v\neq 0$，$e(\infty)=\dfrac{1}{K_v}$。

2 型及 2 型以上：$K_v=\infty$，$e(\infty)=0$。

（3）单位抛物线时的稳态误差。

因为

$$R(z) = \frac{zT^2(z+1)}{2(z-1)^3}$$

所以

$$e(\infty) = \lim_{z \to 1} \frac{zT^2(z+1)}{2(z-1)^2[1+G(z)]} = \frac{T^2}{\lim_{z \to 1}(z-1)^2 G(z)}$$

令 $K_a = \dfrac{1}{T^2}\lim_{z \to 1}(z-1)^2 G(z)$ 为静态加速度误差系数，则

$$e(\infty) = \frac{1}{K_a}$$

0 型、1 型：$K_a = 0$，$e(\infty) = \infty$。

2 型：$K_a \neq 0$，$e(\infty) = \dfrac{1}{K_a}$。

3 型及 3 型以上：$K_a = \infty$，$e(\infty) = 0$。

**小结：**

(1) 系统的稳态误差除了与 $r(t)$ 的形式有关外，还直接取决于系统的开环脉冲传递函数 $G_k(z)$ 中 $z=1$ 的极点个数，即 $v$ 的数目。$v$ 反映了系统的无差度，$v=0$ 为有差系统，$v=1$ 为一阶无差系统，$v=2$ 为二阶无差系统。

(2) 若系统的开环传递函数 $G_k(s)$ 具有 $k$ 个极点，则

$$G_k(s) = \sum_{i=1}^{k} \frac{A_i}{s - s_i}$$

对应地，有

$$G_k(z) = \sum_{i=1}^{k} \frac{zA_i}{z - e^{Ts_i}}$$

若 $G_k(s)$ 有 $s=0$ 的极点，则 $G_k(s)$ 会出现 $\dfrac{z}{z-1}$ 的项，所以 $G_k(s)$ 有多少个极点，则 $G_k(z)$ 便有多少个极点，并且 $G_k(s)$ 有几个零值极点，$G_k(z)$ 就有几个 $z=1$ 的极点。

(3) 采样瞬时的稳态误差还与 $T$ 有关。因为 $K_v$、$K_a$ 与 $\dfrac{1}{T}$ 成正比，而 $e(\infty)$ 与 $K_v$、$K_a$ 成反比，所以 $e(\infty)$ 与 $T$ 成正比。

**【例 7 - 35】**　离散系统如图 7 - 23 所示，分别求出系统具有和没有零阶保持器时的稳态误差。

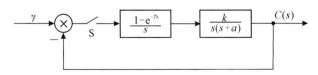

图 7 - 23　离散系统框图

**解**　(1) 具有零阶保持器：

$$G_k(s) = \frac{k(1 - e^{-Ts})}{s^2(s+a)} = k(1 - e^{-Ts})\left[\frac{1}{as^2} - \frac{1}{a^2 s} + \frac{1}{a^2(s+a)}\right]$$

所以

$$G_k(z) = k\frac{z-1}{z}\left[\frac{Tz}{a\ (z-1)^2} - \frac{z}{a^2(z-1)} + \frac{z}{a^2(z-e^{-aT})}\right]$$

$$= \frac{k\left[(aT-1+e^{-aT})z + (1-e^{-aT}-aTe^{-aT})\right]}{a^2(z-1)(z-e^{-aT})}$$

可见，系统为一阶无差系统，因此，有

$$K_v = \frac{1}{T}\lim_{z \to 1}[(z-1)G_k(s)]$$

$$= \frac{1}{T}\lim_{z \to 1}\frac{k\left[(aT-1+e^{-aT})z + (1-e^{-aT}-aTe^{-aT})\right]}{a^2(z-e^{-aT})}$$

$$= \frac{1}{T}\frac{k(aT-aTe^{-aT})}{a^2(1-e^{-aT})} = \frac{kaT(1-e^{-aT})}{a^2T(1-e^{-aT})} = \frac{k}{a}$$

得

$$e(\infty) = \frac{1}{K_v} = \frac{a}{k}$$

（2）没有零阶保持器：

$$G_k(s) = \frac{k}{s(s+a)} = \frac{k}{a}\left(\frac{1}{s} - \frac{1}{s+a}\right)$$

所以

$$G_k(z) = \frac{k}{a}\left(\frac{z}{z-1} - \frac{z}{z-e^{-aT}}\right) = \frac{kz}{a} \cdot \frac{1-e^{-aT}}{(z-1)(z-e^{-aT})}$$

可见，系统仍为一阶无差系统，因此，有

$$K_v = \frac{1}{T}\lim_{z \to 1}[(z-1)G_k(z)] = \frac{1}{T}\lim_{z \to 1}\frac{kz}{a} \cdot \frac{1-e^{-aT}}{z-e^{-aT}} = \frac{k}{aT}$$

得

$$e(\infty) = \frac{1}{K_v} = \frac{aT}{k}$$

**结论**：零阶保持器的加入并不会改变系统开环传递函数的极点个数及分布，仍为一阶无差，但会使稳态误差与采样周期 $T$ 无关。

# 7.6　离散系统的动态特性分析

采样系统稳定的充分必要条件是其闭环特征方程的全部根（也就是闭环系统的全部极点）都位于 $z$ 平面的单位圆内。但工程上不仅要求系统是稳定的，而且希望它具有良好的动态品质。

利用 $z$ 变换法分析线性定常离散系统的动态性能，通常有时域法、根轨迹法、频域法，其中时域法最常用。本节就讨论时域中如何求取离散系统的时间响应，指出采样器和保持器对系统动态性能的影响。

在已知系统的脉冲传递函数时求系统的响应，其步骤如下：

（1）求得系统闭环脉冲传递函数 $\Phi(z)$。

（2）按 $C(z) = \Phi(z)R(z) = \Phi(z)\dfrac{z}{z-1}$ 求 $C(z)$。

（3）用部分分式法、长除法或留数法求 $z$ 反变换得到 $c^*(t)$ 或 $c(nT)$。

（4）根据 $c^*(t)$ 按定义求出 $t_r$、$t_p$、$t_s$、$\sigma\%$ 等动态性能指标。

### 7.6.1　根与脉冲响应的关系

**1. 实轴上的单实极点所对应的脉冲响应**

如果系统的闭环极点有一个是位于实轴上 $a$ 处的单极点,那么在输出 $C(z)$ 中必然含有形如 $\dfrac{A}{z-a}$ 的项。其中,$A$ 是将 $C(z)$ 作部分分式展开的系数,在单位脉冲作用下对应于这一项的输出序列为 $c(k)=\mathscr{Z}^{-1}\left[\dfrac{A}{z-a}\right]=Aa^{k-1}$。

假设在 $k<0$ 时,$c(k)=0$,当 $a$ 位于 $z$ 平面不同位置时所对应的脉冲响应序列如图 7-24(a)、(b) 所示。显然,由图 7-24(a)、(b) 可知,系统输出序列为

$$c(k)=\mathscr{Z}^{-1}\left[\frac{A}{z-a}\right]=Aa^{k-1}$$

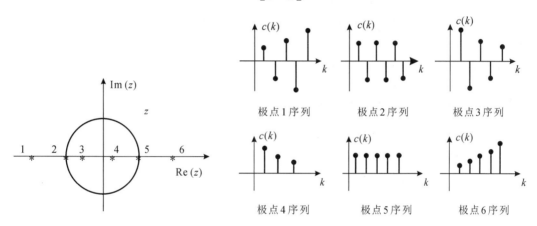

（a）极点位置　　　　　　　　　　（b）极点对应的响应序列

图 7-24　不同位置极点及其对应的响应序列

当 $a<-1$ 时,$c(k)$ 是交替变号的发散脉冲序列;

当 $a=-1$ 时,$c(k)$ 是交替变号的等幅脉冲序列;

当 $-1<a<0$ 时,$c(k)$ 是交替变号的衰减脉冲序列;

当 $0<a<1$ 时,$c(k)$ 是单调衰减正脉冲序列,且 $a$ 越接近 0,衰减越快;

当 $a=1$ 时,$c(k)$ 是等幅正脉冲序列;

当 $a>1$ 时,$c(k)$ 是发散正脉冲序列。

**2. 共轭复数极点对应的脉冲响应**

假设系统有一对共轭复数极点 $p_{1,2}=ae^{\pm\theta}$,故有 $(z-p_1)(z-p_2)=z^2-2(a\cos\theta)z+a^2$。查 $z$ 反变换表可知,这一对复数极点所对应的 $c(k)$ 取 $a^k\sin(k\theta+\Phi)$ 之形。

当 $|a|>1$ 时,一对共轭复数极点在单位圆外,$c(k)$ 为发散振荡序列;当 $|a|<1$ 时,一对共轭复数极点在单位圆内,$c(k)$ 为衰减振荡序列,且 $a$ 的模愈小,衰减愈快;当 $|a|=1$ 时,一对共轭复数极点在单位圆上,为等幅振荡序列。共轭负数极点及其对应的响应序列如图 7-25(a)、(b) 所示。

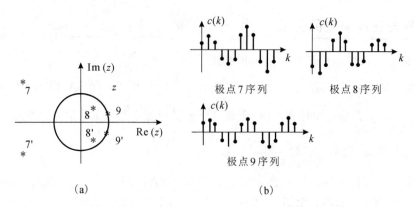

图 7-25　共轭负数极点及其对应的响应序列

### 3. 闭环附加零点和极点对动态响应的影响

闭环零点以及主导极点(即位于单位圆内且最接近圆周的一对共轭复数极点)以外的其他极点对瞬态响应的影响也有与连续系统类似的结论:闭环零点使动态响应加快,但会使超调增加;附加极点使动态响应变慢,但会使超调减小。

## 7.6.2　离散控制系统的时间响应及性能指标

### 1. 采样周期对离散系统时间响应的影响

【例 7-36】　离散控制系统如图 7-26 所示。当 $K=1$,$T=1$ s,$r(t)=1(t)$ 时,求 $c^*(t)$ 及 $t_r$、$t_p$、$t_s$、$\sigma\%$。

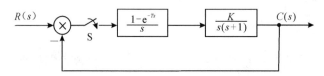

图 7-26　离散控制系统框图

**解**　由题意知:

$$G(z)=(1-z^{-1})\cdot z\left[\frac{1}{s^2(s+1)}\right]=\frac{0.368z+0.264}{(z-1)(z-0.368)}$$

$$\Phi(z)=\frac{G(z)}{1+G(z)}=\frac{0.368z+0.264}{z^2-z+0.632}$$

$$\begin{aligned}C(z)&=\frac{z}{z-1}\Phi(z)=\frac{0.368z^2+0.264z}{(z-1)(z^2-z+0.632)}=\frac{0.368z^2+0.264z}{z^3-2z^2+1.632z-0.632}\\
&=0.368z^{-1}+z^{-2}+1.4z^{-3}+1.4z^{-4}+1.14z^{-5}+\\
&\quad 0.895z^{-6}+0.802z^{-7}+0.868z^{-8}+0.993z^{-9}+\\
&\quad 1.077z^{-10}+1.081z^{-11}+1.032z^{-12}+0.981z^{-13}+\cdots\end{aligned}$$

用长除法解得

$$\begin{aligned}c^*(t)=&0.368\delta(t-T)+\delta(t-2T)+1.4\delta(t-3T)+1.4\delta(t-4T)+\\
&1.14\delta(t-5T)+0.895\delta(t-6T)+0.802\delta(t-7T)+\cdots\end{aligned}$$

因此,得

$$t_r = 2T = 2 \text{ s}$$

$$t_p = 4T = 4 \text{ s}$$

$$\sigma\% = 40\%$$

$$t_s = 12T = 12 \text{ s}, \Delta = 5\%$$

$$t_s = 15T = 15 \text{ s}, \Delta = 2\%$$

响应曲线如图 7 - 27 所示。

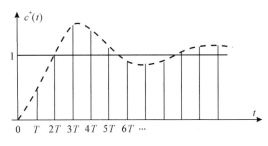

图 7 - 27　响应曲线

### 2. 采样-保持器对离散系统时间响应的影响

【例 7 - 37】　若例 7 - 36 中去掉保持器，求 $c^*(t)$ 及 $t_r$、$t_p$、$t_s$、$\sigma\%$。

$$G(z) = \mathscr{Z}\left[\frac{1}{s(s+1)}\right] = \frac{0.632z}{(z-1)(z-0.368)}$$

**解**

$$\Phi(z) = \frac{G(z)}{1+G(z)} = \frac{0.632z}{z^2 - 0.736z + 0.368}$$

$$= 0.632z^{-1} + 1.097z^{-2} + 1.207z^{-3} + 1.117z^{-4} + 1.014z^{-5} +$$

$$0.96z^{-6} + 0.968z^{-7} + 0.99z^{-8} + \cdots$$

$$c^*(t) = 0.632\delta(t-T) + 1.097\delta(t-2T) + 1.207\delta(t-3T) +$$

$$1.117\delta(t-4T) + 1.014\delta(t-5T) + 0.96\delta(t-6T) +$$

$$0.968\delta(t-7T) + 0.99\delta(t-8T) + \cdots$$

$$t_r = 2T = 2 \text{ s}$$

$$t_p = 3T = 3 \text{ s}$$

$$\sigma\% = 20.7\%$$

$$t_s = 5T = 5 \text{ s}, \Delta = 5\%$$

$$t_s = 8T = 8 \text{ s}, \Delta = 2\%$$

响应曲线如图 7 - 28 所示。

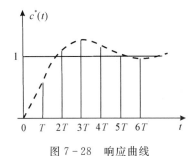

图 7 - 28　响应曲线

**3. 采样器对离散系统时间响应的影响**

【例 7-38】 若例 7-37 中再去掉采样器，求 $c^*(t)$ 及 $t_r$、$t_p$、$t_s$、$\sigma\%$。

**解** 这时系统变为二阶连续系统，其闭环传递函数为

$$\Phi(s) = \frac{\dfrac{1}{s(s+1)}}{1+\dfrac{1}{s(s+1)}} = \frac{1}{s^2+s+1} = \frac{\omega_n^2}{s^2+2\zeta\omega_n s+\omega_n^2} \quad (\omega_n=1, \ \zeta=0.5)$$

$$t_r = 2.42 \ \text{s}$$
$$t_p = 3.6 \ \text{s}$$
$$\sigma\% = 16.5\%$$
$$t_s = 6 \ \text{s}, \ \Delta=5\%$$
$$t_s = 8 \ \text{s}, \ \Delta=2\%$$

讨论：为什么同样一个控制系统，在连续状态和离散状态下会出现性能指标不一样？原因是什么？

有采样器和保持器：$t_r=2$ s，$t_p=4$ s，$\sigma\%=40\%$，$t_s=15$ s。

只有采样器：$t_r=2$ s，$t_p=3$ s，$\sigma\%=20.7\%$，$t_s=8$ s。

连续系统：$t_r=2.42$ s，$t_p=3.6$ s，$\sigma\%=16.5\%$，$t_s=8$ s。

**结论：**

（1）采样器和保持器的引入，虽然不改变开环脉冲传递函数的极点，但会影响其零点，势必引起闭环脉冲传递函数极点的改变，从而影响离散控制系统的动态性能。

只有采样器：$t_r=2$ s，$t_p=3$ s，$\sigma\%=20.7\%$，$t_s=8$ s。

连续系统：$t_r=2.42$ s，$t_p=3.6$ s，$\sigma\%=16.5\%$，$t_s=8$ s。

（2）采样器可使系统的上升时间、峰值时间、调节时间略有减小，但超调量增大，故在一般情况下采样造成的信息损失会降低系统的稳定程度。然而，在某些具有大延迟的系统中，误差采样反而会提高系统的稳定程度。

有采样器和保持器：$t_r=2$ s，$t_p=4$ s，$\sigma\%=40\%$，$t_s=15$ s。

只有采样器：$t_r=2$ s，$t_p=3$ s，$\sigma\%=20.7\%$，$t_s=8$ s。

（3）零阶保持器会使系统的峰值时间、调节时间都加长，超调量也增加。这是由于零阶保持器具有相角滞后作用，降低了系统的稳定程度。

## 7.6.3 闭环极点的分布与动态性能的关系

与连续系统相似，离散系统的结构和参数决定了系统闭环零、极点的分布，而闭环脉冲传递函数的极点在 $z$ 平面上单位圆内的分布，对系统的动态性能具有重要影响。

设离散控制系统的闭环脉冲传递函数为

$$\Phi(z) = \frac{M(z)}{D(z)} = \frac{b_0 z^m + b_1 z^{m-1} + \cdots + b_m}{a_0 z^n + a_1 z^{n-1} + \cdots + a_n} = \frac{b_0}{a_0} \cdot \frac{\prod\limits_{j=1}^{m}(z-z_j)}{\prod\limits_{i=1}^{n}(z-\lambda_i)} \tag{7-92}$$

令

$$C_1(z) = \frac{A_0 z}{z-1}, \; C_2(z) = \sum_{i=1}^{n} \frac{A_i z}{z-\lambda_i}$$

其中：

$$A_0 = \lim_{z \to 1} \frac{M(z)}{D(z)} = \frac{M(1)}{D(1)} \tag{7-93}$$

$$A_i = \lim_{z \to \lambda_i}(z-\lambda_i) \cdot \frac{1}{z-1} \cdot \frac{M(z)}{D(z)} \tag{7-94}$$

则系统单位阶跃响应中的稳态分量为

$$c_1^*(t) = \mathscr{Z}^{-1}[C_1(z)] = A_0 = \frac{M(1)}{D(1)} \tag{7-95}$$

暂态分量为

$$c_2^*(t) = \mathscr{Z}^{-1}[c_2(z)] \tag{7-96}$$

因此，闭环极点 $\lambda_i$ 在单位圆内分布的位置不同，它所对应的暂态分量的形式也将表现为不同的形式。下面分几种情况加以讨论。

（1）$\lambda_i$ 为正实轴上的单极点时，$\lambda_i$ 对应的暂态分量为

$$c_i^*(t) = \mathscr{Z}^{-1}\left[\frac{A_i z}{z-\lambda_i}\right]$$

求 $z$ 反变换得

$$c_i(nT) = A_i \lambda_i^n \tag{7-97}$$

令 $a = \frac{1}{T}\ln\lambda_i$，则

$$c_i(nT) = A_i e^{anT} \tag{7-98}$$

此时，$\lambda_i$ 对应的暂态分量将按指数规律变化。

若 $0<\lambda_i<1$，闭环极点位于 $z$ 平面上单位圆内的正实轴上，有 $a<0$，故暂态响应 $c_i(nT)$ 是按指数规律收敛的脉冲序列，且 $\lambda_i$ 离原点越近，对应的暂态分量衰减越快。

若 $\lambda_i=1$，闭环极点位于右半 $z$ 平面上的单位圆上，有 $a=0$，故暂态响应 $c_i(nT)=Ai$ 为等幅脉冲序列。

若 $\lambda_i>1$，闭环极点位于 $z$ 平面上单位圆外的正实轴上，有 $a>0$，故暂态响应 $c_i(nT)$ 是按指数规律发散的脉冲序列。

（2）$\lambda_i$ 为负实轴上的单极点时，由式（7-97）可知，$n$ 为奇数时，$c_i(nT)$ 为负值，$n$ 为偶数时，$c_i(nT)$ 为正值，故暂态响应 $c_i(nT)$ 是交替变号的双向脉冲序列。

若 $-1<\lambda_i<0$，闭环极点位于 $z$ 平面上单位圆内的负实轴上，故暂态响应 $c_i(nT)$ 是交替变号的衰减脉冲序列，且 $\lambda_i$ 离原点越近，对应的暂态分量衰减越快。

若 $\lambda_i=-1$，闭环极点位于左半 $z$ 平面的单位圆上，故暂态响应 $c_i(nT)$ 是交替变号的等幅脉冲序列。

若 $\lambda_i<-1$，闭环极点位于 $z$ 平面上单位圆外的负实轴上，故暂态响应 $c_i(nT)$ 是交替变号的发散脉冲序列。

（3）闭环极点为一对共轭复数。设 $\lambda_i$ 和 $\bar{\lambda}_i$ 为一对共轭复数极点，记作

$$\lambda_i, \bar{\lambda}_i = |\lambda_i| e^{\pm j\theta_i} \tag{7-99}$$

此时，$\lambda_i$ 和 $\bar{\lambda}_i$ 对应的暂态分量为

$$c^*(t) = \mathscr{Z}^{-1}\left[\frac{A_i z}{z - \lambda_i} + \frac{\bar{A}_i z}{z - \bar{\lambda}_i}\right] \tag{7-100}$$

其中，$A_i$ 和 $\bar{A}_i$ 也为一对共轭复数，记作

$$A_i, \bar{A}_i = |A_i| e^{\pm j\varphi_i} \tag{7-101}$$

将式(7-99)和式(7-101)代入式(7-100)可得一对共轭复数极点 $\lambda_i$ 和 $\bar{\lambda}_i$，其对应的暂态分量为

$$\begin{aligned}
c(nT) &= A_i \lambda_i^n + \bar{A}_i \bar{\lambda}_i^n \\
&= |A_i| e^{j\varphi_i} |\lambda_i|^n e^{jn\theta_i} + |A_i| e^{-j\varphi_i} |\lambda_i|^n e^{-jn\theta_i} \\
&= |A_i| |\lambda_i|^n \left[e^{j(\varphi_i + n\theta_i)} + e^{-j(\varphi_i + n\theta_i)}\right] \\
&= 2|A_i| |\lambda_i|^n \cos(n\theta_i + \varphi_i)
\end{aligned} \tag{7-102}$$

当 $|\lambda_i| > 1$ 时，闭环复数极点位于 $z$ 平面的单位圆外，故暂态分量 $c_i(nT)$ 是振荡发散的脉冲序列。

当 $|\lambda_i| = 1$ 时，闭环复数极点位于 $z$ 平面的单位圆上，故暂态分量 $c_i(nT)$ 是等幅振荡的脉冲序列。

当 $|\lambda_i| < 1$ 时，闭环复数极点位于 $z$ 平面的单位圆内，故暂态分量 $c_i(nT)$ 是振荡收敛的脉冲序列，且 $\lambda_i$ 离原点越近，对应的暂态分量衰减越快。

以余弦规律振荡的暂态分量，其振荡角频率 $\omega$ 与一对共轭复数极点的辐角 $\theta_i$ 有关，$\theta_i$ 越大，振荡频率越高。因此，位于 $z$ 平面左半平面的单位圆内的复数极点对应的暂态分量的振荡频率，要高于 $z$ 平面右半平面单位圆内的复数极点所对应的暂态分量的振荡频率。

一个振荡周期内包含的采样周期的个数为

$$k = \frac{2\pi}{\theta_i} \tag{7-103}$$

可见，共轭复数极点的辐角 $\theta_i$ 反映了对应暂态分量振荡的激烈程度。$\theta_i$ 越大，$k$ 越小，振荡越激烈。作为极端情况，当 $\theta_i = 0$ 时(极点在正实轴上，$k = \infty$)，暂态分量是非周期衰减的。当 $\theta_i = \pi$ 时，$k = 2$，1 个振荡周期包含了 2 个采样周期，暂态分量是正、负交替的衰减振荡，而且是最激烈的振荡过程。

离散控制系统闭环极点在 $z$ 平面上的分布与相应的动态响应形式的关系如图 7-29 所示。

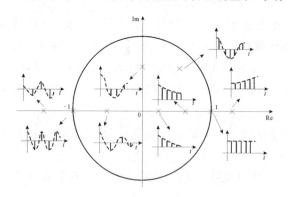

图 7-29  离散系统极点位置与响应关系

综上分析，当闭环脉冲传递函数的极点位于 $z$ 平面的单位圆内时，对应的暂态分量是收敛的，故系统稳定；当闭环极点位于 $z$ 平面的单位圆上或单位圆外时，对应的暂态分量均不收敛，系统不稳定。为了使稳定的离散系统具有较满意的动态性能，闭环极点应尽量避免在 $z$ 平面的左半单位圆内，尤其不要靠近负实轴，以免产生较强烈的振荡。闭环极点最好分布在单位圆的右半部分且靠近原点处，这时系统反应迅速，过渡过程进行得较快。

# 7.7　离散控制系统的分析与设计

## 7.7.1　离散系统的校正方式

计算机控制系统的设计是指设计数字控制器，使系统达到要求的性能指标。计算机控制系统的设计方法包括模拟化设计方法、离散化设计方法（如最少拍设计）等。

所谓计算机控制系统的模拟化设计方法，就是对如图 7-30 所示的系统设计出符合技术要求的连续控制系统，再用离散时间控制器近似连续时间控制器。

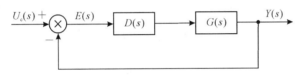

图 7-30　连续控制系统

模拟化设计方法就是首先按照连续控制系统的设计方法（如对数频率特性法、根轨迹法等）设计出符合技术要求的连续校正环节 $D(s)$，再用相应的数字校正环节 $D(z)$ 去代替连续校正环节，如图 7-31 所示。图 7-32 所示为离散系统的广义对象。

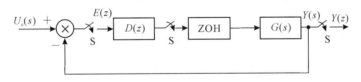

图 7-31　离散系统框图

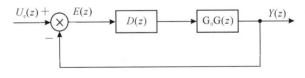

图 7-32　离散系统的广义对象

$D(z)$ 逼近 $D(s)$ 的程度取决于采样速率和离散化的方法。对于单输入-单输出系统，已有多种离散化方法，如冲激不变法、零阶保持器离散化法、前向差分法、后向差分法等。相应于连续控制系统中广泛应用的 PID 控制器，计算机控制系统中也有数字 PID 控制器。

## 7.7.2　数字控制器的脉冲传递函数

设单位反馈离散系统如图 7-33 所示，图中 $D(z)$ 为数字控制器，$G(s)$ 为连续部分传递函数,一般包括保持器和被控对象两部分,即 $G(s)=G_h(s)G_1(s)$,称为广义对象的传递函数。

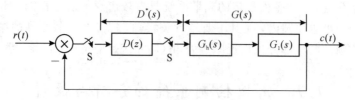

图 7 - 33　单位反馈离散系统

由于 $G(z)=\mathscr{Z}[G(s)]$,因此系统的闭环脉冲传递函数为

$$\Phi(z) = \frac{D(z)G(z)}{1+D(z)G(z)} \tag{7-104}$$

误差脉冲传递函数为

$$\Phi_e(z) = \frac{1}{1+D(z)G(z)} \tag{7-105}$$

因而由式(7-104)和式(7-105)可以分别求出数字控制器的脉冲传递函数为

$$D(z) = \frac{\Phi(z)}{G(z)[1-\Phi(z)]} \tag{7-106}$$

$$D(z) = \frac{1-\Phi_e(z)}{G(z)\Phi_e(z)} \tag{7-107}$$

比较式(7-106)与式(7-107),得

$$\Phi_e(z) = 1-\Phi(z) \tag{7-108}$$

由此可见,$D(z)$ 的确定取决于 $G(z)$ 和 $\Phi(z)$ 或 $\Phi_e(z)$ 的具体形式。若已知 $G(z)$,并根据性能指标定出 $\Phi(z)$,则数字控制器 $D(z)$ 就可唯一确定。

设计数字控制器的步骤如下:

(1) 由系统连续部分传递函数 $G(s)$ 求出脉冲传递函数 $G(z)$。

(2) 根据系统的性能指标要求和其他约束条件,确定所需的闭环脉冲传递函数 $\Phi(z)$。

(3) 按式(7-107)确定数字控制器的脉冲传递函数 $D(z)$。

需要指出的是,以上设计出的数字控制器只是理论上的结果,要设计出具有实用价值的 $D(z)$,应满足以下两点约束:

(1) $D(z)$ 是稳定的,即其极点均位于 $z$ 平面的单位圆内。

(2) $D(z)$ 是可实现的,即其极点数要大于或等于零点数。

### 7.7.3　最少拍系统的动态响应

人们通常把采样过程中的一个采样周期称为一拍。所谓最少拍系统,是指在典型输入信号的作用下,经过最少采样周期,系统的采样误差信号减少到零的离散控制系统。因此,最少拍系统又称为最快响应系统。

当典型输入信号 $r(t)$ 分别为单位阶跃信号 $r(t)=1(t)$、单位斜坡信号 $r(t)=t$ 和单位加速度信号 $r(t)=\dfrac{1}{2}t^2$ 时,其 $z$ 变换 $R(z)$ 分别为 $\dfrac{1}{1-z^{-1}}$、$\dfrac{Tz^{-1}}{(1-z^{-1})^2}$、$\dfrac{T^2z^{-1}(1+z^{-1})}{2(1-z^{-1})^3}$。由

此可得典型输入信号 $z$ 变换的一般形式为

$$R(z) = \frac{A(z)}{(1-z^{-1})^v} \qquad (7-109)$$

式中：$A(z)$ 为 $R(z)$ 中不包含因式 $1-z^{-1}$ 的 $z^{-1}$ 的多项式；$v$ 为 $(1-z^{-1})^{-1}$ 的幂次。

最少拍系统的设计原则是：如果系统的广义被控对象 $G(z)$ 尤延迟且在 $z$ 平面单位圆上及单位圆外均无零、极点，则要求选择闭环脉冲传递函数 $\Phi(z)$，使系统在典型输入信号的作用下，经最少采样周期后输出序列在各采样时刻的稳态误差为零，达到完全跟踪的目的，从而确定所需要的数字控制器的脉冲传递函数 $D(z)$。

根据此设计原则，需要求出稳态误差 $e(\infty)$ 的表达式，将式(7-109)代入式 $E(z) = \Phi_e(z)R(z)$ 得

$$E(z) = \Phi_e(z)R(z) = \Phi_e(z)\frac{A(z)}{(1-z^{-1})^v} \qquad (7-110)$$

根据 $z$ 变换的终值定理，系统的稳态误差终值为

$$e(\infty) = \lim_{z \to 1}(z-1)\Phi_e(z)R(z) = \lim_{z \to 1}(z-1)\frac{A(z)}{(1-z^{-1})^v}\Phi_e(z) \qquad (7-111)$$

为了实现系统无稳态误差，$\Phi_e(z)$ 应当包含 $(1-z^{-1})^v$ 的因子，因此设

$$\Phi_e(z) = (1-z^{-1})^v F(z) \qquad (7-112)$$

式中：$F(z)$ 为不包含 $(1-z^{-1})$ 的 $z^{-1}$ 的多项式。由式(7-108)可得

$$\Phi(z) = 1 - \Phi_e(z) = 1 - (1-z^{-1})^v F(z) \qquad (7-113)$$

为了使求出的 $D(z)$ 简单，阶数最低，可取 $F(z)=1$，由式(7-113)及式(7-114)知，取 $F(z)=1$ 可使 $\Phi(z)$ 的全部极点位于 $z$ 平面的原点，这时采样控制系统的瞬态过程可在最少拍内完成。因此设

$$\Phi_e(z) = 1 - z^{-1} \qquad (7-114)$$

$$\Phi(z) = 1 - (1-z^{-1}) \qquad (7-115)$$

式(7-114)和式(7-115)是无稳态误差的最少拍离散控制系统的误差脉冲传递函数和闭环脉冲传递函数。下面分析几种典型输入信号作用的情况。

**1. 单位阶跃输入信号**

当 $r(t)=1(t)$ 时，$X(z) = \dfrac{1}{1-z^{-1}}$，$v=1$，由式(7-115)和式(7-116)可得

$$\Phi_e(z) = 1 - z^{-1}, \ \Phi(z) = z^{-1}$$

因此有

$$C(z) = \Phi(z)R(z) = \frac{z^{-1}}{1-z^{-1}} = z^{-1} + z^{-2} + \cdots + z^{-n} + \cdots$$

基于 $z$ 变换的定义，得到最少拍系统在单位阶跃信号作用下的输出序列 $c(nT)$ 为 $c(0)=0$，$c(T)=1$，$c(2T)=1$，$c(3T)=1$，$\cdots$，$c(nT)=1$，$\cdots$。其动态响应 $c^*(t)$ 如图 7-34 所示。最少拍系统经过一拍就可完全跟踪输入 $r(t)=1(t)$。该采样系统称为一拍系统，其调节时间 $t_s = T$。

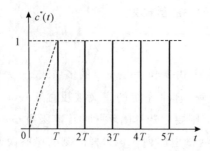

图 7 - 34　单位阶跃最少拍响应

**2. 单位斜坡输入信号**

当 $r(t)=t$ 时，$R(z)=\dfrac{Tz^{-1}}{(1-z^{-1})^2}$，$v=2$，由式(7 - 114)和式(7 - 115)可得

$$\Phi_e(z)=(1-z^{-1})^2,\ \Phi(z)=2z^{-1}-z^{-2}$$

因此有

$$C(z)=\Phi(z)R(z)=\frac{(2z^{-1}-z^{-2})Tz^{-1}}{(1-z^{-1})^2}$$

$$=2Tz^{-2}+3Tz^{-3}+\cdots+nTz^{-n}+\cdots$$

基于 $z$ 变换的定义，得到最少拍系统在单位斜坡信号作用下的输出序列 $c(nT)$ 为 $c(0)=0$，$c(T)=0$，$c(2T)=2T$，$c(3T)=3T$，$\cdots$，$c(nT)=nT$，$\cdots$。其动态响 $c^*(t)$ 如图 7 - 35 所示，最少拍系统经过二拍就可完全跟踪输入 $r(t)=t$。该采样系统称为二拍系统，其调节时间 $t_s=2T$。

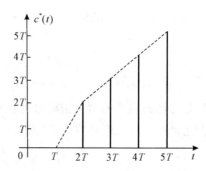

图 7 - 35　单位斜坡最少拍响应

**3. 单位加速度输入**

当 $r(t)=\dfrac{1}{2}t^2$ 时，$R(z)=\dfrac{T^2z^{-1}(1+z^{-1})}{2(1-z^{-1})^3}$，$v=3$，由式(7 - 114)和式(7 - 115)可得

$$\Phi_e(z)=(1-z^{-1})^3,\ \Phi(z)=3z^{-1}-3z^{-2}+z^{-3}$$

因此有

$$C(z)=\Phi(z)R(z)=(3z^{-1}-3z^{-2}+z^{-3})\frac{T^2z^{-1}(1+z^{-1})}{2(1-z^{-1})^3}$$

$$=\frac{3}{2}T^2z^{-2}+\frac{9}{2}T^2z^{-3}+8T^2z^{-4}\cdots+\frac{n^2}{2}T^2z^{-n}+\cdots$$

基于 $z$ 变换的定义，得到的最少拍系统在单位加速度信号作用下的输出序列 $c(nT)$ 为 $c(0)=0$，$c(T)=0$，$c(2T)=1.5T^2$，$c(3T)=4.5T^2$，…，$c(nT)=\dfrac{n^2}{2}T^2$，…。其动态响应 $c^*(t)$ 如图 7-36 所示，最少拍系统经过三拍就可以完全跟踪输入 $r(t)=\dfrac{1}{2}t^2$。该采样系统称为三拍系统，其调节时间 $t_s=3T$。

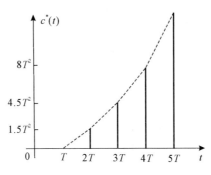

图 7-36　单位斜坡最少拍响应

在典型输入信号的作用下，最少拍系统的闭环脉冲传递函数及调节时间见表 7-5。

**表 7-5　最少拍系统的闭环脉冲传递函数及调节时间**

| 典型输入 $r(t)$ | 误差脉冲传递函数 $\Phi_e(z)$ | 闭环脉冲传递函数 $\Phi(z)$ | 数字校正装置 $D(z)$ | 调节时间 $t_s$ |
|---|---|---|---|---|
| $1(t)$ | $1-z^{-1}$ | $z^{-1}$ | $\dfrac{z^{-1}}{(1-z^{-1})G(z)}$ | $T$ |
| $t$ | $(1-z^{-1})^2$ | $2z^{-1}-z^{-2}$ | $\dfrac{z^{-1}(2-z^{-1})}{(1-z^{-1})^2 G(z)}$ | $2T$ |
| $\dfrac{t^2}{2}$ | $(1-z^{-1})^3$ | $3z^{-1}-3z^{-2}+z^{-3}$ | $\dfrac{z^{-1}(3-3z^{-1}+z^{-2})}{(1-z^{-1})^3 G(z)}$ | $3T$ |

**【例 7-39】** 设离散控制系统如图 7-33 所示，其中 $G(s)=\dfrac{1-e^{-Ts}}{s}\dfrac{4}{s(0.5s+1)}$，已知采样周期 $T=0.5\mathrm{s}$，试求在单位斜坡信号 $r(t)=t$ 作用下最少拍系统的 $D(z)$。

**解**　由已知条件可知

$$G(z)=\mathscr{Z}\left[G(s)\right]=\frac{0.736(1+0.717z^{-1})}{(1-z^{-1})(1-0.368z^{-1})}$$

在 $r(t)=t$ 时，$v=2$，由式(7-114)和式(7-115)可得

$$\Phi_e(z)=(1-z^{-1})^2,\ \Phi(z)=1-\Phi_e(z)=2z^{-1}-z^{-2}$$

由式(7-107)可得数字控制器的脉冲传递函数为

$$D(z)=\frac{1-\Phi_e(z)}{G(z)\Phi_e(z)}=\frac{2.717(1-0.368z^{-1})(1-0.5z^{-1})}{(1-z^{-1})(1+0.717z^{-1})}$$

加入数字校正装置后，最少拍系统的开环脉冲传递函数为

$$D(z)G(z)=\frac{2z^{-1}(1-0.5z^{-1})}{(1-z^{-1})^2}$$

系统的单位斜坡响应 $c^*(t)$ 如图 7-35 所示，过渡过程只需两个采样周期即可完成。

如果上述系统的输入信号不是单位斜坡信号，而是单位阶跃信号，则情况将有所变

化。当 $r(t)=1(t)$ 时，系统输出信号的 $z$ 变换为

$$C(z)=\Phi(z)R(z)=\frac{1}{1-z^{-1}}(2z^{-1}-z^{-2})=2z^{-1}+z^{-2}+z^{-3}+\cdots+z^{-n}+\cdots$$

对应的单位阶跃响应如图 7-37 所示。

由图 7-37 可见，系统的过渡过程也只需两个采样周期即可完成，但在 $t=T$ 时刻出现了 100% 的超调量。

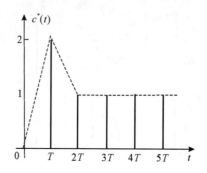

图 7-37　单位斜坡最少拍响应

综上所述，根据一种典型输入信号进行校正从而得到的最少拍采样系统，其校正方法比较简单，系统结构也比较简单，但在实际应用中存在较大的局限性。首先，最少拍系统对于不同输入信号的适应性较差。当对于一种输入信号设计的最少拍系统遇到其他类型的输入信号时，表现出的性能往往不能令人满意。虽然可以考虑根据不同的输入信号自动切换数字校正程序，但实用中仍旧不便。其次，最少拍系统对参数的变化也比较敏感，当系统参数受各种因素的影响发生变化时，会导致动态响应时间延长。

应当指出，上述校正方法只能保证在采样点处稳态误差为零，而在采样点之间系统的输出可能会出现波动(与输入信号比较)，因而这种系统称为有波纹系统。波纹的存在不仅影响精度，而且会增加系统的机械磨损和功耗，这当然是不希望的。适当地增加动态响应时间可以实现无波纹输出的采样系统。由于篇幅所限，这里不再详述。

# 7.8　计算机控制系统的模拟化设计方法

在计算机控制系统中，计算机代替了传统的模拟调节器，成为系统的数字控制器。它可以通过执行按一定算法编写的程序，实现对被控对象的控制和调节。由于控制系统中的被控对象一般为模拟装置，具有连续性，而计算机是一种数字装置，具有离散性，因此计算机控制系统是一个既有连续部分又有离散部分的混合系统，其一般结构如图 7-38 所示。

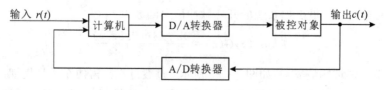

图 7-38　计算机控制系统原理图

在计算机控制系统中，数字控制器通常采用两种等效的设计方法。一种是把计算机控制系统经过适当的变换变成纯粹的离散系统，再用 $z$ 变换等工具进行分析设计，这种方法为离散化设计方法，也叫直接设计法。另一种方法是在一定的条件下将计算机控制系统近似地看成一个连续变化的模拟系统，用模拟系统的理论和方法进行分析和设计，得到模拟控制器，然后将模拟控制器进行离散化，得到数字控制器。后一种设计方法即为本章要介绍的连续化设计方法，也称为模拟化设计方法。

### 7.8.1 差分变换法

在模拟化设计方法中，对模拟控制器进行离散化处理的方法一般有多种，如差分变换法、零阶保持器法、双线性变换法等。本节仅介绍常用的差分变换法。

在用差分变换法进行离散化处理时，应先给出模拟控制器的传递函数 $D(s)$，并将它转换成相应的微分方程；然后根据香农采样定理，选择一个合适的采样周期 $T$；再将微分方程中的导数用差分替换，这样微分方程就变成了差分方程，用该差分方程就可以近似微分方程。常用的差分变换方法一般有两种，即后向差分和前向差分。

**1. 后向差分**

一阶导数采用增量表示的近似式为

$$\frac{\mathrm{d}u(t)}{\mathrm{d}t} \approx \frac{u(k)-u(k-1)}{T} \tag{7-116}$$

同理，二阶导数采用的近似式为

$$\begin{aligned}\frac{\mathrm{d}^2 u(t)}{\mathrm{d}t^2} &\approx \frac{u'(k)-u'(k-1)}{T}\\ &= \frac{\dfrac{u(k)-u(k-1)}{T}-\dfrac{u(k-1)-u(k-2)}{T}}{T}\\ &= \frac{u(k)-2u(k-1)+u(k-2)}{T^2}\end{aligned} \tag{7-117}$$

**2. 前向差分**

一阶导数采用增量表示的近似式为

$$\frac{\mathrm{d}u(t)}{\mathrm{d}t} \approx \frac{u(k+1)-u(k)}{T} \tag{7-118}$$

同理，二阶导数采用的近似式为

$$\frac{\mathrm{d}^2 u(t)}{\mathrm{d}t^2} \approx \frac{u(k+2)-2u(k+1)+u(k)}{T^2} \tag{7-119}$$

【例 7-40】 求惯性环节 $D(s)=\dfrac{1}{T_1 s+1}$ 的差分方程。

**解** 由

$$D(s)=\frac{U(s)}{E(s)}=\frac{1}{T_1 s+1}$$

有

$$(T_1 s+1)U(s)=E(s)$$

化成微分方程为

$$T_1 \frac{\mathrm{d}u(t)}{\mathrm{d}t} + u(t) = e(t)$$

将 $\frac{\mathrm{d}u(t)}{\mathrm{d}t}$ 用后向差分 $\frac{u(k)-u(k-1)}{T}$ 代替，得

$$\frac{T_1}{T}[u(k)-u(k-1)] + u(k) = e(k)$$

整理后得

$$u(k) = \frac{T_1}{T+T_1}u(k-1) + \frac{T}{T+T_1}e(k)$$

【例 7 – 41】　求环节 $D(s) = \dfrac{K}{s(T_1 s+1)}$ 的差分方程。

**解**　由　$D(s) = \dfrac{U(s)}{E(s)}$，有

$$s(T_1 s+1)U(s) = KE(s)$$

即

$$T_1 s^2 U(s) + sU(s) = KE(s)$$

化成微分方程：

$$T_1 \frac{\mathrm{d}^2 u(t)}{\mathrm{d}t^2} + \frac{\mathrm{d}u(t)}{\mathrm{d}t} = Ke(t)$$

用后向差分公式代替微分方程中的一阶、二阶导数，得

$$T_1 \frac{u(k)-2u(k-1)+u(k-2)}{T^2} + \frac{u(k)-u(k-1)}{T} = Ke(k)$$

整理后得

$$u(k) = \frac{T+2T_1}{T+T_1}u(k-1) - \frac{T_1}{T+T_1}u(k-2) + \frac{T^2 k}{T+T_1}e(k)$$

## 7.8.2　数字 PID 控制器的设计

　　工业控制中最常用到的数字控制算法是数字 PID 控制算法，该算法对大多数控制对象均可达到满意的控制效果。不过对于有特殊要求或具有复杂对象特性的系统，采用数字 PID 控制一般难以达到目的。在这种情况下，需要从控制对象的特性出发，运用系统控制理论来设计相应的控制算法，或者采用智能控制等。

### 1. 模拟 PID 控制器

　　所谓 PID 控制，就是比例（Proportional）、积分（Integral）和微分（Differential）控制，它的结构简单，参数易于调整，是控制系统中经常采用的控制算法。

　　在模拟控制系统中，PID 控制算法的控制结构如图 7 – 39 所示，其表达式为

$$u(t) = K_P\left[e(t) + \frac{1}{T_1}\int_0^t e(t)\mathrm{d}t + T_D \frac{\mathrm{d}e(t)}{\mathrm{d}t}\right] \tag{7 – 120}$$

式中，$u(t)$ 为控制器输出的控制量；$e(t)$ 为偏差信号，它等于给定量与输出量之差；$K_P$ 为比例系数；$T_I$ 为积分时间常数；$T_D$ 为微分时间常数。

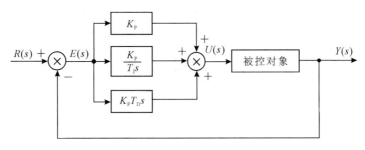

图 7 - 39　PID 控制系统框图

式(7 - 120)中的比例控制能迅速反映误差,从而减小误差,但比例控制不能消除稳态误差,加大 $K_P$ 还会引起系统不稳定。只要系统存在误差,积分控制作用就不断积累,并且输出控制量以消除误差,因而只要有足够的时间,积分作用就能完全消除误差,但是如果积分作用太强,则会使系统的超调量加大,甚至出现振荡。微分控制可以减小超调量,克服振荡,使系统的稳定性提高,还能加快系统的动态响应速度,缩短调整时间,从而改善系统的动态性能。

**2. 数字 PID 控制器**

由于计算机控制系统是一种采样控制系统,它只能根据采样时刻的偏差值计算控制量,因此必须将 PID 调节器离散化,用差分方程来代替连续系统的微分方程。

**3. 数字 PID 位置式控制算法**

为了把式(7 - 120)变换成差分方程,可作如下近似:

连续的时间函数离散化为

$$u(t) \approx u(kT) \tag{7 - 121}$$

$$e(t) \approx e(kT) \tag{7 - 122}$$

为了使算式简便,将 $u(kT)$ 记为 $u(k)$,将 $e(kT)$ 记为 $e(k)$。

积分用累加求和近似得

$$\int_0^t e(t)\,\mathrm{d}t \approx \sum_{j=0}^{k} e(j)T = T\sum_{j=0}^{k} e(j) \tag{7 - 123}$$

微分用后向差分近似得

$$\frac{\mathrm{d}e(t)}{\mathrm{d}t} \approx \frac{e(k) - e(k-1)}{T} \tag{7 - 124}$$

式中,$T$ 为采样周期;$e(k)$ 为系统第 $k$ 次采样时刻的偏差值 $e(kT)$;$e(k-1)$ 为系统第 $k-1$ 次采样时刻的偏差值。

将式(7 - 123)和式(7 - 124)代入式(7 - 120),可得离散的 PID 表达式为

$$u(k) = K_P\left\{e(k) + \frac{T}{T_{\mathrm{I}}}\sum_{j=0}^{k} e(j) + \frac{T_{\mathrm{D}}}{T}\big[e(k) - e(k-1)\big]\right\} \tag{7 - 125}$$

或

$$u(k) = K_P e(k) + K_{\mathrm{I}}\sum_{j=0}^{k} e(j) + K_{\mathrm{D}}\big[e(k) - e(k-1)\big] \tag{7 - 126}$$

式中,$K_{\mathrm{I}} = \dfrac{K_P T}{T_{\mathrm{I}}}$ 是积分系数;$K_{\mathrm{D}} = \dfrac{K_P T_{\mathrm{D}}}{T}$ 是微分系数。

由于式(7-125)和式(7-126)表示的控制算法提供了执行机构的位置 $u(k)$，如阀门的开度，因此被称为位置式 PID 控制算式，其控制原理如图 7-40 所示。

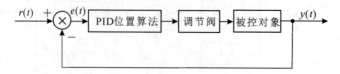

图 7-40　数字 PID 位置式控制示意图

由于这种 PID 算法中的积分项是对以前逐次偏差 $e(j)$ 的累加，在计算时需占用较多的存储单元，而且不便于计算机编程，因此位置式 PID 算法目前较少使用。

1）数字 PID 增量式控制算法

所谓增量式 PID，是对位置式 PID 取增量，这时数字控制器输出的是相邻两次采样时刻所计算的位置值之差，即

$$\Delta u(k) = u(k) - u(k-1)$$
$$= K_P \left\{ [e(k) - e(k-1)] + \frac{T}{T_I} e(k) + \frac{T_D}{T} [e(k) - 2e(k-1) + e(k-2)] \right\}$$

$$(7-127)$$

或

$$\Delta u(k) = K_P [e(k) - e(k-1)] + K_I e(k) + K_D [e(k) - 2e(k-1) + e(k-2)]$$

$$(7-128)$$

为了编程方便，可将式(7-128)整理成如下形式：

$$\Delta u(k) = q_0 e(k) + q_1 e(k-1) + q_2 e(k-2) \qquad (7-129)$$

其中，$q_0 = K_P \left(1 + \frac{T}{T_I} + \frac{T_D}{T}\right)$；$q_1 = -K_P \left(1 + \frac{2T_D}{T}\right)$；$q_2 = K_P \dfrac{T_D}{T}$。

如果控制系统的执行机构采用步进电机，则在每个采样周期，控制器输出的控制量是相对于上次控制量的增加，此时控制器应采用数字 PID 增量式控制算法，其控制原理如图 7-41 所示。

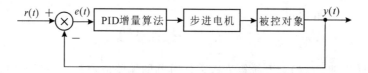

图 7-41　数字 PID 增量式控制示意图

在按式(7-129)编写增量式 PID 控制算法程序时，可以根据预先确定的 $K_P$、$K_I$、$K_D$ 的值计算出 $q_0$、$q_1$、$q_2$ 的值，将其存入内存中固定的存储单元，并且设置初始值 $e(k) = e(k-1) = e(k-2) = 0$。增量式 PID 控制算法程序框图如图 7-42 所示。

利用增量型 PID 控制算法，也可以得出位置型 PID 控制算法，即

$$u(k) = u(k-1) + \Delta u(k) = u(k-1) + q_0 e(k) + q_1 e(k-1) \qquad (7-130)$$

在式(7-127)、式(7-128)表示的增量式控制算法中，控制作用的比例、积分和微分部分是相互独立的，因此不仅易于理解，也便于检查参数变化对控制效果的影响。在式

(7-129)中，虽然$q_0$、$q_1$、$q_2$可以独立进行选择，但是从形式上已经看不出比例、积分和微分对系统的不同影响。为了便于系统调试，在工程上常采用式(7-127)、式(7-128)进行编程。

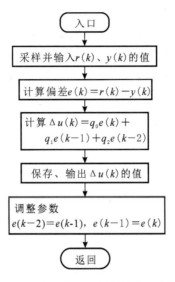

图 7-42　增量式 PID 控制算法程序框图

除了上述两种控制算法外，还有一种速度式控制算法，它采用位置式控制算法的导数形式，即

$$v(t)=\frac{\mathrm{d}u(t)}{\mathrm{d}t}\approx\frac{\Delta u(k)}{T}$$

即

$$v(k)=\frac{\Delta u(k)}{T}$$
$$=\frac{K_\mathrm{P}}{T}\{[e(k)-e(k-1)]+\frac{T}{T_\mathrm{I}}e(k)+\frac{T_\mathrm{D}}{T}[e(k)-2e(k-1)+e(k-2)]\}$$

$$(7-131)$$

由于在一般计算机控制系统中，采样周期 $T$ 是一个常数，因此速度式控制算法与增量式控制算法在算法上没有本质的区别。

2) 数字 PID 控制算法的实现方式比较

在控制系统中，如果执行机构采用调节阀，则控制量对应阀门的开度表征了执行机构的位置，此时控制器应采用数字 PID 位置式控制算法；如果执行机构采用步进电机，则控制器的输出对应控制量的增加，此时控制器应采用数字 PID 增量式控制算法。增量式算法与位置式算法相比，具有以下优点：

(1) 增量式算法不需要做累加，控制量增量的确定仅与最近几次偏差采样值有关，计算误差对控制量计算的影响较小；而位置式算法要用到过去偏差的累加值，容易产生较大的累加误差。

(2) 增量式算法得出的是控制量的增量。例如，在阀门控制中，只输出阀门开度的变化部分，误动作影响小，必要时还可通过逻辑判断限制或禁止本次输出，不会严重影响系统的工作。

（3）采用增量式算法，易于实现手动到自动的无冲击切换。

在实际应用中，各种数字 PID 控制算式的选择视执行机构的形式、被控对象的特性而定。若执行机构不带积分部件，其位置和计算机输出的数字量对应（如电液伺服阀），则应采用位置式算法。若执行机构带积分部件（如步进电机或步进电机带动阀门等），则可选用增量式算法。若执行机构要求速度设定，则也可选用速度式算法。

# 7.9　MATLAB 在计算机控制系统中的应用

## 7.9.1　离散系统的表示

离散系统在各种典型输入作用下的时间响应和动态性能，可以应用 MATLAB 软件包方便地获得。

**1. $z$ 变换和 $z$ 反变换**

$X = \text{ztrans}(x)$　　　　；用于对函数 $x$ 进行 $z$ 变换。

$x = \text{iztrans}(X)$　　　　；用于对函数 $X$ 进行 $z$ 反变换。

**2. 连续系统的离散化**

用 c2d 命令和 d2c 命令可以实现连续系统模型和离散系统模型之间的转换。c2d 命令用于将连续系统模型转换成离散系统模型，d2c 命令用于将离散系统模型转换为连续系统模型。

$\text{sysd} = \text{c2d}(\text{sys}, \text{Ts}, '\text{zoh}')$

$\text{sys} = \text{d2c}(\text{sysd}, '\text{zoh}')$

其中，sys 表示连续系统模型，sysd 表示离散系统模型，Ts 表示离散化采样时间，'zoh'表示采用零阶保持器，采用缺省值。

**3. 离散系统模型的描述**

系统传递函数模型描述：

$\text{sys} = \text{tf}(\text{num}, \text{den}, \text{Ts})$

其中，num、den 分别为分子、分母多项式中按降幂排列的系统向量；Ts 表示采样时间，缺省时描述的是连续系统传递函数。

系统零极点模型描述：

$\text{sys} = \text{zpk}(z, p, k, \text{Ts})$

其中，$z$、$p$、$k$ 分别表示系统的零点、极点及增益，若无零、极点，则用[ ]表示；Ts 采样时描述的是连续系统传递函数。

**4. 离散系统的时域分析**

impulse 命令、step 命令、lsim 命令和 initial 命令可以用来仿真离散系统的响应。这些命令的使用与连续系统的相关仿真没有本质差异，只是用于离散系统时输出为 c(kT)，而且具有阶梯函数的形式。

## 7.9.2　综合应用

**【例 7 - 42】**　用 MATLAB 软件工具求函数 $x(kT)=kT$ 的 $z$ 变换 $X(z)$。

**解**　编写程序如下：

```
syms k   T
x=k * T;
X=ztrans(x)
```

则有

```
X=T * z/(z−1)^2
```

**【例 7 - 43】**　用 MATLAB 软件工具求 $Y(z)=\dfrac{z}{z-1}$ 的 $z$ 反变换 $y(kT)$。

**解**　编写程序如下：

```
Syms z;
Y=z/(z−1);
y=iztrans(Y)
```

则有：

```
y=1
```

**【例 7 - 44】**　已知控制系统的传递函数为 $G(s)=\dfrac{5(s+1)}{s(s^2+2s+6)}$，试用零极点匹配法将此连续系统离散化，设 $T=0.5$ s。

**解**　MATLAB 程序如下：

```
%example7-44
num=[5, 5]; den=[1, 2, 6, 0];
sys=tf(num, den);
sysd=c2d(sys, 0.5, 'matched')
Transferfunction：
0.468z^2+0.1842z−0.2839
————————————————————————————
z^3−1.531z^2+0.8985z−0.3679
Samplingtime: 0.5
```

**【例 7 - 45】**　试求如图 7 - 43(a)和(b)所示控制系统的脉冲传递函数。采样周期 $T=0.5$ s。其中，$D(s)=\dfrac{2}{s+2}$，$G(s)=\dfrac{1}{s}$。

**解**　MATLAB 程序如下：

```
%example7-45
d=tf(2, [1, 2]);
dd=c2d(d, 0.5);
g=tf(1, [1, 0]);
gd=c2d(g, 0.5)
G=dd * gd
```

％(a)图运行结果

Transferfunction：

0.3161

————————————————————

z^2−1.368z+0.3679

Samplingtime：0.5

g1＝d * g；

G1＝c2d(g1,0.5)

％(b)图运行结果

Transferfunction：

0.1839z+0.1321

————————————————————

z^2−1.368z+0.3679

Samplingtime：0.5

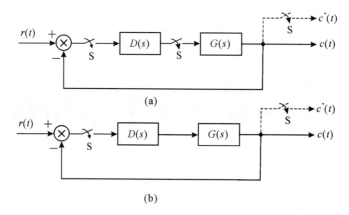

(a)

(b)

图 7 - 43　离散控制系统结构图

当然，离散系统也可以转化为连续系统，其函数格式为 csys＝d2c(dsys, method)。其中，dsys 表示离散系统；csys 表示连续系统；method 为转换方法，与连续系统转换为离散系统相同。

【例 7 - 46】　已知离散系统的闭环传递函数为 $\Phi(z)=\dfrac{2z-1}{z(z-0.1)}$，试求系统的单位阶跃响应和单位脉冲响应。

解　MATLAB 程序如下：

```
%example7-46
num=[2, −1]; den=[1, −0.1, 0];
dstep(num, den)
subplot(1, 2, 1)
dstep(num, den)
subplot(1, 2, 2)
dimpulse(num, den)
```

系统的单位阶跃响应和单位脉冲响应曲线如图 7 - 44 所示。

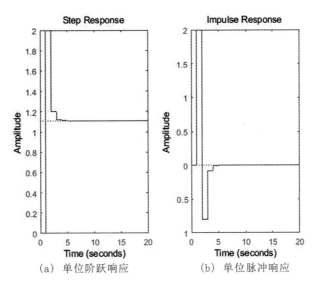

（a）单位阶跃响应　　　（b）单位脉冲响应

图 7 - 44　例 7 - 46 离散系统的响应曲线

【**例 7 - 47**】　连续系统的闭环传递函数为 $G(s) = \dfrac{10(s+1)}{(s+2)(s+5)}$，试绘制连续系统的单位阶跃响应，以及 $T = 0.1$ s 时离散系统的单位阶跃响应。

**解**　MATLAB 程序如下：

```
%example7-47
z=[-1];
p=[-2,-5];
k=10;
sys=zpk(z,p,k);
step(sys)
sysd=c2d(sys,0.1)
Zero/pole/gain:
0.74714(z-0.9045)
————————————————————
(z-0.8187)(z-0.6065)
sysd=tf(sysd)
Transferfunction:
0.7471z-0.6758
————————————————————
z^2-1.425z+0.4966
Samplingtime: 0.1
dstep(sysd.num,sysd.den)
```

连续系统和离散系统的单位阶跃响应曲线如图 7 - 45（a）和（b）所示。

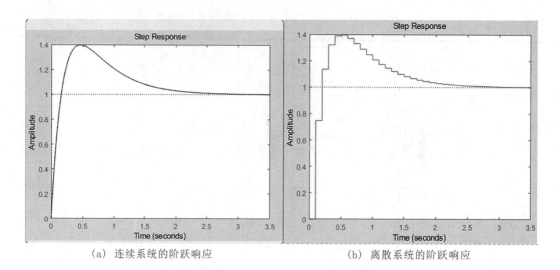

（a）连续系统的阶跃响应　　　　　　　　（b）离散系统的阶跃响应

图 7-45　例 7-47 系统的单位阶跃响应曲线

# 7.10　本 章 小 结

本章主要介绍了离散控制系统分析设计的基础理论（包括离散系统控制器模拟化设计方法、离散控制器数字化设计方法）和基础知识（z 变换），具体包括：

（1）信号采样、信号保持-采样器、保持器、采样定理，以及采样频率的选择等。

（2）差分变换法是一种对模拟控制器进行离散化处理的方法，它先将传递函数转换成微分方程，再将微分方程中的导数用差分替换，从而使之变成差分方程。

（3）z 变换及其性质。

（4）离散控制器的模拟化和数字化设计方法。

（5）数字 PID 控制算法有位置式控制算法和增量式控制算法两种。如果在控制系统中，控制器的输出表征了执行机构的位置，则应采用数字 PID 位置式控制算法；如果控制器的输出对应控制量的增加，则应采用数字 PID 增量式控制算法。

（6）最少拍控制器设计（直接设计法）是与数字控制器的模拟（连续）设计法相对应的一种方法。

# 习　题

7-1　简述传递函数和脉冲传递函数的概念。

7-2　离散系统的分析工具是什么？

7-3　求下列函数的 z 变换。

（1）$x(t)=20$;　　（2）$x(t)=a^{-k}$;　　（3）$x(t)=\delta(t-kT)$;　　（4）$x(t)=t^2$;

（5）$x(t)=tu(t)$;　　（6）$x(t)=\mathrm{e}^{-at}$;　　（7）$x(t)=\mathrm{e}^{-at}\cos bt$;　　（8）$x(t)=\mathrm{e}^{-a(t-T)}$。

7-4　求下列函数的逆 z 变换（即求 $x(kT)$）。

(1) $X(z) = \dfrac{z}{z-0.5}$；　　　　　　　　　(2) $X(z) = \dfrac{z}{(z-1)(z-2)}$；

(3) $X(z) = \dfrac{2z^2}{(z+2)(z+1)^2}$；　　　　　(4) $X(z) = \dfrac{z}{(z-e^{-at})(z-e^{-bt})}$。

7-5　求下列函数的初值和终值(若存在的话)。

(1) $X(z) = \dfrac{2.4z}{(z-1)(z-0.2)(z-0.5)}$；　　(3) $X(z) = \dfrac{1}{1-z^{-1}}$；

(2) $X(z) = \dfrac{z(z-\cos\omega T)}{z^2 - 2z\cos\omega T + 1}$；　　(4) $X(z) = \dfrac{10z}{(1-z^{-1})^2}$。

7-6　用 $z$ 变换求下列方程的解。

(1) 已知 $r(t)=1(t)$，$x(0)=0$，$x(1)=1$，求 $r(k)=x(k+2)-6x(k+1)+8x(k)$；

(2) 已知 $r(t)=\delta(t)$，$x(0)=0$，$x(1)=0$，求 $r(k)=x(k+2)-3x(k+1)+2x(k)$。

7-7　求题 7-7 图中的传递函数 $G(z) - \dfrac{C(z)}{R(z)}$。

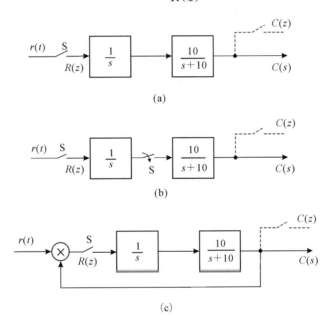

(a)

(b)

(c)

题 7-7 图　控制系统的结构图

7-8　求单位阶跃函数 $1(t)$ 的 $z$ 变换。

7-9　求指数函数 $f(t)=e^{-at} (a>0)$ 的 $z$ 变换。

7-10　已知 $F(s) = \dfrac{a}{s(s+a)}$，试求其 $z$ 变换 $F(z)$。

7-11　求 $f(t)=\sin\omega t$ 的 $z$ 变换 $F(z)$。

7-12　已知 $F(s) = \dfrac{s+3}{(s+1)(s+2)}$，试求其 $z$ 变换 $F(z)$。

7-13　求 $f(t)=t$ 的 $z$ 变换 $F(z)$。已知 $t<0$ 时，$f(t)=0$。

7-14　设 $F(z) = \dfrac{10z}{(z-1)(z-2)}$，用长除法求其 $z$ 反变换 $f^*(t)$。

7-15 设 $F(z)=\dfrac{10z}{(z-1)(z-2)}$，用部分分式法求其 $z$ 反变换 $f^*(t)$。

7-16 求题 7-16 图所示系统的差分方程。

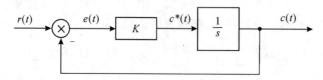

题 7-16 图 控制系统结构图

7-17 已知描述某离散控制系统的差分方程为
$$c(t+2T)+3c(t+T)+2c(t)=0$$
且 $c(0)=0$，$c(1)=1$，求差分方程的解。

7-18 对于题 7-18 图所示的离散控制系统，若 $G(s)=\dfrac{a}{s(s+a)}$，求系统的脉冲传递函数 $G(z)$。

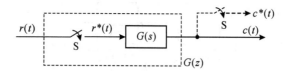

题 7-18 图 离散控制系统

7-19 对于题 7-19 图，$G_1(s)=\dfrac{1}{s}$，$G_2(s)=\dfrac{10}{s+10}$，分别求解系统的脉冲传递函数 $G(z)$。

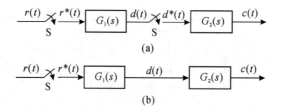

题 7-19 图 离散控制系统

7-20 对于题 7-20 图所示的离散控制系统，设 $G_0(s)=\dfrac{1}{s(s+1)}$，$T=1$ s，求解系统的脉冲传递函数 $G(z)$。

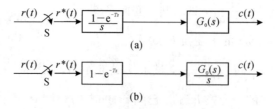

题 7-20 图 离散控制系统

7-21　对如图 7-21 所示的闭环离散控制系统，若 $G(s)=\dfrac{1}{s+0.1}$，$H(s)=\dfrac{5}{s+5}$，$T=1\ \text{s}$，求其闭环脉冲传递函数 $\Phi(z)$ 和闭环误差脉冲传递函数 $\Phi_e(z)$。

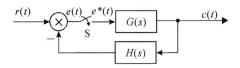

题 7-21 图　闭环离散控制系统

7-22　图 7-22 所示为数字控制系统的典型结构图，求系统的闭环脉冲传递函数。

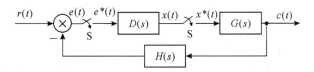

题 7-22 图　数字控制系统的典型结构图

7-23　设离散控制系统的特征方程为 $D(z)=45z^3-117z^2+119z-39=0$，试判断系统的稳定性。

7-24　设有零阶保持器的离散系统如题 7-24 图所示，若采样周期分别为 1 s、0.5 s，试在这两种情况下确定使系统稳定的 $K$ 的取值范围。

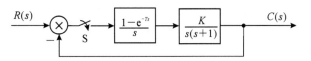

题 7-24 图　离散控制系统

7-25　已知离散控制系统的特征方程为
$$D(z)=z^4-1.368z^3+0.4z^2+0.08z+0.02=0$$
试判断系统的稳定性。

# 第8章　非线性控制系统分析

## 8.1　概　　述

### 8.1.1　典型的非线性类型

尽管前面一直分析线性系统，但严格来讲，不存在理想的线性系统，所有实际的物理系统都是非线性的，总存在饱和、死区、间隙、继电特性和摩擦等非线性环节。实际系统中非线性因素是普遍存在的，当系统中含有一个或多个具有非线性特性的元件时，该系统称为非线性系统。饱和、死区、间隙、继电特性和摩擦等非线性类型称为典型的非线性类型。

**1. 饱和**

当输入电压超过放大器的线性工作范围时，输出呈饱和状态，饱和环节的输入、输出特性如图 8-1 所示。图 8-2 所示的运算放大器的放大倍数为 -10，组件自身电源为 ±15 V，在输入大于 ±1.5 V 时，输出最大也只能是 ±15 V，呈饱和状态。考虑到输入不可能无限大，因此在输入大于某一定值时，对于很多实际环节，都呈饱和状态。

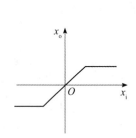

图 8-1　饱和环节的输入、输出特性

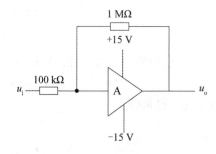

图 8-2　运算放大器

**2. 死区**

通常将不敏感区称为死区，通常衡量的指标为阈值或分辨率等，其输入、输出特性如图 8-3 所示。

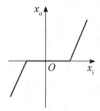

图 8-3　死区环节的输入、输出特性

### 3. 间隙

机械系统中最常见的间隙环节为齿轮传动副的齿轮间隙，链轮链条传动副、丝杠螺母传动副等也存在间隙。间隙环节的输入、输出特性如图 8－4 所示。

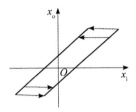

图 8－4　间隙环节的输入、输出特性

### 4. 继电特性

继电特性分为两种，即两位置继电器的输入、输出特性和三位置继电器的输入、输出特性，如图 8－5(a)和(b)所示。

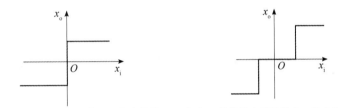

（a）两位置继电器的输入、输出特性　　（b）三位置继电器的输入、输出特性

图 8－5　继电器的输入、输出特性

### 5. 摩擦

摩擦对系统性能的影响最主要的是造成系统低速运动的不平滑性，即当系统的输入轴作低速平稳运转时，输出轴的旋转呈现跳跃式的变化。这种低速爬行现象是由静摩擦到动摩擦的跳跃变化产生的。库仑摩擦的输入、输出特性如图 8－6(a)所示，实际摩擦的输入、输出特性如图 8－6(b)所示。

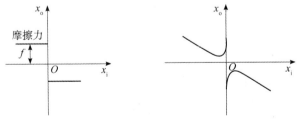

（a）库仑摩擦的输入、输出特性　　（b）实际摩擦的输入、输出特性

图 8－6　摩擦的输入、输出特性

## 8.1.2　分析非线性系统的方法

非线性系统形式多样，数学表达采用非线性微分方程式，但受数学工具的限制，至今

没有统一的求解方法,很难求得非线性微分方程的解。对于非线性问题,目前工程上没有一种通用的解决方法,只是针对具体问题选用具体方法来解决。通常非线性问题分析采用以下几种方法。

**1. 逐段线性近似法**

逐段线性近似法是把非线性系统分段近似成几个线性系统,每一段用线性系统去求解,再将解合在一起得到系统的全解。

**2. 相平面法**

相平面法是非线性系统的图解法,该法通过在相平面上绘制相轨迹曲线,在不同初始条件下确定非线性微分方程解的运动形式。由于在几何中平面是二维的,因此该法只适用于不超过二阶的系统。

**3. 描述函数法**

描述函数法也是一种图解分析法,是基于频域分析和非线性特性将谐波线性化的一种分析方法。将谐波线性化,将非线性特性近似表示为复变增益环节,适用于具有低通滤波特性的各种阶次的非线性系统。

**4. 李雅普诺夫法**

李雅谱诺夫法原则上对于所有非线性系统都适用,是通过广义能量的概念来确定非线性系统稳定性的方法,但在相当大一部分非线性系统中,李雅普诺夫函数很难确定。

**5. 逆系统法**

逆系统法也是把非线性系统假设成线性系统,实质上是用内环非线性反馈系统构成伪线性系统。该方法不需要求解非线性系统的运动方程,直接用数学工具研究非线性控制问题,是非线性控制研究的一个方向。

**6. 计算机仿真**

在工程实际中越来越多地利用模拟仿真来解决非线性系统问题,常用的有 MATLAB 软件工具。

# 8.2 描述函数法

## 8.2.1 描述函数法的定义

描述函数法是在 1940 年由达尼尔(P. J. Daniel)提出来的,对于非线性系统,在系统满足一定的假设条件时,如果输入为正弦信号,则输出稳定后,输出一般与输入是同频率的周期性非正弦信号。如图 8-7 所示的饱和环节,当输入的正弦信号的幅值大于一定值时,输出的信号为切顶的同周期非正弦信号。由三角级数理论可以将该输出信号分解成一系列正弦波的叠加,基波频率与正弦波频率相同,这样就可以将输出用一次谐波分量来近似。

定义描述函数为

$$N = \frac{Y_1}{X} \angle \phi_1 \qquad\qquad (8-1)$$

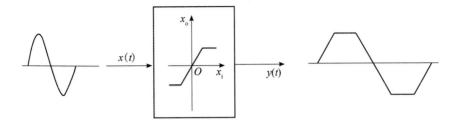

图 8 - 7　饱和环节

式中：$N$ 为描述函数；$X$ 为正弦输入的振幅；$Y_1$ 为输出的傅里叶级数基波分量的振幅；$\phi_1$ 为输出的傅里叶级数基波分量相对于正弦输入的相位移。

　　设非线性环节的输入信号为正弦信号，即

$$x(t) = X\sin\omega t \tag{8-2}$$

　　对非线性环节的稳态输出 $y(t)$ 进行谐波分析，把 $y(t)$ 展开成傅里叶级数：

$$y(t) = A_0 + \sum_{n=1}^{\infty}(A_n\cos n\omega t + B_n\sin n\omega t) \tag{8-3}$$

式中：$A_0$ 为直流分量，各分量的计算式为

$$A_0 = \frac{1}{2\pi}\int_0^{2\pi}y(t)\mathrm{d}(\omega t)$$

$$A_n = \frac{1}{\pi}\int_0^{2\pi}y(t)\cos n\omega t\,\mathrm{d}(\omega t)$$

$$B_n = \frac{1}{\pi}\int_0^{2\pi}y(t)\sin n\omega t\,\mathrm{d}(\omega t)$$

　　因此有

$$Y_n = \sqrt{A_n^2 + B_n^2}$$

$$\phi_n = \arctan\frac{A_n}{B_n}$$

　　如果非线性环节的输出直流分量等于零，即 $A_0 = 0$ 且 $n > 1$ 时，$Y_n$ 均很小，则可近似认为非线性环节的正弦响应仅有一次谐波分量，则

$$y(t) = A_1\cos\omega t + B_1\sin\omega t = Y_1\sin(\omega t + \phi_1) \tag{8-4}$$

　　从式(8-4)中可以看出，非线性环节可近似认为具有与线性环节类似的频率响应形式。为此，定义正弦输入信号作用下非线性环节的稳态输出中一次谐波分量和输入信号的复数之比为非线性环节的描述函数，即

$$N = \frac{Y_1}{X}\angle\phi_1 = \frac{\sqrt{A_1^2 + B_1^2}}{X}\angle\arctan\frac{A_1}{B_1} \tag{8-5}$$

## 8.2.2　饱和

　　图 8-8 所示为饱和放大器的输入、输出关系。

　　对于饱和放大器，设输入为

$$x(t) = X\sin\omega t \tag{8-6}$$

当 $|x| \leqslant s$ 时，$y(t) = kX\sin\omega t$，当 $|x| > s$ 时，$y(t) = \pm ks$，即输出可用分段函数表示，即

$$y(t) = \begin{cases} kX\sin\omega t, & |x| \leqslant s \\ \pm ks, & |x| > s \end{cases} \tag{8-7}$$

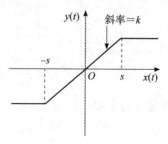

图 8-8　饱和放大器的输入、输出关系

由于输出为奇函数，因此把 $y(t)$ 展开成傅里叶级数时有

$$A_n = 0$$

取傅里叶级数的基波，得

$$y_1(t) = B_1\sin\omega t \tag{8-8}$$

式中：

$$B_1 = \frac{1}{\pi}\int_0^{2\pi} y(t)\sin\omega t\, \mathrm{d}(\omega t) = \frac{4}{\pi}\int_0^{\frac{\pi}{4}} y(t)\sin\omega t\, \mathrm{d}(\omega t)$$

由反三角函数可得 $\omega t_1 = \arcsin\dfrac{s}{X}$，则

$$B_1 = \frac{4}{\pi}\left[\int_0^{\arcsin\frac{s}{X}} kX\sin\omega t\sin\omega t\, \mathrm{d}(\omega t) + \int_{\arcsin\frac{s}{X}}^{\frac{\pi}{2}} ks\sin\omega t\, \mathrm{d}(\omega t)\right]$$

$$= \frac{4k}{\pi}\left[\int_0^{\arcsin\frac{s}{X}} X\frac{1-\cos 2\omega t}{2}\mathrm{d}(\omega t) + \int_{\arcsin\frac{s}{X}}^{\frac{\pi}{2}} s\sin\omega t\, \mathrm{d}(\omega t)\right]$$

$$= \frac{4k}{\pi}\left[\frac{X}{2}\arcsin\frac{s}{X} - \frac{s}{2}\sqrt{1-\left(\frac{s}{X}\right)^2} + s\sqrt{1-\left(\frac{s}{X}\right)^2}\right]$$

$$= \frac{2kX}{\pi}\left[\arcsin\frac{s}{X} + \frac{s}{X}\sqrt{1-\left(\frac{s}{X}\right)^2}\right]$$

$$N = \frac{Y_1}{X}\angle\phi_1 = \frac{B_1}{X}\angle 0° = \frac{2k}{\pi}\left[\arcsin\frac{s}{X} + \frac{s}{X}\sqrt{1-\left(\frac{s}{X}\right)^2}\right] \tag{8-9}$$

当输入幅值 $X$ 较小，不超出线性区域时，该环节是个比例系数为 $k$ 的比例环节，饱和放大器的描述函数为

$$N = \begin{cases} \dfrac{2k}{\pi}\left[\arcsin\dfrac{s}{X} + \dfrac{s}{X}\sqrt{1-\left(\dfrac{s}{X}\right)^2}\right], & X > s \\ k, & X \leqslant s \end{cases} \tag{8-10}$$

由式（8-10）可看出，饱和非线性描述函数是输入函数振幅 $X$ 的函数，与频率没有关系。描述函数 $N$ 的负倒数如图 8-9 所示。

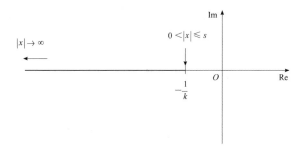

图 8 - 9　饱和环节的 $-\dfrac{1}{N}$ 轨迹

## 8.2.3　继电特性

### 1. 两位置继电器的输入、输出特性

两位置继电器的输入、输出特性如图 8 - 10 所示，可认为当 $s$ 趋于 $0$，$k$ 趋于 $\infty$，$ks$ 趋于 $M$ 时的饱和环节。根据饱和环节的描述函数 $N$，可得到两位置继电器的描述函数为

$$N = \frac{2k}{\pi}\left[\arcsin\frac{s}{X} + \frac{s}{X}\sqrt{1 - \left(\frac{s}{X}\right)^2}\right] = \frac{2k}{\pi}\left(\frac{s}{X} + \frac{s}{X}\right) = \frac{4M}{\pi X} \qquad (8-11)$$

从式(8 - 11)中可看出，描述函数同样仅是输入函数振幅 $X$ 的函数，与频率没有关系。其描述函数的负倒数如图 8 - 11 所示。

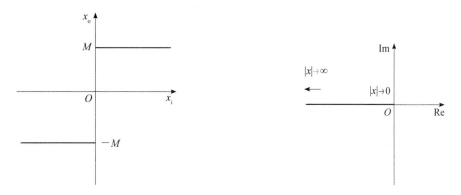

图 8 - 10　两位置继电器的输入、输出特性

图 8 - 11　两位置继电环节的 $-\dfrac{1}{N}$ 轨迹

### 2. 三位置继电器的输入、输出特性

三位置继电器的输入、输出特性如图 8 - 12 所示。

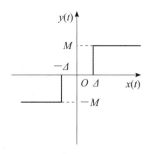

图 8 - 12　三位置继电器的输入、输出特性

设 $$x(t) = X\sin\omega t \tag{8-12}$$

当 $\omega t \in [0, \pi]$ 时，有

$$y(t) = \begin{cases} M, & t_1 < t < \dfrac{\pi}{\omega} - t_1 \\[2mm] 0, & 0 < t < t_1 \text{ 或 } \dfrac{\pi}{\omega} - t_1 < t < \pi \end{cases} \tag{8-13}$$

由于输出为奇函数，因此把 $y(t)$ 展开成傅里叶级数时有

$$A_n = 0$$

取傅里叶级数的基波，得

$$y_1(t) = B_1\sin\omega t \tag{8-14}$$

式中：

$$B_1 = \frac{1}{\pi}\int_0^{2\pi} y(t)\sin\omega t\, \mathrm{d}(\omega t)$$

$$= \frac{4}{\pi}\int_0^{\frac{\pi}{2}} y(t)\sin\omega t\, \mathrm{d}(\omega t)$$

$$= \frac{4}{\pi}\int_{\omega t_1}^{\frac{\pi}{2}} M\sin\omega t\, \mathrm{d}(\omega t)$$

$$= \frac{4M}{\pi}\cos\omega t_1$$

又由于 $\sin\omega t_1 = \dfrac{\Delta}{X}$，因此推导出 $\omega t_1 = \arcsin\dfrac{\Delta}{X}$，则

$$B_1 = \frac{4M}{\pi}\sqrt{1 - \left(\frac{\Delta}{X}\right)^2}$$

描述函数为

$$N = \frac{Y_1}{X}\angle\phi_1 = \frac{B_1}{X}\angle 0° = \frac{4M}{\pi X}\sqrt{1 - \left(\frac{\Delta}{X}\right)^2} \tag{8-15}$$

当输入的幅值 $X < \Delta$ 时，输出为 $0$，其描述函数也为零。因此，有

$$N = \begin{cases} \dfrac{4M}{\pi X}\sqrt{1 - \left(\dfrac{\Delta}{X}\right)^2}, & X \geqslant \Delta \\[4mm] 0, & X < \Delta \end{cases} \tag{8-16}$$

从式(8-16)中可看出，描述函数同样仅是输入函数振幅 $X$ 的函数，与频率没有关系。其描述函数的负倒数如图 8-13 所示。

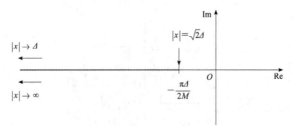

图 8-13　三位置继电器的 $-\dfrac{1}{N}$ 轨迹

## 8.2.4　死区

死区环节的输入、输出关系如图 8 − 14 所示。

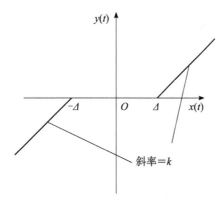

图 8 − 14　死区环节的输入、输出关系

设
$$x(t) = X\sin\omega t \tag{8-17}$$

当 $\omega t \in [0, \pi]$ 时，有

$$y(t) = \begin{cases} k(X\sin\omega t - \Delta), & t_1 < t < \dfrac{\pi}{\omega} - t_1 \\ 0, & 0 < t < t_1 \text{ 或 } \dfrac{\pi}{\omega} - t_1 < t < \dfrac{\pi}{\omega} \end{cases} \tag{8-18}$$

由于输出为奇函数，因此把 $y(t)$ 展开成傅里叶级数时有

$$A_n = 0$$

取傅里叶级数的基波，得

$$y_1(t) = B_1 \sin\omega t \tag{8-19}$$

式中：

$$
\begin{aligned}
B_1 &= \frac{1}{\pi} \int_0^{2\pi} y(t)\sin\omega t \, \mathrm{d}(\omega t) \\
&= \frac{4}{\pi} \int_0^{\frac{\pi}{2}} y(t)\sin\omega t \, \mathrm{d}(\omega t) \\
&= \frac{4}{\pi} \int_{\omega t_1}^{\frac{\pi}{2}} k(X\sin\omega t - \Delta)\sin\omega t \, \mathrm{d}(\omega t) \\
&= \frac{4k}{\pi} \int_{\omega t_1}^{\frac{\pi}{2}} \left( X \frac{1-\cos 2\omega t}{2} - \Delta\sin\omega t \right) \mathrm{d}(\omega t)
\end{aligned}
$$

又由于 $\sin\omega t_1 = \dfrac{\Delta}{X}$，因此推导出 $\omega t_1 = \arcsin\dfrac{\Delta}{X}$，则

$$
\begin{aligned}
B_1 &= \frac{4k}{\pi} \left\{ \frac{X}{2}\left[ \frac{\pi}{2} - \arcsin\frac{\Delta}{X} + \left(\frac{\Delta}{X}\right)\sqrt{1-\left(\frac{\Delta}{X}\right)^2} \right] - \Delta\sqrt{1-\left(\frac{\Delta}{X}\right)^2} \right\} \\
&= \frac{4kX}{\pi}\left[ \frac{\pi}{2} - \arcsin\frac{\Delta}{X} - \left(\frac{\Delta}{X}\right)\sqrt{1-\left(\frac{\Delta}{X}\right)^2} \right]
\end{aligned}
$$

描述函数：

$$N = \frac{Y_1}{X} \angle \phi_1 = \frac{B_1}{X} \angle 0° = k - \frac{2k}{\pi}\left[\arcsin\frac{\Delta}{X} + \left(\frac{\Delta}{X}\right)\sqrt{1-\left(\frac{\Delta}{X}\right)^2}\right] \quad (8-20)$$

当输入的幅值 $X < \Delta$ 时,输出为 0,其描述函数也为零。因此,有

$$N = \begin{cases} k - \frac{2k}{\pi}\left[\arcsin\frac{\Delta}{X} + \left(\frac{\Delta}{X}\right)\sqrt{1-\left(\frac{\Delta}{X}\right)^2}\right] , & X \geqslant \Delta \\ 0, & X < \Delta \end{cases} \quad (8-21)$$

从式(8-21)中可看出,描述函数同样仅是输入函数振幅 $X$ 的函数,与频率没有关系。其描述函数的负倒数如图 8-15 所示。

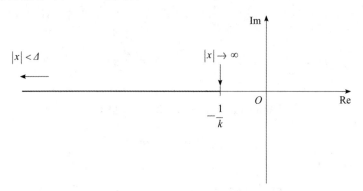

图 8-15 死区环节的 $-\frac{1}{N}$ 轨迹

表 8-1 列出了典型非线性类型及其描述函数。

表 8-1 典型非线性类型及其描述函数

| 典型非线性类型 | 描述函数 $N$ |
|---|---|
| 饱和 | $N = \begin{cases} \frac{2k}{\pi}\left[\arcsin\frac{s}{X} + \frac{s}{X}\sqrt{1-\left(\frac{s}{X}\right)^2}\right], & X > s \\ k, & X \leqslant s \end{cases}$ |
| 两位置继电器的输入、输出特性 | $N = \frac{4M}{\pi X}$ |
| 三位置继电器的输入、输出特性 | $N = \begin{cases} \frac{4M}{\pi X}\sqrt{1-\left(\frac{\Delta}{X}\right)^2}, & X \geqslant \Delta \\ 0, & X < \Delta \end{cases}$ |
| 死区 | $N = \begin{cases} k - \frac{2k}{\pi}\left[\arcsin\frac{\Delta}{X} + \left(\frac{\Delta}{X}\right)\sqrt{1-\left(\frac{\Delta}{X}\right)^2}\right], & X \geqslant \Delta \\ 0, & X < \Delta \end{cases}$ |

## 8.2.5 非线性系统的稳定性分析

若非线性系统经过适当简化后具有图 8-16 所示的典型结构形式,$G(s)$ 是系统线性部分的传递函数,$N$ 为系统的描述函数,则非线性环节的描述函数可以等效为一个具有复变增益的比例环节。经过线性化处理后,非线性系统等效成一个线性系统,就可以把分析非线性系统的稳定性转变为分析线性系统的稳定性。

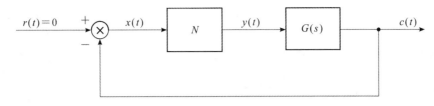

图 8-16　非线性系统的典型结构

**1. 可变增益线性系统的稳定性分析**

在分析非线性系统的稳定性时，就是用描述函数分析如图 8-17(a)所示的线性系统的稳定性，图中 $K$ 为比例环节增益。假设 $G(s)$ 的极点全部位于虚轴的左边，$G(j\omega)$ 的奈奎斯特曲线 $T_G$ 如图 8-17(b)所示。闭环系统的特征方程为

$$1 + KG(j\omega) = 0 \tag{8-22}$$

即

$$G(j\omega) = -\frac{1}{K} + j0 \tag{8-23}$$

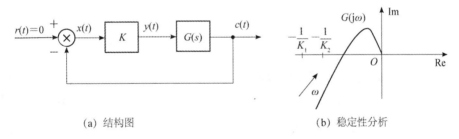

(a) 结构图　　　　　　　　　　(b) 稳定性分析

图 8-17　可变增益的线性系统

从式(8-23)中可看出，当奈奎斯特曲线 $T_G$ 包围 $\left(-\dfrac{1}{K}, j0\right)$ 点时，系统不稳定；当奈奎斯特曲线 $T_G$ 不包围 $\left(-\dfrac{1}{K}, j0\right)$ 点时，系统稳定；当奈奎斯特曲线 $T_G$ 穿过 $\left(-\dfrac{1}{K}, j0\right)$ 点时，系统临界稳定，会产生等幅振荡。若 $K \in [K_1, K_2]$，则 $\left(-\dfrac{1}{K}, j0\right)$ 为一段在实轴上的线段，当奈奎斯特曲线 $T_G$ 包围这段线段时，系统不稳定，当奈奎斯特曲线 $T_G$ 不包围这段线段时，系统稳定。

**2. 应用描述函数分析非线性系统的稳定性**

变增益线性系统的稳定性分析为应用描述函数分析非线性系统的稳定性奠定了基础，考虑到 $G(s)$ 具有低通特性，所以 $G(s)$ 的极点全部位于虚轴的左边。在非线性特性采用描述函数近似等效时，有

$$\frac{X_o(j\omega)}{X_i(j\omega)} = \frac{NG(j\omega)}{1 + NG(j\omega)} \tag{8-24}$$

闭环系统的特征方程为

$$1 + NG(j\omega) = 0 \tag{8-25}$$

即 $G(j\omega) = -\dfrac{1}{N}$，通常称 $-\dfrac{1}{N}$ 为非线性环节的负倒数描述函数。在复平面上绘制奈奎斯特曲线 $T_G$ 和 $-\dfrac{1}{N}$ 曲线，当奈奎斯特曲线 $T_G$ 不包围 $-\dfrac{1}{N}$ 曲线时，系统稳定；当奈奎斯特曲线 $T_G$ 包围 $-\dfrac{1}{N}$ 曲线时，系统不稳定；当奈奎斯特曲线 $T_G$ 与 $-\dfrac{1}{N}$ 曲线相交时，系统的输出存在极限环，极限环又分为稳定极限环和不稳定极限环。

对于线性系统，可以用奈奎斯特稳定性判据来判断系统的稳定性。图 8-18(a) 所示系统的开环频率特性 $G(j\omega)$ 轨迹没有包围 $(-1, j0)$ 点，系统稳定；图 8-18(b) 所示系统的开环频率特性 $G(j\omega)$ 轨迹包围 $(-1, j0)$ 点，系统不稳定；图 8-18(c) 所示系统的开环频率特性 $G(j\omega)$ 轨迹穿过 $(-1, j0)$ 点，系统临界稳定，系统产生等幅振荡。

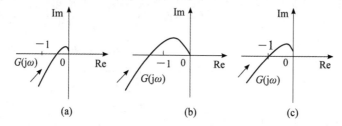

图 8-18 奈奎斯特稳定性判据在线性系统中的应用

对于非线性系统，系统的稳定性的判断与线性系统是相似的，也可以用奈奎斯特稳定性来判断。例如，图 8-19(a) 所示系统的线性部分的频率特性 $G(j\omega)$ 轨迹没有包围非线性部分描述函数的负倒数 $-\dfrac{1}{N}$ 的轨迹，系统稳定；图 8-19(b) 所示系统的线性部分的频率特性 $G(j\omega)$ 轨迹包围非线性部分描述函数的负倒数 $-\dfrac{1}{N}$ 的轨迹，系统不稳定；图 8-19(c) 所示系统的线性部分的频率特性 $G(j\omega)$ 轨迹与非线性部分描述函数的负倒数 $-\dfrac{1}{N}$ 的轨迹相交，系统的输出存在极限环。

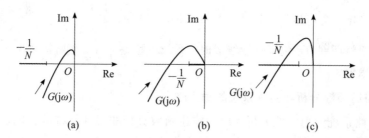

图 8-19 奈奎斯特稳定性判据在非线性系统中的应用

对于图 8-20 所示的系统，饱和非线性描述函数为

$$N = \begin{cases} \dfrac{2k}{\pi}\left[\arcsin\dfrac{s}{X} + \dfrac{s}{X}\sqrt{1 - \left(\dfrac{s}{X}\right)^2}\right], & X > s \\ k, & X \leqslant s \end{cases} \tag{8-26}$$

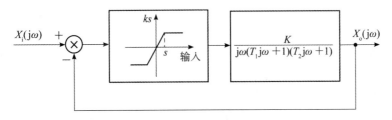

图 8 - 20　饱和非线性系统

当 $X \leqslant s$ 时，$-\dfrac{1}{N} = -\dfrac{1}{k}$；当 $X \to \infty$ 时，$-\dfrac{1}{N} \to -\infty$。对于该例的线性部分，当 $\omega \to 0$ 时，$G(\mathrm{j}\omega) = \infty \angle -90°$；当 $\omega \to +\infty$ 时，$G(\mathrm{j}\omega) = 0 \angle -270°$。奈奎斯特曲线 $T_G$ 与负实轴有一个交点，交点坐标为 $\left( -\dfrac{KT_1 T_2}{T_1 + T_2}, \mathrm{j}0 \right)$，交点的频率 $\dfrac{1}{\sqrt{T_1 T_2}}$，负倒数 $-\dfrac{1}{N}$ 特性曲线和奈奎斯特曲线如图 8 - 21 所示。

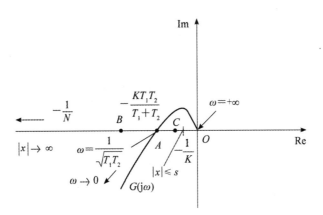

图 8 - 21　稳定极限环例

当线性部分放大倍数 $K$ 满足 $\dfrac{KT_1 T_2}{T_1 + T_2} > \dfrac{1}{k}$ 时，奈奎斯特曲线 $T_G$ 与 $-\dfrac{1}{N}$ 曲线相交，产生极限环。当扰动使得幅值 $X$ 变大时，交点 $A$ 移到交点左侧的 $B$ 点。从图 8 - 21 中可以看出，$B$ 点在奈奎斯特曲线 $T_G$ 外，系统稳定，于是幅值 $X$ 逐渐变小，又回到交点 $A$。当幅值 $X$ 继续变小，$A$ 点移动到 $C$ 点，在奈奎斯特曲线 $T_G$ 内，系统不稳定。接着幅值 $X$ 又逐渐增大，又回到 $A$ 点。因此，该极限环为稳定极限环，极限环的幅值对应 $-\dfrac{1}{N}$ 的点 $A$ 的幅值，频率特性为 $G(\mathrm{j}\omega)$ 的点 $A$ 的频率 $\omega_A = \dfrac{1}{\sqrt{T_1 T_2}}$。从分析可以看出，只要使线性部分放大倍数 $K$ 小到满足 $\dfrac{KT_1 T_2}{T_1 + T_2} < \dfrac{1}{k}$，则系统奈奎斯特曲线 $T_G$ 与 $-\dfrac{1}{N}$ 曲线没有交点，不产生极限环，系统稳定。

【例 8 - 1】　奈奎斯特曲线 $T_G$ 与 $-\dfrac{1}{N}$ 有两个交点 $A$ 和 $B$，形成两个极限环，如图 8 - 22 所示。

当系统运行到 $A$ 点，遇到扰动使得幅值 $X$ 变大时，交点 $A$ 移到交点左侧的 $D$ 点。从图 8 - 22 中可以看出，$D$ 点在奈奎斯特曲线 $T_G$ 外，系统稳定，于是幅值 $X$ 逐渐变小，又回到交点 $A$。当幅值 $X$ 继续变小，$A$ 点移动到奈奎斯特曲线 $T_G$ 内的 $C$ 点时，系统不稳定，其幅值变大，远离 $A$ 点，向 $B$ 点移动，因此 $A$ 点是不稳定的极限环。当系统工作到 $B$ 点，遇到扰动使得幅值 $X$ 变大时，交点 $B$ 移到交点左侧的 $E$ 点。从图 8 - 22 中可以看出，$E$ 点在奈奎斯特曲线 $T_G$ 外，系统稳定，于是幅值 $X$ 逐渐变小，又回到交点 $B$。当幅值 $X$ 继续变小，$B$ 点移动到奈奎斯特曲线 $T_G$ 内的 $F$ 点时，系统不稳定，其幅值变大，同样回到

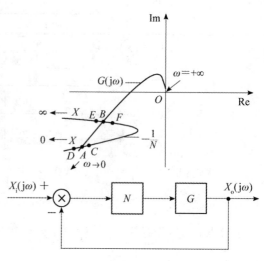

图 8 - 22　稳定和不稳定极限环示例

$B$ 点，因此点 $B$ 是稳定的极限环。系统是不希望出现极限环的，不管是稳定的极限环还是不稳定的极限环。

# 8.3　相 轨 迹 法

## 8.3.1　基本概念

相轨迹法是适用于二阶非线性系统的几何解法。对于二阶动力学系统，已知两个状态变量，则该系统的动力学性能完全可以被描述。一般的二阶系统均可表示为

$$\ddot{x} + f(x, \dot{x}) = 0 \tag{8-27}$$

若假设 $x_1 = x$，$x_2 = \dot{x}$，则二阶系统也可写成状态空间方程的形式，即

$$\begin{cases} \dfrac{\mathrm{d}x_1}{\mathrm{d}t} = f_1(x_1, x_2) \\ \dfrac{\mathrm{d}x_2}{\mathrm{d}t} = f_2(x_1, x_2) \end{cases} \tag{8-28}$$

则

$$\frac{\mathrm{d}x_2}{\mathrm{d}x_1} = \frac{f_2(x_1, x_2)}{f_1(x_1, x_2)} \tag{8-29}$$

以 $x_1$ 为横坐标，$x_2$ 为纵坐标，组成系统的相平面。系统在每一时刻的状态(即"相")均对应于相平面的点，以时间 $t$ 作为参变量，时间 $t$ 的变化在相平面上对应的曲线就是相轨迹。轨迹的起始点就是初始值 $[x_1(0), x_2(0)]$，其轨迹表示在某一输入激励下系统的响应。当相轨迹趋于 $\infty$ 时，系统不稳定；当相轨迹趋于 0 时，系统稳定；如果相轨迹最后形成围绕原点不断循环的环，则系统存在极限环的持续振荡。

对于二阶系统，状态变量是两个(状态变量的数目是确定的，但如何选择则可有多种)。通常选取 $x$ 和 $\dot{x}$ 作为状态变量。令

$$\begin{cases} x_1 = x \\ x_2 = \dot{x} \end{cases} \tag{8-30}$$

则式(8-27)成为

$$
\begin{cases}
\dfrac{\mathrm{d}x_1}{\mathrm{d}t} = x_2 \\[2mm]
\dfrac{\mathrm{d}x_2}{\mathrm{d}t} = -f(x_1, x_2)
\end{cases}
\tag{8-31}
$$

相平面法的主要工作是作相轨迹图。有了相轨迹图，系统的性能也就表示出来了。

### 8.3.2　相轨迹的作图法

**1. 解析法**

【例 8-2】　当忽略了大气的影响时，单位质量自由落体的运动方程为 $\ddot{x}=g$，定义正方向为地面向上的方向，则 $g=-9.8\ \mathrm{m/s^2}$。因为

$$
\ddot{x}=\frac{\mathrm{d}}{\mathrm{d}t}(\dot{x})=\frac{\mathrm{d}(\dot{x})}{\mathrm{d}x}\frac{\mathrm{d}x}{\mathrm{d}t}=\dot{x}\frac{\mathrm{d}(\dot{x})}{\mathrm{d}x}
$$

所以

$$
\dot{x}\frac{\mathrm{d}(\dot{x})}{\mathrm{d}x}=g
$$

$\dot{x}\mathrm{d}(\dot{x})=g\mathrm{d}x$ 两边积分得 $\dot{x}^2=2gx+C$（$C$ 是一个常数）。以 $x$ 为横坐标，以 $\dot{x}$ 为纵坐标，相平面图如图 8-23 所示。

由分析结果得出，相平面图为一簇抛物线。在 $x$ 轴的上半平面，由于速度为正，因此位移增大时，箭头向右；在 $x$ 轴的下半平面，由于速度为负，因此位移减小时，箭头向左。假设把一物体从地面向上抛，此时位移量 $x$ 为零，而速度量为正，设初始点为 $A$ 点，该物体将沿着 $A$ 点开始的相轨迹运动，随着物体位移的增大，速度会减小，到达 $B$ 点时物体达到最高点，速度为零，然后又沿着 $BC$ 曲线自由落体，直到到达地面 $C$ 点，这时速度达到负的最大值，位移为零。如果初始点不同，则该物体将沿不同

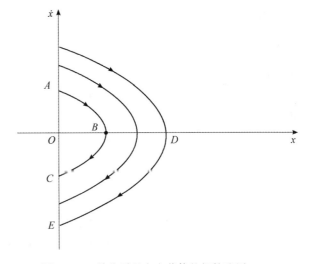

图 8-23　单位质量自由落体的相轨迹图

的曲线运动。设图 8-23 的 $D$ 点为初始点，表示物体从高度为 $D$ 的地方放开，物体将沿着 $DE$ 曲线自由落体下降到地面 $E$ 点。

【例 8-3】　图 8-24 所示为某工作台的力学模型。由于工作台在真空环境中，其阻尼为零，因此运动方程为

$$
m\ddot{x}+kx=0
$$

又因

$$
\ddot{x}=\dot{x}\frac{\mathrm{d}(\dot{x})}{\mathrm{d}x}
$$

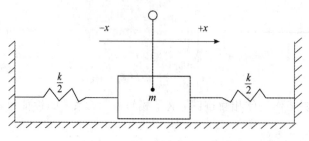

图 8 - 24  某工作台的力学模型

所以

$$m\dot{x}\frac{\mathrm{d}(\dot{x})}{\mathrm{d}x}+kx=0$$

即

$$m\dot{x}\mathrm{d}(\dot{x})=-kx\mathrm{d}x$$

两边积分整理得

$$\dot{x}^2+\left(\sqrt{\frac{k}{m}}x\right)^2=C^2$$

从以上分析可以看出,相平面图为一簇椭圆,初始条件不同,椭圆的大小就不同,如图 8 - 25 所示。

从以上两个例子中可以看出,相平面图具有如下性质:

(1)当 $x$ 为横坐标,$\dot{x}$ 为纵坐标时,在 $x$ 轴上半平面,由于 $x$ 的变化率 $\dot{x}>0$,$x$ 增加,相轨迹向右移动,箭头向右;在 $x$ 轴下半平面,由于 $x$ 的变化率 $\dot{x}<0$,$x$ 减小,相轨迹向左移动,箭头向左。

(2)相轨迹的各条曲线均不相交,过平面的每一个点只有一条轨迹。

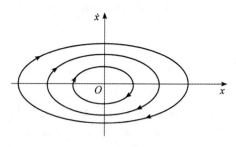

图 8 - 25  某工作台系统的相轨迹图

(3)自持振荡的相轨迹是封闭曲线。

(4)如果相轨迹穿过 $x$ 轴,则必然垂直穿过。

解析法只适用于相对简单的系统,对于大多数非线性系统,用解析法很难求出解。因此,更实用的绘制非线性系统相轨迹的方法是图解法。

**2. 等倾线法**

对于一般的二阶系统,令 $x_1=x$,$x_2=\dot{x}$,则系统可表示为

$$\begin{cases}\dfrac{\mathrm{d}x_1}{\mathrm{d}t}=f_1(x_1,x_2)\\[2mm]\dfrac{\mathrm{d}x_2}{\mathrm{d}t}=f_2(x_1,x_2)\end{cases}\tag{8-32}$$

则

$$\frac{\mathrm{d}x_2}{\mathrm{d}x_1}=\frac{f_2(x_1,x_2)}{f_1(x_1,x_2)}\tag{8-33}$$

等倾线是指相平面内对应相轨迹上具有等斜率点的线。设斜率为 $k$,则 $k=\dfrac{\mathrm{d}x_2}{\mathrm{d}x_1}$,对于

不同的 $k$ 值，得出不同的等倾线，得到相轨迹方向的切线的方向场。从过初始点的短倾线开始画，连接临近的短倾线，依次往后连接，即组成相轨迹图。显然，等倾线的间隔反映了相轨迹的精确度，相轨迹精度越高，等倾线间隔越密集。

**【例 8 - 4】**　画非线性方程 $\ddot{x}+0.2(x^2-1)\dot{x}+x=0$ 的等倾线。

**解**　设斜率为 $k$，令 $x_1=x$，$x_2=\dot{x}$，则

$$\begin{cases} \dot{x}_1=x_2 \\ \dot{x}_2=-0.2(x_1^2-1)x_2-x_1 \end{cases}$$

$$\frac{\mathrm{d}x_2}{\mathrm{d}x_1}=\frac{-0.2(x_1^2-1)x_2-x_1}{x_2}=-0.2(x_1^2-1)-\frac{x_1}{x_2}$$

$$k=-0.2(x_1^2-1)-\frac{x_1}{x_2}$$

$$x_2=\frac{x_1}{0.2(1-x_1^2)-k}$$

当短倾线倾角为 $0°$ 时，其斜率 $k=0$，此时有

$$x_2=\frac{x_1}{0.2(1-x_1^2)}$$

该式表示的曲线上的每一点斜率均为 $0$，如图 8 - 26 所示。

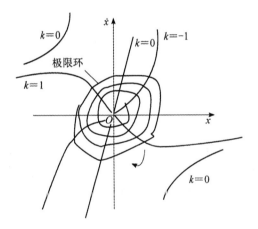

图 8 - 26　等倾线法示例

当短倾线倾角为 $45°$ 时，其斜率 $k=1$，此时有

$$x_2=\frac{x_1}{0.2(1-x_1^2)-1}$$

该式表示的曲线上的每一点斜率均为 $1$，如图 8 - 26 所示。

当短倾线倾角取不同值时，其斜率不一样，这样可以作出不同斜率的分布场。画每根相轨迹时，先找到初始点，再顺序把相邻的不同斜率的折线连接起来，就可作出近似的相轨迹图。

**3. 奇点**

奇点即平衡点，是系统处于平衡状态下相平面的点。在奇点处，系统的加速度均为零。以 $x$ 轴为横坐标，以 $\dot{x}$ 为纵坐标，相轨迹在奇点处的斜率为 $0/0$ 型。有无穷多条相轨迹通

过奇点，奇点不适合解的唯一性。

【例 8 - 5】 求系统 $T^2\ddot{x}+2\zeta T\dot{x}+x=0$ 的奇点。

**解** 因为

$$T^2\dot{x}\frac{\mathrm{d}\dot{x}}{\mathrm{d}x}+2\zeta T\dot{x}+x=0$$

所以

$$\frac{\mathrm{d}\dot{x}}{\mathrm{d}x}=\frac{-2\zeta T\dot{x}-x}{T^2\dot{x}}$$

系统奇点满足 $\dfrac{\mathrm{d}\dot{x}}{\mathrm{d}x}=\dfrac{0}{0}$，即

$$\begin{cases}-2\zeta T\dot{x}-x=0\\T^2\dot{x}=0\end{cases}\Rightarrow\begin{cases}x=0\\\dot{x}=0\end{cases}$$

此点就是该系统的奇点。

表 8 - 2 列出了不同阻尼比系统的奇点。

表 8 - 2  不同阻尼比系统的奇点

| 阻尼比 | 系统根和相平面图形状 | 奇点类型 |
|---|---|---|
| $0<\zeta<1$ | 系统有一对负实部的共轭复根，系统稳定，其相轨迹呈螺线形，轨迹簇收敛于奇点 | 稳定焦点 |
| $-1<\zeta<0$ | 系统有一对正实部的共轭复根，系统不稳定，其相轨迹也呈螺线形，但轨迹簇从奇点螺旋发散出来 | 不稳定焦点 |
| $\zeta>1$ | 系统有两个负实根，系统稳定，相平面内的轨迹簇无振荡地收敛于奇点 | 稳定节点 |
| $\zeta<-1$ | 系统有两个正实根，系统不稳定，相平面内的轨迹簇直接从奇点发散出来 | 不稳定节点 |
| $\zeta=0$ | 系统有一对共轭虚根，系统等幅振荡，相轨迹为一簇围绕奇点的封闭曲线 | 中心点 |

如果线性二阶系统的 $\ddot{x}$ 项和 $x$ 项异号，即 $-T^2\ddot{x}+2\zeta T\dot{x}+x=0$，则系统有一个正实根，有一个负实根，系统是不稳定的，其相轨迹呈马鞍形，中心点是奇点，这种奇点称为鞍点。有了对奇点的认识，快速画出相轨迹草图的步骤如下：

（1）解出奇点。

（2）近似系统后，判断奇点的类型，并画出对应的相轨迹线。

（3）在远离奇点处用等倾线法完成相轨迹图。

### 8.3.3  相平面分析

【例 8 - 6】 机械系统中的库仑摩擦力。

对于图 8 - 27 所示力学模型的机械系统，质量 $m$ 受到弹簧力和库仑摩擦力的作用。系统可表示为

$$\begin{cases}m\ddot{x}=-kx-F,\quad\dot{x}>0\\m\ddot{x}=-kx+F,\quad\dot{x}<0\end{cases}\Rightarrow\begin{cases}m\dot{x}\dfrac{\mathrm{d}\dot{x}}{\mathrm{d}x}=-kx-F,\quad\dot{x}>0\\m\dot{x}\dfrac{\mathrm{d}\dot{x}}{\mathrm{d}x}=-kx+F,\quad\dot{x}<0\end{cases}$$

或

$$
\begin{cases}
\dot{x}\mathrm{d}\dot{x} = -\dfrac{k}{m}\left(x+\dfrac{F}{k}\right)\mathrm{d}x, & \dot{x}>0 \\[3mm]
\dot{x}\mathrm{d}\dot{x} = -\dfrac{k}{m}\left(x-\dfrac{F}{k}\right)\mathrm{d}x, & \dot{x}<0
\end{cases}
$$

积分后，得

$$
\begin{cases}
\dfrac{\dot{x}^2}{C^2} + \dfrac{\left(x+\dfrac{F}{k}\right)^2}{\left(C\sqrt{\dfrac{m}{k}}\right)^2} = 1, & \dot{x}>0 \\[6mm]
\dfrac{\dot{x}^2}{C^2} + \dfrac{\left(x-\dfrac{F}{k}\right)^2}{\left(C\sqrt{\dfrac{m}{k}}\right)^2} = 1, & \dot{x}<0
\end{cases}
$$

式中，$C$ 为积分常数。

从以上分析可以看出，在 $\dot{x}<0$ 时相轨迹是中心在 $\left(\dfrac{F}{k},0\right)$ 的一簇椭圆；在 $\dot{x}>0$ 时，相轨迹是中心在 $\left(-\dfrac{F}{k},0\right)$ 的一簇椭圆，相轨迹图如图 8-28 所示。

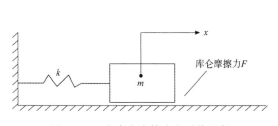

图 8-27　含库仑摩擦力的系统示例

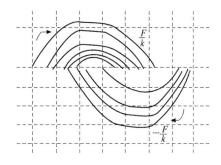

图 8-28　含库仑摩擦力的系统的相轨迹图

【例 8-7】　机床进给系统的低速爬行。

将机床进给系统受控对象抽象成如图 8-29 所示的力学模型。其中，非线性阻尼力的特性曲线如图 8-30 所示，系统的动力学方程为

$$m\ddot{x}_\mathrm{o} - c(\dot{x}_\mathrm{o})\dot{x}_\mathrm{o} = K(x_\mathrm{i}-x_\mathrm{o}) \tag{8-34}$$

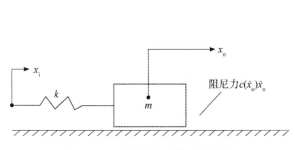

图 8-29　机床进给系统力学模型

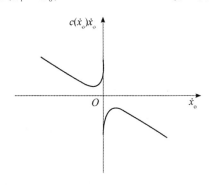

图 8-30　非线性速度阻尼力特性曲线

将速度阻尼力 $c(\dot{x}_o)\dot{x}_o$ 近似分解为图 8-31 所示的线性项和非线性项，即

$$c(\dot{x}_o)\dot{x}_o = [c + F(\dot{x}_o)]\dot{x}_o$$

则式(8-34)变成：

$$m\ddot{x}_o - [c + F(\dot{x}_o)]\dot{x}_o = K(x_i - x_o) \tag{8-35}$$

由 $e = x_i - x_o$，得 $x_o = x_i - e$，代入式(8-35)得

$$m\ddot{x}_i - m\ddot{e} - [c + F(\dot{x}_o)]\dot{x}_i + [c + F(\dot{x}_o)]\dot{e} = Ke \tag{8-36}$$

设 $x_i$ 为恒速输入，即 $x_i = vt$（$v$ 为常数），则 $\dot{x}_i = v$，$\ddot{x} = 0$，代入式(8-36)得

$$m\ddot{e} - c\dot{e} + Ke = -cv - F(\dot{x}_o)\dot{x}_o \tag{8-37}$$

(1) 当 $\dot{x}_0 = 0$ 时，有

$$\dot{e} = v \tag{8-38}$$

式(8-37)成为

$$m\ddot{e} + Ke = -F(\dot{x}_o)\dot{x}_o \tag{8-39}$$

此时 $\ddot{e} = 0$，式(8-39)成为

$$e = \frac{-F(\dot{x}_o)\dot{x}_o}{K}$$

由图 8-31 可知 $|F(\dot{x}_o)\dot{x}_o| \leqslant F_1$，此时有

$$|e| \leqslant \frac{F_1}{K} \tag{8-40}$$

(2) 当 $\dot{x}_0 > 0$ 时，$\dot{e} < v$，则式(8-37)成为

$$m\ddot{e} - c\dot{e} + Ke = -cv + F_0 \tag{8-41}$$

其相轨迹是二阶系统的相轨迹，令 $\dot{e} = \ddot{e} = 0$，可求出式(8-41)轨迹的奇点为

$$\begin{cases} e = \dfrac{-cv + F_0}{K} \\ \dot{e} = 0 \end{cases}$$

(3) 当 $\dot{x}_0 < 0$ 时，$\dot{e} > v$，则式(8-37)成为

$$m\ddot{e} - c\dot{e} + Ke = -cv - F_0 \tag{8-42}$$

其相轨迹是二阶系统的相轨迹，令 $\dot{e} = \ddot{e} = 0$，可求出式(8-42)轨迹的奇点为

$$\begin{cases} e = \dfrac{-cv - F_0}{K} \\ \dot{e} = 0 \end{cases}$$

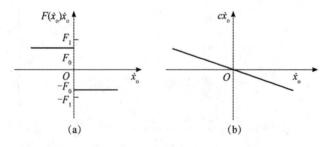

图 8-31　非线性速度阻尼力的近似分解

　　整个系统的平面图由式(8-39)、式(8-41)和式(8-42)组成,如图8-32所示。设起始时刻的质量是静止的,弹簧处于自由状态。当以恒低速输入时,$x_i = vt$,则初始状态点为$(0, v)$,此时质量以第一种情况的规律运动。状态点沿$\dot{e} = v$向右运动,随着误差$e$的增大,弹簧力也不断增大。当$e = \dfrac{F_1}{K}$时,弹簧力大到足以克服静摩擦力,此时$\dot{e} < v$,相轨迹又以第二种情况向着奇点$\left(\dfrac{-cv+F_0}{K}, \, 0\right)$运动。如果阻尼比较小,则可能又与$\dot{e} = v$线相交,误差$e$开始增大,形成误差$e$振荡趋势,这就是爬行的原因。

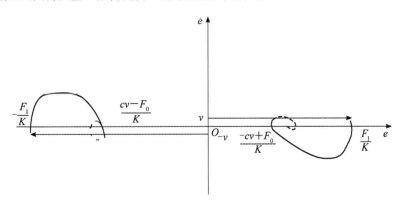

图 8-32　系统相平面图

　　从以上分析可看出,消除爬行现象的措施是避免相轨迹线离开$\dot{e} = v$后又与$\dot{e} = v$线相交,具体措施如下:

　　(1) 提高速度值,该法可以提高$\dot{e} = v$线。

　　(2) 提高$|c|$值,减小质量$m$,提高弹性刚度$K$值,这样可以加大方程的阻尼比,提高谐振频率,使相轨迹无振荡地趋近于稳定点。

　　(3) 减小$F_1 - F_0$值,即减小静摩擦力,这样可使$\left(\dfrac{F_1}{K}, \, 0\right)$点和$\left(\dfrac{-cv+F_0}{K}, \, 0\right)$点靠近。

# 8.4　本章小结

　　本章首先介绍了饱和、死区、间隙、继电特性和摩擦等典型的非线性系统类型,接着讲解了这几种典型非线性系统的描述函数$N$的定义及求法,并用描述函数的负倒数$-\dfrac{1}{N}$曲线和奈奎斯特曲线$T_G$之间的关系分析了系统的稳定性,确定了系统极限环,最后讲述了相轨迹法的基本概念,相轨迹作图法中解析法、等倾线法和不同阻尼比系统的奇点。

# 习　题

　　8-1　题8-1图所示为非线性控制系统,应用描述函数法分析当$K = 10$时系统的稳定性,并求取$K$的临界值。

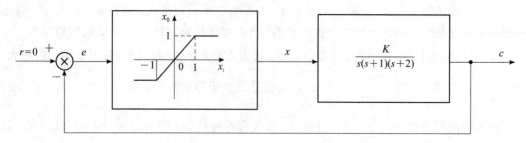

题 8-1 图　非线性控制系统

8-2　设有非线性控制系统,其中非线性特性为斜率 $K=1$ 的饱和特性。当不考虑饱和特性时,闭环系统稳定。试分析该非线性系统是否有产生自持振荡的可能性。

8-3　用描述函数法分析题 8-3 图所示非线性系统的稳定性。

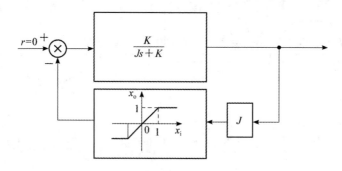

题 8-3 图　非线性系统

8-4　某非线性控制系统如题 8-4 图所示,试确定 $a,b$ 为何值时系统稳定。

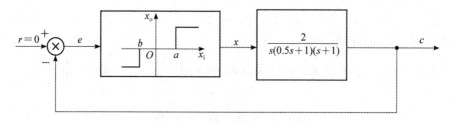

题 8-4 图　某非线性控制系统

# 第 9 章　线性系统的状态空间分析

　　前几章主要介绍了自动控制系统基础——经典控制理论，有些书中称之为古典控制理论。其基本内容有根轨迹分析法、频率域分析法等。它们主要使用的数学工具是传递函数、频率特性。经典控制理论的主要研究对象是线性单输入-单输出系统。

　　经典控制理论的最大优点是方法简单，概念清晰，数学运算过程不复杂，但也存在局限性：

　　（1）传递函数只能描述系统输出与输入之间的外部特性，难以揭示系统内部状态的信息。

　　（2）传递函数只能用于零初始条件下的单输入-单输出线性定常系统，无法表示时变系统、非线性特性及非零初始条件下的线性系统。

　　（3）经典控制理论的根轨迹法、频率响应法实质上是试凑法，不能使系统获得某种条件下的最优性能。

　　现代控制理论是用若干个一阶微分方程描述系统，这些微分方程可以组成一阶向量-矩阵微分方程组，进一步可以用向量-矩阵表示。其中的中间变量能反映系统内部状态信息，也称为状态空间表示。这种表示的好处是随着系统的复杂性增加，表示的复杂性并不会因此而增加。

　　本章主要介绍控制系统的状态空间分析和设计，包括系统的状态空间表达式、可控性和可观测性。

## 9.1　线性系统的状态空间描述

### 9.1.1　状态空间的基本概念

　　现代控制理论与经典控制理论的不同在于：前者适用于多输入-多输出系统，系统可以是线性的或非线性的，也可以是定常的或时变的；而经典控制理论则仅仅适用于线性、定常单输入-单输出系统。同时，现代控制理论本质上是一种时域方法和频域方法，而经典控制理论则是一种复频域方法。在学习现代控制理论之前，应明确状态、状态变量、状态空间等基本名词术语。

　　如图 9-1 所示，可以用运动方程来描述小车的运动状况。由牛顿第二定律可知：

$$\begin{cases} m\dfrac{\mathrm{d}v(t)}{\mathrm{d}t} = F(t) \\[2mm] \dfrac{\mathrm{d}x(t)}{\mathrm{d}t} = v(t) \end{cases} \qquad (9-1)$$

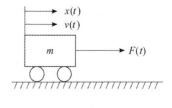

图 9-1　小车运动图

其中：$F(t)$ 为作用在小车上的外力；$x(t)$ 为小车的位移；$m$ 为小车的质量。因此，可得

$$v(t) = v(t_0) + \frac{1}{m}\int_{t_0}^t F(\tau)\mathrm{d}\tau \tag{9-2}$$

$$x(t) = x(t_0) + (t-t_0)v(t_0) + \frac{1}{m}\int_{t_0}^t \mathrm{d}\tau \int_{t_0}^t F(t)\mathrm{d}t \tag{9-3}$$

式(9-2)和式(9-3)中，$x(t_0)$ 和 $v(t_0)$ 表示 $t_0$ 时刻的状态，$x(t)$ 和 $v(t)$ 称为系统的状态变量。对 $t>t_0$ 的任意时刻，小车的状态是由其状态变量 $x(t)$ 和 $v(t)$ 来确定的。显然，若已知 $F(t)$ 及 $x(t_0)$、$v(t_0)$，则可计算出任意 $t>t_0$ 时刻的 $x(t)$ 和 $v(t)$。因此，已知系统的初始状态和 $t \geqslant t_0$ 时刻的输入，就能唯一确定系统未来的状态。

由上述可知，动力学系统的状态是由表征系统行为的一组方程描述的，通常称这组方程为数学模型。数学描述通常有两种基本类型：一种是以传递函数或传递函数矩阵表示输入、输出关系的外部描述；另一种是以状态空间表示的系统状态变量之间关系的内部描述。后者是基于系统内部分析的一类数学模型，通常由两个数学方程组成：反映系统内部状态变量和输入变量间因果关系的数学表达式，常具有微分方程或差分方程的形式，称为状态方程；表征内部状态变量和输入变量、输出变量间关系的数学表达式，称为输出方程。

（1）状态。动力学系统在时间域中的行为信息的集合称为状态。一般用 $n$ 表示其状态数。

（2）状态变量、状态向量。确定动力学系统状态的一组独立变量（$n$ 个）称为状态变量。由状态变量为分量组成的向量称为状态向量。

（3）状态空间。以 $n$ 个状态变量作为基底所组成的 $n$ 维空间称为状态空间。

（4）状态轨迹。系统任意时刻的状态，在状态空间中可用一个点来表示，随着时间的推移，系统状态在变化，便在状态空间中描绘出一条轨迹。这种系统状态在状态空间中随时间变化的轨迹称为状态轨迹或状态轨线。

（5）状态空间方程。动力学系统的一组状态变量所表达的一阶微分方程组，称为状态空间方程。其一般形式如下：

$$\dot{\boldsymbol{x}}(t) = \boldsymbol{A}(t)\boldsymbol{x}(t) + \boldsymbol{B}(t)\boldsymbol{u}(t)$$
$$\dot{\boldsymbol{y}}(t) = \boldsymbol{C}(t)\boldsymbol{x}(t) + \boldsymbol{D}(t)\boldsymbol{u}(t) \tag{9-4}$$

对于离散系统，时间是离散的，常有 $t_k = kT$，通常用 $k$ 的序列值表示变量，则有

$$\boldsymbol{x}(k+1) = \boldsymbol{A}(k)\boldsymbol{x}(k) + \boldsymbol{B}(k)\boldsymbol{u}(k)$$
$$\boldsymbol{y}(k) = \boldsymbol{C}(k)\boldsymbol{x}(k) + \boldsymbol{D}(k)\boldsymbol{u}(k) \tag{9-5}$$

其中：$\boldsymbol{x}(t)$、$\boldsymbol{x}(k)$ 为状态向量；$\boldsymbol{y}(t)$、$\boldsymbol{y}(k)$ 为输出向量；$\boldsymbol{A}(t)$、$\boldsymbol{B}(t)$、$\boldsymbol{C}(t)$、$\boldsymbol{D}(t)$ 和 $\boldsymbol{A}(k)$、$\boldsymbol{B}(k)$、$\boldsymbol{C}(k)$、$\boldsymbol{D}(k)$ 为系数矩阵，对于线性系统，它们为常数。

（6）线性系统结构图。线性系统的状态空间表达式常用结构图表示，线性连续时间系统和线性离散时间系统的状态结构图如图 9-2 所示。

图 9-2 中，$\boldsymbol{I}$ 为 $n \times n$ 单位阵，$s$ 为拉普拉斯算子，$z^{-1}$ 为单位延时算子，$s$ 和 $z$ 均为标量。每一个方框图的输入-输出关系规定为：输出向量＝方框所示矩阵×输入向量。

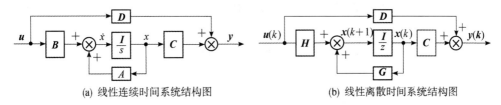

(a) 线性连续时间系统结构图　　　　　　　　　(b) 线性离散时间系统结构图

图 9 - 2　线性连续时间系统和线性离散时间系统的状态结构

## 9.1.2　状态空间表达式的建立及示例

通常采用以下两种方法获取系统的状态空间表达式：一种是根据系统的机理建立相应的微分方程或差分方程，继而选择有关的物理量作为状态变量，再导出其状态空间表达式；另一种是由系统已知的其他数学模型经过转化而得到状态空间表达式。下面举例说明状态空间的建立过程。

### 1. 依据系统的机理建立状态空间

【例 9 - 1】　图 9 - 3 为一质量阻尼系统，外力 $u(t)$ 是系统的输入量，质量位移 $y(t)$ 是系统的输出量。试列写其状态空间表达式。

**解**　依据运动定律，由图 9 - 3 可得：

$$m\ddot{y} + b\dot{y} + ky = u$$

显然，这是一个二阶微分方程，应该写为一阶方程组。这里选取并定义状态变量 $x_1(t)$、$x_2(t)$，即

$$\begin{cases} x_1(t) = y(t) \\ x_2(t) = \dot{y}(t) \end{cases}$$

于是有

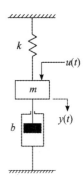

$$\begin{cases} \dot{x}_1(t) = x_2(t) \\ \dot{x}_2(t) = \dfrac{1}{m}(-ky - b\dot{y}) + \dfrac{1}{m}u \end{cases}$$

图 9 - 3　质量阻尼系统

将 $x_1(t)$、$x_2(t)$ 的表达式代入上式，则有

$$\begin{cases} \dot{x}_1 = x_2 \\ \dot{x}_2 = -\dfrac{k}{m}x_1 - \dfrac{b}{m}x_2 + \dfrac{1}{m}u \end{cases}$$

输出方程为

$$y = x_1$$

若采用向量-矩阵表示，则可写成

$$\begin{bmatrix} \dot{x}_1 \\ \dot{x}_2 \end{bmatrix} = \begin{bmatrix} 0 & 1 \\ -\dfrac{k}{m} & -\dfrac{b}{m} \end{bmatrix} \begin{bmatrix} x_1 \\ x_2 \end{bmatrix} + \begin{bmatrix} 0 \\ \dfrac{1}{m} \end{bmatrix} u \qquad (9-6)$$

输出方程可写成

$$\boldsymbol{y} = \begin{bmatrix} 1 & 0 \end{bmatrix} \begin{bmatrix} x_1 \\ x_2 \end{bmatrix} \qquad (9-7)$$

由式(9-6)和式(9-7)可得到系统的状态空间表达式：

$$\begin{cases} \dot{x} = Ax + Bu \\ y = Cx + Du \end{cases} \qquad (9-8)$$

其中：

$$A = \begin{bmatrix} 0 & 1 \\ -\dfrac{k}{m} & -\dfrac{b}{m} \end{bmatrix}, \quad B = \begin{bmatrix} 0 \\ \dfrac{1}{m} \end{bmatrix}, \quad C = \begin{bmatrix} 1 & 0 \end{bmatrix}, \quad D = \begin{bmatrix} 0 \end{bmatrix}$$

系统的状态空间方框图如图 9-4 所示。

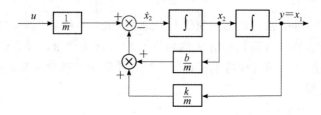

图 9-4　系统的状态空间方框图

**【例 9-2】**　图 9-5 为一 RLC 网络，试选择几组状态变量，建立相应的状态空间表达式，并就所选状态变量的关系进行讨论。

**解**　依据电路定律可列出如下方程：

$$Ri + L\frac{\mathrm{d}i}{\mathrm{d}t} + \frac{1}{C}\int i\,\mathrm{d}t = e$$

电路输出量为

$$y = e_C = \frac{1}{C}\int i\,\mathrm{d}t$$

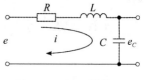

图 9-5　RLC 网络

(1) 设状态变量 $x_1 = i$，$x_2 = \dfrac{1}{C}\int i\,\mathrm{d}t$，则状态方程为

$$\dot{x}_1 = -\frac{R}{L}x_1 - \frac{1}{L}x_2 + \frac{1}{L}e$$

$$\dot{x}_2 = \frac{1}{C}x_1$$

输出方程为

$$y = x_2$$

其向量-矩阵形式为

$$\begin{bmatrix} \dot{x}_1 \\ \dot{x}_2 \end{bmatrix} = \begin{bmatrix} -\dfrac{R}{L} & -\dfrac{1}{L} \\ \dfrac{1}{C} & 0 \end{bmatrix} \begin{bmatrix} x_1 \\ x_2 \end{bmatrix} + \begin{bmatrix} \dfrac{1}{L} \\ 0 \end{bmatrix} e$$

$$y = \begin{bmatrix} 0 & 1 \end{bmatrix} \begin{bmatrix} x_1 \\ x_2 \end{bmatrix}$$

简记为

$$\dot{x} = Ax + Bu$$

$$y = Cx + Du$$

其中：

$$A=\begin{bmatrix} -\dfrac{R}{L} & -\dfrac{1}{L} \\ \dfrac{1}{C} & 0 \end{bmatrix}, \quad B=\begin{bmatrix} \dfrac{1}{L} \\ 0 \end{bmatrix}, \quad C=\begin{bmatrix} 0 & 1 \end{bmatrix}, \quad D=\begin{bmatrix} 0 \end{bmatrix}, \quad u=e$$

（2）设状态变量 $x_1 = i$，$x_2 = \int i\mathrm{d}t$，则有

$$\begin{bmatrix} \dot{x}_1 \\ \dot{x}_2 \end{bmatrix}=\begin{bmatrix} -\dfrac{R}{L} & -\dfrac{1}{LC} \\ 1 & 0 \end{bmatrix}\begin{bmatrix} x_1 \\ x_2 \end{bmatrix}+\begin{bmatrix} \dfrac{1}{L} \\ 0 \end{bmatrix}e$$

$$y=\begin{bmatrix} 0 & \dfrac{1}{C} \end{bmatrix}\begin{bmatrix} x_1 \\ x_2 \end{bmatrix}$$

（3）设状态变量 $x_1 = \dfrac{1}{C}\int i\mathrm{d}t + Ri$，$x_2 = \dfrac{1}{C}\int i\mathrm{d}t$，则

$$x_1=x_2+Ri, \quad L\,\frac{\mathrm{d}i}{\mathrm{d}t}=-x_1+e$$

故

$$\dot{x}_1=\frac{1}{RC}(x_1-x_2)+\frac{R}{L}(-x_1+e)$$

$$\dot{x}_2=\frac{1}{C}i=\frac{1}{RC}(x_1-x_2)$$

其状态空间表达式为

$$\begin{bmatrix} \dot{x}_1 \\ \dot{x}_2 \end{bmatrix}=\begin{bmatrix} \dfrac{1}{RC}-\dfrac{R}{L} & -\dfrac{1}{RC} \\ \dfrac{1}{RC} & -\dfrac{1}{RC} \end{bmatrix}\begin{bmatrix} x_1 \\ x_2 \end{bmatrix}+\begin{bmatrix} \dfrac{R}{L} \\ 0 \end{bmatrix}e$$

$$y=\begin{bmatrix} 0 & 1 \end{bmatrix}\begin{bmatrix} x_1 \\ x_2 \end{bmatrix}$$

由上可见，系统的状态空间表达式不具有唯一性。选取不同的状态变量，便会有不同的状态空间表达式，但它们都描述了同一系统。可以推断，描述同一系统的不同状态空间表达式之间一定存在着某种线性变换关系。下面研究本例题中两组状态变量之间的关系。

设 $x_1 = i$，$x_2 = \dfrac{1}{C}\int i\mathrm{d}t$，$\bar{x}_1 = i$，$\bar{x}_2 = \int i\mathrm{d}t$，则有

$$x_1=\bar{x}_1, \quad x_2=\frac{1}{C}\bar{x}_2$$

其向量-矩阵形式为

$$x=P\bar{x}$$

其中：

$$x=\begin{bmatrix} x_1 \\ x_2 \end{bmatrix}, \quad \bar{x}=\begin{bmatrix} \bar{x}_1 \\ \bar{x}_2 \end{bmatrix}, \quad P=\begin{bmatrix} 1 & 0 \\ 0 & \dfrac{1}{C} \end{bmatrix}$$

以上说明只要令 $x=P\bar{x}$，$P$ 为非奇异变换矩阵，便可将 $x_1$、$x_2$ 变换为 $\bar{x}_1$、$\bar{x}_2$。若取任意

的非奇异变换矩阵 $\boldsymbol{P}$，便可变换出无穷多组状态变量，这就说明状态变量的选择不具有唯一性。对于图 9-5 所示的 $RLC$ 网络来说，由于电容端电压和电感电流容易测量，因此通常选择这些物理量作为状态变量。

【例 9-3】　图 9-6 所示为某热力系统，系统周围是热绝缘的，热源 $q_1(t)$ 对容积 1 进行加热，容积 1 和容积 2 的热容分别为 $C_1$ 与 $C_2$，热阻为 $R_1$ 与 $R_2$，试求出两个容积的温度 $\theta_1$ 与 $\theta_2$ 随时间的变化关系。

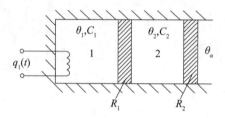

图 9-6　热力系统（$\theta_a$ 为大气温度）

**解**　取 $\theta_1$ 和 $\theta_2$ 作为状态变量，根据热力学和传热学的基本方程可得

$$\frac{\mathrm{d}\theta_1}{\mathrm{d}t} = \dot{\theta}_1 = \frac{1}{C_1}\left[q_1(t) - \frac{1}{R_1}(\theta_1 - \theta_2)\right]$$

$$\frac{\mathrm{d}\theta_2}{\mathrm{d}t} = \dot{\theta}_2 = \frac{1}{C_2}\left[\frac{1}{R_1}(\theta_1 - \theta_2) - \frac{1}{R_2}(\theta_2 - \theta_a)\right]$$

取相对于稳态的差值，上式可写为

$$\Delta\dot{\theta}_1 = -\frac{1}{R_1 C_1}\Delta\theta_1 + \frac{1}{R_1 C_1}\Delta\theta_2 + \frac{1}{C_1}\Delta q_1(t)$$

$$\Delta\dot{\theta}_2 = -\left(\frac{1}{R_1 C_2} + \frac{1}{R_2 C_2}\right)\Delta\theta_2 + \frac{1}{R_1 C_2}\Delta\theta_1$$

简记为

$$\dot{\boldsymbol{x}} = \boldsymbol{A}\boldsymbol{x} + \boldsymbol{B}\boldsymbol{u}$$
$$\boldsymbol{y} = \boldsymbol{C}\boldsymbol{x}$$

其中：

$$\boldsymbol{A} = \begin{bmatrix} -\dfrac{1}{R_1 C_1} & \dfrac{1}{R_1 C_1} \\[3mm] \dfrac{1}{R_1 C_2} & -\left(\dfrac{1}{R_1 C_2} + \dfrac{1}{R_2 C_2}\right) \end{bmatrix}, \quad \boldsymbol{B} = \begin{bmatrix} \dfrac{1}{C_1} \\[2mm] 0 \end{bmatrix}, \quad \boldsymbol{u} = \Delta q_1(t)$$

【例 9-4】　有一液压系统如图 9-7 所示。滑阀控制油动机，油动机带动一个阻尼系数为 $B$、质量为 $M$ 的物体运动。试选取合适的状态变量并建立该系统相应的状态空间表达式。

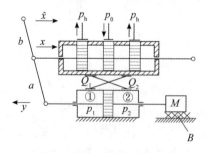

图 9-7　液压系统简图（刚性反馈）

**解**　通过分析该液压系统的结构图可知，$p_0$ 为进入的高压油的压力，$p_1$ 与 $p_2$ 分别为油动机两侧的油压，$B$ 为阻尼系数，$Q$ 为进入油动机的油流率，$\Delta p = p_1 - p_2$ 为油动机活塞两侧的压力差。在平衡状态时，滑阀用自己的两个凸肩封住回油口，用中间凸肩封住进油口。当滑阀离开平衡位置(假设向左移动)时，油动机腔①与高压油接通，腔②与回油接通，此时有

$$Q_1 = \Delta x b_1 \alpha_1 \sqrt{\frac{2}{\rho}(p_0 - p_1)} \tag{9-9}$$

$$Q_2 = \Delta x b_2 \alpha_2 \sqrt{\frac{2}{\rho}(p_2 - p_{\mathrm{h}})} \tag{9-10}$$

其中，$b_1$、$b_2$ 为滑阀套筒上相应油口的宽度，$\alpha_1$、$\alpha_2$ 为油流经油口时的流量系数，对不同结构的滑阀有不同的实验数据；$\rho$ 为油的密度。

考虑到 $p_1 = p_2 + \Delta p$，代入式(9-9)，有

$$Q_1 = \Delta x b_1 \alpha_1 \sqrt{\frac{2}{\rho}[p_0 - (p_2 + \Delta p)]} \tag{9-11}$$

式中，$p_2$ 可由式(9-10)求出。假设油为不可压缩液体，则进入油动机左侧的油和排出的油成比例，令

$$Q_2 = k Q_1$$

对式(9-10)两边同时取平方有 $Q_2^2 = \Delta x^2 b_2^2 \alpha_2^2 \dfrac{2}{\rho}(p_2 - p_{\mathrm{h}})$，则上式可化为

$$k^2 Q_1^2 = K \Delta x^2 (p_2 - p_{\mathrm{h}})$$

其中：

$$K = b_2^2 \alpha_2^2 \frac{2}{\rho}$$

从而得

$$p_2 - p_{\mathrm{h}} = \frac{k^2 Q_1^2}{K \Delta x^2} \tag{9-12}$$

把式(9-12)代入式(9-11)，可得 $Q_1$ 与 $\Delta x$、$\Delta p$ 的关系是非线性的。通过线性化后，有

$$\Delta Q_1 = \frac{\partial Q_1}{\partial x} \Delta x + \frac{\partial Q_1}{\partial \Delta p} \delta(\Delta p) = K_1 \Delta x - K_2 \delta(\Delta p) \tag{9-13}$$

其中：

$$K_1 = \frac{\partial Q_1}{\partial x} \bigg|_{x = x_0}, \quad K_2 = -\frac{\partial Q_1}{\partial (\Delta p)} \bigg|_{\Delta p = \Delta p_0}$$

在正常工作情况下，有

$$Q_1 = K_1 x - K_2 \Delta p \tag{9-14}$$

另一方面，由活塞位移和流量的关系为

$$\frac{\mathrm{d}y}{\mathrm{d}t} = \frac{Q_1}{A\rho}, \quad Q_1 = A\rho \frac{\mathrm{d}y}{\mathrm{d}t} \tag{9-15}$$

其中，$A$ 为油动机左侧活塞的有效面积。

把式(9-15)代入式(9-14)，得

$$A\rho\frac{\mathrm{d}y}{\mathrm{d}t}=K_1x-K_2\Delta p$$

或

$$\Delta p=\frac{1}{K_2}\Big(K_1x-A\rho\frac{\mathrm{d}y}{\mathrm{d}t}\Big) \tag{9-16}$$

由于活塞两侧有压力差，因此可导出活塞的作用力 $F$ 为

$$F=A\Delta p=\frac{A}{K_2}\Big(K_1x-A\rho\frac{\mathrm{d}y}{\mathrm{d}t}\Big) \tag{9-17}$$

这个力推动活塞移动，有以下运动方程：

$$M\ddot{y}+B\dot{y}=\frac{A}{K_2}(K_1x-A\rho\dot{y})$$

或

$$M\ddot{y}+\Big(B+\frac{A^2\rho}{K_2}\Big)\dot{y}=\frac{AK_1}{K_2}x \tag{9-18}$$

当选取活塞位移 $y$ 和活塞运行速度 $v=\dfrac{\mathrm{d}y}{\mathrm{d}t}$ 作为状态变量时，有

$$\dot{y}=v$$

$$\dot{v}=-\left[\frac{\Big(B+\frac{A^2\rho}{K_2}\Big)}{M}\right]v+\frac{AK_1}{MK_2}x$$

考虑到反馈杠杆的几何关系：

$$x=\frac{a}{a+b}\hat{x}-\frac{b}{a+b}y$$

此时，有

$$\dot{y}=v \tag{9-19}$$

$$\dot{v}=-\left[\frac{B+\frac{A^2\rho}{K_2}}{M}\right]v+\frac{AK_1}{MK_2}\Big(\frac{a}{a+b}\hat{x}-\frac{b}{a+b}y\Big) \tag{9-20}$$

选取 $y$、$v$ 为状态量，$\hat{x}$ 为控制量，输出量为 $y$，则该系统的状态空间表达式为

$$\dot{x}=Ax+Bu$$
$$y=Cx$$

其中：

$$A=\begin{bmatrix}0&1\\-\frac{AK_1}{MK_2}\frac{b}{a+b}&-\Big(B+\frac{A^2\rho}{K_2}\Big)/M\end{bmatrix},\quad B=\begin{bmatrix}0\\\frac{AK_1}{MK_2}\frac{a}{a+b}\end{bmatrix},\quad C=\begin{bmatrix}1&0\end{bmatrix},\ u=\hat{x}$$

【例 9-5】 图 9-8 所示的是一单独励磁的直流电动机，它由输入电压 $u_a$ 来控制。假设励磁不变，电动机工作在线性区。图中，$R_a$、$R_f$ 为电阻，$L_a$、$L_f$ 为电感，$J_m$ 为电动机转子转动惯量，$m_L$ 为电动机负载，$\theta_m$、$\dot{\theta}_m$（或 $\omega_m$）分别为电动机角位移和角速度。试求该系统的状态空间表达式。

**解**　根据电机拖动知识，可以写出直流电动机系统的电压方程表达式为

$$u_a=R_ai_a+L_a\frac{\mathrm{d}i_a}{\mathrm{d}t}+K_v\frac{\mathrm{d}\theta_m}{\mathrm{d}t}$$

其中，$K_v \dfrac{\mathrm{d}\theta_m}{\mathrm{d}t}$ 是电动机的反电势，与转速成正比。

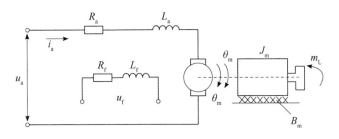

图 9-8　机电系统简图

电动机的力矩方程式为

$$K_m i_a = J_m \frac{\mathrm{d}^2 \theta_m}{\mathrm{d}t^2} + B_m \frac{\mathrm{d}\theta_m}{\mathrm{d}t} + m_L$$

其中，$K_m i_a$ 表示电动机的主动扭矩和电流 $i_a$ 成正比。选择状态变量 $\theta_m$、$\dot{\theta}_m$ 和 $i_a$，控制量为 $u_a$ 和 $m_L$，输出量 $\theta_m$ 和 $i_a$，有

$$\begin{cases} \dot{\theta}_m = \omega_m \\[2mm] \dot{\omega}_m = -\dfrac{B_m}{J_m}\omega_m + \dfrac{K_m}{J_m}i_a - \dfrac{1}{J_m}m_L \\[2mm] \dot{i}_a = -\dfrac{K_v}{L_a}\omega_m - \dfrac{R_a}{L_a}i_a + \dfrac{1}{L_a}u_a \end{cases}$$

简记为

$$\dot{x} = Ax + Bu, \quad y = Cx$$

其中：

$$x = \begin{bmatrix} \theta_m & \omega_m & i_a \end{bmatrix}^T, \quad u = \begin{bmatrix} m_L & u_a \end{bmatrix}^T$$

$$A = \begin{bmatrix} 0 & 1 & 0 \\[2mm] 0 & -\dfrac{B_m}{J_m} & \dfrac{K_m}{J_m} \\[3mm] 0 & -\dfrac{K_v}{L_a} & -\dfrac{R_a}{L_a} \end{bmatrix}, \quad B = \begin{bmatrix} 0 & 0 \\[2mm] -\dfrac{1}{J_m} & 0 \\[3mm] 0 & \dfrac{1}{L_a} \end{bmatrix}, \quad C = \begin{bmatrix} 1 & 0 & 0 \\ 0 & 0 & 1 \end{bmatrix}$$

**2. 由系统微分方程建立状态空间**

在经典控制理论中，线性控制系统的时域模型通常可以描述为系统输入与输出间的高阶微分方程。考虑一个单输入-单输出线性定常系统，其描述形式如下：

$$y^{(n)} + a_{n-1}y^{(n-1)} + a_{n-2}y^{(n-2)} + \cdots + a_2 y^{(2)} + a_1 \dot{y} + a_0 y = \beta_m u^{(m)} + \beta_{m-1}u^{(m-1)} + \cdots + \beta_1 \dot{u} + \beta_0 u$$

式中，$m \leqslant n$。由 9.1.1 节可知，线性定常系统的状态空间描述形式如下：

$$\begin{cases} \dot{x} = Ax + Bu \\ y = Cx + Du \end{cases}$$

于是由系统的一般时域高阶微分方程导出状态空间表达式的关键问题就是选取适当的状态变量，由此来确定 $A$、$B$、$C$、$D$。下面针对不同情况分别进行讨论。

（1）微分方程右端不包含输入量的各阶导数。这种单输入-单输出线性定常连续系统

微分方程的一般形式为

$$y^{(n)} + a_{n-1}y^{(n-1)} + a_{n-2}y^{(n-2)} + \cdots + a_2 y^{(2)} + a_1\dot{y} + a_0 y = \beta_0 u \qquad (9-21)$$

其中，$y$、$u$ 为系统的输出量、输入量，$a_0$，$a_1$，$a_2$，$\cdots$，$a_{n-2}$，$a_{n-1}$，$\beta_0$ 是由系统特性确定的常系数。由于给定 $n$ 个初值 $y(0)$，$\dot{y}(0)$，$\cdots$，$y^{(n-2)}(0)$，$y^{(n-1)}(0)$ 及 $t \geqslant 0$ 时的 $u(t)$，可唯一确定 $t > 0$ 时系统的行为，因此可选取 $n$ 个状态变量为 $x_1 = y$，$x_2 = \dot{y}$，$\cdots$，$x_n = y^{(n-1)}$，于是根据式(9-21)可得

$$\begin{cases} \dot{x}_1 = x_2 \\ \dot{x}_2 = x_3 \\ \quad \vdots \\ \dot{x}_{n-1} = x_n \\ \dot{x}_n = -a_0 x_1 - a_1 x_2 - \cdots - a_{n-1} x_n + \beta_0 u \\ y = x_1 \end{cases} \qquad (9-22)$$

其状态空间表达式为

$$\begin{cases} \dot{x} = Ax + Bu \\ y = Cx \end{cases} \qquad (9-23)$$

式中：

$$x = \begin{bmatrix} x_1 \\ x_2 \\ \vdots \\ x_{n-1} \\ x_n \end{bmatrix}, \quad A = \begin{bmatrix} 0 & 1 & 0 & \cdots & 0 \\ 0 & 0 & 1 & \cdots & 0 \\ \vdots & \vdots & \vdots & & \vdots \\ 0 & 0 & 0 & \cdots & 1 \\ -a_0 & -a_1 & -a_2 & \cdots & -a_{n-1} \end{bmatrix}, \quad B = \begin{bmatrix} 0 \\ 0 \\ \vdots \\ 0 \\ \beta_0 \end{bmatrix}, \quad C = \begin{bmatrix} 1 & 0 & \cdots & 0 \end{bmatrix}$$

按式(9-22)绘制的结构图称为状态变量图，如图 9-9 所示。图中，每个积分器的输出都是对应的状态变量，状态方程由各积分器的输入-输出关系确定，输出方程在输出端获得。

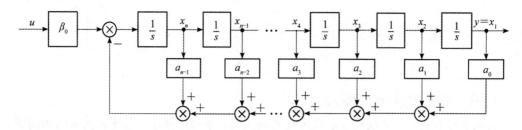

图 9-9　输入量中不含导数项的系统的状态变量图

【例 9-6】　有一工业机器人如图 9-10 所示，其中两相伺服电机转动肘关节之后，通过小臂移动机器人的手腕。假定弹簧的弹性系数为 $k$，阻尼系数为 $f$，选取系统的如下状态变量：

$$x_1 = \phi_1 - \phi_2, \quad x_1 = \frac{\omega_1}{\omega_0}, \quad x_2 = \frac{\omega_2}{\omega_0}$$

其中，$\omega_0^2 = \dfrac{k(J_1 + J_2)}{J_1 J_2}$。试列写该机器人的状态方程。

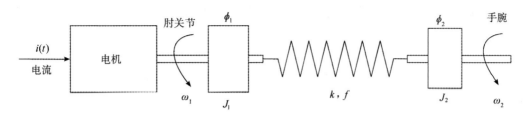

图 9-10　工业机器人示意图

**解**　由图 9-10 可知，转动方程为

$$J_1\frac{\mathrm{d}\omega_1}{\mathrm{d}t}=-k(\phi_1-\phi_2)-f(\omega_1-\omega_2)+C_{\mathrm{m}}i$$

$$J_2\frac{\mathrm{d}\omega_2}{\mathrm{d}t}=k(\phi_1-\phi_2)+f(\omega_1-\omega_2)$$

式中，$C_{\mathrm{m}}$ 为转矩系数。对上面等式进行如下变换：

$$\frac{\mathrm{d}\omega_1}{\mathrm{d}t}=-\frac{k}{J_1}(\phi_1-\phi_2)-\frac{f}{J_1}\omega_1+\frac{f}{J_1}\omega_2+\frac{C_{\mathrm{m}}}{J_1}i$$

$$\frac{\mathrm{d}\omega_2}{\mathrm{d}t}=\frac{k}{J_2}(\phi_1-\phi_2)+\frac{f}{J_2}\omega_1-\frac{f}{J_2}\omega_2$$

即

$$\frac{1}{\omega_0}\frac{\mathrm{d}\omega_1}{\mathrm{d}t}=-\frac{k}{J_1\omega_0}(\phi_1-\phi_2)-\frac{f}{J_1}\frac{\omega_1}{\omega_0}+\frac{f}{J_1}\frac{\omega_2}{\omega_0}+\frac{C_{\mathrm{m}}}{J_1\omega_0}i$$

$$=-\frac{J_2\omega_0}{J_1+J_2}(\phi_1-\phi_2)-\frac{f}{J_1}\frac{\omega_1}{\omega_0}+\frac{f}{J_1}\frac{\omega_2}{\omega_0}+\frac{C_{\mathrm{m}}}{J_1\omega_0}i$$

以及

$$\frac{1}{\omega_0}\frac{\mathrm{d}\omega_2}{\mathrm{d}t}=\frac{k}{J_2\omega_0}(\phi_1-\phi_2)+\frac{f}{J_2}\frac{\omega_1}{\omega_0}-\frac{f}{J_2}\frac{\omega_2}{\omega_0}$$

$$=\frac{J_1\omega_0}{J_1+J_2}(\phi_1-\phi_2)+\frac{f}{J_2}\frac{\omega_1}{\omega_0}-\frac{f}{J_2}\frac{\omega_2}{\omega_0}$$

又 $\dot{x}_1=\dot{\phi}_1-\dot{\phi}_2=\omega_1-\omega_2=\omega_0(x_2-x_3)$，系统的输出为 $y=x_3$，因此当选取系统状态变量为 $\boldsymbol{x}=[x_1\quad x_2\quad x_3]^{\mathrm{T}}$ 时，可得该机器人的状态方程为

$$\dot{\boldsymbol{x}}=\begin{bmatrix}0 & \omega_0 & -\omega_0\\ -\dfrac{\omega_0 J_2}{J_1+J_2} & -\dfrac{f}{J_1} & \dfrac{f}{J_1}\\ \dfrac{\omega_0 J_1}{J_1+J_2} & \dfrac{f}{J_2} & -\dfrac{f}{J_2}\end{bmatrix}\boldsymbol{x}+\begin{bmatrix}0\\ \dfrac{C_{\mathrm{m}}}{J_1\omega_0}\\ 0\end{bmatrix}\boldsymbol{u}$$

$$y=[0\quad 0\quad 1]\boldsymbol{x}$$

（2）微分方程右端包含输入量的各阶导数。此时单输入-单输出线性定常系统微分方程的一般形式为

$$y^{(n)}+a_{n-1}y^{(n-1)}+\cdots+a_1\dot{y}+a_0y=b_nu^{(n)}+b_{n-1}u^{(n-1)}+\cdots+b_1\dot{u}+b_0u$$

$$(9-24)$$

一般输入导数的次数小于或等于输出导数的次数。对于这种情况，选取状态变量的主要问

题在于式(9-22)里面 $x_n$ 表达式的右端存在导数项。为了避免这种情况，可以按如下规则选取状态变量：

$$\begin{cases} x_1 = y - \beta_0 u \\ x_i = \dot{x}_{i-1} - \beta_{i-1} u, \ i = 2, 3, \cdots, n \end{cases} \tag{9-25}$$

将其展开可得

$$\begin{cases} x_1 = y - \beta_0 u \\ x_2 = \dot{x}_1 - \beta_1 u = \dot{y} - \beta_0 \dot{u} - \beta_1 u \\ x_3 = \dot{x}_2 - \beta_2 u = \ddot{y} - \beta_0 \ddot{u} - \beta_1 \dot{u} - \beta_2 u \\ \quad \vdots \\ x_n = \dot{x}_{n-1} - \beta_{n-1} u = y^{(n-1)} - \beta_0 u^{(n-1)} - \beta_1 u^{(n-2)} - \cdots - \beta_{n-1} u \end{cases} \tag{9-26}$$

式中，$\beta_0$，$\beta_1$，$\cdots$，$\beta_{n-1}$ 是 $n$ 个待定常数。对式(9-26)中的 $x_n$ 表达式求导并根据式(9-24)有

$$\begin{aligned} \dot{x}_n &= y^{(n)} - \beta_0 u^{(n)} - \beta_1 u^{(n-1)} - \cdots - \beta_{n-1} \dot{u} \\ &= (-a_{n-1} y^{(n-1)} - \cdots - a_1 \dot{y} - a_0 y + b_n u^{(n)} + \cdots + b_1 \dot{u} + b_0 u) - \beta_0 u^{(n)} - \beta_1 u^{(n-1)} - \cdots - \beta_{n-1} \dot{u} \end{aligned}$$

根据式(9-26)将 $y$，$\dot{y}$，$\cdots$，$y^{(n-1)}$ 用 $x_i$ 和 $u$ 的各阶导数表示，整理可得

$$\begin{aligned} \dot{x}_n = &-a_0 x_1 - a_1 x_2 - \cdots - a_{n-1} x_n + (b_n - \beta_0) u^{(n)} + \\ &(b_{n-1} - \beta_1 - a_{n-1} \beta_0) u^{(n-1)} + (b_{n-2} - \beta_2 - a_{n-1} \beta_1 - a_{n-2} \beta_0) u^{(n-2)} + \\ &\cdots + (b_1 - \beta_{n-1} - a_{n-1} \beta_{n-2} - a_{n-2} \beta_{n-3} - \cdots - a_1 \beta_0) \dot{u} + \\ &(b_0 - a_{n-1} \beta_{n-1} - a_{n-2} \beta_{n-2} - \cdots - a_1 \beta_1 - a_0 \beta_0) u \end{aligned} \tag{9-27}$$

令式(9-27)中 $u$ 的各阶导数项的系数为 0，可确定各 $\beta$ 的值为

$$\begin{cases} \beta_0 = b_n \\ \beta_1 = b_{n-1} - a_{n-1} \beta_0 \\ \beta_2 = b_{n-2} - a_{n-1} \beta_1 - a_{n-2} \beta_0 \\ \quad \vdots \\ \beta_{n-1} = b_1 - a_{n-1} \beta_{n-2} - a_{n-2} \beta_{n-3} - \cdots - a_1 \beta_0 \end{cases}$$

记 $\beta_n = b_0 - a_{n-1} \beta_{n-1} - a_{n-2} \beta_{n-2} - \cdots - a_1 \beta_1 - a_0 \beta_0$，则由式(9-26)及式(9-27)可知，式(9-24)所描述的系统的输出方程和状态方程为

$$y = x_1 + \beta_0 u$$

$$\begin{cases} \dot{x}_1 = x_2 + \beta_1 u \\ \dot{x}_2 = x_3 + \beta_2 u \\ \quad \vdots \\ \dot{x}_n = -a_0 x_1 - a_1 x_2 - \cdots - a_{n-1} x_n + \beta_n u \end{cases}$$

则其状态空间表达式为

$$\begin{cases} \dot{x} = Ax + Bu \\ y = Cx + Du \end{cases} \tag{9-28}$$

式中：

$$
A = \begin{bmatrix} 0 & 1 & 0 & \cdots & 0 \\ 0 & 0 & 1 & \cdots & 0 \\ \vdots & \vdots & \vdots & & \vdots \\ 0 & 0 & 0 & \cdots & 1 \\ -a_0 & -a_1 & -a_2 & \cdots & -a_{n-1} \end{bmatrix}, \quad B = \begin{bmatrix} \beta_1 \\ \beta_2 \\ \vdots \\ \beta_{n-1} \\ \beta_n \end{bmatrix}, \quad C = \begin{bmatrix} 1 & 0 & \cdots & 0 \end{bmatrix}, \quad D = \begin{bmatrix} \beta_0 \end{bmatrix}
$$

式(9-24)所描述的系统的状态变量图如图 9-11 所示。

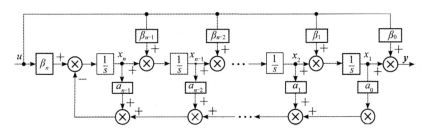

图 9-11　系统状态变量图

**3. 由传递函数建立状态空间**

实际上，传递函数、微分方程和状态空间都是表示一个控制系统的数学模型，那么它们之间一定会有某种转换关系。因此，由传递函数同样可以得到状态空间表达式。

设系统的传递函数为

$$
G(s) = \frac{Y(s)}{U(s)} = \frac{b_n s^n + b_{n-1} s^{n-1} + \cdots + b_1 s + b_0}{s^n + a_{n-1} s^{n-1} + \cdots + a_1 s + a_0} \tag{9-29}
$$

式中，分子、分母同阶，用综合除法进一步化为

$$
G(s) = b_n + \frac{\beta_{n-1} s^{n-1} + \beta_{n-2} s^{n-2} + \cdots + \beta_1 s + \beta_0}{s^n + a_{n-1} s^{n-1} + a_{n-2} s^{n-2} + \cdots + a_1 s + a_0} \overset{\text{def}}{=\!=} b_n + \frac{N(s)}{D(s)} \tag{9-30}
$$

式中：$b_n$ 是直接联系输入与输出的前馈系数，当 $G(s)$ 的分母阶次大于分子阶次时，$b_n = 0$；$\dfrac{N(s)}{D(s)}$ 是严格有理真分式；系数 $\beta_i$ 由综合除法得到

$$
\begin{cases} \beta_0 = b_0 - a_0 b_n \\ \beta_1 = b_1 - a_1 b_n \\ \vdots \\ \beta_{n-2} = b_{n-2} - a_{n-2} b_n \\ \beta_{n-1} = b_{n-1} - a_{n-1} b_n \end{cases} \tag{9-31}
$$

在使用状态空间方法分析设计系统时，通常会使用 $\dfrac{N(s)}{D(s)}$ 推导出以下几种标准形式的动态方程。

(1) $\dfrac{N(s)}{D(s)}$ 串联形式。将 $\dfrac{N(s)}{D(s)}$ 分解为两部分相串联的形式，如图 9-12 所示，$z$ 为中间变量，$z$、$y$ 应满足：

$$
z^{(n)} + a_{n-1} z^{(n-1)} + \cdots + a_1 \dot{z} + a_0 z = u
$$

$$
y = \beta_{n-1} z^{(n-1)} + \cdots + \beta_1 \dot{z} + \beta_0 z
$$

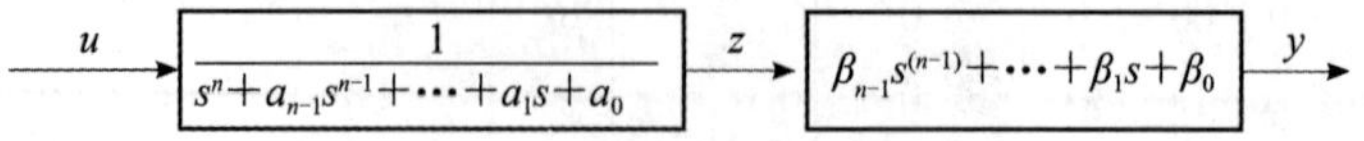

$$u \longrightarrow \boxed{\dfrac{1}{s^n + a_{n-1}s^{n-1} + \cdots + a_1 s + a_0}} \xrightarrow{\ z\ } \boxed{\beta_{n-1}s^{(n-1)} + \cdots + \beta_1 s + \beta_0} \xrightarrow{\ y\ }$$

图 9-12　$\dfrac{N(s)}{D(s)}$ 的串联分解

选取状态变量：

$$x_1 = z, \quad x_2 = \dot{z}, \quad x_3 = \ddot{z}, \quad \cdots, \quad x_n = z^{(n-1)}$$

则状态方程为

$$\dot{x}_1 = x_2$$
$$\dot{x}_2 = x_3$$
$$\vdots$$
$$\dot{x}_n = -a_0 z - a_1 \dot{z} - \cdots - a_{n-1} z^{(n-1)} + u$$
$$= -a_0 x_1 - a_1 x_2 - \cdots - a_{n-1} x_n + u$$

输出方程为

$$y = \beta_0 x_1 + \beta_1 x_2 + \cdots + \beta_{n-1} x_n$$

其系统的状态空间表达式为

$$\dot{x} = Ax + Bu, \quad y = Cx$$

式中：

$$A = \begin{bmatrix} 0 & 1 & 0 & \cdots & 0 \\ 0 & 0 & 1 & \cdots & 0 \\ \vdots & \vdots & \vdots & & \vdots \\ 0 & 0 & 0 & \cdots & 1 \\ -a_0 & -a_1 & -a_2 & \cdots & -a_{n-1} \end{bmatrix}, \quad B = \begin{bmatrix} 0 \\ 0 \\ \vdots \\ 0 \\ 1 \end{bmatrix}, \quad C = \begin{bmatrix} \beta_0 & \beta_1 & \cdots & \beta_{n-1} \end{bmatrix}$$

我们称这种形状的 $A$ 阵为酉矩阵。若状态方程中的 $A$、$B$ 具有这种形式，则称为可控标准型。

当 $\beta_1 = \beta_2 = \cdots = \beta_{n-1} = 0$ 时，$A$、$B$ 的形式不变，$C = \begin{bmatrix} \beta_0 & 0 & \cdots & 0 \end{bmatrix}$。因而，当 $G(s) = b_n + \dfrac{N(s)}{D(s)}$ 时，

$A$、$B$ 不变，$y = Cx + b_n u$。$\dfrac{N(s)}{D(s)}$ 串联分解的可控标准型状态变量图如图 9-13 所示。

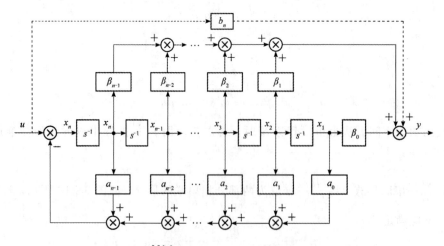

图 9-13　$\dfrac{N(s)}{D(s)}$ 串联分解的可控标准型状态变量图

当 $b_n = 0$ 时，若选取的状态变量如下：

$$\begin{cases} x_n = y \\ x_i = \dot{x}_{i+1} + a_i y - b_i u, \ i = 1, 2, \cdots, n-1 \end{cases}$$

则系统的 $\boldsymbol{A}$、$\boldsymbol{B}$、$\boldsymbol{C}$ 为

$$\boldsymbol{A} = \begin{bmatrix} 0 & 0 & \cdots & 0 & -a_0 \\ 1 & 0 & \cdots & 0 & -a_1 \\ 0 & 1 & \cdots & 0 & -a_2 \\ \vdots & \vdots & & \vdots & \vdots \\ 0 & 0 & \cdots & 1 & -a_{n-1} \end{bmatrix}, \quad \boldsymbol{B} = \begin{bmatrix} \beta_0 \\ \beta_1 \\ \vdots \\ \beta_{n-1} \end{bmatrix}, \quad \boldsymbol{C} = \begin{bmatrix} 0 & \cdots & 0 & 1 \end{bmatrix}$$

仔细观察可以看到，此处的 $\boldsymbol{A}$ 矩阵是酉矩阵的转置。若动态方程中的 $\boldsymbol{A}$、$\boldsymbol{C}$ 具有这种形式，则称为能观测标准型。

由上述可见，能控标准型矩阵与能观测标准型矩阵之间存在着如下关系：

$$\boldsymbol{A}_c = \boldsymbol{A}_o^T, \quad \boldsymbol{B}_c = \boldsymbol{C}_o^T, \quad \boldsymbol{C}_c = \boldsymbol{B}_o^T \tag{9-32}$$

式中，下标 c 表示能控标准型，o 表示能观测标准型，T 为转置符号。通常将式(9-32)所示关系称为对偶关系。

(2) $\dfrac{N(s)}{D(s)}$ 只含单实极点时的情况。当 $\dfrac{N(s)}{D(s)}$ 只含单实极点时，除了可化为上述可控标准型或能观测标准型动态方程以外，还可以化为对角型动态方程，其中 $\boldsymbol{A}$ 阵是一个对角阵。

设 $D(s)$ 可分解为

$$D(s) = (s - \lambda_1)(s - \lambda_2) \cdots (s - \lambda_n)$$

式中，$\lambda_1, \lambda_2, \cdots, \lambda_n$ 为系统单实极点，则可将系统传递函数展成部分分式之和的形式：

$$\frac{Y(s)}{U(s)} = \frac{N(s)}{D(s)} = \sum_{i=1}^{n} \frac{c_i}{s - \lambda_i}$$

而 $c_i = \left[ \dfrac{N(s)}{D(s)}(s - \lambda_i) \right]\Big|_{s = \lambda_i}$，它是 $\dfrac{N(s)}{D(s)}$ 在极点 $\lambda_i$ 处的留数，且有

$$Y(s) = \sum_{i=1}^{n} \frac{c_i}{s - \lambda_i} U(s)$$

若选取的状态变量：

$$X_i(s) = \frac{1}{s - \lambda_i} U(s), \quad i = 1, 2, \cdots, n$$

经拉普拉斯反变换可得

$$\dot{x}_i(t) = \lambda_i x_i(t) + u(t)$$

$$y(t) = \sum_{i=1}^{n} c_i x_i(t)$$

展开得

$$\dot{x}_1 = \lambda_1 x_1 + u$$

$$\dot{x}_2 = \lambda_2 x_2 + u$$

$$\vdots$$

$$\dot{x}_n = \lambda_n x_n + u$$

$$y = c_1 x_1 + c_2 x_2 + \cdots + c_n x_n$$

其状态空间表达式的形式为

$$\begin{bmatrix} \dot{x}_1 \\ \dot{x}_2 \\ \vdots \\ \dot{x}_n \end{bmatrix} = \begin{bmatrix} \lambda_1 & & & \mathbf{0} \\ & \lambda_2 & & \\ & & \ddots & \\ \mathbf{0} & & & \lambda_n \end{bmatrix} \begin{bmatrix} x_1 \\ x_2 \\ \vdots \\ x_n \end{bmatrix} + \begin{bmatrix} 1 \\ 1 \\ \vdots \\ 1 \end{bmatrix} u, \quad y = \begin{bmatrix} c_1 & c_2 & \cdots & c_n \end{bmatrix} \begin{bmatrix} x_1 \\ x_2 \\ \vdots \\ x_n \end{bmatrix}$$

$$(9-33)$$

此时该系统的状态变量图如图 9-14(a) 所示。

若选取的状态变量为

$$X_i(s) = \frac{c_i}{s - \lambda_i} U(s), \quad i = 1, 2, \cdots, n$$

则

$$Y(s) = \sum_{i=1}^{n} X_i(s)$$

进行拉普拉斯反变换并展开有:

$$\dot{x}_1 = \lambda_1 x_1 + c_1 u$$
$$\dot{x}_2 = \lambda_2 x_2 + c_2 u$$
$$\vdots$$
$$\dot{x}_n = \lambda_n x_n + c_n u$$
$$y = x_1 + x_2 + \cdots + x_n$$

其状态空间表达式的形式为

$$\begin{bmatrix} \dot{x}_1 \\ \dot{x}_2 \\ \vdots \\ \dot{x}_n \end{bmatrix} = \begin{bmatrix} \lambda_1 & & & \mathbf{0} \\ & \lambda_2 & & \\ & & \ddots & \\ \mathbf{0} & & & \lambda_n \end{bmatrix} \begin{bmatrix} x_1 \\ x_2 \\ \vdots \\ x_n \end{bmatrix} + \begin{bmatrix} c_1 \\ c_2 \\ \vdots \\ c_n \end{bmatrix} u, \quad y = \begin{bmatrix} 1 & 1 & \cdots & 1 \end{bmatrix} \begin{bmatrix} x_1 \\ x_2 \\ \vdots \\ x_n \end{bmatrix} \quad (9-34)$$

此时该系统的状态变量图如图 9-14(b) 所示。

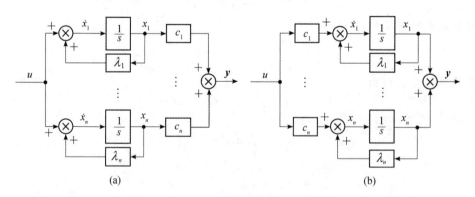

(a)　　　　　　　　　　(b)

图 9-14　对角型动态方程的状态变量图

(3) $\frac{N(s)}{D(s)}$ 含多重实极点时的情况。当传递函数除含单实极点之外还含有多重实极点时,不仅可化为能控、能观测标准型,还可以化为约当标准型动态方程,其 $A$ 阵是一个含

约当块的矩阵。设 $D(s)$ 可分解为

$$D(s) = (s-\lambda_1)^3(s-\lambda_4)\cdots(s-\lambda_n)$$

式中，$\lambda_1$ 为三重极点，$\lambda_4, \cdots, \lambda_n$ 为单实极点，则可将传递函数展开成如下部分分式之和的形式：

$$\frac{Y(s)}{U(s)} = \frac{N(s)}{D(s)} = \frac{c_{11}}{(s-\lambda_1)^3} + \frac{c_{12}}{(s-\lambda_1)^2} + \frac{c_{13}}{(s-\lambda_1)} + \sum_{i=4}^{n} \frac{c_i}{s-\lambda_i}$$

当状态变量的选取方法与只含单实极点时的相同时，可分别得到如下的状态空间表达式：

$$\begin{bmatrix} \dot{x}_{11} \\ \dot{x}_{12} \\ \dot{x}_{13} \\ \dot{x}_4 \\ \vdots \\ \dot{x}_n \end{bmatrix} = \begin{bmatrix} \lambda_1 & 1 & & & & \\ & \lambda_1 & 1 & & \mathbf{0} & \\ & & \lambda_1 & & & \\ & & & \lambda_4 & & \\ & \mathbf{0} & & & \ddots & \\ & & & & & \lambda_n \end{bmatrix} \begin{bmatrix} x_{11} \\ x_{12} \\ x_{13} \\ x_4 \\ \vdots \\ x_n \end{bmatrix} + \begin{bmatrix} 0 \\ 0 \\ 1 \\ 1 \\ \vdots \\ 1 \end{bmatrix} \boldsymbol{u} \qquad (9-35)$$

$$y = \begin{bmatrix} c_{11} & c_{12} & c_{13} & \vdots & c_4 & \cdots & c_n \end{bmatrix} \boldsymbol{x}$$

$$\begin{bmatrix} \dot{x}_{11} \\ \dot{x}_{12} \\ \dot{x}_{13} \\ \dot{x}_4 \\ \vdots \\ \dot{x}_n \end{bmatrix} = \begin{bmatrix} \lambda_1 & 0 & & & & \\ 1 & \lambda_1 & 0 & & \mathbf{0} & \\ & 1 & \lambda_1 & & & \\ & & & \lambda_4 & & \\ & \mathbf{0} & & & \ddots & \\ & & & & & \lambda_n \end{bmatrix} \begin{bmatrix} x_{11} \\ x_{12} \\ x_{13} \\ x_4 \\ \vdots \\ x_n \end{bmatrix} + \begin{bmatrix} c_{11} \\ c_{12} \\ c_{13} \\ c_4 \\ \vdots \\ c_n \end{bmatrix} \boldsymbol{u} \qquad (9-36)$$

$$\boldsymbol{y} = \begin{bmatrix} 0 & 0 & 1 & \vdots & 1 & \cdots & 1 \end{bmatrix} \boldsymbol{x}$$

其对应的状态变量图分别如图 9-15(a)、(b) 所示。式(9-35) 与式(9-36) 也存在对偶关系。

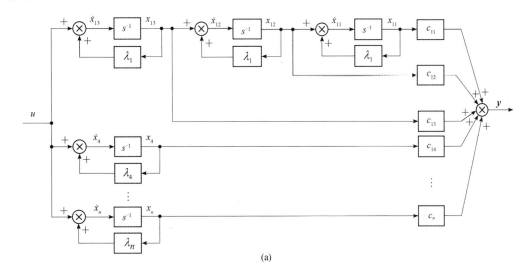

(a)

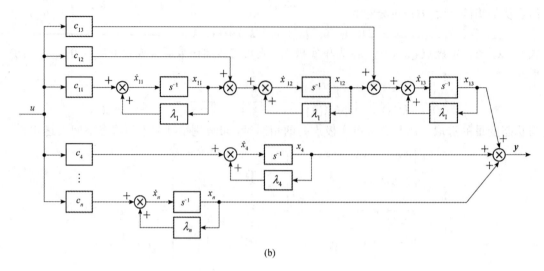

(b)

图 9-15 约当标准型动态方程的状态变量图

# 9.2 线性定常连续系统状态方程的解

控制系统分析与设计实际上就是在系统模型的基础上进行求解，所得结果即为系统的行为表征。系统状态空间的数学模型建立起来后，接下来就需要对系统模型进行分析，以揭示系统状态的运动规律和基本特性。本节将确定系统由外部激励作用所引起的响应，即状态方程的求解问题，首先分析线性定常系统齐次状态方程的解，其次分析非齐次状态方程的解。

## 9.2.1 线性定常系统齐次状态方程的解

齐次状态方程即为输入为零的状态方程，形式如下：

$$\dot{\boldsymbol{x}}(t) = \boldsymbol{A}\boldsymbol{x}(t), \quad \boldsymbol{x}(t_0) = \boldsymbol{x}_0, \quad t \geqslant t_0 \tag{9-37}$$

式中，$\boldsymbol{x}(t)$ 为 $n$ 维列向量，$\boldsymbol{x}(t_0)$ 为初始状态，$\boldsymbol{A}$ 为 $n \times n$ 维定常矩阵。所要求解的是 $\boldsymbol{x}(t)$ 的状态响应，常用求解方法为幂级数法、拉普拉斯变换法。

### 1. 幂级数法

式(9-37)所示的状态方程是一个向量微分方程组，其求解方法与标量一阶微分方程的求解方法类似。

下面首先研究标量一阶微分方程的解。

$$\dot{x}(t) = ax(t) \tag{9-38}$$

假设该方程的解为

$$x(t) = b_0 + b_1 t + b_2 t^2 + \cdots + b_k t^k + \cdots \tag{9-39}$$

将所设的解代入式(9-38)中，得到

$$b_1 + 2b_2 t + 3b_3 t^2 + \cdots + k b_k t^{k-1} + \cdots = a(b_0 + b_1 t + b_2 t^2 + \cdots + b_k t^k + \cdots)$$

$$\tag{9-40}$$

若式(9-39)是式(9-38)的解,则对任意 $t$,式(9-40)都成立,即式(9-40)两边 $t$ 具有相同幂次项的各项系数相等,可得

$$
\begin{cases}
b_1 = ab_0 \\
b_2 = \dfrac{1}{2}ab_1 = \dfrac{1}{2}a^2 b_0 \\
b_3 = \dfrac{1}{3}ab_2 = \dfrac{1}{3\times2}a^3 b_0 \\
\quad\vdots \\
b_k = \dfrac{1}{k!}a^k b_0 \\
\quad\vdots
\end{cases}
\tag{9-41}
$$

将 $t=0$ 代入式(9-39)中,可得 $x_0=b_0$,再将式(9-41)代入式(9-39)中,则可知方程的解为

$$
x(t) = \left(1+at+\frac{1}{2!}a^2 t^2+\cdots+\frac{1}{k!}a^k t^k+\cdots\right)x_0 = \mathrm{e}^{at}x_0
$$

现在求齐次状态方程式(9-37)的解。为了方便起见,假设 $t_0=0$,则有

$$
\dot{x}(t) = Ax(t), \quad x(0) = x_0, \quad t \geqslant 0 \tag{9-42}
$$

与标量微分方程的解法相似,假设方程式(9-42)的解为 $t$ 的向量幂级数,即

$$
x(t) = b_0 + b_1 t + b_2 t^2 + \cdots + b_k t^k + \cdots \tag{9-43}
$$

式中,$b_0$,$b_1$,$\cdots$,$b_k$,$\cdots$ 为 $n$ 维常列向量。将式(9-43)代入式(9-42)中,可得

$$
b_1 + 2b_2 t + 3b_3 t^2 + \cdots + k\,b_k t^{k-1} + \cdots = A(b_0 + b_1 t + b_2 t^2 + \cdots + b_k t^k + \cdots)
\tag{9-44}
$$

若所设解为真实解,那么对所有 $t$,式(9-44)必成立。因此,要求 $t$ 的同次幂项系数相等,可求得

$$
\begin{cases}
b_1 = A b_0 \\
b_2 = \dfrac{1}{2}A b_1 = \dfrac{1}{2}A^2 b_0 \\
b_3 = \dfrac{1}{3}A b_2 = \dfrac{1}{3\times2}A^3 b_0 \\
\quad\vdots \\
b_k = \dfrac{1}{k!}A^k b_0 \\
\quad\vdots
\end{cases}
$$

将 $t=0$ 代入式(9-43),可得 $x(0)=b_0$,因此,式(9-42)的解可写为

$$
x(t) = \left(I+At+\frac{1}{2}A^2 t^2+\cdots+\frac{1}{k!}A^k t^k+\cdots\right)x(0)
$$

该方程右边括号里的展开式是 $n\times n$ 维矩阵。由于它类似于标量指数的无穷级数,因此称为矩阵指数,且可以写成:

$$
I+At+\frac{1}{2}A^2 t^2+\cdots+\frac{1}{k!}A^k t^k+\cdots = \mathrm{e}^{At}
$$

利用矩阵指数符号时,式(9-43)的解可写为

$$\boldsymbol{x}(t) = \mathrm{e}^{\boldsymbol{A}t}\boldsymbol{x}(0) \tag{9-45}$$

由于标量微分方程 $\dot{x}(t) = ax(t)$ 的解为 $x(t) = \mathrm{e}^{at}x_0$，$\mathrm{e}^{at}$ 称为指数函数，而向量微分方程(9-42)具有相似形式的解，因此把 $\mathrm{e}^{\boldsymbol{A}t}$ 称为矩阵指数函数，简称矩阵指数。由于 $\boldsymbol{x}(t)$ 是由 $\boldsymbol{x}(0)$ 转移而来的，因此对于线性定常系统，$\mathrm{e}^{\boldsymbol{A}t}$ 又称为状态转移矩阵，记为 $\boldsymbol{\Phi}(t)$，即

$$\boldsymbol{\Phi}(t) = \mathrm{e}^{\boldsymbol{A}t} \tag{9-46}$$

**2. 拉普拉斯变换法**

首先考虑标量情况，对式(9-38)两边取拉普拉斯变换，可得

$$s\boldsymbol{X}(s) - \boldsymbol{x}(0) = a\boldsymbol{X}(s) \tag{9-47}$$

式中，$\boldsymbol{X}(s) = \mathscr{L}[\boldsymbol{x}(t)]$。由式(9-47)可解得

$$\boldsymbol{X}(s) = \frac{\boldsymbol{x}(0)}{s-a} = (s-a)^{-1}\boldsymbol{x}(0)$$

对其取拉普拉斯逆变换，可得

$$x(t) = \mathrm{e}^{at}x(0)$$

将上述求标量微分方程解的方法推广到求齐次状态方程的解。设齐次状态方程如式(9-42)所示，对方程两边求拉普拉斯变换，可得

$$s\boldsymbol{X}(s) - \boldsymbol{x}(0) = \boldsymbol{A}\boldsymbol{X}(s)$$

式中，$\boldsymbol{X}(s) = \mathscr{L}[\boldsymbol{x}(t)]$，因此可得

$$(s\boldsymbol{I} - \boldsymbol{A})\boldsymbol{X}(s) = \boldsymbol{x}(0)$$

用 $(s\boldsymbol{I} - \boldsymbol{A})^{-1}$ 左乘上式两端，可得

$$\boldsymbol{X}(s) = (s\boldsymbol{I} - \boldsymbol{A})^{-1}\boldsymbol{x}(0)$$

对 $\boldsymbol{X}(s)$ 进行拉普拉斯逆变换可求得 $\boldsymbol{x}(t)$，因此有

$$\boldsymbol{x}(t) = \mathscr{L}^{-1}\big[(s\boldsymbol{I} - \boldsymbol{A})^{-1}\big]\boldsymbol{x}(0) \tag{9-48}$$

将式(9-48)与式(9-45)比较可知

$$\mathrm{e}^{\boldsymbol{A}t} = \mathscr{L}^{-1}\big[(s\boldsymbol{I} - \boldsymbol{A})^{-1}\big] \tag{9-49}$$

式(9-49)的重要性在于它提供了求矩阵指数的一种简便方法。

由此上述分析可知，求解齐次状态方程的问题，就是计算状态转移矩阵 $\boldsymbol{\Phi}(t)$ 的问题，为此有必要研究 $\boldsymbol{\Phi}(t)$ 的运算性质。

**3. 状态转移矩阵的性质**

为了对状态转移矩阵有更深入的了解，并应用它解决实际问题，下面简要介绍其重要性质。设定常系统 $\dot{\boldsymbol{x}}(t) = \boldsymbol{A}\boldsymbol{x}(t)$，其状态转移矩阵为 $\boldsymbol{\Phi}(t) = \mathrm{e}^{\boldsymbol{A}t}$，其幂级数展开式为

$$\boldsymbol{\Phi}(t) = \mathrm{e}^{\boldsymbol{A}t} = \boldsymbol{I} + \boldsymbol{A}t + \frac{1}{2!}\boldsymbol{A}^2 t^2 + \cdots + \frac{1}{k!}\boldsymbol{A}^k t^k + \cdots \tag{9-50}$$

状态转移矩阵 $\boldsymbol{\Phi}(t)$ 有如下性质：

(1) $\boldsymbol{\Phi}(0) = \mathrm{e}^{\boldsymbol{A}0} = \boldsymbol{I}$。

(2) $\dot{\boldsymbol{\Phi}}(t) = \boldsymbol{A}\boldsymbol{\Phi}(t) = \boldsymbol{\Phi}(t)\boldsymbol{A}$。

(3) $\boldsymbol{\Phi}(t) = \mathrm{e}^{\boldsymbol{A}t} = (\mathrm{e}^{-\boldsymbol{A}t})^{-1}$ 或 $\boldsymbol{\Phi}^{-1}(t) = \boldsymbol{\Phi}(-t)$。

(4) $\boldsymbol{\Phi}(t_1 + t_2) = \mathrm{e}^{\boldsymbol{A}(t_1 + t_2)} = \mathrm{e}^{\boldsymbol{A}t_1}\mathrm{e}^{\boldsymbol{A}t_2} = \boldsymbol{\Phi}(t_1)\boldsymbol{\Phi}(t_2) = \boldsymbol{\Phi}(t_2)\boldsymbol{\Phi}(t_1)$。

(5) $[\boldsymbol{\Phi}(t)]^n = \boldsymbol{\Phi}(nt)$。

(6) $\boldsymbol{\Phi}(t_2 - t_0) = \boldsymbol{\Phi}(t_2 - t_1)\boldsymbol{\Phi}(t_1 - t_0)$。

**【例 9 - 7】** 求系统

$$\begin{bmatrix} \dot{x}_1 \\ \dot{x}_2 \end{bmatrix} = \begin{bmatrix} 0 & 1 \\ -2 & -3 \end{bmatrix} \begin{bmatrix} x_1 \\ x_2 \end{bmatrix}$$

的状态转移矩阵 $\boldsymbol{\Phi}(t)$ 和状态转移矩阵的逆 $\boldsymbol{\Phi}^{-1}(t)$。

**解** 对于该系统，有

$$\boldsymbol{A} = \begin{bmatrix} 0 & 1 \\ -2 & -3 \end{bmatrix}$$

其状态转移矩阵为

$$\boldsymbol{\Phi}(t) = \mathrm{e}^{\boldsymbol{A}t} = \mathscr{L}^{-1}\left[ (s\boldsymbol{I} - \boldsymbol{A})^{-1} \right]$$

由于

$$s\boldsymbol{I} - \boldsymbol{A} = \begin{bmatrix} s & 0 \\ 0 & s \end{bmatrix} - \begin{bmatrix} 0 & 1 \\ -2 & -3 \end{bmatrix} = \begin{bmatrix} s & -1 \\ 2 & s+3 \end{bmatrix}$$

$s\boldsymbol{I} - \boldsymbol{A}$ 的逆为

$$(s\boldsymbol{I} - \boldsymbol{A})^{-1} = \frac{1}{(s+1)(s+2)} \begin{bmatrix} s+3 & 1 \\ -2 & s \end{bmatrix} = \begin{bmatrix} \dfrac{s+3}{(s+1)(s+2)} & \dfrac{1}{(s+1)(s+2)} \\ \dfrac{-2}{(s+1)(s+2)} & \dfrac{s}{(s+1)(s+2)} \end{bmatrix}$$

因此，有

$$\boldsymbol{\Phi}(t) = \mathrm{e}^{\boldsymbol{A}t} = \mathscr{L}^{-1}\left[ (s\boldsymbol{I} - \boldsymbol{A})^{-1} \right]$$

$$= \begin{bmatrix} 2\mathrm{e}^{-t} - \mathrm{e}^{-2t} & \mathrm{e}^{-t} - \mathrm{e}^{-2t} \\ -2\mathrm{e}^{-t} + 2\mathrm{e}^{-2t} & -\mathrm{e}^{-t} + 2\mathrm{e}^{-2t} \end{bmatrix}$$

由于 $\boldsymbol{\Phi}^{-1}(t) = \boldsymbol{\Phi}(-t)$，因此求得状态转移矩阵的逆为

$$\boldsymbol{\Phi}^{-1}(t) = \mathrm{e}^{-\boldsymbol{A}t} = \begin{bmatrix} 2\mathrm{e}^{t} - \mathrm{e}^{2t} & \mathrm{e}^{t} - \mathrm{e}^{2t} \\ -2\mathrm{e}^{t} + 2\mathrm{e}^{2t} & -\mathrm{e}^{t} + 2\mathrm{e}^{2t} \end{bmatrix}$$

## 9.2.2 线性定常连续系统非齐次状态方程的解

9.2.1 节研究了线性定常系统齐次状态方程的解，其解描述了由初始状态引起的零输入响应的情况，接下来我们研究非齐次状态方程的解。常用的求解方法有积分法和拉普拉斯变换法。

### 1. 积分法

设非齐次常微分方程为

$$\dot{x} = ax + bu \qquad\qquad (9-51)$$

将式(9-51)重写为

$$\dot{x} - ax = bu$$

在方程的两端同乘以 $\mathrm{e}^{-at}$，可得

$$\mathrm{e}^{-at}\left[ \dot{x}(t) - ax(t) \right] = \frac{\mathrm{d}}{\mathrm{d}t}\left[ \mathrm{e}^{-at}x(t) \right] = \mathrm{e}^{-at}bu(t)$$

将该方程从 0 积分到 $t$，得到

$$\mathrm{e}^{-at}x(t) = x(0) + \int_0^t \mathrm{e}^{-a\tau}bu(\tau)\mathrm{d}\tau$$

即

$$x(t) = \mathrm{e}^{at} x(0) + \mathrm{e}^{at} \int_0^t \mathrm{e}^{-a\tau} bu(\tau) \mathrm{d}\tau$$

上式右边第一项为初始条件的响应，第二项为输入 $u(t)$ 的响应。

再考虑非线性齐次状态方程的情况，形式如下：

$$\dot{x}(t) = Ax(t) + Bu(t), \ x(0) = x_0, \ t \geqslant 0 \qquad (9-52)$$

式中，$x$ 为 $n$ 维状态向量，$u$ 为 $p$ 维输入向量，$A$ 为 $n \times n$ 维常系数矩阵，$B$ 为 $n \times p$ 维常系数矩阵。

将式(9-52)重写为

$$\dot{x}(t) - Ax(t) = Bu(t)$$

并在方程的两边左乘 $\mathrm{e}^{-At}$，可得

$$\frac{\mathrm{d}}{\mathrm{d}t}\left[\mathrm{e}^{-At}x(t)\right] = \mathrm{e}^{-At}\left[\dot{x}(t) - Ax(t)\right] = \mathrm{e}^{-At}Bu(t) \qquad (9-53)$$

对式(9-53)两边同时积分，积分限从 0 到 $t$，可得

$$\mathrm{e}^{-At}x(t) - x(0) = \int_0^t e^{-A\tau}Bu(\tau)\mathrm{d}\tau$$

即

$$x(t) = \mathrm{e}^{At}x(0) + \int_0^t \mathrm{e}^{A(t-\tau)}Bu(\tau)\mathrm{d}\tau \qquad (9-54)$$

式(9-54)也可以写为

$$x(t) = \boldsymbol{\Phi}(t)x(0) + \int_0^t \boldsymbol{\Phi}(t-\tau)Bu(\tau)\mathrm{d}\tau \qquad (9-55)$$

式中，$\boldsymbol{\Phi}(t) = \mathrm{e}^{At}$。式(9-54)或式(9-55)是式(9-52)的解。显然，解 $x(t)$ 中包含初始状态的转移项和起因于输入向量的项。

### 2. 拉普拉斯变换法

非齐次状态方程式(9-52)的解也可以用拉普拉斯变换法求得。对式(9-52)两端取拉氏变换：

$$sX(s) - x(0) = AX(s) + BU(s)$$

或者

$$(sI - A)X(s) = x(0) + BU(s)$$

上式两边左乘 $(sI-A)^{-1}$，可得

$$X(s) = (sI-A)^{-1}x(0) + (sI-A)^{-1}BU(s)$$

对上式进行拉氏反变换，有

$$x(t) = \mathscr{L}^{-1}\left[(sI-A)^{-1}\right]x(0) + \mathscr{L}^{-1}\left[(sI-A)^{-1}BU(s)\right]$$

由拉氏变换卷积定理得

$$\mathscr{L}^{-1}\left[F_1(s)F_2(s)\right] = \int_0^t f_1(t-\tau)f_2(\tau)\mathrm{d}\tau = \int_0^t f_1(\tau)f_2(t-\tau)\mathrm{d}\tau$$

在此我们将 $(sI-A)^{-1}$ 视为 $F_1(s)$，将 $BU(s)$ 视为 $F_2(s)$，则有

$$x(t) = \mathrm{e}^{At}x(0) + \int_0^t \mathrm{e}^{A(t-\tau)}Bu(\tau)\mathrm{d}\tau = \boldsymbol{\Phi}(t)x(0) + \int_0^t \boldsymbol{\Phi}(t-\tau)Bu(\tau)\mathrm{d}\tau$$

结果与采用积分法求解的结果相同。上式又可以表示为

$$x(t) = \boldsymbol{\Phi}(t)x(0) + \int_0^t \boldsymbol{\Phi}(\tau)\boldsymbol{B}u(t-\tau)\mathrm{d}\tau \qquad (9-56)$$

实际使用中有时利用式(9-56)求解更为方便。

在此之前，我们总是假设初始时刻为零，当初始时刻 $t_0$ 是非零时，式(9-52)的解必须改为

$$x(t) = \boldsymbol{\Phi}(t-t_0)x(t_0) + \int_{t_0}^t \boldsymbol{\Phi}(\tau)\boldsymbol{B}u(t-\tau)\mathrm{d}\tau \qquad (9-57)$$

【例 9-8】　求下述系统的时间响应：

$$\begin{bmatrix} \dot{x}_1 \\ \dot{x}_2 \end{bmatrix} = \begin{bmatrix} 0 & 1 \\ -2 & -3 \end{bmatrix} \begin{bmatrix} x_1 \\ x_2 \end{bmatrix} + \begin{bmatrix} 0 \\ 1 \end{bmatrix} u$$

式中，$u(t)$ 为 $t=0$ 时施加于系统的单位阶跃函数，即 $u(t)=1(t)$。

**解**　对于该系统，可知：

$$\boldsymbol{A} = \begin{bmatrix} 0 & 1 \\ -2 & -3 \end{bmatrix}, \quad \boldsymbol{B} = \begin{bmatrix} 0 \\ 1 \end{bmatrix}$$

状态转移矩阵 $\boldsymbol{\Phi}(t)=\mathrm{e}^{\boldsymbol{A}t}$ 已在例 9-7 中求得，其表达式为

$$\boldsymbol{\Phi}(t) = \mathrm{e}^{\boldsymbol{A}t} = \begin{bmatrix} 2\mathrm{e}^{-t}-\mathrm{e}^{-2t} & \mathrm{e}^{-t}-\mathrm{e}^{-2t} \\ -2\mathrm{e}^{-t}+2\mathrm{e}^{-2t} & -\mathrm{e}^{-t}+2\mathrm{e}^{-2t} \end{bmatrix}$$

因此，系统对单位阶跃输入的响应为

$$x(t) = \boldsymbol{\Phi}(t)x(0) + \int_0^t \boldsymbol{\Phi}(\tau)\boldsymbol{B}u(t-\tau)\mathrm{d}\tau$$

$$= \begin{bmatrix} 2\mathrm{e}^{-t}-\mathrm{e}^{-2t} & \mathrm{e}^{-t}-\mathrm{e}^{-2t} \\ -2\mathrm{e}^{-t}+2\mathrm{e}^{-2t} & -\mathrm{e}^{-t}+2\mathrm{e}^{-2t} \end{bmatrix} \begin{bmatrix} x_1(0) \\ x_2(0) \end{bmatrix} + \int_0^t \begin{bmatrix} 2\mathrm{e}^{-\tau}-\mathrm{e}^{-2\tau} & \mathrm{e}^{-\tau}-\mathrm{e}^{-2\tau} \\ -2\mathrm{e}^{-\tau}+2\mathrm{e}^{-2\tau} & -\mathrm{e}^{-\tau}+2\mathrm{e}^{-2\tau} \end{bmatrix} \begin{bmatrix} 0 \\ 1 \end{bmatrix} [1]\mathrm{d}\tau$$

即

$$\begin{bmatrix} x_1(t) \\ x_2(t) \end{bmatrix} = \begin{bmatrix} 2\mathrm{e}^{-t}-\mathrm{e}^{-2t} & \mathrm{e}^{-t}-\mathrm{e}^{-2t} \\ -2\mathrm{e}^{-t}+2\mathrm{e}^{-2t} & -\mathrm{e}^{-t}+2\mathrm{e}^{-2t} \end{bmatrix} \begin{bmatrix} x_1(0) \\ x_2(0) \end{bmatrix} + \begin{bmatrix} \dfrac{1}{2}-\mathrm{e}^{-t}+\dfrac{1}{2}\mathrm{e}^{-2t} \\ \mathrm{e}^{-t}-\mathrm{e}^{-2t} \end{bmatrix}$$

如果初始状态为零，即 $x(0)=0$，则可将 $x(t)$ 简化为

$$\begin{bmatrix} x_1(t) \\ x_2(t) \end{bmatrix} = \begin{bmatrix} \dfrac{1}{2}-\mathrm{e}^{-t}+\dfrac{1}{2}\mathrm{e}^{-2t} \\ \mathrm{e}^{-t}-\mathrm{e}^{-2t} \end{bmatrix}$$

## 9.3　线性系统的可控可观测性

现代控制理论中可控性和可观测性是两个非常重要的概念，它们常被用在利用状态空间法设计控制系统中，由卡尔曼(Kalman)于 1960 年首次提出。在用状态方程和输出方程描述的系统中，输入和输出构成系统的外部变量，而状态为系统的内部变量，这就存在着系统内部的所有状态是否受输入影响和是否可由输出反映的问题，这就是可控性和可观测性问题。实际上，可控性和可观测性给出了控制系统设计问题的完全解存在性的条件。

如果在一个有限的时间间隔内施加一个无约束的控制向量，使得系统由初始状态

$x(t_0)$转移到任一状态，则称该系统在时刻 $t_0$ 是可控的。

　　如果系统的状态 $x(t_0)$ 在有限的时间间隔内可由输出的观测值确定，那么称系统在时刻 $t_0$ 是可观测的。

### 9.3.1　线性定常系统的可控性

　　考虑线性定常系统的状态方程为

$$\dot{x}(t) = Ax(t) + bu(t), \ x(0) = x_0, \ t \geqslant 0 \qquad (9-58)$$

式中，$x(t)$ 为 $n$ 维状态向量，$u(t)$ 为输入向量，$A$ 为 $n \times n$ 维常系数矩阵，$b$ 为 $n \times 1$ 维常系数矩阵。

#### 1. 格拉姆矩阵判据

　　式(9-58)所示线性定常系统完全可控的充分条件是：存在时刻 $t_1 > 0$，使如下定义的格拉姆矩阵

$$W(0, \ t_1) \stackrel{\text{def}}{=} \int_0^{t_1} \mathrm{e}^{-At} bb^{\mathrm{T}} \mathrm{e}^{-A^{\mathrm{T}}t} \mathrm{d}t \qquad (9-59)$$

为奇异矩阵。

　　由式(9-59)可知，在应用格拉姆矩阵判据时需要计算矩阵指数 $\mathrm{e}^{At}$，在 $A$ 的维数 $n$ 较大时计算 $\mathrm{e}^{At}$ 是困难的，所以格拉姆矩阵判据主要用于理论分析。实际应用中常直接由矩阵 $A$ 和 $b$ 判断线性定常系统的可控性。

#### 2. 秩判据

　　式(9-58)所示的线性定常系统完全可控的充分必要条件是：

$$\mathrm{rank}\begin{bmatrix} b & Ab & \cdots & A^{n-1}b \end{bmatrix} = n \qquad (9-60)$$

其中，$n$ 为矩阵 $A$ 的维数；$Q_c = \begin{bmatrix} b & Ab & \cdots & A^{n-1}b \end{bmatrix}$ 称为系统的可控性判别矩阵。

　　下面推导状态完全可控的条件。如果施加一个无约束的控制信号，在有限的时间间隔 $t_0 \leqslant t \leqslant t_1$ 内，使初始状态转移到任一终止状态，则称该系统状态是完全可控的。不失一般性，设终止状态为状态空间原点，并设初始时刻为零，即 $t_0 = 0$。

　　式(9-58)的解为

$$x(t) = \mathrm{e}^{At} x(0) + \int_0^t \mathrm{e}^{A(t-\tau)} bu(\tau) \mathrm{d}\tau$$

应用状态完全可控性的定义，可得

$$x(t_1) = \mathbf{0} = \mathrm{e}^{At_1} x(0) + \int_0^{t_1} \mathrm{e}^{A(t_1-\tau)} bu(\tau) \mathrm{d}\tau$$

即

$$x(0) = -\int_0^{t_1} \mathrm{e}^{-A\tau} bu(\tau) \mathrm{d}\tau \qquad (9-61)$$

　　利用凯莱-哈密顿定理，将式(9-61)中的 $\mathrm{e}^{-A\tau}$ 表示为 $A$ 的 $n-1$ 阶多项式，有

$$\mathrm{e}^{-A\tau} = \sum_{k=0}^{n-1} \alpha_k(\tau) A^k \qquad (9-62)$$

将式(9-62)代入式(9-61)，可得

$$x(0) = -\sum_{k=0}^{n-1} A^k b \int_0^{t_1} \alpha_k(\tau) u(\tau) \mathrm{d}\tau \qquad (9-63)$$

记

$$\int_0^{t_1} \alpha_k(\tau)\boldsymbol{u}(\tau)\mathrm{d}\tau = \beta_k$$

则式(9-63)可写为

$$\boldsymbol{x}(0) = -\sum_{k=0}^{n-1}\boldsymbol{A}^k\boldsymbol{b}\beta_k = -\begin{bmatrix}\boldsymbol{b} & \boldsymbol{A}\boldsymbol{b} & \cdots & \boldsymbol{A}^{n-1}\boldsymbol{b}\end{bmatrix}\begin{bmatrix}\beta_0\\ \beta_1\\ \vdots\\ \beta_{n-1}\end{bmatrix} \qquad (9-64)$$

如果系统是状态完全可控的，那么给定任一初始状态 $\boldsymbol{x}(t_0)$，都应满足式(9-64)。这就要求 $n\times n$ 维矩阵：

$$\boldsymbol{Q}_c = \begin{bmatrix}\boldsymbol{b} & \boldsymbol{A}\boldsymbol{b} & \cdots & \boldsymbol{A}^{n-1}\boldsymbol{b}\end{bmatrix}$$

的秩为 $n$。

由此分析，将状态完全可控性的条件阐述为：当且仅当向量组 $\boldsymbol{b}$，$\boldsymbol{A}\boldsymbol{b}$，$\cdots$，$\boldsymbol{A}^{n-1}\boldsymbol{b}$ 是线性无关的，或 $n\times n$ 维矩阵 $\operatorname{rank}\boldsymbol{Q}_c = n$ 时，由式(9-58)确定的系统才是状态完全可控的。

上述结论也可以推广到控制向量 $\boldsymbol{u}$ 为 $p$ 维的情况。如果系统的方程为

$$\dot{\boldsymbol{x}}(t) = \boldsymbol{A}\boldsymbol{x}(t) + \boldsymbol{b}\boldsymbol{u}(t)$$

式中，$\boldsymbol{u}$ 为 $p$ 维向量，那么也可以证明，状态完全可控的条件为 $n\times p$ 维矩阵：

$$\boldsymbol{Q}_c = \begin{bmatrix}\boldsymbol{b} & \boldsymbol{A}\boldsymbol{B} & \cdots & \boldsymbol{A}^{n-1}\boldsymbol{B}\end{bmatrix}$$

的秩为 $n$，或者包含 $n$ 个线性无关的列向量。通常称矩阵 $\boldsymbol{Q}_c$ 为可控性矩阵。

**【例 9-9】**　判断下列 3 阶 2 输入系统的可控性。

$$\dot{\boldsymbol{x}} = \begin{bmatrix}1 & 2 & 1\\ 0 & 1 & 0\\ 1 & 0 & 3\end{bmatrix}\boldsymbol{x} + \begin{bmatrix}1 & 0\\ 0 & 1\\ 0 & 0\end{bmatrix}\begin{bmatrix}u_1\\ u_2\end{bmatrix}$$

**解**　计算可知：

$$\boldsymbol{A}\boldsymbol{b} = \begin{bmatrix}1 & 2\\ 0 & 1\\ 1 & 0\end{bmatrix}, \quad \boldsymbol{A}^2\boldsymbol{b} = \begin{bmatrix}2 & 4\\ 0 & 1\\ 4 & 2\end{bmatrix}$$

则可控性矩阵为

$$\boldsymbol{Q}_c = \begin{bmatrix}\boldsymbol{b} & \boldsymbol{A}\boldsymbol{b} & \boldsymbol{A}^2\boldsymbol{b}\end{bmatrix} = \begin{bmatrix}1 & 0 & 1 & 2 & 2 & 4\\ 0 & 1 & 0 & 1 & 0 & 1\\ 0 & 0 & 1 & 0 & 4 & 2\end{bmatrix}$$

又可知：

$$\boldsymbol{Q}_c\boldsymbol{Q}_c^{\mathrm{T}} = \begin{bmatrix}26 & 6 & 17\\ 6 & 3 & 2\\ 17 & 2 & 21\end{bmatrix}$$

易知 $Q_c Q_c^T$ 非奇异，所以 rank $Q_c$＝rank $Q_c Q_c^T$＝3，$Q_c$ 满秩，该系统是完全可控的。实际上，本例中，$Q_c$ 满秩从 $Q_c$ 矩阵的前三列就可以看出，它包含在

$$[b \quad Ab] = \begin{bmatrix} 1 & 0 & 1 & 2 \\ 0 & 1 & 0 & 1 \\ 0 & 0 & 1 & 0 \end{bmatrix}$$

的矩阵中，所以在多输入系统中，判断系统的可控性不一定要计算出 $Q_c$ 矩阵的全部。这也说明多输入系统的可控性相对比较容易满足。

**3. PBH 秩判据**

线性定常系统完全可控的充分必要条件是：对矩阵 $A$ 的所有特征值 $\lambda_i (i=1, 2, \cdots, n)$，有

$$\text{rank}[\lambda_i I - A \quad b] = n, \ i = 1, 2, \cdots, n \tag{9-65}$$

均成立，或等价地表示为

$$\text{rank}[s I - A \quad b] = n, \ \forall s \in \mathbf{C}$$

**【例 9 - 10】** 已知线性定常连续系统的状态方程为

$$\dot{x} = \begin{bmatrix} 0 & 1 & 0 & 0 \\ 0 & 0 & -1 & 0 \\ 0 & 0 & 0 & 1 \\ 0 & 0 & 5 & 0 \end{bmatrix} x + \begin{bmatrix} 0 & 1 \\ 1 & 0 \\ 0 & 1 \\ -2 & 0 \end{bmatrix} u$$

试判断该系统的可控性。

**解** 根据状态方程可以写出

$$[s I - A \quad B] = \begin{bmatrix} s & -1 & 0 & 0 & 0 & 1 \\ 0 & s & 1 & 0 & 1 & 0 \\ 0 & 0 & s & -1 & 0 & 1 \\ 0 & 0 & -5 & s & -2 & 0 \end{bmatrix}$$

考虑到 $A$ 的特征值为 $\lambda_1 = \lambda_2 = 0$，$\lambda_3 = \sqrt{5}$，$\lambda_4 = -\sqrt{5}$，所以通过求矩阵(9-65)的秩就可判断该系统的可控性。通过计算可知，当 $s = \lambda_1 = \lambda_2 = 0$ 时，有

$$\text{rank}[s I - A \quad B] = \text{rank} \begin{bmatrix} -1 & 0 & 0 & 0 \\ 0 & 1 & 0 & 1 \\ 0 & 0 & -1 & 0 \\ 0 & -5 & 0 & -2 \end{bmatrix} = 4$$

当 $s = \lambda_3 = \sqrt{5}$ 时，有

$$\text{rank}[s I - A \quad B] = \text{rank} \begin{bmatrix} \sqrt{5} & -1 & 0 & 1 \\ 0 & \sqrt{5} & 1 & 0 \\ 0 & 0 & 0 & 1 \\ 0 & 0 & -2 & 0 \end{bmatrix} = 4$$

当 $s = \lambda_4 = -\sqrt{5}$ 时，有

$$\text{rank}[s\boldsymbol{I}-\boldsymbol{A} \quad \boldsymbol{B}]=\text{rank}\begin{bmatrix} -\sqrt{5} & -1 & 0 & 1 \\ 0 & -\sqrt{5} & 1 & 0 \\ 0 & 0 & 0 & 1 \\ 0 & 0 & -2 & 0 \end{bmatrix}=4$$

计算结果表明,式(9-65)成立,所以该系统的状态完全可控。

**4. 线性定常系统可控性条件的另一种形式**

设线性定常系统的状态空间表达式为

$$\dot{\boldsymbol{x}} = \boldsymbol{A}\boldsymbol{x} + \boldsymbol{B}\boldsymbol{u} \tag{9-66}$$

其中,$\boldsymbol{x}$ 为 $n$ 维状态向量,$\boldsymbol{u}$ 为 $p$ 维输入向量,$\boldsymbol{A}$ 为 $n \times n$ 维常系数矩阵,$\boldsymbol{B}$ 为 $n \times p$ 维常系数矩阵。

针对状态方程如式(9-66)所示的线性定常系统,假设能找到一个变换矩阵 $\boldsymbol{T}$,令 $\boldsymbol{x} = \boldsymbol{T}\boldsymbol{z}$,如果矩阵 $\boldsymbol{A}$ 的特征向量互不相同,就可以将 $\boldsymbol{A}$ 变换为对角型矩阵:

$$\dot{\boldsymbol{z}} = \boldsymbol{\Lambda}\boldsymbol{z} + \boldsymbol{T}^{-1}\boldsymbol{B}\boldsymbol{u} \tag{9-67}$$

式中:

$$\boldsymbol{\Lambda} = \boldsymbol{T}^{-1}\boldsymbol{A}\boldsymbol{T} = \begin{bmatrix} \lambda_1 & & & \\ & \lambda_2 & & \boldsymbol{0} \\ & & \ddots & \\ \boldsymbol{0} & & & \lambda_n \end{bmatrix}$$

其中,$\lambda_i(i=1,2,\cdots,n)$ 是 $\boldsymbol{A}$ 的特征向量。

因此当且仅当 $\boldsymbol{T}^{-1}\boldsymbol{B}$ 没有一行的所有元素均为零时,系统才是状态完全可控的。

如果矩阵 $\boldsymbol{A}$ 不具有互异的特征向量,就不能将矩阵转化为对角型,但是可以将其转化为约当标准型。假设矩阵 $\boldsymbol{A}$ 有 $m-l$ 个 $\lambda_1$ 重根,$l$ 个 $\lambda_m$ 重根,其余为互异根,则可以将式(9-67)转换为

$$\dot{\boldsymbol{z}} = \boldsymbol{J}\boldsymbol{z} + \boldsymbol{T}^{-1}\boldsymbol{B}\boldsymbol{u} \tag{9-68}$$

式中:

$$\boldsymbol{J} = \boldsymbol{T}^{-1}+\boldsymbol{A}\boldsymbol{T} = \begin{bmatrix} \lambda_1 & 1 & & & & & & \\ & \lambda_1 & 1 & 0 & & \boldsymbol{0} & & \boldsymbol{0} \\ & & 0 & 0 & & & & \\ & \boldsymbol{0} & & 0 & 1 & & & \\ & & & & \lambda_1 & & & \\ & & & & & \lambda_m & 1 & 0 \\ & & \boldsymbol{0} & & & & 0 & 0 \\ & & & & & & 0 & 0 & 1 \\ & & & & & & & \lambda_m \\ & & & & & & & & \lambda_{m+1} \\ & & \boldsymbol{0} & & \boldsymbol{0} & & & & & 0 & 0 \\ & & & & & & & & & 0 & 0 \\ & & & & & & & & & & \lambda_n \end{bmatrix}$$

因此，可以将式(9-66)所确定的系统为状态完全可控的条件表述为

(1) 当且仅当矩阵 $\pmb{J}$ 中没有两个约当块与同一个特征值有关。

(2) 矩阵 $\pmb{J}$ 中每个相同特征值的约当块的最后一行对应的 $\pmb{T}^{-1}\pmb{B}$ 中的一行元素不全为零。

(3) 矩阵 $\pmb{J}$ 中不同特征值对应的 $\pmb{T}^{-1}\pmb{B}$ 的各行元素不全为零。

满足以上三个条件时，该系统是状态完全可控的。

**【例 9-11】** 判断下列系统的可控性。

(1) $\begin{bmatrix} \dot{x}_1 \\ \dot{x}_2 \\ \dot{x}_3 \end{bmatrix} = \begin{bmatrix} \lambda_1 & 1 & 0 \\ 0 & \lambda_1 & 0 \\ 0 & 0 & \lambda_2 \end{bmatrix} \begin{bmatrix} x_1 \\ x_2 \\ x_3 \end{bmatrix} + \begin{bmatrix} 0 \\ b_2 \\ b_3 \end{bmatrix} \pmb{u};$

(2) $\begin{bmatrix} \dot{x}_1 \\ \dot{x}_2 \\ \dot{x}_3 \\ \dot{x}_4 \\ \dot{x}_5 \end{bmatrix} = \begin{bmatrix} \lambda_1 & 1 & 0 & 0 & 0 \\ 0 & \lambda_1 & 1 & 0 & 0 \\ 0 & 0 & \lambda_1 & 0 & 0 \\ 0 & 0 & 0 & \lambda_4 & 0 \\ 0 & 0 & 0 & 0 & \lambda_5 \end{bmatrix} \begin{bmatrix} x_1 \\ x_2 \\ x_3 \\ x_4 \\ x_5 \end{bmatrix} + \begin{bmatrix} 0 & 1 \\ 0 & 0 \\ 3 & 0 \\ 0 & 1 \\ 1 & 2 \end{bmatrix} \begin{bmatrix} u_1 \\ u_2 \end{bmatrix};$

(3) $\begin{bmatrix} \dot{x}_1 \\ \dot{x}_2 \\ \dot{x}_3 \end{bmatrix} = \begin{bmatrix} -1 & 1 & 0 \\ 0 & -1 & 0 \\ 0 & 0 & -2 \end{bmatrix} \begin{bmatrix} x_1 \\ x_2 \\ x_3 \end{bmatrix} + \begin{bmatrix} 4 & 2 \\ 0 & 0 \\ 3 & 0 \end{bmatrix} \begin{bmatrix} u_1 \\ u_2 \end{bmatrix};$

(4) $\begin{bmatrix} \dot{x}_1 \\ \dot{x}_2 \\ \dot{x}_3 \\ \dot{x}_4 \\ \dot{x}_5 \end{bmatrix} = \begin{bmatrix} -2 & 1 & 0 & 0 & 0 \\ 0 & -2 & 1 & 0 & 0 \\ 0 & 0 & -2 & 0 & 0 \\ 0 & 0 & 0 & -5 & 1 \\ 0 & 0 & 0 & 0 & -5 \end{bmatrix} \begin{bmatrix} x_1 \\ x_2 \\ x_3 \\ x_4 \\ x_5 \end{bmatrix} + \begin{bmatrix} 4 \\ 2 \\ 1 \\ 3 \\ 0 \end{bmatrix} \pmb{u}。$

**解** (1)、(2) 两个系统属于可控系统，而(3)、(4) 两个系统属于不可控系统。

## 9.3.2 线性定常系统的输出可控性

如果系统需要控制的是输出量，而不是状态，则需研究系统的输出可控性。

设线性定常连续系统的状态方程和输出方程为

$$\begin{cases} \dot{x} = Ax + Bu, \ x(0) = x_0, \ t \in [0, t_1] \\ y = Cx + Du \end{cases} \qquad (9-69)$$

式中，$\pmb{u}$ 为 $p$ 维输入向量，$\pmb{y}$ 为 $q$ 维输出向量，$\pmb{x}$ 为 $n$ 维状态向量，$\pmb{A}$ 为 $n \times n$ 维矩阵，$\pmb{B}$ 为 $n \times p$ 维矩阵，$\pmb{C}$ 为 $q \times n$ 维矩阵，$\pmb{D}$ 为 $q \times p$ 维矩阵。

如果能构成一个无约束的控制向量 $\pmb{u}(t)$，在有限的时间间隔 $t_0 \leqslant t \leqslant t_1$ 内，使系统从任意给定的初始输出 $\pmb{y}(t_0)$ 转移到任意最终输出 $\pmb{y}(t_1)$，那么称由式(9-69)描述的系统为输出完全可控的。

可以证明，输出完全可控的条件为：当且仅当 $q \times (n+1)p$ 维矩阵

$$[CB \quad CAB \quad CA^2B \quad \cdots \quad CA^{n-1}B \quad D]$$

的秩为 $q$，由式(9-69)所描述的系统才是输出完全可控的。

**【例 9-12】** 已知系统

$$\dot{x} = \begin{bmatrix} -4 & 1 \\ 2 & -3 \end{bmatrix}x + \begin{bmatrix} 1 \\ 2 \end{bmatrix}u$$

$$y = \begin{bmatrix} 1 & 0 \end{bmatrix}x$$

试判断系统的状态可控性和输出可控性。

**解**　系统的状态可控性矩阵为

$$Q_c = \begin{bmatrix} b & Ab \end{bmatrix} = \begin{bmatrix} 1 & -2 \\ 2 & -4 \end{bmatrix}$$

易知 rank $Q_c = 1 < 2$，所以该系统是状态不可控的。矩阵

$$[Cb \quad CAb] = [1 \quad -2]$$

的秩为 $1 = q$，因此系统是输出可控的。

通过上述例题可以看出，系统的状态可控性和输出可控性没有必然的联系。

### 9.3.3　线性定常系统的可观测性

在讨论可观测性条件时，主要研究无外力作用的系统(即输入 $u = 0$ 时的系统)的可观测性，其状态方程和输出方程为

$$\begin{cases} \dot{x} = Ax \\ y = Cx \end{cases} \tag{9-70}$$

式中，$x$ 为 $n$ 维状态向量，$y$ 为 $q$ 维输出向量，$A$ 为 $n \times n$ 维矩阵，$C$ 为 $q \times n$ 维矩阵。

对于式(9-70)所示的线性定常系统，如果能根据输出量 $y(t)$ 在有限的时间区间 $[t_0, t_1]$ 内的测量值，唯一地确定系统在 $t_1$ 时刻的初始状态 $x(t_1)$，那么就称系统在 $t_0$ 时刻是可观测的。若在任意初始时刻系统都可观测，则称系统是状态完全可观测的。

**1. 格拉姆矩阵判据**

式(9-70)所示的线性定常连续系统完全可观测的充分必要条件是：存在有限的时刻 $t_1 > 0$，使如下定义的格拉姆矩阵：

$$M(0, t_1) \overset{\text{def}}{=\!=} \int_0^{t_1} e^{A^T t} C^T C e^{At} \, dt \tag{9-71}$$

为非奇异矩阵。

**2. 秩判据**

式(9-70)所示的线性定常系统完全可观测的充分必要条件是：

$$\text{rank } Q_o = \text{rank} \begin{bmatrix} C \\ CA \\ \vdots \\ CA^{n-1} \end{bmatrix} = n \tag{9-72}$$

或

$$\text{rank } Q_o = \text{rank}[C^T \quad A^T C^T \quad (A^T)^2 C^T \quad \cdots \quad (A^T)^{n-1} C^T] = n \tag{9-73}$$

式(9-72)式和(9-73)中的矩阵均称为系统可观测性矩阵，简称可观测性矩阵。

**证明**　对于由式(9-70)描述的系统，可以求出输出向量 $\boldsymbol{y}(t)$ 为

$$\boldsymbol{y}(t)=\boldsymbol{C}e^{At}\boldsymbol{x}(0)$$

而根据凯莱-哈密顿定理可知 $e^{At}=\sum_{k=0}^{n-1}\alpha_k(t)\boldsymbol{A}^k$ ，所以有

$$\boldsymbol{y}(t)=\sum_{k=0}^{n-1}\alpha_k(t)\boldsymbol{C}\boldsymbol{A}^k\boldsymbol{x}(0)$$

即

$$\boldsymbol{y}(t)=\alpha_0(t)\boldsymbol{C}\boldsymbol{x}(0)+\alpha_1(t)\boldsymbol{C}\boldsymbol{A}\boldsymbol{x}(0)+\cdots+\alpha_{n-1}(t)\boldsymbol{C}\boldsymbol{A}^{n-1}\boldsymbol{x}(0)$$

$$=\begin{bmatrix}\alpha_0(t)\boldsymbol{I}_q & \alpha_1(t)\boldsymbol{I}_q & \cdots & \alpha_{n-1}(t)\boldsymbol{I}_q\end{bmatrix}\begin{bmatrix}\boldsymbol{C}\\\boldsymbol{C}\boldsymbol{A}\\\vdots\\\boldsymbol{C}\boldsymbol{A}^{n-1}\end{bmatrix}\boldsymbol{x}(0) \tag{9-74}$$

式中，$\boldsymbol{I}_q$ 为 $q$ 阶单位阵。如果系统是完全可观测的，那么在 $0\leqslant t\leqslant t_1$ 时间间隔内，要根据测得的 $\boldsymbol{y}(t)$ 可唯一确定 $\boldsymbol{x}_0$ 的充分必要条件为

$$\text{rank}\begin{bmatrix}\boldsymbol{C}\\\boldsymbol{C}\boldsymbol{A}\\\vdots\\\boldsymbol{C}\boldsymbol{A}^{n-1}\end{bmatrix}=n$$

**【例 9-13】**　判断下列系统的可观测性。

$$\begin{bmatrix}\dot{x}_1\\\dot{x}_2\end{bmatrix}=\begin{bmatrix}2 & -1\\1 & -3\end{bmatrix}\begin{bmatrix}x_1\\x_2\end{bmatrix}+\begin{bmatrix}-1\\1\end{bmatrix}\boldsymbol{u}$$

$$\begin{bmatrix}y_1\\y_2\end{bmatrix}=\begin{bmatrix}1 & 0\\-1 & 0\end{bmatrix}\begin{bmatrix}x_1\\x_2\end{bmatrix}$$

**解**　由式(9-72)可知，该系统的可观测性矩阵为

$$\boldsymbol{Q}_o=\begin{bmatrix}\boldsymbol{C}\\\boldsymbol{C}\boldsymbol{A}\end{bmatrix}=\begin{bmatrix}1 & 0\\-1 & 0\\2 & -1\\-2 & 1\end{bmatrix}$$

易知，$\text{rank}\,\boldsymbol{Q}_o=2$，所以该系统是状态完全可观测的。

**3. PBH 秩判据**

线性定常连续系统完全可观测的充分必要条件是：对矩阵 $\boldsymbol{A}$ 的所有特征值 $\lambda_i(i=1,2,\cdots,n)$，均有

$$\text{rank}\begin{bmatrix}\boldsymbol{C}\\\lambda_i\boldsymbol{I}-\boldsymbol{A}\end{bmatrix}=n,\quad i=1,2,\cdots,n \tag{9-75}$$

或等价地表示为

$$\text{rank}\begin{bmatrix}\boldsymbol{C}\\s\boldsymbol{I}-\boldsymbol{A}\end{bmatrix}=n,\quad\forall s\in\mathbf{C} \tag{9-76}$$

**4. 转换成约当标准型的判别方法**

对于式(9-70)描述的系统，引入变换矩阵 $P$ 将 $A$ 化为对角型矩阵：

$$P^{-1}AP = \Lambda$$

式中，$\Lambda$ 为对角型矩阵。定义：

$$x = Pz$$

将式(9-70)改写为

$$\dot{z} = P^{-1}APz = \Lambda z$$
$$y = CPz$$

因此

$$y(t) = CPe^{\Lambda t}z(0)$$

或者

$$y(t) = CP\begin{bmatrix} e^{\lambda_1 t} & & & \mathbf{0} \\ & e^{\lambda_2 t} & & \\ & & \ddots & \\ \mathbf{0} & & & e^{\lambda_n t} \end{bmatrix} z(0) = CP\begin{bmatrix} e^{\lambda_1 t}z_1(\mathbf{0}) \\ e^{\lambda_2 t}z_2(\mathbf{0}) \\ \vdots \\ e^{\lambda_n t}z_n(\mathbf{0}) \end{bmatrix}$$

如果 $q \times n$ 维矩阵 $CP$ 的任一列中都不含全为零的元素，那么该系统是完全可观测的。因为如果 $CP$ 的第 $i$ 列全为零，则在输出方程中就不会出现状态变量 $z_i(0)$，因而不能由 $y(t)$ 的观测值确定，$x(0)$ 不可能通过非奇异矩阵和与其相关的 $z(0)$ 来确定。

如果不能将矩阵 $A$ 变换为对角型矩阵，那么可以找一个合适的变换矩阵 $S$，将矩阵 $A$ 变换为约当标准型：

$$S^{-1}AS = J$$

式中，$J$ 为约当标准型。定义：

$$x = Sz$$

将式(9-70)改写为

$$\dot{z} = S^{-1}ASz = Jz$$
$$y = CSz$$

因此

$$y(t) = CSe^{Jt}z(0)$$

因此，系统可完全观测的条件如下：

(1) $J$ 中没有两个约当块与同一特征值有关。

(2) 与每个约当块的第一行对应的矩阵 $CS$ 列中，没有一列元素全为零。

(3) 与相异特征值对应的矩阵 $CS$ 列中，没有一列包含的元素全为零。

**【例 9-14】** 判断下列系统的完全可观测性。

(1) 具有对角标准型的系统：

$$\dot{x} = \begin{bmatrix} -1 & 0 \\ 0 & -2 \end{bmatrix}x, \quad y = \begin{bmatrix} 1 & 3 \end{bmatrix}x$$

(2) 具有约当标准型的系统：

$$\dot{x} = \begin{bmatrix} 2 & 1 & 0 & 0 \\ 0 & 2 & 0 & 0 \\ 0 & 0 & 3 & 1 \\ 0 & 0 & 0 & 3 \end{bmatrix} x, \quad y = \begin{bmatrix} 0 & 1 & 1 & 0 \\ 0 & 1 & 1 & 1 \end{bmatrix} x$$

（3）具有约当标准型的系统：

$$\dot{x} = \begin{bmatrix} -3 & 1 & 0 \\ 0 & -3 & 0 \\ 0 & 0 & 1 \end{bmatrix} x, \quad y = \begin{bmatrix} 1 & 0 & 0 \\ 0 & 0 & -1 \end{bmatrix} x$$

**解**　（1）、（3）系统为状态完全可观测系统，（2）系统为状态不可观测系统。

# 9.4　线性系统的反馈结构及状态观测器

无论是经典控制理论还是现代控制理论，在系统设计中主要采取反馈方式。由于经典控制理论中控制系统是用传递函数来描述的，因此它只能将输出量作为反馈，而在现代控制理论中由于采用系统内部的状态变量来描述系统的物理特性，因而除了可以采用输出反馈方式外，还可以将系统的状态作为反馈信号量，这种方式通常被称为状态反馈。

为了利用状态进行反馈，必须用传感器来测量状态变量，但并不是所有的状态变量在物理上都是可测量的，于是又提出了用状态观测器给出的状态进行估值的问题。因此，状态反馈与状态观测器的设计便构成了用状态空间法综合设计系统的主要内容。

## 9.4.1　线性定常系统的常用反馈结构

### 1. 状态反馈

设有 $n$ 维线性定常系统：

$$\dot{x} = Ax + Bu, \quad y = Cx \tag{9-77}$$

式中，$x$、$u$、$y$ 分别为 $n$ 维、$p$ 维和 $q$ 维向量；$A$、$B$、$C$ 分别为 $n \times n$、$n \times p$、$q \times n$ 维实数矩阵。

当将系统的控制量 $u$ 取为状态变量的线性函数：

$$u = v - Kx \tag{9-78}$$

时，称为线性直接状态反馈，简称为状态反馈。其中，$v$ 为 $p$ 维参考输入量，$K$ 为 $p \times n$ 维实反馈增益矩阵。在研究状态反馈时，假定所有的状态变量都是可以用来反馈的。

将式（9-78）代入式（9-77）可得状态反馈系统的动态方程为

$$\dot{x} = (A - BK)x + Bv, \quad y = Cx \tag{9-79}$$

其传递函数矩阵为

$$G_K(s) = C(sI - A + BK)^{-1}B \tag{9-80}$$

因此可用 $\{A - BK, B, C\}$ 来表示引入状态反馈后的闭环系统。由式（9-79）可以看出，引入状态反馈后的系统的输出方程没有变化。

加入状态反馈的系统结构如图 9-16 所示。

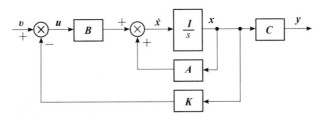

图 9-16　加入状态反馈的系统结构

**2. 输出反馈**

系统的状态常常不能全部测量到，因而状态反馈法的应用受到了限制。在此情况下，如果系统的输出量可以测量，那么就可以采用输出反馈法。输出反馈的目的是首先使系统闭环成为稳定系统，然后在此基础上进一步改善闭环系统的性能。输出反馈通常有两种形式：一种将输出量反馈至状态量的导数处，另一种将输出量反馈至参考输入端。

将输出量反馈至状态量导数处的系统结构图如图 9-17 所示。

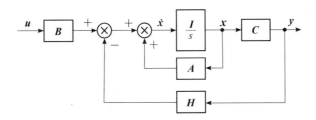

图 9-17　将输出量反馈至状态量导数处的系统结构图

输出反馈系统的动态方程为

$$\dot{x} = Ax + Bu - Hy = (A - HC)x + Bu, \quad y = Cx \tag{9-81}$$

其传递函数矩阵为

$$G_{\mathrm{H}}(s) = C(sI - A + HC)^{-1}B \tag{9-82}$$

将输出量反馈至参考输入端的系统结构图如图 9-18 所示。当将系统的控制量 $u$ 取为输出 $y$ 的线性函数：

$$u = v - Fy \tag{9-83}$$

时，称为线性非动态输出反馈，常简称为输出反馈。其中，$v$ 为 $p$ 维参考输入量，$F$ 为 $p \times q$ 维实反馈增益矩阵。

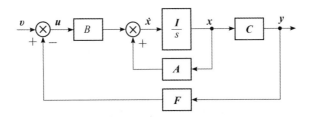

图 9-18　将输出量反馈至参考输入端的系统结构图

将式(9-83)代入式(9-77)可得输出反馈系统：

$$\dot{x} = (A - BFC)x + Bv, \quad y = Cx \tag{9-84}$$

其传递函数矩阵为

$$G_F(s) = C(sI - A + BFC)^{-1}B \tag{9-85}$$

### 9.4.2 反馈结构对系统可控性和可观测性的影响

由 9.4.1 节可以看出，不管是状态反馈还是输出反馈，都可以改变状态的系数矩阵，但这并不表明二者具有等同的功能。由于状态能完整地表征系统的动态行为，因而利用状态反馈时，其信息量大且完整，可以在不增加系统维数的情况下自由地支配响应特性。输出反馈仅利用了状态变量的线性组合进行反馈，其信息量较小，所引入的补偿装置将使系统维数增加，且难以得到任意所期望的响应特性。

**1. 反馈结构对系统性能的影响**

由于引入反馈，因此系统状态的系数矩阵发生了变化，对系统的可控性、可观测性、稳定性、响应特性等均有影响。

（1）对于式（9-77）所示的系统，状态反馈的引入不改变系统的可控性，但可能改变系统的可观测性。

（2）对于式（9-77）所示的系统，输出至状态微分反馈的引入不改变系统的可观测性，但可能改变系统的可控性。

（3）对于式（9-77）所示的系统，输出至参考输入反馈的引入能同时不改变系统的可控性和可观测性，即输出反馈系统为可控的充分必要条件是被控系统为可控的。

**2. 反馈结构对系统稳定性的影响**

状态反馈和输出反馈都能影响系统的稳定性。加入反馈，使得通过反馈构成的闭环系统成为稳定系统，通常称之为镇定。当且仅当式（9-77）的不可控部分逐渐稳定时，系统是状态反馈可镇定的。

### 9.4.3 系统的极点配置

状态反馈和输出反馈都能改变闭环系统的极点位置。所谓极点配置，就是利用状态反馈或输出反馈使闭环系统的极点位于所希望的极点位置。由于系统的性能和它的极点位置密切相关，因而极点配置问题在系统设计中是很重要的。这里需要解决两个问题：一是建立极点可配置的条件；二是确定极点配置所需要的反馈增益矩阵。

**1. 极点可配置条件**

这里给出的极点可配置条件既适合于单输入-单输出系统，也适合于多输入-多输出系统。

1）利用状态反馈任意配置极点的配置条件

利用状态反馈任意配置闭环系统的极点的充分必要条件是式（9-77）所示的被控系统可控。

**证明**　下面就针对单输入-单输出系统来证明该定理。

**充分性**　若系统 $(A, b)$ 可控，则通过非奇异线性变换 $x = P^{-1}\bar{x}$ 可变换为可控标准型：

$$\dot{\bar{x}} = \bar{A}\bar{x} + \bar{b}u$$

式中：

$$\bar{A}=PAP^{-1}=\begin{bmatrix} 0 & 1 & 0 & \cdots & 0 \\ 0 & 0 & 1 & \cdots & 0 \\ \vdots & \vdots & \vdots & & \vdots \\ 0 & 0 & 0 & \cdots & 1 \\ -a_0 & -a_1 & -a_2 & \cdots & -a_{n-1} \end{bmatrix}, \quad \bar{b}=Pb=\begin{bmatrix} 0 \\ 0 \\ \vdots \\ 0 \\ 1 \end{bmatrix}$$

在单输入的情况下，引入状态反馈：

$$u=v-kx=v-kP^{-1}\bar{x}=v-\bar{k}\bar{x}$$

其中：

$$\bar{k}=kP^{-1}=\begin{bmatrix} \bar{k}_0 & \bar{k}_1 & \cdots & \bar{k}_{n-1} \end{bmatrix}$$

则引入状态反馈后，闭环系统的状态矩阵为

$$\bar{A}-\bar{b}\bar{k}=\begin{bmatrix} 0 & 1 & 0 & \cdots & 0 \\ 0 & 0 & 1 & \cdots & 0 \\ \vdots & \vdots & \vdots & & \vdots \\ 0 & 0 & 0 & \cdots & 1 \\ (-a_0-\bar{k}_0) & (-a_1-\bar{k}_1) & (-a_2-\bar{k}_2) & \cdots & (-a_{n-1}-\bar{k}_{n-1}) \end{bmatrix} \quad (9-86)$$

对于式(9-86)这种特殊形式的矩阵，容易写出其闭环系统的特征方程：

$$\det[sI-(\bar{A}-\bar{b}\bar{k})]=s^n+(a_{n-1}+\bar{k}_{n-1})s^{n-1}+\cdots+(a_1+\bar{k}_1)s+(a_0+\bar{k}_0)=0$$

显然，该 $n$ 阶特征方程中的 $n$ 个系数可通过 $\bar{k}_0$，$\bar{k}_1$，$\cdots$，$\bar{k}_{n-1}$ 来独立设置。也就是说，$\bar{A}-\bar{b}\bar{k}$ 的特征值可以任意选择，即系统的极点可以任意配置。

**必要性**　如果系统 $(A,b)$ 的特征值可以任意选择，就说明系统的有些状态将不受 $u$ 的控制，则引入状态反馈时就不可能通过控制来影响不可控的极点。

2) 利用输出至状态微分的反馈任意配置极点的配置条件

用输出至状态微分的反馈任意配置闭环极点的充分必要条件是式(9-77)所示的被控系统可观测。

**证明**　下面以多输入-单输出系统为例给出证明。根据对偶定理可知，若被控系统 $(A,b,c)$ 可观测，则对偶系统 $(A^T,c^T,b^T)$ 可控，由状态反馈极点配置定理知 $A^T-c^Th^T$ 的特征值可任意配置，其中 $h$ 为 $n\times1$ 输出反馈向量。由于 $A^T-c^Th^T$ 的特征值与 $(A^T-c^Th^T)^T$ 的特征值相同，因此当且仅当系统 $(A,b,c)$ 可观测时，可以任意配置 $A-hc$ 的特征值。

为了根据期望闭环极点来设计输出反馈向量 $h$ 的参数，只需将期望的系统特征多项式与该输出反馈系统特征多项式 $|\lambda I-(A-hc)|$ 相比即可。

对于多输入-单输出被控系统来说，当采用输出至参考输入的反馈时，反馈增益矩阵 $F$ 为 $p\times1$ 向量，记为 $f$，则

$$u=v-fy$$

输出反馈系统的动态方程为

$$\dot{x}=(A-Bfc)x+Bv, \quad y=cx$$

若令 $fc=K$，则该输出反馈便等价于状态反馈。适当选择 $f$，可使特征值任意配置。但是当比例的状态反馈变换为输出反馈时，输出反馈中必定含有输出量的各阶导数，于是 $f$

不是常数矩阵，这会给物理实现带来困难，因而其应用受限。可推论得知，当 $f$ 是常数矩阵时，不能任意配置极点。

**2. 单输入-单输出系统的极点配置算法**

1）用变换矩阵 $P$ 确定矩阵 $K$

设系统的状态方程和状态反馈控制规律为

$$\dot{x}=Ax+Bu, \quad u=-Kx$$

可以采用下列步骤确定使 $A-BK$ 的特征值为 $\lambda_1, \lambda_2, \cdots, \lambda_n$（期望值）的反馈增益矩阵 $K$：

（1）检验系统的可控性条件。如果系统是状态完全可控的，则继续下列步骤。

（2）由矩阵 $A$ 的特征多项式

$$\alpha(s)=|sI-A|=s^n+a_{n-1}s^{n-1}+\cdots+a_1s+a_0$$

来确定 $a_0, a_1, \cdots, a_{n-1}$ 的值。

（3）确定使系统状态方程变为可控标准型的变换矩阵 $P$（如果给定的系统方程已是可控标准型，那么 $P=I$，无须再写出系统的可控标准型状态方程）。这里我们只需找到变换矩阵 $P$。变换矩阵 $P$ 定义为

$$P=MW$$

式中：

$$M=\begin{bmatrix} B & AB & \cdots & A^{n-1}B \end{bmatrix}$$

$$W=\begin{bmatrix} a_1 & a_2 & \cdots & a_{n-1} & 1 \\ a_2 & a_3 & \cdots & 1 & 0 \\ \vdots & \vdots & & \vdots & \vdots \\ a_{n-1} & 1 & \cdots & 0 & 0 \\ 1 & 0 & \cdots & 0 & 0 \end{bmatrix}$$

（4）利用所期望的特征值（期望的闭环极点），写出期望的特征多项式：

$$\alpha^*(s)=(s-\lambda_1)(s-\lambda_2)\cdots(s-\lambda_n)=s^n+a_{n-1}^*s^{n-1}+\cdots+a_1^*s+a_0^*$$

并确定 $a_0^*, a_1^*, \cdots, a_{n-1}^*$ 的值。

（5）需要的状态反馈增益矩阵 $K$ 可由下式确定：

$$K=\begin{bmatrix} a_0^*-a_0 & a_1^*-a_1 & \cdots & a_{n-2}^*-a_{n-2} & a_{n-1}^*-a_{n-1} \end{bmatrix}P^{-1} \qquad (9-87)$$

2）用直接代入法确定矩阵 $K$

如果是低阶系统（$n\leqslant 3$），则将矩阵 $K$ 直接代入期望的特征多项式可能更为简便。根据：

$$f_K(s)=|sI-(A-BK)|$$

和系统理想的特征多项式：

$$f^*(s)=(s-\lambda_1)(s-\lambda_2)\cdots(s-\lambda_n)=s^n+a_{n-1}^*s^{n-1}+\cdots+a_1^*s+a_0^*$$

使两个多项式 $s$ 对应的系数相等，得到一个 $n$ 元一次方程组，即可求出：

$$K=\begin{bmatrix} k_{n-1} & k_{n-2} & \cdots & k_0 \end{bmatrix}$$

3）用爱克曼公式确定矩阵 $K$

对任一正整数 $n$，有

$$K=\begin{bmatrix} 0 & \cdots & 0 & 1 \end{bmatrix}\begin{bmatrix} B & AB & \cdots & A^{n-1}B \end{bmatrix}\phi(A)$$

通常将其称为确定状态反馈增益矩阵 $\boldsymbol{K}$ 的爱克曼方程。其中：
$$\phi(\boldsymbol{A})=\boldsymbol{A}^n+a_{n-1}^*\boldsymbol{A}^{n-1}+\cdots+a_1^*\boldsymbol{A}+a_0^*\boldsymbol{I}$$

**【例 9 - 15】** 已知单输入线性定常系统的状态方程为
$$\dot{\boldsymbol{x}}=\begin{bmatrix} 0 & 1 & 0 \\ 0 & 0 & 1 \\ -1 & -5 & -6 \end{bmatrix}\boldsymbol{x}+\begin{bmatrix} 0 \\ 0 \\ 1 \end{bmatrix}u$$

利用状态反馈控制 $\boldsymbol{u}=-\boldsymbol{Kx}$，希望该系统的闭环极点为 $\lambda_{1,2}^*=-2\pm4\mathrm{j}$ 和 $\lambda_3^*=-10$。确定状态反馈增益矩阵 $\boldsymbol{K}$。

**解**　首先需检验该系统的状态可控性。因为
$$\mathrm{rank}\,\boldsymbol{Q}_\mathrm{c}=\mathrm{rank}\begin{bmatrix} \boldsymbol{b} & \boldsymbol{Ab} & \boldsymbol{A}^2\boldsymbol{b} \end{bmatrix}=\mathrm{rank}\begin{bmatrix} 0 & 0 & 1 \\ 0 & 1 & -6 \\ 1 & -6 & 31 \end{bmatrix}=3$$

所以该系统是状态完全可控的，通过状态的线性反馈可以实现闭环系统极点的任意配置。下面将利用上述三种方法来求解状态反馈增益矩阵 $\boldsymbol{K}$。

**方法 1**　该系统的特征方程为
$$\alpha(s)=|s\boldsymbol{I}-\boldsymbol{A}|=\begin{vmatrix} s & -1 & 0 \\ 0 & s & -1 \\ 1 & 5 & s+6 \end{vmatrix}=s^3+6s^2+5s+1$$

因此，$a_0=1$，$a_1=5$，$a_2=6$。

所期望的特征方程为
$$\alpha^*(s)=(s+2-4\mathrm{j})(s+2+4\mathrm{j})(s+10)=s^3+14s^2+60s+200$$

因此，$a_0^*=200$，$a_1^*=60$，$a_2^*=14$。

因为原系统状态方程是可控标准型，所以变换矩阵 $\boldsymbol{P}=\boldsymbol{I}$，因此
$$\begin{aligned} \boldsymbol{K} &= \begin{bmatrix} a_0^*-a_0 & a_1^*-a_1 & a_2^*-a_2 \end{bmatrix}\boldsymbol{P}^{-1} \\ &= \begin{bmatrix} 199 & 55 & 8 \end{bmatrix} \end{aligned}$$

**方法 2**　首先假定该系统期望的状态反馈增益矩阵为
$$\boldsymbol{K}=\begin{bmatrix} k_1 & k_2 & k_3 \end{bmatrix}$$

并使 $|s\boldsymbol{I}-\boldsymbol{A}+\boldsymbol{BK}|$ 和所期望的特征方程相等，可得
$$\begin{aligned} |s\boldsymbol{I}-\boldsymbol{A}+\boldsymbol{BK}| &= \begin{vmatrix} \begin{bmatrix} s & 0 & 0 \\ 0 & s & 0 \\ 0 & 0 & s \end{bmatrix}-\begin{bmatrix} 0 & 1 & 0 \\ 0 & 0 & 1 \\ -1 & -5 & -6 \end{bmatrix}+\begin{bmatrix} 0 \\ 0 \\ 1 \end{bmatrix}\begin{bmatrix} k_1 & k_2 & k_3 \end{bmatrix} \end{vmatrix} \\ &= \begin{vmatrix} s & -1 & 0 \\ 0 & s & -1 \\ 1+k_1 & 5+k_2 & s+6+k_3 \end{vmatrix} \\ &= s^3+(6+k_3)s^2+(5+k_2)s+1+k_1 \\ &= s^3+14s^2+60s+200 \end{aligned}$$

于是有

$$\begin{cases} 1+k_1=200 \\ 5+k_2=60 \\ 6+k_3=14 \end{cases}$$

由此可知：$k_1=199$，$k_2=55$，$k_3=8$。所以

$$\boldsymbol{K}=\begin{bmatrix} k_1 & k_2 & k_3 \end{bmatrix}=\begin{bmatrix} 199 & 55 & 8 \end{bmatrix}$$

**方法 3**　利用爱克曼公式可知，该系统的状态反馈增益矩阵求解公式为

$$\boldsymbol{K}=\begin{bmatrix} 0 & 0 & 1 \end{bmatrix}\begin{bmatrix} \boldsymbol{b} & \boldsymbol{Ab} & \boldsymbol{A}^2\boldsymbol{b} \end{bmatrix}^{-1}\boldsymbol{\phi}(\boldsymbol{A})$$

因为

$$\boldsymbol{\phi}(\boldsymbol{A})=\boldsymbol{A}^3+14\,\boldsymbol{A}^2+60\boldsymbol{A}+200\boldsymbol{I}$$

$$=\begin{bmatrix} 0 & 1 & 0 \\ 0 & 0 & 1 \\ -1 & -5 & -6 \end{bmatrix}^3+14\begin{bmatrix} 0 & 1 & 0 \\ 0 & 0 & 1 \\ -1 & -5 & -6 \end{bmatrix}^2+60\begin{bmatrix} 0 & 1 & 0 \\ 0 & 0 & 1 \\ -1 & -5 & -6 \end{bmatrix}+200\begin{bmatrix} 1 & 0 & 0 \\ 0 & 1 & 0 \\ 0 & 0 & 1 \end{bmatrix}$$

$$=\begin{bmatrix} 199 & 55 & 8 \\ -8 & 159 & 7 \\ -7 & -43 & 117 \end{bmatrix}$$

$$\begin{bmatrix} \boldsymbol{b} & \boldsymbol{Ab} & \boldsymbol{A}^2\boldsymbol{b} \end{bmatrix}=\begin{bmatrix} 0 & 0 & 1 \\ 0 & 1 & -6 \\ 1 & -6 & 31 \end{bmatrix}$$

所以

$$\boldsymbol{K}=\begin{bmatrix} 0 & 0 & 1 \end{bmatrix}\begin{bmatrix} 0 & 0 & 1 \\ 0 & 1 & -6 \\ 1 & -6 & 31 \end{bmatrix}^{-1}\begin{bmatrix} 199 & 55 & 8 \\ -8 & 159 & 7 \\ -7 & -43 & 117 \end{bmatrix}$$

$$=\begin{bmatrix} 0 & 0 & 1 \end{bmatrix}\begin{bmatrix} 5 & 6 & 1 \\ 6 & 1 & 0 \\ 1 & 0 & 0 \end{bmatrix}\begin{bmatrix} 199 & 55 & 8 \\ -8 & 159 & 7 \\ -7 & -43 & 117 \end{bmatrix}$$

$$=\begin{bmatrix} 199 & 55 & 8 \end{bmatrix}$$

由上面的结果可以看出，这三种方法求得的状态反馈增益矩阵 $\boldsymbol{K}$ 是相同的。

### 9.4.4　全维状态观测器及其设计

当利用状态反馈配置系统极点时，需要用传感器测量状态变量以便实现反馈。但是当系统状态变量的物理意义不是很明确时，就不能直接测量或不能测量这些状态变量，这就使得状态反馈的物理实现比较困难。由此人们提出了利用被控对象的输入量和输出量建立状态观测器来重构状态问题，也就是对原系统状态进行估计。当重构状态向量的维数等于被控对象状态向量的维数时，称为全维状态观测器。

**1. 全维状态观测器的结构**

设被控对象的状态空间表达式为

$$\begin{cases} \dot{x} = \boldsymbol{A}x + \boldsymbol{B}u \\ y = \boldsymbol{C}x \end{cases} \tag{9-88}$$

构造一个状态空间表达式与式(9-88)相同的模拟控制系统，如图 9-19 所示。

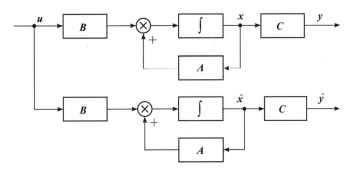

图 9-19　开环状态观测器结构图

图 9-19 的状态空间表达式为

$$\begin{cases} \dot{\hat{x}} = A\hat{x} + Bu \\ \hat{y} = C\hat{x} \end{cases} \tag{9-89}$$

式中，$\hat{x}$、$\hat{y}$ 分别为模拟系统的状态向量和输出向量，是被控对象状态向量和输出向量的估值。当模拟系统与被控对象的初始状态向量相同时，在同一输入作用下，有 $\hat{x}=x$，可将 $\hat{x}$ 作为状态反馈所需要的信息。但是，被控对象的初始状态可能很不相同，模拟系统中积分器初始条件的设置又只能预估，因而两个系统的初始状态总有差异，即使两个系统的 $A$、$B$、$C$ 阵完全一样，也必定存在估计状态与被控对象实际状态的误差 $\hat{x}-x$，难以实现所需的状态反馈。但是，$\hat{x}-x$ 的存在必定导致 $\hat{y}-y$ 的存在，而被控系统的输出量总是可以用传感器测量的，于是可根据一般反馈控制原理，将 $\hat{y}-y$ 负反馈至 $\dot{\hat{x}}$ 处，控制 $\hat{y}-y$ 尽快逼近零，从而使 $\hat{x}-x$ 尽快逼近零，便可以利用 $\hat{x}$ 来形成状态反馈。按以上原理构成的状态观测器及其实现状态反馈的结构图如图 9-20 所示。状态观测器有两个输入，即 $u$ 和 $y$，输出为 $\hat{x}$。观测器含 $n$ 个积分器并对全部状态变量做出估计。$H$ 为观测器输出反馈矩阵，它把 $\hat{y}-y$ 反馈至 $\dot{\hat{x}}$ 处，是为配置观测器极点，提高其动态性能，即尽快使 $\hat{x}-x$ 逼近于零而引入的，它是前面所介绍的一种输出反馈。

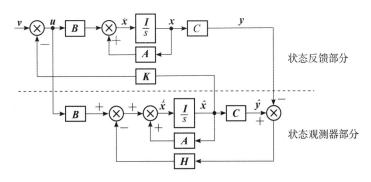

图 9-20　状态观测器及其实现状态反馈结构图

## 2. 全维状态观测器分析设计

由图 9-20 可列出全维观测器的动态方程为

$$\dot{\hat{x}} = A\hat{x} + Bu - H(\hat{y} - y), \quad \hat{y} = C\hat{x} \tag{9-90}$$

故有

$$\dot{\hat{x}} = A\hat{x} + Bu - HC(\hat{x} - x) = (A - HC)\hat{x} + Bu + Hy \tag{9-91}$$

式中，$A - HC$ 称为观测器系统矩阵。观测器分析设计的关键问题是能否在任何初始条件下，尽管 $\hat{x}(t_0)$ 与 $x(t_0)$ 不同，但总能保证：

$$\lim_{t \to \infty}(\hat{x}(t) - x(t)) = 0 \tag{9-92}$$

成立。只有满足式(9-92)，状态反馈系统才能正常工作，式(9-90)所示系统才能作为实际的状态观测器，故式(9-92)称为观测器存在条件。

由式(9-91)和式(9-89)可得

$$\dot{x} - \dot{\hat{x}} = (A - HC)(x - \hat{x}) \tag{9-93}$$

式(9-93)所表示的齐次状态方程的解为

$$x(t) - \hat{x}(t) = e^{(A-HC)(t-t_0)}\left[x(t_0) - \hat{x}(t_0)\right] \tag{9-94}$$

易知只要 $A - HC$ 的特征值具有负实部，观测器就是渐近稳定的，过渡过程结束后 $\hat{x}(t)$ 和 $x(t)$ 相等，初始状态向量误差会按指数衰减规律满足式(9-92)，其衰减速率取决于极点配置。由前面的输出反馈定理可知，若被控对象可观测，则 $A - HC$ 的极点可任意配置，以满足 $\hat{x}$ 逼近于 $x$ 的速率要求，因而保证了观测器的存在性。

若被控系统 $(A, B, C)$ 可观测，则其状态可用形如：

$$\dot{\hat{x}} = A\hat{x} + Bu - HC(\hat{x} - x) = (A - HC)\hat{x} + Bu + Hy \tag{9-95}$$

的全维状态观测器给出估值，其中矩阵 $H$ 按任意配置极点的需求来选择，以决定状态误差衰减的速率。

选择 $H$ 阵的参数时，应注意防止数值过大带来的实现困难，如饱和效应、噪声加剧等，通常希望观测器的响应速度比状态反馈系统的响应速度要快一些。下面将介绍全维状态观测器的设计方法。

1）求状态观测器增益矩阵 $H$ 的变换法

采用求状态反馈增益矩阵 $K$ 的方法，我们可以得到

$$H = Q\begin{bmatrix} a_0^* - a_0 \\ a_1^* - a_1 \\ \vdots \\ a_{n-1}^* - a_{n-1} \end{bmatrix} = (WV^T)^{-1}\begin{bmatrix} a_0^* - a_0 \\ a_1^* - a_1 \\ \vdots \\ a_{n-1}^* - a_{n-1} \end{bmatrix} \tag{9-96}$$

式中：

$$Q = (WV^T)^{-1}$$
$$V = \begin{bmatrix} C^T & A^TC^T & \cdots & (A^T)^{n-1}C^T \end{bmatrix}$$
$$W = \begin{bmatrix} a_1 & a_2 & \cdots & a_{n-1} & 1 \\ a_2 & a_3 & \cdots & 1 & 0 \\ \vdots & \vdots & & \vdots & \vdots \\ a_{n-1} & 1 & \cdots & 0 & 0 \\ 1 & 0 & \cdots & 0 & 0 \end{bmatrix}$$

$H$ 为 $n\times1$ 维矩阵。

　　2）求状态观测器增益矩阵 $H$ 的直接代入法

　　与极点配置的情况类似，如果系统是低阶的，则将矩阵 $H$ 直接代入所期望的特征多项式可能更为简便。例如，若 $x$ 是一个三维向量，则观测器增益矩阵 $H$ 可写为

$$H=\begin{bmatrix}h_0\\h_1\\h_2\end{bmatrix}$$

将该矩阵 $H$ 代入所期望的特征多项式：

$$|sI-(A-HC)|=(s-\lambda_1)(s-\lambda_2)(s-\lambda_3)$$

通过使上式两端 $s$ 的同次幂系数相等，可确定 $h_0$、$h_1$、$h_2$ 的值。如果 $n=1,2,3$，其中 $n$ 是状态向量 $x$ 的维数，则该方法求解状态观测器增益矩阵 $H$ 比较简便。

　　3）爱克曼公式

　　可以根据前面定义系统极点配置的爱克曼公式来进行推导，现在将其改写为

$$K=\begin{bmatrix}0&\cdots&0&1\end{bmatrix}\begin{bmatrix}C^T&A^TC^T&\cdots&(A^T)^{n-1}C^T\end{bmatrix}\phi(A^T)$$

如前所述，状态观测器的增益矩阵 $H$ 由 $K^T$ 给出，所以有

$$H=K^T=\phi(A^T)^T\begin{bmatrix}C\\CA\\\vdots\\CA^{n-1}\end{bmatrix}^{-1}\begin{bmatrix}0\\0\\\vdots\\1\end{bmatrix}=\phi(A)\begin{bmatrix}C\\CA\\\vdots\\CA^{n-1}\end{bmatrix}^{-1}\begin{bmatrix}0\\0\\\vdots\\1\end{bmatrix}\qquad(9-97)$$

式中，$\phi(s)$ 是状态观测器所期望的特征多项式：

$$\phi(s)=(s-\lambda_1)(s-\lambda_2)\cdots(s-\lambda_n)$$

其中，$\lambda_1,\lambda_2,\cdots,\lambda_n$ 是期望的特征值。式（9-97）称为确定观测器增益矩阵 $H$ 的爱克曼公式。

　　【例 9-16】　考虑系统：

$$\dot{x}=\begin{bmatrix}0&20.6\\1&0\end{bmatrix}x+\begin{bmatrix}0\\1\end{bmatrix}u$$

$$y=\begin{bmatrix}0&1\end{bmatrix}x$$

设计一个全维状态观测器，假设观测器所期望的特征值为 $\lambda_1=-1$，$\lambda_2=-10$。

　　**解**　先检验系统的可观测性。因为

$$\text{rank}\begin{bmatrix}C^T&A^TC^T\end{bmatrix}=\text{rank}\begin{bmatrix}0&1\\1&0\end{bmatrix}=2$$

所以该系统是完全可观测的。我们利用上面的三种方法来求解全维状态观测器。

　　**方法 1**　给定系统的特征方程为

$$\alpha(s)=|sI-A|=\begin{vmatrix}s&-20.6\\-1&s\end{vmatrix}=s^2-20.6$$

因此

$$a_0=-20.6,\quad a_1=0$$

所期望的特征多项式为

$$\alpha^*(s) = (s+10)^2 = s^2 + 20s + 100$$

可知

$$a_0^* = 100, \quad a_1^* = 20$$

$$\boldsymbol{W} = \begin{bmatrix} a_1 & 1 \\ 1 & 0 \end{bmatrix} = \begin{bmatrix} 0 & 1 \\ 1 & 0 \end{bmatrix}, \quad \boldsymbol{V}^{\mathrm{T}} = \begin{bmatrix} 0 & 1 \\ 1 & 0 \end{bmatrix}$$

$$\boldsymbol{Q} = (\boldsymbol{W}\boldsymbol{V}^{\mathrm{T}})^{-1} = \begin{bmatrix} 0 & 1 \\ 1 & 0 \end{bmatrix}$$

观测器增益矩阵 $\boldsymbol{H}$ 可由式(9-96)求得，即

$$\boldsymbol{H} = (\boldsymbol{W}\boldsymbol{V}^{\mathrm{T}})^{-1} \begin{bmatrix} a_0^* - a_0 \\ a_1^* - a_1 \end{bmatrix} = \begin{bmatrix} 1 & 0 \\ 0 & 1 \end{bmatrix} \begin{bmatrix} 100 + 20.6 \\ 20 \end{bmatrix} = \begin{bmatrix} 120.6 \\ 20 \end{bmatrix}$$

**方法 2**　假设状态观测器矩阵为

$$\boldsymbol{H} = \begin{bmatrix} h_0 \\ h_1 \end{bmatrix}$$

则系统的特征方程为

$$|s\boldsymbol{I} - (\boldsymbol{A} - \boldsymbol{H}\boldsymbol{C})| = \left| \begin{bmatrix} s & 0 \\ 0 & s \end{bmatrix} - \begin{bmatrix} 0 & 20.6 \\ 1 & 0 \end{bmatrix} + \begin{bmatrix} h_0 \\ h_1 \end{bmatrix} \begin{bmatrix} 0 & 1 \end{bmatrix} \right| = \left| \begin{matrix} s & -20.6 + h_0 \\ -1 & s + h_1 \end{matrix} \right|$$

$$= s^2 + sh_1 - 20.6 + h_0$$

由于所期望的特征方程为

$$\alpha(s) = (s+10)^2 = s^2 + 20s + 100$$

因此比较两个多项式可得

$$h_0 = 120.6, \quad h_1 = 20$$

即状态观测增益矩阵为

$$\boldsymbol{H} = \begin{bmatrix} h_0 \\ h_1 \end{bmatrix} = \begin{bmatrix} 120.6 \\ 20 \end{bmatrix}$$

**方法 3**　采用由式(9-97)给出的爱克曼公式：

$$\boldsymbol{H} = \phi(\boldsymbol{A}) \begin{bmatrix} \boldsymbol{C} \\ \boldsymbol{C}\boldsymbol{A} \end{bmatrix}^{-1} \begin{bmatrix} 0 \\ 1 \end{bmatrix}$$

式中：

$$\phi(s) = (s - \lambda_1)(s - \lambda_2) = s^2 + 20s + 100$$

因此

$$\phi(\boldsymbol{A}) = \boldsymbol{A}^2 + 20\boldsymbol{A} + 100\boldsymbol{I} = \begin{bmatrix} 12.6 & 4.12 \\ 20 & 120.6 \end{bmatrix}$$

所以有

$$\boldsymbol{H} = (\boldsymbol{A}^2 + 20\boldsymbol{A} + 100\boldsymbol{I}) \begin{bmatrix} 0 & 1 \\ 1 & 0 \end{bmatrix}^{-1} \begin{bmatrix} 0 \\ 1 \end{bmatrix}$$

$$= \begin{bmatrix} 120.6 \\ 20 \end{bmatrix}$$

可以看出，无论采用什么方法，所得结果是相同的，即

$$\begin{bmatrix} \overset{\centerdot}{\hat{x}}_1 \\ \overset{\centerdot}{\hat{x}}_2 \end{bmatrix} = \begin{bmatrix} 0 & -100 \\ 1 & -20 \end{bmatrix} \begin{bmatrix} \hat{x}_1 \\ \hat{x}_2 \end{bmatrix} + \begin{bmatrix} 0 \\ 1 \end{bmatrix} u + \begin{bmatrix} 120.6 \\ 20 \end{bmatrix} y$$

### 9.4.5　分离特性

当用全维状态观测器提供的状态估计值 $\hat{x}$ 代替真实状态 $x$ 来实现状态反馈时，为保持系统的期望特征值，其状态反馈矩阵 $K$ 是否需要重新设计呢？当观测器被引入系统以后，状态反馈部分是否会改变已经设计好的观测器极点配置呢？其观测器输出反馈矩阵 $H$ 是否需要重新设计呢？为此需要对引入观测器的状态反馈系统作进一步分析。整个系统的结构图如图 9-20 所示，是一个 $2n$ 维的复合系统，其中：

$$u = v - K\hat{x} \tag{9-98}$$

状态反馈子系统动态方程为

$$\dot{x} - Ax + Bu = Ax - BK\hat{x} + Bv, \quad y = Cx \tag{9-99}$$

全维状态观测器子系统动态方程为

$$\dot{\hat{x}} = A\hat{x} + Bu - H(\hat{y} - y) = (A - BK - HC)\hat{x} + HCx + Bv \tag{9-100}$$

故复合系统动态方程为

$$\begin{cases} \begin{bmatrix} \dot{x} \\ \dot{\hat{x}} \end{bmatrix} = \begin{bmatrix} A & -BK \\ HC & A - BK - HC \end{bmatrix} \begin{bmatrix} x \\ \hat{x} \end{bmatrix} + \begin{bmatrix} B \\ B \end{bmatrix} v \\ \\ y = \begin{bmatrix} C & 0 \end{bmatrix} \begin{bmatrix} x \\ \hat{x} \end{bmatrix} \end{cases} \tag{9-101}$$

在复合系统动态方程中，不用状态估值 $\hat{x}$，而用状态误差 $x - \hat{x}$，将会使分析研究更加直观方便。由式(9-99)和式(9-100)可得

$$\dot{x} - \dot{\hat{x}} = (A - HC)(x - \hat{x}) \tag{9-102}$$

该式与 $u$、$v$ 无关，即 $x - \hat{x}$ 不可控。不管施加什么控制信号，只要 $A - HC$ 全部的特征值都具有负实部，状态误差总会衰减到零，这正是所希望的，是状态观测器所具有的重要性质。对式(9-102)引入非线性奇异变换：

$$\begin{bmatrix} x \\ \hat{x} \end{bmatrix} = \begin{bmatrix} I_n & 0 \\ I_n & -I_n \end{bmatrix} \begin{bmatrix} x \\ x - \hat{x} \end{bmatrix} \tag{9-103}$$

则有

$$\begin{cases} \begin{bmatrix} \dot{x} \\ \dot{x} - \dot{\hat{x}} \end{bmatrix} = \begin{bmatrix} A - BK & BK \\ 0 & A - HC \end{bmatrix} \begin{bmatrix} x \\ x - \hat{x} \end{bmatrix} + \begin{bmatrix} B \\ 0 \end{bmatrix} v \\ \\ y = \begin{bmatrix} C & 0 \end{bmatrix} \begin{bmatrix} x \\ x - \hat{x} \end{bmatrix} \end{cases} \tag{9-104}$$

由于线性变换后系统传递函数矩阵具有不变性，因此由式(9-104)可以导出系统传递函数矩阵为

$$G(s) = \begin{bmatrix} C & 0 \end{bmatrix} \begin{bmatrix} sI - A + BK & -BK \\ 0 & sI - A + HC \end{bmatrix}^{-1} \begin{bmatrix} B \\ 0 \end{bmatrix} \tag{9-105}$$

利用分块矩阵求逆公式：

$$\begin{bmatrix} R & S \\ 0 & T \end{bmatrix}^{-1} = \begin{bmatrix} R^{-1} & -R^{-1}ST^{-1} \\ 0 & T^{-1} \end{bmatrix} \qquad (9-106)$$

可将式(9-105)进一步化为

$$G(s) = C\left[sI - (A - BK)\right]^{-1}B \qquad (9-107)$$

式(9-107)正是引入真实状态 $x$ 作为反馈的状态反馈系统：

$$\begin{cases} \dot{x} = Ax + B(v - Kx) = (A - BK)x + Bv \\ y = Cx \end{cases} \qquad (9-108)$$

的传递函数矩阵。这说明复合系统与状态反馈子系统具有相同的传递特性，与观测器部分无关，可用估值状态 $\hat{x}$ 代替真实状态 $x$ 作为反馈。$2n$ 维复合系统导出了 $n \times n$ 传递矩阵，这是由于 $x - \hat{x}$ 的不可控造成的。

由于线性变换后特征值具有不变性，由式(9-104)易导出其特征值满足关系式：

$$\begin{vmatrix} sI - (A-BK) & -BK \\ 0 & sI - (A-HC) \end{vmatrix} = |sI - (A-BK)| \cdot |sI - (A-HC)|$$
$$(9-109)$$

该式表明复合系统特征值是由状态反馈系统和全维状态观测器的特征值组合而成的，且两部分特征值相互独立，彼此不受影响，因而状态反馈矩阵 $K$ 和输出反馈矩阵 $H$ 可根据各自的要求来独立进行设计，故有下述分离定理。

**分离定理**　若被控系统$(A, B, C)$可控可观测，则用状态观测器估值形成状态反馈时，其系统的极点配置和观测器设计可分别独立进行，即 $K$ 和 $H$ 阵的设计可分别独立进行。

# 9.5　本章小结

本章首先讲述了用状态空间法来分析研究控制系统的基本概念以及系统状态空间的数学模型及其建立，包括由系统物理机理直接求取和由系统的微分方程、传递函数求取状态空间描述。然后讲述了状态方程的求解方法，介绍了用幂级数法和拉普拉斯变换法求解线性定常系统齐次状态方程的两种解法，以及用积分法和拉普拉斯变换法求解线性定常连续系统非齐次状态方程的两种解法。之后着重介绍了用状态空间法研究系统的可控性与可观测性两个基础性概念及其判别方法。最后重点研究了系统可控可观性的实用含义，证明了若线性定常系统是可控的，则通过引入状态反馈，就能够任意配置系统的极点，并且给出了极点配置的具体算法。为了实现状态反馈，还介绍了全维状态观测器的设计方法。若系统是可观测的，则能设计具有任意特征值的状态观测器。同时还介绍了分离定理，它可以使系统状态反馈矩阵和状态观测器的设计更加方便。

# 习　题

9-1　试求题9-1图所示 RC 电路的状态方程和输出方程。

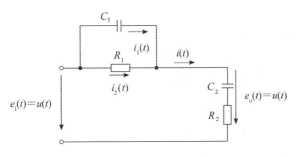

题 9 - 1　图

**9 - 2**　设系统微分方程为

$$\ddot{x}+3\dot{x}+2x=u$$

式中，$u$ 为输入变量，$x$ 为输出变量。

（1）设状态变量为 $x_1=x$，$x_2=\dot{x}$，试列写动态方程；

（2）设状态变量为 $x_1=\bar{x}_1+\bar{x}_2$，$x_2=-\bar{x}_1-2\bar{x}_2$，试确定变换矩阵 $\boldsymbol{T}$ 及变换后的动态方程。

**9 - 3**　设二阶系统微分方程为

$$\ddot{y}+2\xi\dot{\omega}y+\omega^2 y=T\dot{u}+u$$

试求系统的状态空间表达式。

**9 - 4**　已知系统的传递函数为

$$G(s)=\frac{s^2+6s+8}{s^2+4s+3}$$

试写出系统可控标准型（$\boldsymbol{A}$ 为酉矩阵）、可观测标准型（$\boldsymbol{A}$ 为酉矩阵的转置）、对角线型（$\boldsymbol{A}$ 为对角阵）的状态空间表达式。

**9 - 5** 已知矩阵：

$$\boldsymbol{A}=\begin{bmatrix}-1 & 0\\ 0 & 1\end{bmatrix}$$

试用幂级数法和拉普拉斯变换法求解系统的状态转移矩阵。

**9 - 6**　已知系统状态方程为

$$\dot{x}=\begin{bmatrix}1 & 0\\ 1 & 1\end{bmatrix}x+\begin{bmatrix}1\\ 1\end{bmatrix}u$$

初始条件为 $x_1(0)=1$，$x_2(0)=0$。试求系统在单位阶跃输入作用下的响应。

**9 - 7**　系统 $\dot{x}=\boldsymbol{A}x$ 的状态转移矩阵为

$$\boldsymbol{\Phi}(t,0)=\begin{bmatrix}2e^{-t}-e^{-2t} & 2(e^{-2t}-e^{-t})\\ e^{-t}-e^{-2t} & 2e^{-2t}-e^{-t}\end{bmatrix}$$

试求系统矩阵 $\boldsymbol{A}$。

**9 - 8**　判断下列系统的可控性。

$$(1)\ \dot{x}=\begin{bmatrix}-2 & 2 & -1\\ 0 & -2 & 0\\ 1 & -4 & 0\end{bmatrix}x+\begin{bmatrix}0\\ 0\\ 1\end{bmatrix}u;\quad (2)\ \dot{x}=\begin{bmatrix}1 & 1 & 0\\ 0 & 1 & 0\\ 0 & 1 & 1\end{bmatrix}x+\begin{bmatrix}0\\ 1\\ 0\end{bmatrix}u;$$

(3) $\dot{x} = \begin{bmatrix} 1 & 1 & 0 \\ 0 & 1 & 0 \\ 0 & 1 & 1 \end{bmatrix} x + \begin{bmatrix} 0 & 0 \\ 0 & 1 \\ 1 & 0 \end{bmatrix} \begin{bmatrix} u_1 \\ u_2 \end{bmatrix}$; (4) $\dot{x} = \begin{bmatrix} -4 & & 0 \\ & -4 & \\ 0 & & 1 \end{bmatrix} x + \begin{bmatrix} 1 \\ 2 \\ 1 \end{bmatrix} u$。

9-9 判断下列系统的输出可控性：

(1) $\dot{x} = \begin{bmatrix} -3 & 1 & 0 \\ 0 & -3 & 0 \\ 0 & 0 & 1 \end{bmatrix} x + \begin{bmatrix} 1 & -1 \\ 0 & 0 \\ 2 & 0 \end{bmatrix} u$, $y = \begin{bmatrix} 1 & 0 & 1 \\ -1 & 1 & 0 \end{bmatrix} x$;

(2) $\dot{x} = \begin{bmatrix} 0 & 1 & 0 \\ 0 & 0 & 1 \\ -6 & -11 & -6 \end{bmatrix} x + \begin{bmatrix} 0 \\ 0 \\ 1 \end{bmatrix} u$, $y = \begin{bmatrix} 1 & 0 & 0 \end{bmatrix} x$。

9-10 判断下列系统的可观测性：

(1) $\dot{x} = \begin{bmatrix} 0 & 1 & 0 \\ 0 & 0 & 1 \\ -2 & -4 & -3 \end{bmatrix} x$, $y = \begin{bmatrix} 0 & 1 & -1 \\ 1 & 2 & 1 \end{bmatrix} x$;

(2) $\dot{x} = \begin{bmatrix} 0 & 4 & 3 \\ 0 & 20 & 16 \\ 0 & -25 & -20 \end{bmatrix} x$, $y = \begin{bmatrix} -1 & 3 & 0 \end{bmatrix} x$;

(3) $\dot{x} = \begin{bmatrix} 2 & 1 & 0 \\ 0 & 2 & 0 \\ 0 & 0 & -3 \end{bmatrix} x$, $y = \begin{bmatrix} 0 & 1 & 1 \end{bmatrix} x$;

(4) $\dot{x} = \begin{bmatrix} -4 & 0 & 0 \\ 0 & -4 & 0 \\ 0 & 0 & 1 \end{bmatrix} x$, $y = \begin{bmatrix} 1 & 1 & 4 \end{bmatrix} x$。

9-11 给定系统的状态空间方程表达式为

$$\dot{x} = \begin{bmatrix} 0 & 0 & 0 \\ 1 & -1 & 0 \\ 0 & 1 & -1 \end{bmatrix} x + \begin{bmatrix} 1 \\ 0 \\ 0 \end{bmatrix} u$$

$$y = \begin{bmatrix} 0 & 1 & 1 \end{bmatrix} x$$

求状态反馈增益矩阵 $K$，使反馈后闭环系统特征值为 $\lambda_1^* = -2$，$\lambda_{2,3}^* = -1 \pm j\sqrt{3}$。

9-12 设被控系统的传递函数为

$$G(s) = \frac{1}{s(s+6)}$$

试用状态反馈将闭环系统极点配置为 $-4 \pm j6$，并设计实现状态负反馈的全维状态观测器。